일제의 독도·울릉도 침탈 자료집(3)
- 조선과 일본 왕복 외교 문서

• 이 책은 2021년도 동북아역사재단 기획연구 수행 결과물임(NAHF-2021-기획연구-5).

일제침탈사
자료총서 04

일제의 독도·울릉도 침탈 자료집(3)
―조선과 일본 왕복 외교 문서

동북아역사재단 편

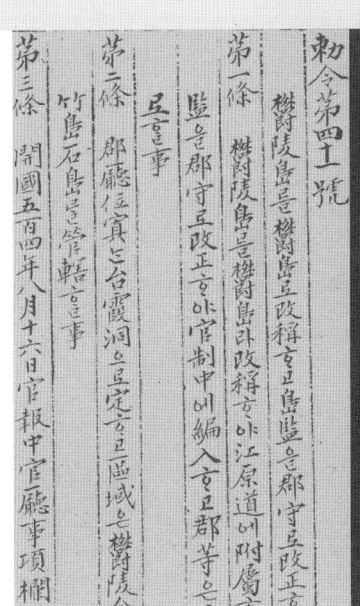

동북아역사재단
NORTHEAST ASIAN HISTORY FOUNDATION

발간사

　일본이 한국을 침탈한 지 100년이 지나고 한국이 일본의 지배로부터 벗어난 지 70년이 넘었건만, 식민 지배에 대한 청산은 이루어지지 못하고 있다. 일본의 독도영유권 주장은 도를 넘어섰다. 일본은 일본군'위안부', 강제동원 등 인적 수탈의 강제성도 인정하지 않고 있다. 일본군'위안부'와 강제동원의 피해를 해결하는 방안을 놓고 한·일 간의 갈등은 최고조에 이르고 있다. 역사문제를 벗어나 무역분쟁, 안보위기 등 현실문제가 위기국면을 맞고 있다.

　한·일 간의 갈등은 식민 지배의 역사를 어떻게 볼 것인가 하는 역사인식에서 기인한다. 역사는 현재와 과거의 대화이며 이를 기반으로 미래로 나아갈 수 있다. 과거 침략의 역사를 미화하면서 평화로운 미래를 말하는 것은 불가능하다. 식민 지배와 전쟁발발의 책임을 인정하지 않고 반성하지 않으면 다시 군국주의가 부활할 수 있고 전쟁이 일어날 위험성도 배제할 수 없다. 미래지향적 한일관계를 형성하고 나아가 동아시아의 평화와 번영의 기틀을 조성하기 위해 일본은 식민 지배의 책임을 인정하고 그 청산을 위해 노력해야 할 것이다.

　식민 지배의 역사를 청산하기 위해서는 식민 지배는 어떻게 이루어졌는지 그 실상을 명확하게 규명하는 일이 긴요하다. 그동안 일본제국주의에 맞서 조국의 독립을 위해 헌신한 독립운동가들의 활동을 찾아내고 역사적으로 평가하는 일에는 상당한 성과를 거두었다. 반면 일제 식민침탈의 구체적인 실상을 규명하는 일에는 충분한 노력을 기울이지 못했다. 제국주의가 식민지를 침탈했다는 것은 너무나 당연한 사실로 여겨졌기 때문에, 굳이 식민 지배에서 비롯된 수탈과 억압, 인권유린을 낱낱이 확인할 필요가 없었는지도 모른다. 그러는 사이 일본은 식민 지배가 오히려 한국에 은혜를 베푼 것이라고 미화하고, 참혹한 인권유린을 부인하는 역사부정의 인식을 보이는 데까지 이르고 있다. 일제의 통치와 침탈, 그리고 그 피해를 종합적으로 조사하고 편찬할 필요성이 여기에 있다.

　일제침탈사를 체계적으로 정리하는 일은 개인이 감당하기 어렵다. 이에 우리 재단은 한국학계의 힘을 모아 일제침탈사 편찬위원회를 꾸렸다. 편찬위원회가 중심이 되어 일제의 식민지 침탈사를 정치·경제·사회·문화 모든 방면에 걸쳐 체계적으로 집대성하기로 했다. 일제 식민침탈의 실체를 파악하기 위해 2020년부터 세 가지 방면으로 사업을 추진하고 있다. 하나는 일제침탈의 실상을 구체적이고 생생한 자료를 통해서 제공하는 일로서 〈일제침탈사 자료총서〉로 편찬한다. 다른 하나는 이들 자료들을 바탕으로 연구한 결과물을 〈일제침탈사 연구총서〉로 간행한다. 그리고 연구의 결과를 대중들이 이해하기 쉽게 〈일제침탈사 교양총서〉를 바로알기 시리즈로 간행한다. 자료총서 100권, 연구총서 50권, 교양총서 70권을 기본목표로 삼아 진행하고 있다.

〈일제침탈사 자료총서〉에서는 정치·경제·사회·문화 모든 방면에 걸쳐 침탈의 역사를 자료적 차원에서 종합했다. 침략과 수탈의 역사를 또렷하게 직시할 수 있도록 생생한 자료를 제공하는데 목표를 두었다. 그동안 관련 자료집도 여러 방면에서 편찬되었지만 원자료를 그대로 간행한 경우가 많았다. 이번에 발간되는 자료총서는 해당 주제에 대한 침탈의 실상을 체계적으로 이해할 수 있는 구성방식을 취했으며, 지배자의 언어로 기록되어 있는 자료들을 독자들이 쉽게 읽을 수 있도록 모두 번역했다. 자료총서를 통해 일제 식민 지배의 실체와 침탈의 실상을 있는 그대로 이해할 수 있게 되기를 기대한다.

2022년
동북아역사재단 이사장

일러두기

1. 이 자료집은 고려대학교 아세아문제연구소에서 1960~1970년대에 간행한 『구한국외교문서: 일안(日案)』 7권에 수록된 문서 가운데 울릉도, 연안 측량, 어업 문제, 독도 침탈 관련 일본인 관리의 한국 방문과 관련하여 조선 정부/대한제국 정부가 일본 정부와 주고받은 외교문서를 선별하여 번역한 것이다.
2. 『일안』 수록 문서의 원본은 서울대학교 규장각한국학연구원에 소장되어 있다. 자료집에 넣은 각 문서의 원문은 규장각한국학연구원에 소장되어 있는 원본과 대조, 교감하는 작업을 거쳤다.
3. 『일안』에 수록되지 않은 조선과 일본의 외교문서도 존재한다. 본 자료집에는 일본 외무성 외교사료관에 소장된 원 자료와 메이지(明治) 시기 『일본외교문서』, 그리고 규장각한국학연구원에 소장되어 있는 일본 주재 대한제국 공사관 문서철(『주일내거안』)에 수록된 공문까지 확인하고, 시간 순서에 맞추어 문서를 정리하였다.
4. 일본 외무성 외교사료관 소장 자료는 현재 아시아역사자료센터(アジア歴史資料センター, http://www.jacar.go.jp)를 통해서 온라인으로 공개하고 있다. 관련 자료의 레퍼런스 코드(Reference Code)와 고유로 부여된 컷 번호를 병기하여 원본까지 직접 찾아볼 수 있도록 배치하였다.
5. 번역문 내 외국 지명과 인명은 해당 국가의 발음과 글자대로 표기하였다.
6. 문건별로 번호와 내용을 확인할 수 있는 제목을 달았다. 발신과 수신, 날짜, 원문을 먼저 제시하고, 번역문을 배치하였다.
7. 여러 문서철에서 동시에 확인할 수 있는 문서의 경우, 〈출전〉에 해당 문서의 서지사항을 병기하였다.
8. 〈출전〉에서 『일안』의 경우 권수와 문서번호(# 숫자), 쪽수 순으로 간략하게 서지정보를 표기하였다. 규장각한국학연구원에 소장된 원본 서지의 경우 문서철 명칭과 규장각 분류번호(奎 숫자), 전체 권수 중 해당 권의 숫자를 기입하였다.
9. 원본 상태가 좋지 않아 판독과 해석이 어려운 글자는 본문에 □로 표시하였다.
10. 본문에서 앞서 오고간 공문이나 다른 기관의 문서 내용을 언급한 부분은 " "로 표시하였다.
11. 번역 과정에서 문맥상 오자나 오류 등이 확인되거나, 『일안』에 들어가 있는 주기사항의 경우 각주를 달아 두었다.
12. 본문에서 자료 출전으로 기재한 『韓日外交未刊極祕史料叢書』 卷29는 김용구 교수가 조선 관련 일본 외무성 기록을 영인한 것으로, 1995년 아세아문화사에서 간행된 자료집이다. 수록된 원자료 제목은 『오사카부 협동상회 사장이 조선국 동남제도개척사와 관련하여 울릉도 목재 운반을 위해 빌려준 금액 배상 청구 일건(大阪府下協同商會社長ヨリ朝鮮國東南諸島開拓使ニ係ル鬱陵島木材運搬ノ爲〆貸渡スル金額償求一件)』이다.

책머리에

1876년 2월 조선과 일본은 「조일수호조규」를 체결하였고, 이후 부산과 원산, 인천 세 곳을 개항장으로 지정하여 일본인들이 조선에 진출할 수 있도록 만들었다. 개항 이후 일본 어민들의 동해 연안 진출이 빈번해지기 시작하였다. 일본인들은 어선을 이끌고 조선 쪽 바다로 건너와 어채(漁採) 활동을 전개하면서 물고기와 전복 등의 해산물을 잡고, 기항할 수 있는 섬에 무단으로 들어가 목재를 잘라가는 행위를 벌이는 일이 점차 증가하였다. 이로 인해 조선 어민들과 충돌하고 갈등을 빚는 경우가 계속 늘어났다. 특히 조선과 일본이 체결한 조약에서는 개항장으로 한 번도 지정한 적이 없었던 울릉도 지역을 중심으로 해산물과 목재의 수취를 둘러싸고 갈등이 빈번하게 발생하였다. 조선 정부는 일본 외무성, 일본공사관에 정식으로 공문을 보내 일본인들의 불법적인 어업 활동, 목재 벌목과 무단 반출에 항의하면서 도서(島嶼) 지역에 대한 영유권을 적극적으로 행사하기 시작하였다. 개항 이후 새롭게 조선으로 들어온 『만국공법(萬國公法)』, 조일 간에 체결한 「조일통상장정(朝日通商章程)」, 「조일통어장정(朝日通漁章程)」 등에 규정되어 있는 항목을 적극 활용하여 대응 논리를 구체적으로 제시하면서 일본 어민들의 침투에 따라 발생한 피해에 적극적으로 대응하고 반박하는 양상이 나타났다. 그 모습은 조선·대한제국과 일본 정부가 주고받은 외교문서 속에 잘 드러난다.

울릉도 지역을 둘러싸고 발생한 각종 어업 관련 현안으로 인하여 조일 양국이 주고받은 외교문서는 조선·대한제국 정부가 일본에 대하여 시기별로 어떻게 대응하였는지를 잘 보여주는 자료여서 사료적으로 활용할 가치가 높다. 조선·대한제국과 일본 정부가 현안을 두고 교섭한 문서는 1960~1970년대 고려대학교 아세아문제연구소에서 간행한 『구한국외교문서(舊韓國外交文書): 일안(日案)』에 수록되어 있다. 이 자료집에 수록된 문서 원본은 서울대학교 규장각한국학연구원에 소장되어 있다. 사안별로 한일 양국 정부가 갖고 있던 입장과 대응 논리를 잘 보여주는 방대한 외교문서를 전체 7권에 걸쳐 활자화하여 수록했다는 점에서 개항기 한일관계사를 잘 보여주는 1급 사료라고 할 수 있다. 하지만 한문과 더불어 소로분(候文)이라고 불리는 일본어 고어체로 작성된 고문서가 『일안』의 대부분을 차지하고 있다. 따라서 근대 한일관계를 전공하면서 문서를 해독할 수 있는 연구자가 아닌 이상, 일반인들이 울릉도·독도와 관련하여 조일 간에 외교 교섭이 어떻게 전개되었는지에 대하여 접근하기는 쉽지 않은 편이다.

『일안』 수록 문서를 통해 울릉도와 독도 연안까지 진출하여 어업 활동과 벌목 활동을 한 조선과 일본 어민들의 출신 지역, 도서 지역 거주 생활상을 확인할 수 있고, 그 속에서 각자의 이해관계에 따라 어떻게 대응했는지를 생생하게 볼 수 있다. 또한 동해의 미개항장이었던 울릉도·독도 지역을 중심으로 일본 어민들이 벌인 각종 불법 행위에 대하여 일본공사관이나 일본 외무성에서 조선·대한제국 정부의 항의를 어떻게 묵살하거나 무시하면서 자신들의 이해관계를 일방적으로 관철해 나가며 침략성을 드러내었는지도 알 수 있다. 이러한 점을 고려하여 『일안』에 수록된 울릉도·독도 관련 외교문서를 번역하여 소개하는 작업을 추진하였다.

이 자료집은 재단에서 그간 진행되었던 두 차례에 걸친 연구 용역 결과물과 추가 자료조사 작업을 통해서 확보한 울릉도·독도 관련 『일안』 문서 목록을 기초로 하여 번역할 문서를 선별하였다. 그리고 일본 측 문서의 경우 이미 활자화하여 간행된 자료집으로 『일본외교문서(日本外交文書)』에 수록된 울릉도 관련 교섭 문서를 추출하였다. 한발 더 나아가 『일본외교문서』 수록 문서의 저본이 되는 자료로, 일본 외무성 외교사료관(日本外務省 外交史料館)에 소장되어 있는 원본 자료 문서철까지 확인하였다. 이 문서군의 경우 현재 아시아역사자료센터(アジア歴史資料センター, http://www.jacar.go.jp)를 통해 온라인으로 공개된 자료도 있고, 외무성 외교사료관 자료실에 직접 찾아가서 열람하거나 영인본으로만 접근할 수 있는 자료도 있다. 『일안』에 실리지 않은 울릉도 관련 문건까지 추가로 발굴하는 작업을 진행하고 자료집에 수록함으로써 울릉도를 둘러싸고 발생한 각종 현안에 대하여 조일 양국이 어떻게 교섭을 진행하였는지를 한눈에 흐름을 파악할 수 있도록 통시적으로 구성할 수 있었다. 『일안』 수록 문서에 서울대학교 규장각한국학연구원 소장 자료, 그리고 외무성 외교사료관 소장 자료 중 울릉도와 관련된 교섭 안건까지 두루 수록한 것은 이 자료집이 갖는 장점이라고 생각한다. 이 자료집에 수록한 문서 전체를 개관한 내용은 해제로 수록하였으므로, 상세한 내용은 해제를 참고하였으면 한다.

재단에서는 이미 『일제의 독도·울릉도 침탈 자료집』 시리즈로 통서일기(1권), 대한제국 정부 문서(2권), 신문기사(4권)를 간행하였다. 이 책이 『일제의 독도·울릉도 침탈자료집』 시리즈의 마지막에 해당한다. 이 책은 앞서 나온 세 권의 자료집과 더불어 근대 시기 울릉도·독도를 둘러싸고 한일 간에 발생한 현안에 대한 교섭이 어떻게 진행되었으며, 일본이 어떻게 침탈해 나갔는지, 조선 측의 대응 논리가 어떠하였는지 그 과정을 구체적으로 이해하는 데 기여할 것이다.

　마지막으로 자료집에 수록된 문서를 번역하는 작업에는 공주대학교 박범 교수님과 고려대학교 아세아문제연구원의 한성민 교수님께서 참여해 주셨다. 박범 교수님은 이미 울릉도 관련 『통서일기』 기사를 번역하는 작업에 참여하신 적이 있으며, 이번에도 한문 문서를 맡아서 번역해 주셨다. 한성민 교수님께서는 근대 한일관계를 전공하시는 분으로, 일본 문서를 전담해 주셨다. 근대 시기에 작성된 고문서라서 결코 쉽지 않은 번역이었지만 두 분의 도움을 받아 독도·울릉도와 관련된 외교문서를 한글로 풀어낼 수 있었다.

　아울러 자료집에 수록될 만한 『일안』 문서에 대해 기본적인 목록 선별, 정리 작업은 재단의 이경미 선생님께서 진행해 주셨다. 번역 내용을 검토해 주신 이동욱 선생님, 원문 교감 작업을 진행해 주신 서민주, 이행묵 두 분의 선생님도 빼놓을 수 없다. 자료집으로 출간할 때까지 여러 선생님들의 도움을 많이 받았는데, 이 자리를 빌어 다시 한번 감사의 말씀을 드리고자 한다. 모쪼록 이번에 출간하는 자료집이 독도·울릉도와 관련한 근대 한일관계의 흐름을 파악하는 데 조금이나마 기여할 수 있기를 바란다.

2022년 11월
동북아역사재단 연구위원
박한민 씀

차례

발간사	…………	4
책머리에	…………	7
해제	…………	21

1	일본인의 울릉도 벌목에 대한 항의	…………	38
2	일본인의 울릉도 어채 금지에 관한 회답	…………	40
3	일본인의 울릉도 벌목 금지 관련 외무경 훈령 전달	…………	42
4	울릉도 침범 일본인의 조사와 엄금 통지안	…………	44
5	경리사 이재면이 소에다에게 보낸 회신	…………	46
6	울릉도 벌목 일본인에 대한 개선 여부 문의	…………	48
7	다케조에 공사의 서함 내용을 조선 정부에 전달한다는 회신	…………	50
8	동남제도개척사 김옥균의 울릉도 건 처리 문의	…………	52
9	동남제도개척사 김옥균의 울릉도 건 처리에 대한 회답	…………	54
10	울릉도에서 몰래 벌목한 일본인의 처벌에 관한 건	…………	56
11	울릉도에서 몰래 벌목한 범인에 대한 회답	…………	58
12	일본인의 제주도·울릉도 어채 제외에 관한 건	…………	60
13	울릉도 목재 도벌 범인 처리에 관한 요구	…………	63

14	울릉도에서 도벌한 목재의 환부와 범인 처리 건	66
15	울릉도 목재 도벌 환부와 범인 처분에 대한 본국 조회 통보	68
16	제주도·울릉도의 일본인 어채 제외에 관한 건	70
17	조선 정부의 일본인 처분 여하 통지 문의	72
18	울릉도 목재 도벌에 관한 본국 회신의 미접수 통보	74
19	울릉도 벌목 안건의 처분	76
20	울릉도 도벌 조사와 개척사 사무 담당자 변경 통보	78
21	울릉도 목재 도벌 범인에 대한 결정안과 뒤처리에 관한 건	80
22	울릉도 목재를 처분한 금액의 수령처 통지	82
23	울릉도에서 일본 선박 반리마루(萬里丸)가 절취한 목재 회수 요청	84
24	울릉도 목재의 회수와 관계자의 처벌 촉구	86
25	울릉도 목재의 회수와 관계자의 처벌 촉구 건의 본국 전달 통보	90
26	울릉도 도벌 목재에 관한 백춘배 성명의 허위와 오관 우편물 환수 건	92
27	울릉도 목재 매각 비용과 조선생도 관련 비용 등 처분 건	94
28	동남제도개척사 김옥균의 차용금 상환 청구	96
29	김옥균의 차용금 상환 건 협의 후 조치 건 회답	98
30	동남제도개척사 차용금 상환 청구의 취지 통보	100

31	울릉도 목재를 운반하는 일본인 인부 모집에 관한 건	102
32	울릉도 목재를 운반하는 일본인 인부 모집 건에 관한 정부의 위임 여부 조회	104
33	울릉도 목재를 운반하는 일본인 인부 모집 건에 관한 정부의 확인	106
34	울릉도 목재 처리에 관한 문의	108
35	울릉도 목재의 공매 처분과 해당 비용의 송부 요청 건	110
36	협동상회 다카스 겐조의 배상금 반환 촉구	112
37	다카스 상환금 재촉의 무효	114
38	동남제도개척사 수행원 백춘배의 공초 송부	116
39	재일 유학생의 경비와 지운영 관련 비용의 처리 방침 문의	121
40	영국상인 미첼의 일본 운반 울릉도 목재 매매 불허 건	124
41	영국인 미첼 소지 문서에 대한 질의	126
42	무라카미 도쿠하치의 울릉도 목재 도벌에 관한 벌금과 관계서류 송부 건	130
43	울릉도 목재 공매 대금의 교부 건 통지	136
44	미첼 소지 증거 서류의 내용 해명	138
45	미첼 소지 증거 서류의 재발급 불허	140
46	와타나베 스에키치의 울릉도 목재 운반비와 관리비 청구에 관한 건	142
47	김옥균 문서 위조와 기만 사실 통보와 향후의 문서 확인 방향 조회	152

48	고베 소재 울릉도 목재의 매각 처분 건	154
49	협동상회 다카스 겐조의 배상금 변제 요청	156
50	다카스 겐조의 배상금 변제 계약 성립과 계약서 초록 송부	158
51	백춘배 고용 일본인의 울릉도 목재 관련 인부 고용비 상환 청구	160
52	백춘배 등의 일본 체류 중 발생한 제반 비용의 상환 요청	164
53	울릉도 규목 비용의 처리 회신과 잔액 처분 건	166
54	울릉도 목재 대금 잔액의 송부 요청과 우치다 등의 배상금 불허 통지	168
55	울릉도 목재 대금 잔액의 송부와 우치다 등의 배상금 상환 재차 요구	170
56	울릉도 목재 관련 가이 군지 청구액의 상환 촉구	174
57	미해결 9가지 안건의 처리 촉구	178
58	울릉도 목재 관련 인부비 등의 상환과 가이 군지의 회답 촉구	180
59	일본인의 울릉도 목재 도벌에 대한 처벌 요구	182
60	일본인의 울릉도 목재 도벌에 대한 처벌 요구 회답	184
61	일본인의 울릉도 목재 도벌과 금벌감관 배규주의 공소 제기에 대한 통지	186
62	울릉도 금벌감관 배규주에게 보내는 지시사항	188
63	미해결 전환국 기기 가격과 울릉도 관계 비용 등 안건의 조속한 타결 요청	190

64	미해결 전환국 기기 가격과 울릉도 관계 비용 등 청구안의 거절	193
65	김옥균 관련 미해결 3건에 관한 항변	196
66	김옥균 관련 미해결 3건 신속 처리 촉구	198
67	울릉도 불법 거류 일본인들의 철수 요청	200
68	울릉도 침범 일본인의 처분 요청	202
69	울릉도 침범 일본인의 퇴거 조처 경과 통지	204
70	동남제도개척사 관계 배상 청구에 대한 회답 촉구	206
71	일본 잠수회사 어선의 울릉도 연해 어획 금지와 어획물 몰수에 대한 항의	208
72	동남제도개척사 관련 세 현안의 타결 촉구	212
73	동남제도개척사 관련 현안 등의 처분 촉구	214
74	동남제도개척사 관계 채무 세 안건의 타결 촉구	216
75	울릉도 출어 일본 어민의 퇴거와 어획물 반환 조치 요구	218
76	동남제도개척사 관련 일본인 채무의 처리 촉구	222
77	동남제도개척사 관련 채무 세 건의 타결 촉구	224
78	동남제도개척사 관련 현안의 신속한 처분 요청	228
79	동남제도개척사 관련 8개 현안에 대한 회답	230
80	동남제도개척사 관련 3개 현안에 대한 변론	232
81	후루모리 상해, 울릉도장의 어획물 몰수 건 등 각 안건의 타결 촉구	236
82	동남제도개척사 관련 세 안건의 충분한 조사와 답변 요구	238

83	동남제도개척사 관련 세 안건의 논의를 위한 면담 요청	240
84	동남제도개척사 관계 배상 청구의 부당성과 김옥균의 체포·인도 촉구	242
85	동남제도개척사 관계 배상 거부에 대한 반박	244
86	내무부 독판에게 대군주 알현 상주 요청	248
87	울릉도 밀항 일본인의 난동사건 통지와 관련자 처벌 요구	250
88	울릉도에서 난동을 일으킨 일본인에 대한 엄중 조사 후 회신	252
89	동남제도개척사 관련 가이 군지의 청구금 청산의 건	254
90	동남제도개척사 관련 우치다와 다나카의 청구금 청산의 건	256
91	동남제도개척사 관련 배상 요구 3개 안건의 완결과 이후 배상 요구 불가의 건	258
92	동남제도개척사 관련 일본인 청구 비용 처리에 대한 회답	260
93	가이 군지의 배상 요구액에 관한 영수증 및 관계문건 송부 건	262
94	동남제도개척사 관련 우치다·다나카의 배상 요구 금액 영수증, 기타 문건 송부	264
95	울릉도장(鬱陵島長)의 일본 어민 금어(禁漁)와 고래 몰수 사건에 대한 타결 촉구	266
96	낙동강(洛東江)·황해도(黃海道)의 징세, 울릉도의 말린 전복(干鮑) 등에 관한 면담 요청	268
97	울릉도 말린 전복 등의 안건에 대한 면담 요청	270
98	울릉도 말린 전복 등의 안건에 대한 면담 연기 요청	272

99	면담을 위한 스기무라 서기관 파견 통고	274
100	스기무라 서기관의 면담 요청 동의	276
101	울릉도 말린 전복 금액, 이자 타결액의 기일과 상환 요청	278
102	울릉도 말린 전복의 금액 상환 연기 요청	280
103	울릉도 말린 전복 상환 금액의 분할 상환 요청(이전 문서의 수정 송부)	282
104	울릉도 말린 전복 금액 가운데 50원 송부와 전달 요청	284
105	울릉도 말린 전복 금액 일부의 수령과 일본어민 전달 건 회답	286
106	말린 전복 금액 잔액의 부산감리서 태환(兌換) 상환에 대한 회답 요구	288
107	울릉도에 난입하여 폐단을 일으킨 일본인의 엄금 요구	290
108	울릉도에서 문제를 일으킨 일본인들을 가까운 지역의 영사에게 압송 요청	292
109	해군소장 기모쓰키 가네유키의 궁궐 관람 허가 요청	294
110	울릉도감 배계주의 공관 방문 내용 보고와 울릉도 작폐 조사 요청	296
111	일본인의 울릉도 목재 도벌 현황 조사와 외무성 조회를 통한 처리 지시	298
112	울릉도에 밀항하여 벌목하는 돗토리현·시마네현 인민에 대한 단속 요청	300
113	울릉도 밀항 벌목에 관한 외부대신의 훈령 전달과 일본인의 도벌 금지 요청	302
114	일본인의 울릉도 밀항, 벌목에 관한 조회에 대한 회답	304

115	수산국장 마키 나오마사 외 2인의 궁궐 관람 허가 요청	308
116	농상무성 수산국장 마키 나오마사 외 2인의 황제 알현 청원	310
117	마키 나오마사 외 2인의 황제 알현 윤허 건 통보	312
118	러시아인에 대한 울릉도 삼림 벌채 특허문건의 사본 송부 요청	314
119	러시아인의 울릉도 등지 벌채 특허에 관한 해명과 약정서 송부	316
120	울릉도·두만강·압록강 지방의 삼림에 대한 러시아인의 벌채권 존중과 자기 권리 유보 성명	318
121	울릉도에서 불법을 저지른 일본인의 엄벌과 처벌 요구	320
122	울릉도를 침범한 불법 일본인에 대한 조처 지시와 재답변 약속	322
123	울릉도의 일본인 퇴거 조처 회답	326
124	울릉도 일본인의 퇴거 조치에 대한 사례와 불법 입주자의 쇄환 요구	328
125	울릉도에 불법으로 입주한 일본인 전체 퇴거 불응의 건	330
126	호조 소지자 이외의 일본인 일체 퇴거 요구	332
127	일본인 퇴거 요구에 대한 일본공사의 반박	334
128	울릉도 일본인의 폐단 지적과 관원 파견을 통한 조사 요구	338
129	울릉도 일본인 문제에 대한 반박 및 공동조사 제의	340
130	울릉도 공동조사 관원의 파견 경과 통보	344
131	울릉도 공동조사 관원의 파견 건의 2주 연기 요청	346

132	울릉도 파견 관리의 출발 기일 통보	348
133	울릉도 조사사항 논의 일시의 통고	350
134	울릉도 조사 보고에 대한 회동 심의 건 통지	352
135	울릉도 조사 건의 회동 일자 재조정 요청	354
136	울릉도 조사에 대한 회동 처리 건 통지	356
137	울릉도 조사 건의 회동 처리 일자 제안	358
138	울릉도 관련 건의 회동 처리 일시의 통고	360
139	울릉도 관련 건의 회동 처리 시간 연기 요청	362
140	울릉도 내 일본인 불법 체류와 벌목의 엄격한 단속과 재발 방지 요구	364
141	울릉도 내 일본인 체류와 벌목 문제의 합법화 주장	366
142	울릉도 일본인 퇴거 불응에 대한 외부대신의 반박	370
143	울릉도의 불법 일본인들의 악습에 대한 조사와 징계 약속	374
144	외부대신의 요구에 대한 미동의와 울릉도 내 일본인의 조건부 퇴거 거부	376
145	일본인 어업구역 확장에 관한 회답 요청	378
146	일본인의 어업구역 확장에 관한 공문의 교환 촉구	380
147	일본인 통어구역 확장의 조건부 동의	382
148	김두원의 소금값과 손해의 상환, 관련 범인의 처벌 요청	384
149	한일어업규칙의 일본 어선 연안 토지 사용조항 추가 요청	386
150	일본인에게 도난당한 김두원 화물과 해당 비용의 상환 요청	388

151	김두원 소금값의 배상청구 조사 회답 약속	390
152	김두원이 제기한 고소 안건의 조속한 타결 촉구	392
153	김두원과 관련된 기무라의 조사 건에 대한 시마네현 지사의 전달사항 통보	394
154	김두원의 배상 호소 강행에 대한 설득과 엄중 조처 요구	396
155	김두원의 소금값에 대한 변상 불가능 통보	398
156	김두원의 비용 청구 소장 송부와 보상 처리 요청	402
157	카이몬함의 충청도, 전라도의 연안 측량에 대한 협조 의뢰	404
158	카이몬함의 서해 연안 측량에 관한 훈령문 송부	406
159	카이몬함의 측량 관련 훈령문의 추가 발급 요청	408
160	서산 부근 관병의 카이몬함 측량 방해 행위의 금지와 문책 요청	410
161	서산 부근의 측량 방해 금지 조처 회답	412
162	전라도 연안 관민의 카이몬함 측량 방해에 대한 엄중 단속 및 문책 요구	414
163	울릉도 일본경찰서의 철폐와 거류민 퇴거 촉구	416
164	울릉도 일본인들의 재류 경위와 철수 거부, 경찰사무의 신중한 시행 촉구	420
165	김두원 소금값의 상환 재차 촉구	424
166	김두원의 제소에 따른 비용 상환 가능성 여부의 회답	426
167	김두원의 일본공사 상대 무례 행위에 대한 처벌 요구	428
168	김두원 행위에 대한 사과와 경찰서 압송 처분	430

169	카이몬함의 전라도 연안 측량 협조 의뢰	432
170	울릉도 일본경찰관과 거류민 철수 요구	434
171	울릉도에 있는 일본 관민의 철수 회피	436
172	황해도 연안에서 일본 어선의 잠어 폐단에 대한 항의와 금지명령 요구	438
173	김두원 재판의 판결 통고와 일본인 피고의 유산 상환 요청	442
174	강원도의 일본인 포경용지 사용 방해의 금지명령과 속약 조인 촉구	444
175	김두원 처분 건 통고에 대한 회답	446
176	일본군의 군수 공급을 위해 서해 연안에 대한 통어안의 타결 촉구	448

찾아보기 450

해제

박한민

1. 개항기 조선과 일본이 주고받은 외교문서 개관

1876년 2월 조선과 일본은 「조일수호조규(朝日修好條規)」를 체결하고, 부산을 비롯하여 향후 두 곳을 개항하기로 정하였다. 두 곳은 원산과 인천으로 각각 1880년과 1883년에 개항하였고, 일본인들이 개항장에 건너와 정착하기 시작하였다. 이로부터 7년 후인 1883년 8월에는 무역과 관련하여 전반적인 사항을 규정한 「조일통상장정(朝日通商章程)」을 체결하였다. 이때 어업과 관련된 문제에 대해서는 추후에 논의하여 정하기로 하고, 일단 조일 양국 어민이 출어가 가능한 상대국 지역을 지정하는 정도에서 그쳤다. 어민의 조업 활동을 관리 감독할 수 있는 「조일통어규칙(朝日通漁規則)」이 체결된 것은 1889년의 일이었다. 통상과 어업에 관한 조약을 체결한 가운데, 일본 어민들의 한반도 진출이 점차 증가하기 시작하였다. 이로 인하여 조선 어민들과 연안과 내지에서 마찰이 발생하고, 살상으로까지 비화하는 경우도 적지 않게 발생하였다. 울릉도와 독도가 있는 동해 연안에서부터 출발하여 남해, 그리고 시간이 지나고 조업 활동 반경이 서해안으로까지 확장되면서 분쟁 발생 횟수는 해마다 급증하였다. 어업 분쟁에서 출발하여 그다음에는 일본 어민들을 조선으로 이주시켜 정착시키고 조선을 식민지로 만드는 작업이 단계적으로 진행되었다.

개항 이후 조선으로 가장 많은 인원이 이주한 국가는 일본이었다. 개항장에 정착하여 상업 활동을 벌이는 자도 있었고, 일본 현지에서 어선을 이끌고 조선 연안으로 진출하여 조업 활동을 벌인 후 돌아가는 자들도 있었다. 상업의 경우 조선 내지에 진출하여 이익을 꾀하려 하는 상인들이 증가하면서, 어업의 경우 울릉도를 비롯하여 제주도 등지에서 조업하는 어선이 증가하면서 각종 분쟁이 발생하였다. 각지에서 마찰과 충돌 발생으로 현안이 생길 때마다 조선 정부에서는 통리교섭통상사무아문(統理交涉通商事務衙

門, 이하 외아문), 일본 측에서는 주한 일본공사관과 개항장 주재 일본영사관을 통해 공문(照會, 照覆)을 주고받았다. 조일 양국이 각종 현안으로 주고받은 공문을 모아둔 것이 바로 『일안(日案)』이라는 자료이다. 자료 원본은 서울대학교 규장각한국학연구원에 소장되어 있으며, 편철해 둔 자료의 수발신에 따라 『일원안(日原案)』이나 『일신(日信)』, 『일래안(日來案)』 등의 제목이 붙어 있다. 미국 포드재단의 지원을 받아 이 자료를 활자화하고, 1960~1970년대까지 고려대학교 아세아문제연구소에서 순차적으로 간행한 것이 바로 『구한국외교문서(舊韓國外交文書)』이다.

『구한국외교문서』는 일본, 청국, 영국, 미국, 러시아 등 조선과 조약을 체결하고 공사나 영사를 상주시킨 각국과 교섭한 외교문서를 수록한 자료집이다. 각국 가운데 일본이 조선과 가장 많은 교섭을 하였고, 자료량도 방대하였기 때문에 전체 7권에 걸쳐 간행한 것이 바로 『일안』이었다. 『일안』 7권에는 통상, 어업, 외교 현안 등 다양한 문건이 방대하게 수록되어 있다. 따라서 이 자료는 개항기 조일 관계를 전공하는 연구자들이 그동안 많이 활용해 왔다. 하지만 수록 문서가 조선 측은 한문, 일본 측은 메이지(明治, 1868~1912) 시기의 고어(古語)인 소로분(候文)으로 작성되어 있기 때문에 일반인들이 쉽게 접근하여 활용하기는 어려웠다. 주로 근대 한일관계를 전공하는 연구자를 중심으로 하여 필요한 사안에 따라 부분적으로 『일안』 수록 문서를 발췌하여 이용해 왔다.

『일안』에는 울릉도·독도 문제와 관련하여 조선과 일본 정부가 어떻게 사안을 인식하고, 대응하였는지를 보여주는 문서가 수록되어 있다. 여러 연구자들이 울릉도·독도를 다루면서 전거로 많이 활용해 왔으나, 이를 체계적으로 정리하고, 한글로 번역하는 작업은 이루어지지 않았다. 1876년 개항 이후 대한제국이 일본에 의하여 강제로 병합되는 1910년 이전까지 울릉도, 독도와 관련된 국내 사료를 모아서 소개한 것으로는 김병렬, 신용하, 송병기가 엮은 자료집이 대표적이다. 세 자료집은 울릉도·독도 문제와 관련하여 그동안 연구자들에게 널리 알려진 자료를 수합하여 소개하였다. 하지만 『일안』에 수록된 문서는 공통적으로 빠져 있다.

최근 동북아역사재단에서는 '일제침탈사 자료총서' 시리즈로 근대 시기 울릉도·독도와 관련된 정부 문서, 신문 기사 등을 모아 번역서로 간행하였다. 통리교섭통상사무아문(統理交涉通商事務衙門)의 업무 일지라 할 수 있는 『통서일기(統署日記)』 수록 관련 기사까지 번역하는 작업이 완료되었다. 다만 『통서일기』는 외아문에 출근한 관리들이 기록한 근무 일지로, 울릉도·독도와 관련하여 조일 양국이 주고받은 외교문서 전문을 수록한 것은 아니며, 접수한 공문을 발췌하여 수록하고 있기 때문에 내용이 『일안』 수록 문서에 비해 소략한 편이다. 조선과 일본 양국이 울릉도와 근해의 어업 문제를 두고 사안이 발생할 때마다 교섭한 과정을 구체적으로 살펴보려면 『일안』에 수록된 문서를 확인해야 한다.

『일안』에 수록된 문서들은 조선·대한제국 정부가 울릉도·독도 지역에서 발생한 문제에 대해 일본에 어떻게 대응하였는지를 잘 보여주는 것으로, 사료적 활용가치가 매우 높다. 조선·대한제국 정부가 미개항장(未開港場)인 울릉도와 독도 지역으로 진출하였던 일본인들의 불법적인 행위를 어떠한 논리에 기초하여 지속적으로 문제를 제기하고, 대응해 나갔는지는 조일 양국이 주고받은 외교문서가 실린 『일안』을 통해서 규명할 수 있다. 조선·대한제국과 일본 정부가 교섭한 현안의 내용을 상세하게 수록하고 있는 『일안』은 시기별로 울릉도, 독도 문제를 두고 한일 양국 정부의 입장과 대응 논리를 잘 보여주는 1급 사료라 해도 과언은 아니다.

『일안』 수록 기사를 통해 근대 시기 울릉도와 독도에 대하여 조선·대한제국 정부가 조약상의 근거(조일수호조규, 조일통상장정, 조일통어장정, 만국공법)에 기초하여 영유권과 주권을 적극 행사하려는 모습이 외교문서를 통해 어떻게 나타나고 있었는지를 구체적으로 제시할 수 있다. 또한 일본 측이 이에 어떠한 입장을 취하면서 자국민의 울릉도·독도 무단 진출과 정착, 교역 등을 기정사실로 굳히려 하였는지를 확인할 수 있다.

이 자료집에 수록한 울릉도·독도와 관련된 교섭 문건은 176건으로, 그렇게 많은 분량이라고 하기는 어렵다. 하지만 조일 양국이 어떠한 방식으로 현안에 대응하고 있는지 그 경과를 상세하게 보여주고 있는 공식 외교문서라는 점에서 주목할 내용이 많이 수록되어 있다. 또한 이번 자료집에는 울릉도 문제와 관련하여 『일안』 자체에서 빠져 있는 문건을 다른 문서군에서 확인하여 같이 수록하였다. 조선 측 자료로 『동문휘고(同文彙考)』와 『계하서계책(啓下書契冊)』, 일본 측에서 나온 『일본외교문서(日本外交文書)』에 수록된 1880년대 초반의 일본인 퇴거 요청 문서[1], 『주일내거안(駐日來去案)』에 수록된 대한제국 외부대신(外部大臣)이 일본 주재 한국공사에게 보낸 훈령, 그리고 일본 외무성 외교사료관에 소장되어 있는 자료에서 발굴해 낸 문건이 대표적이다. 이번에 발간하는 자료집에 『일안』 수록 문서 이외에 울릉도를 둘러싸고 전개되었던 조일 양국의 교섭 문건을 발굴

---

[1] 해당 문건은 외무성 외교사료관 소장 『朝鮮國蔚陵島ヘ犯禁渡航ノ日本人ヲ引戻處分一件』 1권에도 수록되어 있다. 가장 선본(善本)에 해당하는 문서는 『계하서계책』에 수록된 문서로 확인하였다.

하고 번역하여 수록한 것은 적지 않은 의의가 있다. 개항 이후 조선과 일본이 울릉도·독도와 관련하여 외교적으로 현안이 발생할 때마다 어떻게 논의를 전개하고, 교섭을 진행하였는지를 한눈에 확인하고, 찾아볼 수 있는 자료집으로 기능할 수 있기 때문이다.

2. 사안별 내용 소개

개항기 조선과 일본의 교섭에서 시기별로 현안이 되는 교섭 사안은 주로 울릉도에 건너간 일본인들이 섬 내에서 벌인 작업과 관련된 문제가 다수를 차지하고 있다. 1876년 2월 「조일수호조규」 체결 이후 조일 양국의 협상을 거쳐 부산(1876)과 원산(1880), 인천(1883)이 순차적으로 개항되었지만, 동해에 있는 울릉도와 독도는 조약에 기초하여 개항장으로 지정된 적이 없었다. 울릉도에는 규목(槻木)이 풍부하고 전복과 미역 등의 해산물이 많았다. 이를 벌목하거나 채취하기 위해서 조선의 동해와 남해 연안에 거주하는 어민들은 해류를 따라 주기적으로 울릉도에 도항하였다. 동해와 접해 있는 일본 시마네현(島根縣), 돗토리현(鳥取縣), 야마구치현(山口縣) 출신 어민들도 자신들의 경제적 이익을 취하기 위해서 조선의 울릉도까지 불법으로 빈번하게 드나들었다. 개항 이전에도 조선과 일본 사이에는 무단으로 울릉도에 도항하는 일본인들의 단속과 처리 문제를 두고 17세기 말[숙종대 안용복(安龍福)과 관련된 울릉도쟁계(鬱陵島爭界)]과 19세기 초중반에 교섭을 진행한 적이 있었다. 울릉도는 조선의 관할 아래 있으므로 각 지역 일본인들은 도항하지 말라는 결정이 1868년 메이지유신(明治維新) 이후에도 이어졌다. 시마네현에서 문의한 지적(地籍) 판도(版圖)의 설정 문제와 관련하여 태정관(太政官)에서는 1877년 3월 "품의한 죽도(竹島) 외 일도(一島)의 건에 본방은 관계가 없음을 명심할 것"이라는 지령을 내렸다. 이 지령과 함께 첨부되어 있는 「기죽도약도(磯竹島略圖)」를 통해서도 울릉도와 독도가 조선 관할 아래에 있다는 점을 메이지 정부도 명확하게 한 것이다. 그러나 태정관지령이 각 현에 내려가 고시가 된 이후로도 일본 각지 어민들의 불법적인 울릉도 도항은 끊이지 않았다.

조선 정부에서는 정기적으로 울릉도에 수토관(搜討官)을 파견하여 섬의 현황을 점검하였고, 일본 어민들이 와 있는 사실을 발견하였다. 1881년 예조판서 심순택(沈舜澤)은 외무경(外務卿) 이노우에 가오루(井上馨)에게 일본 어민들의 울릉도 도항에 정식 항의하고, 이들을 정부 차원에서 단속해 달라는 공문을 보냈다(문서 1). 외무성에서는 일본 어민들이 울릉도에 도항한 사실을 조사해 보겠다고 회신하였으며(문서 2), 외무경의 훈령을 통해 주조선 일본공사관에도 해당 사실을 통보하였다(문서 3). 일본공사관에서는 조사를 거쳐 일본인들이 울릉도 목재를 벌목한 사실을 확인하였고, 이들을 철수시켰다고 통리기무아문(統理機務衙門) 경리사(經理事)에게 통지하였다. 그리고 향후에 이를 엄히 금지하겠다고 성명하였다(문서 5). 일본인들의 울릉도 침범 사실을 확인한 조선 정부에서는 1882년에 울릉도검찰사(鬱陵島檢察使) 이규원(李奎遠)을 울릉도로 파견하여 섬을 상세히 조사하도록 지시하였다. 여전히 일본인들이 울릉도에 도항하여 무단으로 목재를 벌목하고 있다는 사실을 확인한 예조판서 이회정(李會正)은 외무성에 재차 엄중한 단속을 촉구하는 공문을 보냈다(문서 6). 일본이 자국민 도항 단속을 촉구한 한편, 조선 정부에서는 울릉도와 독도, 그리고 동남 연해 지역을 개발할 목적으로 1883년에 김옥균(金玉均)을 동남제도개척사(東南諸島開拓使)로 임명하였다.

1) 동남제도개척사 김옥균의 울릉도 목재 벌목 관련 문제

1880년대 초반부터 일본을 오가면서 견문을 넓혔던 김옥균은 울릉도의 자원을 개발하여 조선 정부가 추진하는 개화정책의 재원으로 삼으려는 구상을 갖고 있었다. 동남제도개척사가 된 그는 본격적으로 활동을 개시하면서 수행원으로 탁정식(卓挺埴), 백춘배(白春培) 그리고 일본인 가이 군지(甲斐軍治)를 고용하였다. 김옥균이 울릉도 물산을 거래하기 위해서 접촉한 일본 회사는 오사카(大阪)에 있는 협동상회(協同商會)로 사장은 다카스 겐조(高須謙三)였다. 일본은 김옥균이 정부에서 권한을 위임받아 계약을 체결하였는지를 확인하고자 사실 여부를 조회하였다(문서 8). 외아문(外衙門) 독판 민영목(閔泳穆)은 김옥균이 정부의 위임을 받아 활동한다는 사실을 확인해 주었다. 비개항장인 울릉도에 조선 관리가 일본인들을 고용하여 들어가는 문제는 「조일통상장정」 제34관에 따라 처리하면 된다고 회신하였다(문서 9). 1883년 7월에 조일 양국이 체결한 조약에 근거하여 동남제도개척사의 활동이 합법적으로 이루어지고 있다는 사실을 정부 차원에서 확인해 준 것이었다. 또한 조선 관리의 일본인 선박 고용 문제도 조일 간에 체결한 조약에 근거하여 처리한다면 문제가 되지 않을 수 있다는 입장이었음을 알 수 있다.

동남제도개척사 수행원들은 1883년 말 울릉도로 도항하여 목재를 무단으로 적재해 온 선박이 야마구치현 시모노세키(下關)에 도착했다는 정보를 입수하고, 현지에 가서 이를 확인하였다. 울릉도장(鬱陵島長) 전석규(全錫奎)가 이들과 사적으로 거래하였다는 점까지 확인한 김옥균은 그의 처벌을 정부에 요청하였다. 그리고 일본인들이 무단으로 운반해 온 목재는 개척사에게 반환해 주고, 위반자들을 「조일통상장정」 제33관에 따라 처리해 달라고 요청하였다(문서 10, 13). 이 사건은 에히메현(愛媛縣) 출신 무라카미 도쿠하치(村上德八)가 울릉도로 건너가 현지인들과 거래하여 섬 안의 목재를 반출해 오면서 발생한 사건이었다.[2] 개척사 김옥균은 가이 군지를 에히메현 이요(伊豫) 지방까지 보내어 덴주마루(天壽丸)에 적재한 목재를 압류하고, 선장 무라카미 도쿠하치를 고발하도록 지시하였다. 정부 차원에서는 외아문 독판 김홍집(金弘集)이 목재를 개척사 수행원들에게 조속히 반환해 주고, 범인들의 처벌 경과를 통보해 달라고 촉구하였다(문서 14, 17).

김옥균이 주도하였던 갑신정변이 실패로 끝나고 난 이듬해부터 조선 정부는 동남제도개척사 업무를 담당하는 관리가 이규원(李奎遠)으로 변경되었다고 일본 측에 통보하였다(문서 21). 외무성에서는 에히메현 마쓰야마 재판소(松山裁判所)에서 진행되고 있는 무라카미 도쿠하치 재판이 끝나고 난 후, 압류해 둔 목재와 벌금을 어느 곳으로 교부하면 좋을지를 문의하였다(문서 22). 이 시점은 조선에서 흠차대신(欽差大臣) 서상우(徐相雨)와 부사(副使) 묄렌도르프(穆麟德, P. G. von Möllendorff)를 일본에 파견하여 현안을 처리하도록 한 때였다. 묄렌도르프가 활동하면서 울릉도 목재와 관련된 비용은 일본 고베(神戶)나 요코하마(橫濱) 주재 독일양행(洋行)으로 송부해 달라고 요청하였다(문서 22). 덴주마루 외에도 반리마루(萬里丸)가 울릉도 목재를 실어와 소유권 분쟁이 발생한 상황이었다. 묄렌도르프는 효고현령(兵庫縣令)에게 서한을 보내 일본 선박의 울릉도 무단 출항을 단속하고, 목재는 고베(神戶)에 소재한 독일양행의 랑가르트 클라인보트(Langgart Kleinwort)에게 인도해 달라고 요청하였다(문서 23). 이 요구는 외아문 독판 서리인 서상우가 귀국 후 곤도 마스키(近藤眞鋤) 대리공사에게 보낸 공문에서도 반복되었다(문서 24). 하지만 1885년 12월 들어서 외아문 독판 김윤식(金允植)은 울릉도 목재를 공매 처분하고 발생한 비용을 외아문으로 보내 달라고 요청하였다(문서 35). 이는 묄렌도르프가 실각하면서 더 이상 일본 주재 독일상회를 경유할 필요가 없어졌던 것으로 보인다. 무라카미 도쿠하

---

2 무라카미 도쿠하치가 타고 있던 선박명은 덴주마루였다. 덴주마루의 울릉도 목재 무단 반출 경위와 반환을 둘러싼 조일 간 교섭 과정은 다음 연구에서 상세히 다루었다. 박한민, 2020, 「1883년 덴주마루(天壽丸)의 울릉도 목재 불법반출과 조일 간 반환 교섭」, 『史叢』 99.

치에 대한 판결이 나온 후, 목재의 공매 처분과 정산을 마친 일본 정부는 제일국립은행(第一國立銀行)을 이용하여 관련 비용을 외아문으로 송부하였다(문서 42, 43). 덴주마루의 목재 무단 반출을 적발하고 문제를 제기한 1883년 12월부터 시작하여 재판 선고와 벌금 부과, 공매 처분 등을 거쳐 해당 비용이 조선에 전달되기까지는 약 2년 7개월가량의 시간이 걸렸다. 이는 조선 정부에서「조일통상장정」에 의거하여 지속적으로 목재 반환과 위반자 처벌 문제를 제기하고, 해결을 촉구하여 얻어낸 결과였다.

한편, 동남제도개척사에게 고용되어 울릉도까지 여섯 차례 왕복하면서 목재를 운반해 온 일본 선박과 인부가 있었다. 앞서 나온 반리마루를 비롯하여, 초호마루(長寶丸), 모료마루(摸稜丸), 이세마루(伊勢丸)였다. 이 선박들은 1884년 4월, 5월, 6월, 7월에 울릉도를 다녀왔다. 마지막으로 반리마루가 1885년 3~4월 사이에 울릉도로 항해하여 규목을 싣고 일본으로 귀항하였다.[3] 각 선박이 고베로 목재를 싣고 들어온 후, 소유권 문제를 두고 분쟁이 발생하였다. 초호마루와 모료마루가 운반해 온 목재를 두고 고베의 미국무역회사와 일본의 도쿄구미(東京組), 오무라구미(大村組), 아사히구미(旭組)가 소송을 벌였다. 또한 영국 상인 미첼과도 울릉도 목재 매매 건으로 분쟁이 발생하였다(문서 40, 41, 44, 45). 반리마루의 경우 선장 와타나베 스에키치(渡邊末吉)와 백춘배 사이에 목재 운반비용을 정산하는 과정에서 마찰이 발생하였다(문서 46). 와타나베의 청구 비용을 정산하기 위해서 조선 정부는 해당 목재를 처분하고 비용을 계산하여 알려 달라고 하였다(문서 48). 이 요구에 따라 반리마루가 적재해 온 목재는 공매 처분하였고, 와타나베의 청구 비용을 변제한 다음 잔액을 통지하였다(문서 53). 반리마루의 목재를 매각하고 비용이 남았다는 소식을 입수한 울릉도 도항 일본인 인부들은 그 금액을 자신들에게 지급해 달라고 청원하였다. 이들은 백춘배와 가이 군지에게 고용되어 울릉도에 벌목하러 다녀온 우치다 도쿠지로(內田德次郞, 야마구치현 출신)와 다무라 쇼타로(田村正太郞, 시마네현 출신)였다. 이들은 인부 대표로 벌목에 종사한 일본인 인부에 대한 비용 청산 건을 청원하였는데, 금전 지급이 늦어지면서 본인과 가족들이 생활고를 겪고 있다는 호소가 이어졌다. 이 문제는 1880년대 중후반 내내 조일 양국의 현안으로『일안』에서도 자주 거론된 사안이었다 (문서 51, 52, 54~58, 63, 66, 70, 72~74, 76~80, 82~84). 조선 정부에서는 역적 김옥균과 관련된

---

[3] 일본 선박의 여섯 차례에 걸친 울릉도 도항 날짜와 적재해 온 목재 수량 등은 최근 연구에서 상세히 정리하였다. 박한민, 2021,「동남제도개척사 김옥균의 울릉도 목재 반출과 채무 상환을 둘러싼 조일 교섭」,『東北亞歷史論叢』73.

사안으로 정부에서 알 바가 아니라는 입장을 고수하였다. 대리공사 곤도 마스키는 반리마루 목재의 처분 사례 등을 거론하면서 일본인 인부들이 청구한 비용도 개척사의 공적인 업무에서 비롯되었던 만큼 책임을 져야 한다고 반론을 펼쳤다(문서 85). 외아문과의 협상이 공전을 거듭하자, 곤도 대리공사는 내무부(內務府)를 경유하여 대군주(大君主) 고종(高宗)을 알현하는 방법까지도 모색하였다(문서 86). 이 문제는 참의(參議) 정병하(鄭秉夏)가 중재에 나서 채무 청산을 하는 방향으로 결론이 났다. 우치다와 다무라의 청구 비용과 더불어 동남제도개척사 수행원이었던 가이 군지의 인건비 건도 일괄 타결하였다(문서 89, 90). 일본인들이 지속적으로 촉구하였던 채무를 한 번에 처리한 후, 조선 정부에서는 개척사 김옥균의 부채와 관련된 문제는 더 이상 들어줄 의사가 없다는 점을 일본 측에 명확히 통지하였다(문서 92). 가장 논란이 많았던 채무 문제를 해결한 만큼 일본도 해당 비용을 당사자들에게 교부하고, 동남제도개척사와 관련된 증빙 문건, 영수증을 받아 외아문으로 전달하였다(문서 92~94). 개척사와 관련하여 발생한 금전 채무의 청산이 완료된 시점은 1889년 12월이었다.

2) 일본인들의 울릉도 침투에 대한 조선 정부의 항의

동남제도개척사가 일본 선박을 동원하여 울릉도 목재를 벌목하는 작업이 진행된 이후로 일본인이 울릉도에 건너와 목재를 몰래 베어가는 일은 적지 않게 발생하였다. 1888년 울릉도 금벌감관(禁伐監官) 배규주(裵奎周)는 나가사키까지 건너가 현지 일본인이 불법으로 반출해 간 목재를 적발한 경위를 진술하면서 일본의 「조일통상장정」 준수를 촉구하였다(문서 59). 곤도 대리공사는 배규주의 제소가 있었던 만큼 재판 결과가 나오면 알려주겠다고 회답하였다(문서 60). 외아문은 나가사키 거류 일본인이 비개항장인 울릉도에 들어가 목재를 몰래 운반하고 판매한 일은 조약 위반 사항이므로, 목재를 추징하고 벌금을 받아내야 한다는 점을 주일 조선공사 김가진과 배규주에게도 각각 통지하였다(문서 61, 62). 이외에도 울릉도에 불법으로 침투하는 일본인들을 단속하기 위해서 외아문에서는 관원을 파견하여 조사하고, 퇴거 조치를 취하겠다는 내용으로 조회를 발송하기도 하였다. 집행이 어려울 경우 인근의 일본영사관에서 관원을 보내어 조선 관원과 같이 조사해 줄 것을 요청하였다(문서 70). 미개항장인 울릉도에 침투하는 일본인들을 조사하고, 위반자는 조약에 따라 일본 영사에게 인계하여 처리하겠다는 기본 방침을 통보한 것이었다.

이 시점을 전후로 울릉도 연안에 출몰하여 잠수기(潛水器)까지 동원한 조업 활동을 하고, 울릉도에 건물까지 짓는 일본인들이 있었다. 외아문에서는 울릉도장 서경수(徐敬秀)의 보고를 바탕으로 일본 외무성에 항의하는 공문을 보냈다(문서 67, 71). 이 무렵 윤선을 타고 울릉도에 갔던 내무부 주사 윤시병(尹始炳)도 울릉도장의 고기잡이 금지 조치를 언급하며, 일본인들이 잡은 어획물을 관에서 압수하는 조처를 취했다. 곤도 공사는 조선 측의 압수 조처에 항의하며, 잠수회사에 압류물을 되돌려 달라고 요청하는 공문을 보냈다(문서 75, 81).

울릉도에 건너가 옥수수 같은 곡물을 훔치거나, 배규주의 가옥과 창고를 부수며 난동을 피우는 일본인들도 있었다. 울릉도장 서경수의 피해 보고를 받은 외아문에서는 난동을 피운 일본인들에게 「조일통상장정」에 의거하여 벌금 50만 문과 피해액을 배상해 줄 것을 요구하였다(문서 87). 곤도는 「어채규칙」을 거론하면서 가해 일본인들을 추적하여 엄중히 조사하고 신문하도록 지시하였다고 회답하였다(문서 88). 그 후로도 울릉도에 난입하여 나무껍질을 베어내고, 도민들에게 행패를 부리는 일본인들은 계속 나왔다. 그때마다 조선 정부에서는 불법을 저지른 이들을 단속하고, 퇴거 조치를 취하거나 엄히 처벌해 줄 것을 일본공사에게 요청하였다(문서 107, 108, 121, 122, 124, 126). 하지만 하야시 곤스케(林權助)가 주한 일본공사로 재직하는 1899년 이후로 갈수록 조선 정부의 퇴거 요청에 불응하려는 사례도 다수 확인된다(문서 125, 127). 일본인의 울릉도 거주를 기정사실로 만들려는 의도에서 나온 행위였다.

대한제국 시기에 들어서는 울릉도감 배계주(裵季周)가 수목 도벌과 탈취, 행패 등을 계속 일으키는 일본인들에 대처하기 위해서 적극적인 행동에 나섰다. 그는 일본에 건너가 몰래 베어간 목재 반환과 작폐(作弊) 금지를 일본 정부에 요구하였다. 주일 한국공사관도 들러 이 사실을 정부에 이첩하고 조사해 달라고 하였다(문서 110). 주일 한국공사 이하영(李夏榮)에게도 이 내용을 통보하고, 집류한 목재를 도감이 돌려받을 수 있도록 대응할 것을 지시하였다(문서 111). 이에 따라 이하영 공사는 외무대신 아오키 슈조(靑木周藏)에게 공문을 보내어 돗토리현과 시마네현 지사가 일본인들이 울릉도로 몰래 건너와 목재를 벌채하지 못하도록 조치를 취해 달라고 요청하였다. 아울러 외부대신이 울릉도감 배계주의 보고와 활동을 언급한 공문도 전달하였다(문서 112, 113). 이를 통해 일본인이 무단으로 베어간 울릉도 목재를 조사하고, 향후 도벌이 발생하지 않도록 정부 차원에서 단속을 철저히 해달라고 하였음을 알 수 있다. 배계주가 도일하여 일본인들이 몰래 베어간 목재를 돌려받기 위해서 현지에서 소송을 제기한 경과는 아오키 외무대신이 박용화(朴鏞和) 주일 임시대리공사에게 보낸 공문에 상세히 나와 있다(문서 114).

1902년 10월에는 울릉도 체류 일본인의 퇴거 요구와 더불어 일본 측이 울릉도에 경찰서를 설치한 것은 조약 위반이라는 문제 제기도 있었다(문서 163). 하야시는 울릉도 개척의 역사를 좀 더 고려하고, 조약상의 형식에만 구애되어서는 안 된다면서 조선의 요구에 따르지 않았다(문서 164). 일본인 경찰관의 파견에 대해서도 "해당 관리로 하여금 그 경찰관에게 더욱 주의하고 경계할 것을 명령"하겠다면서 철폐할 생각이 없다는 점을 분명히 했다.[4] 1903년에도 조선 정부에서는 울도군수(鬱島郡守)의 현황 보고를 바탕으로 일본인들의 벌목으로 인하여 문제가 발생하고 있다는 점을 지적하고, 일본경찰관의 소환과 경찰서 철폐, 거류 일본인들의 퇴거를 요청하였다(문서 170). 물론 하야시는 일본경찰관의 울릉도 상주가 "단순한 사정에 의한 것"이 아니라면서 철폐 요구에는 응하지 않았다(문서 171).

3) 조일 양국 관리의 울릉도 합동조사

울릉도감 배계주가 도일하여 울릉도 목재 반환에 대한 소송이 제기된 후, 1900년 들어 하야시 곤스케 일본공사는 조일 양국 관원을 공동으로 파견하여 합동조사를 하자고 제안하였다(문서 129). 외부대신 박제순(朴齊純)은 내부(內部) 시찰관(視察官) 1명[우용정(禹用鼎)], 부산감리서(釜山監理署) 관원 1명 등을 선정하여 파견하기로 했다고 일본 측에 통보하였다(문서 130). 다만 준비 과정에서는 관리들의 출발 기일 등이 연기되는 일이 있었으나(문서 131, 132), 관원들은 울릉도에 합동으로 다녀올 수 있었다. 부산해관(釜山海關)에서는 라포르트(E. Laporte) 세무사(稅務司) 서리, 부산 주재 일본영사관에서는 아카쓰카 쇼스케(赤塚正助) 영사관보(領事官補) 등이 울릉도 시찰위원 일행으로 합류하여 조사 활동을 진행하였다.[5] 이들이 울릉도에 다녀온 이후에는 양국 관원이 일정 조율 등의 과정을

---

4   울릉도 주재 영사관 경찰의 파견과 활동은 다음 연구를 참고할 수 있다. 최보영, 2018, 「개항기(1902~1906) 일본영사관 경찰의 울릉도주재소 설치와 한국의 대응」, 『한국근현대사연구』 86.

5   우용정, 김면수(金冕秀), 김성원(金聲遠), 라포르트, 아카쓰카 쇼스케, 와타나베 다카지로(渡邊鷹治郎) 등으로 구성된 조사단의 파견과 활동은 다음 연구를 참고. 송병기, 2010, 『울릉도와 독도, 그 역사적 검증』, 역사공간, 199~207쪽 ; 신용하, 2020, 『독도 영토주권의 실증적 연구: 중』, 동북아역사재단, 98~106쪽.

거쳐 회동하고, 논의하는 자리를 개최하였다(문서 134~139). 양국 관리가 논의한 결과는 1900년 9월 5일 하야시 공사가 박제순(朴齊純) 외부대신(外部大臣)에게 보낸 공문에 정리되어 있다. 물론 하야시는 조선 측의 울릉도 거류 일본인들의 퇴거 요구보다는 관세 징수 등의 방법을 강구하여 현 상황을 유지하려 했다(문서 141). 하야시 요구에 박제순은 네 가지 항목으로 나누어 여기에 반박 의견을 보냈다. 울릉도는 비개항장으로, 일본인들이 무단으로 들어와 거주하고 있으며, 울릉도 감무의 퇴거 명령에도 따르지 않는 상황임을 지적하였고, 수출화물에 2%의 세금을 징수한 것은 수출세가 아니라 벌금을 대신한 것이라고 반론하였다(문서 142). 여기에 하야시는 "오로지 울릉도에서만 우리나라 사람들을 퇴거시키는 것은 도저히 동의할 수 없다"며, 일본인들의 울릉도 거류는 조약 위반이기는 하나 관습이 되었다고 하면서 퇴거 요구에는 응하려 들지 않았다(문서 144). 비개항장이기는 하나 관행적으로 일본인들의 거류가 이루어지게 된 책임을 조선 측에 떠넘기면서 합리화하려 했던 것이다. 이것은 일본인들의 울릉도 진출을 좀 더 활발하게 만들고 고착화하려는 의도이기도 했다.

4) 소금상인 김두원(金斗源)의 손해배상 청구

1901년 문서에는 소금장수 김두원이 일본인들에게 사기를 당해 화물을 잃어버린 사건에 대해 손해배상을 일본 측에 청구한 문서가 나오기 시작한다(문서 148, 150). 피고는 시마네현 거주 기무라 겐이치로(木村源一郎)였다. 하야시 공사도 이 사항을 지방관에게 조사하도록 전달하였고, 시마네현 지사가 현 내 상황을 조사하여 알려온 내용을 조선 측에 통보했다(문서 151, 153). 문제 해결을 호소했음에도 상황이 나아질 기미를 보이지 않자, 김두원은 일본공사관에 찾아가 애원하고 구제해 달라고 요청하였다. 하야시는 김두원이 이렇게 행동하지 않도록 외부에서 조처를 취해 달라고 하였다(문서 154). 1902년 2월 들어서 일본공사관에서는 그동안 기무라 겐이치로를 조사한 결과를 조선 측에 통보하였다. 기무라가 사망하고 그의 집안은 극심히 빈곤하여 배상을 감당할 만한 경제력이 없으므로 배상할 수 없다는 것이 결론이었다(문서 155). 1903년 들어서도 김두원은 일본공사의 통행을 가로막고 호소하는 행동을 하였다. 이에 외부대신 이도재(李道宰)는 김두원을 경찰서로 압송하였고, 법률에 따라 처분하겠다고 조회하였다(문서 167, 168). 그에게는 "태(笞) 90대와 징역 2년 반"을 구형하였다는 소식을 전달하면서, 기무라가 남긴 유산을 확보하여 처지가 딱한 김두원에게 상환해 줄 것을 요청하였다(문서 173). 이에 대한 하야시 공사의 마지막 회답은 1903년 11월 16일에 있었는데, 구두로 사신의 의향을 전달했기 때문에 이를 문서로는 더 이상 언급할 필요가 없다는 입장이었다(문서 175). 소금장수 김두원 문제와 관련하여 조일 양국이 주고받은 공문은 여기에서 그친다. 양국 교섭의 상세한 전말은 이 사건을 다룬 김종준의 연구를 참고할 수 있다.[6] 『일안』의 기록에서는 사라지나, 김두원의 끈질긴 배상 청원은 식민지 시기까지도 계속 이어졌던 것으로 《동아일보》 기사에서 확인된다.[7]

5) 기타 수록 문서의 내용

『일안』 수록 문서에는 울릉도·독도를 직접적으로 거론하고 있지 않으나, 일본 어선의 활동구역 설정이나 일본 군함의 연해 측량, 러일전쟁 시기 일본의 독도 침탈과 관련하여 활동이 확인되는 일본인 관리의 한국 방문 기사 등도 실려 있다.

해군 수로부장을 지낸 기모쓰기 가네유키(肝付兼行)는 러일전쟁 발발보다 6년 전에 대한제국을 방문하여 경복궁과 창덕궁을 둘러보려 한 적이 있다(문서 109). 그리고 이듬해에는 농상무성(農商務省) 수산국장(水産局長) 마키 나오마사(牧朴眞)도 한국을 방문하여 궁궐을 둘러보고, 허가를 받아 황제를 알현하기도 했다(문서 115~117). 이들의 한국 방문과 시찰, 정보수집 활동이 일본의 울릉도·독도 침탈 과정에서 향후 어떠한 영향을 미쳤는가에 대해서는 심층적으로 추적해 볼 필요가 있을 것이다. 기존 연구에서는 독도 편입과 대여 청원서를 제출하였던 나카이 요자부로(中井養三郞)의 회고 기록에 의존하여 이들의 활동을 간략하게 소개하는 정도에 그치고 있기 때문이다. 하지만 『일안』에 나온 기록을 통해서도 이들의 도한과 한국 내 활동이 확인되는 만큼 좀 더 다각도로 이들의 행적을 추적해 보면 좋을 것이다.

일본 군함의 한반도 연안 측량과 관련하여 대한제국 정부의 협조를 얻어 남해안과 황해안 곳곳을 측량하고 다닌 카이몬함(海門艦) 사례도 주목할 만하다고 판단하여 여기에 번역해 수록하였다(문서 157~162). 일본 군함의 한반도 연안 측량은 「조일수호조규」를 체

---

6 김종준, 2013, 「개항기 일본 상인의 울릉도 침탈과 염상 김두원 사건」, 『東北亞歷史論叢』 42.
7 〈鹽商 金斗源氏의 鳴寃書〉, 《東亞日報》 1920.05.27, 4면 5~6단.

결한 전후 시점인 1870년대부터 시작되었다. 일본은 「조일수호조규」 제7관을 통해서 한반도 연안을 측량하고 해도를 작성할 수 있는 근거까지 확보하였다. 여기에 기초하여 러일전쟁으로 이어지는 시기까지 지속적으로 연안 측량과 정보 수집을 진행하였다. 측량과 정탐 활동을 통해 일본 측이 수집한 정보는 일본이 한반도를 식민지로 삼는 첨병이 되었다. 카이몬함 이외에도 한반도 연안을 누비면서 침탈에 필요한 정보를 수집한 일본 군함의 활동에 대해서는 후속 연구가 필요하다.

일본 어선이 한반도 연안에 진출하여 조업할 수 있는 구역은 1883년 7월에 체결한 「조일통상장정」 제41관에서 규정하였다. 일본 어민을 단속할 수 있는 규정은 「처판일본인민재약정조선국해안어채범죄조규(處辦日本人民在約定朝鮮國海岸漁採犯罪條規)」의 6개 조항으로 설정하였다. 1889년에는 어선에 대한 세금 납부, 불법으로 조업한 어선의 단속 규정을 논의하여 「조일통어장정」을 체결하였다. 그 후로 전라, 경상, 강원, 함경 4도로 설정하였던 조업구역을 조금씩 확장하려는 일본 측 요구를 『일안』에 실린 공문에서 확인할 수 있다(문서 145, 146). 이에 대하여 한국 정부에서는 경기 연안에서 일본 어민의 어채 활동을 특별히 허가하되, 기한을 1900년 11월 1일부터 20년으로 한정하였다. 그리고 무기를 휴대하고 포악한 거동을 하는 자는 인근의 일본 영사에게 교부하여 엄히 처분하도록 했다(문서 147). 러일전쟁 시기가 되면 「한일양국인민어채구역조례(韓日兩國人民漁採區域條例)」를 통해 일본 어민의 활동 반경은 더 넓어진다. 이로 인하여 한인과의 어업 분쟁도 빈발한다. 동해의 울릉도·독도에서 출발한 양국 어민의 갈등과 마찰이 한반도 전역으로 점차 확장되어 가는 과정으로 볼 수 있다.

6) 『일안』 기사 외 자료집에 추가한 문건 소개

(1) 외무성 외교사료관 소장 자료 내 울릉도 목재 관련 교섭 문건

『에히메현 평민 무라카미 도쿠하치가 조선국 울릉도에서 조선인 김성서에게 목재를 밀매한 일건(愛媛縣平民村上德八朝鮮国蔚陵島二於テ同国人金性瑞ヨリ木材密売一件)』(JACAR Ref. B10073666600)에는 서리독판교섭통상사무 김홍집(金弘集)이 일본공사 서리 시마무라 히사시(嶋村久)에게 1884년 8월 21일 자로 보낸 서한이 한 통 수록되어 있다. 김홍집은 1883년 10월 울릉도로 파견되어 도항해 있던 일본인들을 퇴거시켰던 내무성 관리 히가키 나오에(檜垣直枝)의 건을 거론하면서, 이때 데리고 간 일본인들에 대한 처분이 정부 차원에서 어떻게 되었는지 회신해 달라고 촉구하였다. 1880년대 초반부터 조선 정부에서는 울릉도로 건너온 일본인들에 대하여 지속적으로 문제를 제기하고 있었는데, 내무성 차원에서 관리를 파견하여 퇴거시킨 이후의 조처가 어떻게 진행되고 있었는가에 대해서도 지속적으로 관심을 갖고 있었음을 잘 보여준다.

『일본선박 반리마루가 조선국 울릉도에서 실어온 목재를 고베항에서 차압한 일건(神戶港ニ於テ日本形船万里丸朝鮮國蔚陵島ヨリ搭載ノ材木差押一件)』(JACAR Ref. B10074439400)에는 1885년 5월 20일 흠차대신을 수행하여 일본에 갔던 사절 묄렌도르프가 효고현령(兵庫縣令)에게 발송한 서한이 수록되어 있다. 이 서한은 『일안』 1권에 실려 있지 않다. 반리마루의 목재 처리와 관련하여 외무성에도 알렸고, 목재를 관할하고 있는 효고현청에도 통지하여 논의한다는 사실을 고하는 내용을 담고 있다.

(2) 『주일서내거안』 수록 1898년 배계주 도일 관련 기사

자료가 편철되어 있는 책자의 명칭은 『주일서내거안(駐日署來去案): 광무 2년(光武二年)』으로 기재되어 있다. 서울대학교 규장각한국학연구원에 소장되어 있는 자료이다. 이 자료 내에서 울릉도감 배계주의 도일 활동과 관련하여 두 개의 문건을 확인하고 수록하였다. 주일 한국공사관에서 울릉도감 배계주와 접촉하여 교섭 경과를 확인하고, 향후의 대응방안을 모색하려 했다는 사실을 확인할 수 있다는 점에서 중요한 자료라 할 수 있다. 하나는 1898년 주일 전권공사 이하영이 외부대신 서리 외부협판 박제순에게 보고한 문건(보고 제28호)이다. 여기에는 1898년 9월 15일 일본에 건너간 울릉도감 배계주가 주일공사관을 방문하여 요청한 내역이 간략히 담겨 있다. 배계주는 일본인 무뢰배들이 울릉도의 목재를 몰래 탈취하면서 여러 폐단이 발생하고 있으므로 일본 정부에 이를 금지하도록 요청하였다. 한편으로는 이 내용을 귀국하여 정부에도 보고하겠다고 전하였다. 이하영은 배계주가 보고한 내용을 바탕으로 조사하고 처리해 줄 것을 박제순에게 요청하였다.

이를 받은 후 박제순은 1898년 10월 14일 이하영에게 훈령 제16호를 발송하였다. 이 문건도 배계주의 보고 내용을 근거로 제시하였다. 일본 시마네현과 돗토리현 소속 인원이 무기를 소지하여 울릉도의 관과 민을 위협하고, 자원을 멋대로 채취해 갔기 때문에 도감 배계주는 일본 현지로 건너가 목재를 압류하고 소송을 제기하여 사리에 맞는 판결을 얻었다는 사실을 고하였다. 배계주의 대응을 두고 박제순은 "해당 도감이 노고를 꺼리지 않고 목재를 집류한 일은 그 직임을 다하였다고 말할 수 있다"고 평가하였다. 이 사실에 근거하여 주일 공사가 외무성으로 조회하여 해당 목재를 찾아 배계주에게 지급하고, 일본인들이 사후에 목재를 베어가는 폐단이 없도록 교섭할 것을 훈령으로 지시하였다.

(3) 『일본외교문서』 수록 1899년 외무대신 발송 서한

이것은 앞서 나온 『주일서내거안』에 수록된 배계주의 일본 내 활동과 관련하여 일본 외무대신 아오키 슈조가 주일 임시대리공사 박용화에게 보낸 서한이다. 1898년 8월 중순 사카이항에 도착한 배계주는 이곳 상인 이시바시 유자부로(石橋勇三郎)와 목재 판매와 관련된 계약을 체결하였으며, 이시바시 명의로 울릉도에서 불법으로 목재를 벌목해 간 일본인들을 경찰서에 고발하였다. 경찰서에서 수사를 진행하여 사건을 마쓰에 지방재판소(松江地方裁判所)로 송치하였으나, 예심에서는 증거 불충분으로 면소(免訴) 처분을 내렸다. 배계주는 이해 12월 추가로 은닉된 목재에 대한 수색 청원서를 제출하였다. 선박에 느티나무 약간을 숨기고 있던 일본인이 적발되어 이것을 재판에 넘겨 현재 예심을 진행하고 있다는 사실을 한국 측에 통지하였다. 마쓰에 지방에서 배계주가 울릉도 목재와 관련하여 소송을 제기하여 진행된 경과를 알리면서, 향후 일본인들이 사적으로 도항하는 건은 엄히 단속하겠다는 입장을 전달한 공문이라고 볼 수 있다. 울릉도감 배계주가 일본에 건너가 소송한 전말을 상세하게 다룬 연구가 있으므로, 이 자료와 같이 참고하여 보면 좋을 것이다.[8]

---

[8] 유미림, 2018, 「초대 울도군수 배계주의 행적에 대한 고찰: 일본에서의 소송을 중심으로」, 『한국동양정치사상사연구』 17-2.

일제의 독도·울릉도 침탈 자료
조선과 일본 왕복 외교 문서

1 일본인의 울릉도 벌목에 대한 항의

발신[發]	禮曺判書 沈舜澤	辛巳 五月
수신[受]	外務卿 井上馨	
출전	「禮曺判書以蔚陵島伐木禁斷事送外務省書」,『啓下書契冊』卷1(古5710-9) ;『同文彙考』卷4 附編續 邊禁二「禮曺判書以禁斷蔚陵島伐木事抵外務卿書」;『日本外交文書』卷14, #160 附屬書1 甲號, 387~388쪽 ;『朝鮮國蔚陵島ヘ犯禁渡航ノ日本人ヲ引戻處分一件』卷1(日本 外務省 外交史料館 所藏)	

禮曺判書以蔚陵島伐木禁斷事送外務省書

大朝鮮國禮曺判書沈舜澤, 呈書大日本國外務卿井上馨閣下

　謹玆照會者, 卽接我江原道觀察使所報, 則蔚陵島搜討官巡檢之際, 有貴國人七名, 在其島伐木積置, 將送于元山釜山港云, 盖此蔚陵島, 粤自三韓係在本國土地物産, 詳載於本國輿圖, 逮我朝以海路危險, 撤其居空其地, 封殖長養, 而派官審檢, 歲以爲常, 重藩蔽固疆圉之道, 不得不然爾, 前此一百八十九年癸酉, 以貴國人錯認島名事屢度往復, 竟至歸正而自貴國飭于海民, 永不許入徃漁採, 其書尙載在掌故可按也, 今此貴國人之懵然來斫, 有欠入境問禁之義, 且交隣貴誠信, 梁灌楚苃, 晉還吳獵, 豈非今日之所相勉者乎, 玆庸開陳, 望貴政府嚴申邊禁, 俾還徃船舶更毋得昧例踵誤, 益篤兩國之孚, 永久無替, 深所幸也, 耑此前付, 順祈台祉.

　敬具.

辛巳五月
禮曺判書 沈舜澤

主事 臣 鄭憲時 製進
光緖七年五月二十八日
啓

예조판서가 울릉도 벌목 금지 건으로 외무성에 보낸 서한

대조선국 예조판서 심순택(沈舜澤)이 대일본국 외무경 이노우에 가오루(井上馨) 각하에게 서한을 드립니다.

삼가 조회합니다. 우리나라 강원도관찰사의 보고를 접수했습니다. 울릉도 수토관이 순검(巡檢)할 때 귀국인 7명이 그 섬에서 벌목하여 쌓아두었는데, 장차 원산항과 부산항으로 보내려 한다고 하였습니다. 대개 이 울릉도는 삼한(三韓) 때부터 본국에 있었습니다. 토지와 물산이 본국의 여도(輿圖)에 상세하게 실려 있습니다. 우리 왕조에 이르러 바닷길의 위험으로 거주를 철거하고 땅을 비워 두었습니다. 봉금(封禁)하고 나무를 길렀습니다. 관원을 파견하여 심검(審檢)하는 것이 해마다의 일상이었습니다. 울타리를 중히 여겨 강역을 견고하게 하는 방법이니 그렇게 하지 않을 수 없는 것입니다. 189년 전 계유년에 귀국인이 섬의 이름을 잘못 안 일로 인해 수차례 문서를 왕복하여 마침내 일이 올바르게 해결되어서 귀국에서 해민들에게 신칙하여 울릉도에 들어가서 어채(漁採) 활동을 하는 것을 영구히 금지하기에 이르렀습니다. 그 문서가 전적(典籍)에 실려 있어 근거로 삼을 수 있습니다. 지금 이 귀국인이 어리석게 와서 베는 것은 국경에 들어갈 때 그 나라에서 금하는 것을 물어보아 저촉되지 않으려 하는 의리가 부족한 것입니다. 게다가 교린은 성(誠)과 신(信)을 귀하게 여깁니다. 양(梁)나라가 초(楚)나라의 오이(苽)에 물을 주었고, 진(晉)나라가 오(吳)나라의 사냥감을 돌려준 고사를 어찌 오늘날 서로 권면하지 않겠습니까? 이같이 말씀드리니 귀 정부가 변금(邊禁)을 엄격히 펼쳐서 선박을 돌려보내고 다시 전례를 모르고 잘못을 거듭하는 일이 없도록 하시기 바랍니다. 더욱 양국의 우의를 돈독하게 하여 영구히 변하지 않는다면 실로 다행이겠습니다. 이에 특별히 글을 드립니다. 아울러 평안하시기 바랍니다. 삼가 아룁니다.

신사년 5월[1]

예조판서 심순택(沈舜澤)

주사(主事) 신 정헌시(鄭憲時)가 제술하여 드림.
1881년 (광서 7) 5월 28일 주상께 상주하였음.

---

[1] 『啓下書契冊』에 기재된 사항에 따르면 "光緒 7年 5月 28日"(양력 1881년 6월 24일)에 국왕에게 재가를 받았던 것으로 확인된다.

2 일본인의 울릉도 어채 금지에 관한 회답

발신[發]	日本外務卿 代理 上野景範	明治 14年 8月 20日
수신[受]	禮曹判書 沈舜澤	
출전	『日案』卷1, #74, 57쪽 ;『朝鮮國蔚陵島ヘ犯禁渡航ノ日本人ヲ引戾處分一件』卷 1(日本 外務省 外交史料館 所藏) ;『同文彙考』卷4 附編續 邊禁2「外務大輔答書」	

外務大輔答書

　　謹玆照覆者, 卽接辛巳六月日貴函, 貴國蔚陵島有我民入往漁採者, 關入境問禁之義, 俾還往船舶, 更勿得昧例踵誤, 益篤兩國之孚, 書意具悉, 此寔係我政府未曾聞之事, 卽當調查事實要, 俾莫碍於兩國厚好也, 謹玆照覆, 並頌台祉. 敬具.

　　　　　　　　　　　　　　　　　　　　明治十四年八月二十日
　　　　　　　　　　　　　　　　大日本國 外務卿 代理 外務大輔 上野景範
　　　　　　　　　　　　　　　　　　　大朝鮮國 禮曹判書 沈舜澤 閣下

외무대보(外務大輔)의 답서

　　삼가 조복합니다. 신사년 6월 ○일의 귀 서한을 접수하였습니다. 귀국 울릉도에 우리 백성으로 들어가 고기잡이를 하는 자가 있으니 국경에 들어갈 때 그 나라에서 금하는 것을 물어보아 저촉되지 않으려는 의리가 부족하여 선박을 다시는 전례를 모르고 잘못을 거듭하는 일이 없도록 하여 양국의 우의를 더욱 돈독하게 하라는 뜻의 문서를 다 읽었습니다. 이는 실로 우리 정부가 일찍이 듣지 못한 일로 마땅히 사실을 조사하여 양국의 두터운 우호에 장애가 되지 않도록 하겠습니다. 삼가 조복을 보냅니다. 아울러 평안하시기 바랍니다. 삼가 아룁니다.

　　　　　　　　　　　　　　　　　　1881년(明治 14) 8월 20일
　　　　　　　　　　　　대일본국 외무경 대리 외무대보 우에노 가케노리(上野景範)
　　　　　　　　　　　　　　　대조선국 예조판서 심순택(沈舜澤) 합하

3 일본인의 울릉도 벌목 금지 관련 외무경 훈령 전달

발신[發]	日本公使館事務署理 副田節	西紀 1881年 12月 15日
수신[受]	經理統理衙門事 李載冕	高宗 18年 10月 24日
출전	『日案』卷1, #75, 58쪽 ;『日本外交文書』卷14, #161 附屬書1 註, 390쪽 ;『朝鮮國蔚陵島ヘ犯禁渡航ノ日本人ヲ引戻處分一件』卷1(日本 外務省 外交史料館 所藏)	

　　照會者, 玆奉本國外務卿訓令稱, 有我民人入貴國蔚陵島伐木積置之由, 前旣經照覆, 但以時係創聞. 一面致函, 隨即查覈, 果有其事, 而今旣撤歸矣, 但邊民昧例, 動輒踵誤, 嗣後更當申禁, 篤兩國之孚也等語, 飭令本官照會貴政府查照, 因此照會, 順頌台祉, 敬具.

　　　　　　　　　　　　　　　明治十四年 十二月 十五日
　　　　　　　　　　　　　　　公使館 事務署理 外務二等屬 副田節
　　　　　　　　　　　　　　　　經理統理機務衙門事 李載冕 閣下

조회합니다. 지금 본국 외무경(外務卿)의 훈령(訓令)을 받아보니, "우리 민인(民人)이 귀국 울릉도에 들어가서 벌목(伐木)을 하고 적치(積置)한 사안으로 인하여 전에 이미 조복하였습니다. 다만 이때 처음 들은 관계로 일면 함(函)을 보내고 곧 다시 조사해 보니 과연 이러한 일이 있었습니다. 그러나 지금 이미 철수하여 돌아갔습니다. 다만 변방의 백성들이 규례를 잘 몰라 걸핏하면 잘못을 거듭합니다. 이후에 더욱 마땅히 금령을 선포하여 양국의 신뢰를 돈독하게 하겠습니다"는 등의 말이 있었습니다. 본관으로 하여금 귀 정부에 조회하여 살펴보시게 하라고 신칙하였습니다. 이를 바탕으로 조회합니다. 아울러 평안하시기 바랍니다. 삼가 아룁니다.

1881년(明治 14) 12월 15일

공사관 사무 서리 외무2등속 소에다 세츠(副田節)
경리통리기무아문사 이재면(李載冕) 합하

4 울릉도 침범 일본인의 조사와 엄금 통지안

발신[發]	外務卿 井上馨	明治 14年 9月
수신[受]	禮曹判書 沈舜澤	
출전	『日本外交文書』卷14, #161 附屬書1 丙號, 389쪽 ;『朝鮮國蔚陵島ヘ犯禁渡航ノ日本人ヲ引戻處分一件』卷1(日本 外務省 外交史料館 所藏)	

朝鮮政府ヘ送ル書翰案

　照會者, 有我民人入, 貴國蔚陵島, 伐木積置者之由, 前旣經照覆, 但以時係創聞, 一面致函, 隨卽査覈, 果有其事, 而今旣撤歸矣, 但邊民昧例, 動輒踵誤, 嗣後更當申禁, 篤兩國之孚也, 因此照會, 順頌台祉. 敬具.

明治十四年 九月 日

大日本國 外務卿 井上馨
大朝鮮國 禮曹判書 沈舜澤 閣下

조선 정부에 보내는 서한 초안

조회합니다. 우리나라 사람이 귀국의 울릉도에 들어가서 벌목하고 적치(積置)한 사안으로 인하여 전에 조복을 보냈습니다. 다만 당시에는 처음 상황에 대해 들었기 때문에 한편으로 서한을 보내고, 곧이어 조사해 보니 과연 그러한 사실이 있습니다. 지금은 이미 철수하여 돌아갔을 것입니다. 다만 변방의 인민(邊民)들이 전례에 밝지 못하여 걸핏하면 잘못을 반복합니다. 이후에는 더욱 마땅히 금하도록 하여 양국의 우의를 돈독하게 하겠습니다. 이에 조회를 보냅니다. 아울러 평안하시기 바랍니다. 삼가 아룁니다.

1881년(明治 14) 9월 일

대일본국 외무경 이노우에 가오루(井上馨)
대조선국 예조판서 심순택(沈舜澤) 각하

5 경리사 이재면이 소에다에게 보낸 회신

발신[發]	經理事 李載冕	辛巳 12月 4日
수신[受]	外務二等屬 副田節	
출전	『日本外交文書』卷14, #161 附屬書1 註, 390쪽 ;『朝鮮國蔚陵島ヘ犯禁渡航ノ日本人ヲ引戾處分一件』卷1(日本 外務省 外交史料館 所藏)	

　　照覆者, 蔚陵島禁斫係是我國成典, 而自貴政府又如是查覈, 俾卽撤還, 令申後禁交孚彌篤感顯斯摯藉, 此照覆, 順蘄台案. 敬具.

　　　　　　　　　　　　　　　　　　　　　　　辛巳 十二月四日
　　　　　　　　　　　　　　　　　　　　　　　經理事 李載冕 ㊞
　　　　　　　　　　　　　　　　　　　　　　　外務二等屬 副田節 閣下

조복합니다. 울릉도에서 벌채를 금지한 것은 우리나라의 성문화된 법입니다. 귀 정부에서 이처럼 실정을 상세히 조사하여 철환(撤還)하도록 해주고, 이후로는 금지한다는 명령을 내렸습니다. 양국의 교의가 더욱 돈독해지니, 진실로 감격하여 앙모하고 있습니다. 이 기회를 빌어 조복합니다. 아울러 평안하시기 바랍니다. 삼가 아룁니다.

신사년 12월 4일
경리사 이재면(李載冕) ㊞
외무2등속 소에다 세츠(副田節) 각하

6 울릉도 벌목 일본인에 대한 개선 여부 문의

발신[發]	禮曹判書 李會正	明治 15年 8月
수신[受]	外務卿 井上馨	
출전	『啓下書契冊』卷1 ;『朝鮮國蔚陵島ヘ犯禁渡航ノ日本人ヲ引戻處分一件』卷1(日本 外務省 外交史料館 所藏)	

禮曹判書送外務省書

明治十五年 八月

大朝鮮國禮曹判書 李會正 呈書
大日本國外務卿 井上馨 閣下

謹玆照會者, 敝邦之欝陵島非間界也, 頃因貴國人斫樹伐木早奉書契藉蒙, 貴朝廷另許禁止敝邦委遣檢察使李奎遠周視島界歸言, 斫探仍前無改, 豈貴朝廷不及立禁, 而民猶冒犯否疑深訝滋耑函奉質, 望貴朝廷照諒設法婉諭嚴防毋蹈前謬, 幸甚幸甚, 敬問台祉, 辰安不宣.

壬午年 六月 日(明治十五年 八月)

禮曹判書 李會正

예조판서가 외무성에 보내는 서한

1882년(明治 15) 8월

대조선국 예조판서 이회정(李會正)이 드리는 글
대일본국 외무경 이노우에 가오루(井上馨) 각하

삼가 조회합니다. 우리나라의 울릉도는 국경 사이에 있는 곳이 아닙니다. 얼마 전 귀 국인이 벌목으로 인하여 일찍이 서계를 받들었는데, 귀 조정에서 별도로 금지하겠다고 약속하였습니다. 우리나라가 검찰사(檢察使) 이규원(李奎遠)을 파견하여 섬의 경계를 돌아보았습니다. 돌아와 말하기를 벌채하는 것이 전과 같이 고쳐지지 않았다고 합니다. 어찌 귀 조정은 금지를 하지 않아서 오히려 인민들이 죄를 범하도록 하는지 의아함이 심해지므로 특별히 편지를 써서 질의합니다. 귀 조정에서 형편을 살펴 방법을 마련하여 완곡히 깨우쳐 주시기 바랍니다. 예전의 잘못을 답습하지 못하도록 잘 타이르고, 엄격비 방비할 수 있다면 매우 다행이겠습니다. 아울러 평안하시기 바랍니다. 이만 줄이겠습니다.

임오년 6월 일[1882년(明治 15) 8월]
예조판서 이회정(李會正)

7 다케조에 공사의 서함 내용을 조선 정부에 전달한다는 회신

발신[發]	禮曹判書 李秉文	壬午 12月 初2日
수신[受]	辦理公使 竹添進一郎	
출전	『朝鮮國蔚陵島ヘ犯禁渡航ノ日本人ヲ引戾處分一件』卷1(日本 外務省 外交史料館 所藏)	

　謹茲照覆者, 開准貴函, 內稱我國欝陵島樹木, 貴國人民之嗣後犯斫者, 由該地方官査出, 應送貴國領事官, 擬法懲辦事, 謹遵委示, 轉報我政府, 玆以照覆, 順祈繁祉, 敬具.

壬午 十二月初二日

禮曹判書 李秉文

辦理公使 竹添進一郎 閣下

삼가 조복합니다. 귀 서함을 열어보니 우리나라 울릉도의 수목을 귀국 인민이 이후에 침범하여 베어가는 것을 울릉도의 지방관이 조사하여 색출하면 마땅히 귀국 영사관에게 보내어 법에 따라 처벌하라는 내용이었습니다. 우리 정부에 전달하여 알리겠습니다. 이에 조복합니다. 아울러 번영과 평안을 기원합니다. 삼가 아룁니다.

임오년(1882) 12월 초2일
예조판서 이병문(李秉文)
변리공사 다케조에 신이치로(竹添進一郎) 각하

8 동남제도개척사 김옥균의 울릉도 건 처리 문의

발신[發]	日本署理公使 嶋村久	西紀 1884年 1月 8日
수신[受]	督辦交涉通商事務 閔泳穆	高宗 20年 12月 11日
출전	『日案』 卷1, #202, 106쪽[원본: 『日信 一』(奎19572, 78-1)]	

敬啓者, 茲准本國外務卿[井上馨]來文內開, 准據大坂府下協同商會社長[高須謙三]稟稱, 竊敝商會與東南開拓使金玉均, 約定裝運米穀於朝鮮國欝陵島, 並販賣該島所產諸物之事, 理合具稟等情, 據此, 查凡我國商船廻航不通商口岸, 自應照據通商章程第三十四款, 惟金玉均氏是否奉其政府之委任, 而約定雇用船隻, 販賣產物等, 無從確知, 故難批示, 合當行知, 希煩將雇用商船及販賣欝陵島產物等, 果否由該政府委任於金氏事, 函問統理衙門, 即速回報等因前來, 准此, 合將前因函告, 貴督辦查照, 請煩即行查覆由貴政府有無委任金玉均之處, 以便據報本國爲荷, 耑此, 順頌日社.

明治十七年 一月八日

嶋村久

삼가 말씀드립니다. 지금 본국 외무경(이노우에 가오루)이 보내온 문서를 받았습니다. 그 안에 쓰여 있기를, "오사카부(大坂府) 협동상회 사장(다카스 겐조)의 다음과 같은 보고를 받았습니다. '저희 상회는 동남개척사 김옥균(金玉均)과 조선국 울릉도에 쌀을 실어 운반하고 아울러 울릉도에서 생산되는 여러 물건을 판매하는 일을 약정하였습니다. 마땅히 문서를 갖추어 보고합니다.' 이를 바탕으로 살피건대, 우리나라 상선이 미통상 항구로 회항(廻航)하는 것은 마땅히 통상장정 제34관에 따라야 하나, 오직 김옥균 씨가 그 정부의 위임을 받아서 선박의 고용과 물산의 판매 등을 약정하였는지의 여부는 정확히 알 길이 없습니다. 그러므로 의견을 표시하기 어렵습니다. 마땅히 이를 통지하여 번거롭지만, 상선을 고용하고 울릉도 산물을 판매하는 등의 일이 과연 조선 정부가 김옥균 씨에게 위임한 일인지 아닌지 통리아문에 서한으로 물어보고 신속하게 회보하기를 희망합니다"라고 하였습니다. 이를 바탕으로 마땅히 앞의 사유를 서한으로 올립니다. 귀 독판이 살펴보고 청컨대, 번거로우시더라도 즉시 귀 정부가 김옥균에게 위임한 바가 있는지의 여부를 조사하여 답변하여 주셔서 제가 본국에 보고할 수 있도록 해주시면 감사하겠습니다. 이에 특별히 편지를 올립니다. 아울러 나날이 평안하시기를 기원합니다.

1884년(明治 17) 1월 8일
시마무라 히사시(嶋村久)

9 동남제도개척사 김옥균의 울릉도 건 처리에 대한 회답

발신[發]	督辦交涉通商事務 閔泳穆	高宗 20年 12月 13日
수신[受]	日本署理公使 嶋村久	西紀 1884年 1月 10日
출전	『日案』卷1, #203, 107쪽[원본:『日信 一』(奎19572, 78-1)]	

開拓使曾奉我政府委任, 凡屬開拓事件, 皆歸該使□理事

敬覆者, 接准來文內開云云等因, 査本國東南開拓使金玉均氏, 曾奉我政府委任, 凡屬欝陵島開拓事件, 皆歸該使辦理, 如雇用船隻等項, 自應據通商章程第三十四款施行, 再無用政府准單, 但係不通商口岸, 則商民等毋得因緣此事, 私行販運, 並應照章申明爲妥, 請煩貴署理公査照, 轉行據復貴政府可也, 順頌日社.

癸未 十二月 十三日
閔泳穆

개척사는 일찍이 우리 정부의 위임을 받았고, 무릇 개척 사건에 속하는 건은 모두 해당 사신의 처리에 귀속할 것

삼가 답변을 드립니다. 보내신 문서를 받아보니 안에 운운하는 등의 내용이 있었습니다. 살펴보건대, 본국의 동남개척사 김옥균(金玉均) 씨는 일찍이 우리 정부의 위임을 받아서 무릇 울릉도 개척 사건에 속하는 일은 모두 그가 처리하도록 되어 있습니다. 선박의 고용과 같은 항목은 마땅히 통상장정 제34관에 근거하여 시행해야 하며, 다시 정부의 준단(허가증)은 사용하지 않습니다. 다만 미통상 항구이기 때문에 상민 등은 이 일로 연유하여 사사로이 판매하고 운반해서는 안 됩니다. 아울러 마땅히 장정에 따라 분명히 밝히는 것이 타당합니다. 청컨대 귀 서리공사께서는 살펴보시고 이 답변에 따라 귀 정부에 전달하여 주시기를 바랍니다. 나날이 평안하시기를 기원합니다.

계미년 12월 13일

민영목(閔泳穆)

10 울릉도에서 몰래 벌목한 일본인의 처벌에 관한 건

발신[發]	督辦交涉通商事務 閔泳穆	高宗 21年 1月 11日
수신[受]	日本署理公使 嶋村久	西紀 1884年 2月 7日
출전	『日案』卷1, #204, 107~108쪽[원본: 『日信 一』(奎19572, 78-1)] ; 『愛媛県平民村上德八朝鮮国蔚陵島ニ於テ同国人金性愷ヨリ木材密売一件』(Ref.B10073666600: 0007~0009)	

　　大朝鮮督辦交涉通商事務閔, 爲照會事, 鬱陵島應辦事件, 由我政府委任開拓使之由, 業經本督辦照覆貴署理公使在案, 玆據去年十二月十五日開拓使金玉均氏報稱, 鬱陵島所有木材, 多被日本人偸斫陸續運去, 本月初, 委送隨員卓挺埴於赤馬關, 偵探載木船一隻, 仍爲執留, 詰其犯禁之由, 則該日本商民稱有鬱陵島長發給票憑, 以米錢換來云, 本島係是未通商口岸, 則各國商船原不准駛入, 況越境潛斫, 擅行載運, 有違公例, 該島長全錫圭不惟不能禁止, 乃反貪利私許以啓他國奸民之心, 已極駭痛, 島長卽一里正保甲之流, 初無官守之權, 而違越法禁, 擅行給票者, 究厥所犯, 合置重典等因, 査去年聞有貴國民數百名潛入鬱陵島, 斫取木材, 由貴政府立派員弁捕還, 具認貴國交隣有道, 方擬行文稱謝, 仍請裁判案件, 用昭公例, 嗣聞貴國民罔念悛改, 潛斫木材, 私自船運, 至被我開拓使隨員所現執, 商船在不通商口, 密行買賣, 載在章程罰款, 是我政府之不得不理論者也, 該島長全錫圭非有官守之權, 而擅許違法之事, 由我政府另行査究懲辦, 至貴國民犯禁情節, 理合備文照會, 請貴署理公使迅速報知貴政府, 將該民等照法懲辦, 並將前後裁判案稿抄錄轉眎, 所有該民自該島運出之木材, 亦卽一一査拏, 交付於開拓使措處, 其罰款遵照通商章程第三十三款辦理, 實屬公允, 請煩貴署理公使査照施行, 並祈見覆, 爲此, 相應照會, 須至照會者,

　　右照會.

大日本 署理欽差辦理大臣 嶋村

甲申 正月十一日

대조선 독판교섭통상사무 민영목(閔泳穆)이 조회합니다. 울릉도와 관련하여 처리할 사건은 우리 정부가 개척사에게 위임했다는 내용으로, 이미 본 독판이 귀 서리공사에게 조복한 문서가 있습니다. 작년 12월 15일 개척사 김옥균(金玉均)씨의 보고에 따르면, "울릉도에 있는 목재는 많은 양을 일본인들이 몰래 벌목하여 계속 운반해 갔습니다. 이달 초에, 수행원 탁정식(卓挺埴)을 아카마가세키(赤馬關, 시모노세키)에 보내어 목재운반선 1척을 정탐하고 이내 잡아 두었습니다. 금지를 범한 이유를 힐문하니 해당 일본 상민(商民)은 말하기를, '울릉도장이 발급한 표빙(票憑)이 있어서 쌀과 동전으로 바꾸어 왔습니다'라고 하였습니다. 울릉도는 미통상 항구인 관계로 각국 상선은 원래 들어오는 것을 허락하지 않습니다. 하물며 국경을 넘어 몰래 벌채하여 무단으로 운반해 가니 공례(公例)를 어긴 것입니다. 울릉도장 전석규(全錫圭)는 금지하기는 커녕 도리어 이익을 탐하여 사사로이 허락하고 다른 나라 간사한 백성(奸民)의 마음을 열어주게 하였으니 이미 지극히 놀랍고 통탄스럽습니다. 울릉도장은 이정(里正)이나 보갑(保甲)과 같은 부류로, 처음에 관수(官守)의 권리는 없으나 법금(法禁)을 어겨서 무단으로 증표를 발급한 것이니 그 범한 죄를 보면 중형으로 처벌함이 합당합니다"라고 하였습니다. 살펴보니 작년에 귀국 백성 수백 명이 울릉도에 잠입하여 목재를 벌채해 간 일이 있다고 들었습니다. 귀 정부가 관원을 파견하여 체포하여 돌아갔다고 하니 모두 귀국이 교린의 도가 있음을 확인하였습니다. 이어서 문서를 보내어 감사를 표하고 이어서 재판의 안건은 공정함을 드러내는 공례(公例)를 사용하자고 청하려 하였습니다. 이윽고 귀국 백성이 회개하려 하지 않고 몰래 잠입하여 목재를 베어서 사사로이 선박으로 운반하다가 결국 우리 개척사의 수행원에게 현장에서 집류되기에 이르렀습니다. 상선이 미통상 항구에서 몰래 매매를 하는 일은 장정의 처벌 조항에 실려 있습니다. 우리 정부가 사리를 따지지 않을 수 없는 일입니다. 울릉도장 전석규는 관수(官守)의 권한이 없음에도 마음대로 위법한 일을 허락하였으므로 우리 정부가 달리 조사하여 처벌하였습니다. 귀국민이 금지를 범한 사정에 대해서는 이치에 따라 문서를 갖추어 조회하고 귀 서리공사가 귀 정부에 속히 알려 보고하여 알리시기를 청합니다. 해당 백성들을 법에 따라 처벌하고 아울러 전후 재판 문서를 초록하여 전달하여 볼 수 있도록 해주기를 바랍니다. 해당 백성들이 울릉도에서 운반해 간 모든 목재 또한 즉시 일일이 조사하고 환수하여 개척사에게 교부하도록 조처해 주십시오. 그 처벌 조항은 통상장정 제33관에 따라서 처리함이 실로 공평하고 타당합니다. 귀 서리공사께서 살펴보고 시행해 주시기를 청하며, 답신을 기다립니다. 이에 조회를 보냅니다. 이상입니다.

대일본 서리 흠차판리대신 시마무라 히사시(島村久)
갑신년 정월 11일

11 울릉도에서 몰래 벌목한 범인에 대한 회답

발신[發]	日本署理公使 嶋村久	西紀 1884年 2月 13日
수신[受]	督辦交涉通商事務 閔泳穆	高宗 21年 1月 17日
출전	『日案』卷1, #207, 109쪽[원본: 『日信 一』(奎19572, 78-1)]	

鬱陵島犯斫日本人懲辦事, 轉報本國當俟回文, 再行照會事

大日本署理欽差辦理大臣嶋村, 爲照覆事, 准貴曆甲申正月初十[一脫]日照會內稱, 據云云等因, 准此, 業經將來文轉報本國政府, 相應先覆, 貴督辦查照, 其如何查辦之處, 自當俟准本國政府回文, 再行照會也, 須至照覆者,
　右照覆.

　　　　　　　　　　　　　　　　　　大朝鮮 督辦交涉通商事務 閔
　　　　　　　　　　　　　　　　　　明治十七年 二月十三日

울릉도에서 목재 벌목을 범한 일본인을 징치하고 처리하는 건은 본국에 소식을 전달하여 마땅히 회답 문서를 기다려 다시 조회를 행할 것

대일본 서리흠차판리대신 시마무라 히사시(嶋村久)가 조복합니다. 귀력(貴曆) 갑신년 정월 11일에 조회를 보내온 내용을 접하고 운운한 내용을 모두 잘 알았습니다. 이미 보내주신 글을 본국 정부에 전보하였습니다. 마땅히 먼저 답신을 드리니 귀 독판께서 살펴보시기 바랍니다. 그 문제를 어떻게 조사하여 처리할지에 대하여는 마땅히 본국 정부의 회문(回文)을 기다린 뒤에 다시 조회를 하도록 하겠습니다. 이같이 조복합니다. 이상입니다.

대조선 독판교섭통상사무 민영목(閔泳穆)
1884년(明治 17) 2월 13일

12   일본인의 제주도·울릉도 어채 제외에 관한 건

발신[發]	督辦交涉通商事務 金炳始	高宗 21年 5月 26日
수신[受]	日本署理公使 嶋村久	西紀 1884年 6月 19日
출전	『日案』卷1, #253, 128~129쪽[원본:『日信 一』(奎19572, 78-1)]	

　　大朝鮮督辦交涉通商事務金, 爲照會事, 照得本年五月十九日, 據濟州牧使[沈賢澤]報稱, 本島周廻爲四百里, 而漢拏山盤據其中, 所有土地不敷居民耕食, 闔島民人專資漁業, 而以至於採鰒採藿, 則皆是女業也, 裸體游泳, 沒水拈取, 農商之家以此互資, 恃以爲命, 且其臨採之時, 雖五尺童子, 不敢相近者, 以有廉耻之心, 遂成習俗, 不可強變也, 今者日本漁船來泊於旌義浦, 據章程所載四道通漁一款, 要於本島沿海, 釣魚採鰒, 本島民人等聞此, 譁然齊聲呼訴, 以爲如此, 則分利失業, 一島二十萬生靈, 無以糊口, 勢將流離乃已, 聞其所訴, 參以輿情, 實難強行, 請設法矯捄, 俾本島民安心作業等情, 據此, 續見濟州民人等重研[誤]而來, 齊訴本署, 乞停通漁一事, 查通商章程第四十一款, 載有咸鏡·江原·慶尙·全羅四道等通漁一事, 其在昭信之道, 宜一律照行而, 惟濟州一島孤懸海外, 居民生利, 惟資漁採, 利有所分, 害有所歸, 與連陸地方多方營生者·其勢不同, 失業流散, 實屬可憫, 而修好通商, 原爲保護兩國生民起見, 苟有貽害於一方生靈, 非所以保護之道, 再查通商章程第四十二款, 載有若遇本章程內, 有應要增改之件, 彼此均以爲便, 即得隨時妥議增訂等文, 惟此濟州通漁, 碍難施行, 應得照章酌改, 以從民願, 又查蔚陵一島, 向未開拓, 現欲募民奠居, 該島在荒榛之中, 民無生業, 初頭生活, 惟在艱食鮮食, 若遽爲通漁, 民必不樂應募, 久後情形, 亦與濟州無異, 惟濟州與蔚陵兩島, 宜特置四道通漁之外, 以保島民生理, 寔爲公便, 相應備文照會, 請煩貴署理公使將兩島事情, 轉報貴國政府, 妥議酌改, 諒無不允准也, 爲此照會, 須至照會者,
　　右照會.

大日本 署理公使 嶋村

甲申 五月二十六日

閏五月十三日 還封來

대조선 독판교섭통상사무 김병시(金炳始)가 조회합니다. 올해 5월 19일, 제주목사(심현택[沈賢澤])가 보고한 내용을 보니 "제주도는 둘레가 400리이고, 한라산이 그 중간에 있습니다. 소유 토지는 거주민들이 갈아 먹기에 부족합니다. 제주도민들은 오로지 어업으로 자생합니다. 그리고 전복의 채취와 미역의 채취는 모두 여자들의 일로, 나체로 수영하여 잠수하고 채취합니다. 농상(農商)을 하는 가구들은 이것으로 서로 돕고, 이에 의지해 목숨을 보전합니다. 또한 채취할 때는 비록 5척의 사내아이가 감히 가까이하지 못하니 염치의 마음이 있고, 습속을 이루었기 때문에 억지로 바꿀 수 없습니다. 지금 일본 어선이 정의포(旌義浦)에 와서 정박하고 장정에 실린 4도에서 고기잡이를 허락한다는 한 조관을 근거로 제주도 연해에서 고기잡이와 전복 채집을 요구하고 있습니다. 제주도 백성들은 이를 듣고 화연히 한목소리로 호소하기를 이같이 하면 이익을 나누어주어 생업을 잃게 되니 한 도의 20만 백성들은 입에 풀칠할 것이 없어지게 되어 이내 장차 유리(流離)하게 될 뿐이라 합니다. 그들이 호소한 것을 듣고 여론의 동정을 참고하면 실로 강행하기 어렵습니다. 방법을 마련하여 바로잡고 제주도 백성들이 마음을 평안하게 하고 일에 종사할 수 있도록 하기를 청합니다"라는 내용이었습니다. 이에 근거하고, 이어서 제주도민 등이 거듭 와서 본서에 호소한 것을 보면 고기잡이 허락을 정지해 달라는 한 가지 일입니다. 통상장정 제41관를 조사해 보니, 함경, 강원, 경상, 전라 4도에서 통어(通漁)한다는 사항이 실려 있습니다. 이는 믿음을 밝히는 도리에 따른 것이니 마땅히 일률로 밝혀 시행해야 합니다. 그러나 제주 1도는 바다 밖에 외로이 떨어진 섬으로 거주민의 생리(生利)는 오직 고기잡이와 전복채취에 의지하고 있습니다. 그 이익을 나누면 손해가 돌아가게 됩니다. 육지와 이어진 지방에서 다방면으로 생업을 이어가는 자들과 그 세가 같지 않습니다. 업을 잃고 떠돌아 흩어지면 실로 가련해집니다. 그리고 수호통상(修好通商)은 원래 양국의 백성들을 보호하기 위한 것인데 만약 한 쪽의 백성이 해를 입으면 보호하는 방법이 아니게 됩니다. 통상장정 제42관을 다시 살펴보니, 만약 본 장정 내에 추가하거나 개정하기를 요구하는 건이 있으면 피차가 서로 편리한 대로 할 수 있다는, 즉 수시로 개정을 협의하고 논의한다는 문구가 실려 있습니다. 제주도의 통어(通漁)는 시행하기 어렵기 때문에 마땅히 장정에 따라 적절히 개정하여 백성들이 원하는 바에 따라야 합니다.

또 살피건대 울릉도는 아직 개척하지 않아서 현재 백성들을 모집하여 거주시키고자 합니다. 울릉도는 거친 땅이어서 백성들의 생업이 없고 처음에 생활하는데 겨우 먹을 것을 구하고 있습니다. 만약 갑자기 통어한다면 백성들은 반드시 응모를 좋아하지 않을 것입니다. 오래 지난 뒤의 상황은 또한 제주도와 다르지 않을 것입니다. 비록 제주와 울릉도 두 섬을 마땅히 특별하게 4도 통어구역의 바깥에 두어서 섬 백성들의 생리를 보호해야 실로 편합니다. 상응하여 문서를 갖추어 조회를 보냅니다. 번거롭게 청하건대, 귀 서리공사께서 두 섬의 사정을 귀국 정부에 전하여 온당하게 개정을 논의하도록 하시고 인정하실 것을 믿어 의심하지 않습니다. 이같이 조회를 보냅니다. 이상입니다.

대일본 서리공사 시마무라 히사시(嶋村久)
갑신년(1884) 5월 26일
윤 5월 13일 다시 봉하여 돌아옴

13 울릉도 목재 도벌 범인 처리에 관한 요구

발신[發]	署理督辦交涉通商事務 金弘集	高宗 21年 6月 7日
수신[受]	日本署理公使 嶋村久	西紀 1884年 7月 28日
출전	『日案』卷1, #277, 139~140쪽[원본: 『日信 一』(奎19572, 78-1)]	

　　大朝鮮署理督辦交涉通商事務金, 爲照會事[2], 蔚陵島應辦事件, 由我政府委任開拓使之由, 業經本督辦照覆貴署理公使在案, 玆據去年十二月十五日開拓使金玉均氏報稱, 蔚陵島所有木料, 多被日人偸斫陸續運去, 本月初委送隨員卓挺植[埴誤]於赤馬關, 偵探載木船一隻, 仍爲執留, 詰其犯禁之由, 則該日本商民稱有蔚陵島長發給憑票, 以米錢換來云, 本島係是未通商口岸, 則各國商船原不准駛入, 況越境潛斫, 擅行載運, 有違公例, 該島長全錫圭不惟不能禁止, 乃反貪利私許, 以啓他國奸民之心, 已極駭痛, 島長卽一里正保甲之流, 初無官守之權, 而違越法禁, 擅行給票者, 究厥所犯, 合置重典等因, 査去年間者, 貴國民數百名潛入蔚陵島, 斫取木材, 由貴政府立派員弁捕還, 具認貴國交隣有道, 方擬行文稱謝, 仍請裁判案件, 用昭公例, 嗣聞貴國民罔念悛改, 潛斫木材, 私自船運, 至被我開拓使隨員所現執, 商船在不通商口, 密行買賣, 載在章程罰款, 是我政府之不得不理論者也, 該島長全錫圭[非]有官守之權, 而擅許違法之事, 由我政府另行査究懲辦, 至貴國民犯禁情節, 理合備文照會, 請貴署理公使迅速報知貴政府, 將該民等照法崇辦, 並將前後裁判案稿抄錄轉示, 所有該民自該島運出之木材, 亦卽一一査拏, 交付於開拓使措處, 其罰款遵照通商章程第三十三款辦理, 實屬公允, 請煩貴署理公使査照施行, 並祈見覆, 爲此相應照會, 須至照會者,

　　右照會.

大日本 署理欽差辦理大臣 嶋村

甲申 六月初七日

2　이하는 10번 수록 문서와 동일한 내용을 다시 조회한 것임.

대조선 독판교섭통상사무 김홍집(金弘集)이 조회합니다. 울릉도와 관련하여 처리할 사건은 우리 정부가 개척사에게 위임했다는 내용으로, 이미 본 독판이 귀 서리공사에게 조복한 문서가 있습니다. 작년 12월 15일 개척사 김옥균 씨의 보고에 따르면 "울릉도에 있는 목재는 많은 양을 일본인들이 몰래 벌목하여 계속 운반해 갔습니다. 이달 초에 수행원 탁정식(卓挺植)을 아카마가세키(赤馬關, 시모노세키)에 보내어 목재운반선 1척을 정탐하고 이내 잡아 두었습니다. 금지를 범한 이유를 힐문하니, 해당 일본 상민(商民)은 말하기를, '울릉도장이 발급한 표빙(票憑)이 있어서 쌀과 동전으로 바꾸어 왔습니다'라고 하였습니다. 울릉도는 미통상 항구인 관계로 각국 상선은 원래 들어오는 것을 허락하지 않습니다. 하물며 국경을 넘어 몰래 벌채하여 무단으로 운반해 가니 공례(公例)를 어긴 것입니다. 울릉도장 전석규(全錫圭)는 금지하지 못했을 뿐만 아니라 도리어 이익을 탐하여 사사로이 허락하고 다른 나라 간사한 인민(奸民)의 마음을 열어주게 하였으니 이미 지극히 놀랍고 통탄스럽습니다. 울릉도장은 이정(里正)이나 보갑(保甲)과 같은 부류로, 애초에 관수(官守)의 권한은 없으나 법금(法禁)을 어겨서 무단으로 증표를 발급한 것이니 그 범한 죄를 보면 중형으로 처벌함이 합당합니다"라는 내용이었습니다.

살펴보니 작년에 귀국 백성 수백 명이 울릉도에 잠입하여 목재를 벌채해 간 일이 있다고 들었습니다. 귀 정부가 관원을 파견하여 체포하여 돌아갔다고 하니 모두 귀국에 교린의 도가 있음을 알았습니다. 이어서 문서를 보내어 감사를 표하고 있어서 재판의 안건은 공정함을 드러내는 공례(公例)를 사용하고자 청하려 하였습니다. 나중에 들으니 귀국 백성이 회개하려 하지 않고 몰래 잠입하여 목재를 베어서 사사로이 선박으로 운반하다가 결국 우리 개척사의 수행원에게 현장에서 집류되기에 이르렀습니다. 상선이 미통상 항구에서 몰래 매매를 하는 일은 장정의 처벌 조항에 실려 있습니다. 우리 정부가 사리를 따지지 않을 수 없는 일입니다. 울릉도장 전석규는 관수의 권한이 있지 않은데, 마음대로 위법한 일을 허락하였으므로 우리 정부가 별도로 조사하여 처벌하였습니다. 귀국민이 범금한 사정에 대해서는 이치에 따라 조회하고 귀 서리공사께서 귀 정부에 속히 보고하여 알리기를 요청합니다. 해당 백성들을 법에 따라 처벌하고 아울러 전후 재판 문서를 초록하여 전달하여 볼 수 있도록 해주시기 바랍니다. 해당 백성들이 울릉도에서 운반해 간 모든 목재는 또한 즉시 일일이 조사하여 환수하고 개척사에게 교부하는 조처를 해주십시오.

그 처벌 조항은 통상장정 제33관에 따라서 처리하는 것이 실로 공평하고 타당합니다. 귀 서리공사께서 살펴보고 시행해 주시기를 청하며 답신을 기다립니다. 이에 조회를 보냅니다. 이상입니다.

　　　　　　　　　　　　　대일본 서리흠차판리대신 시마무라 히사시(嶋村久)
　　　　　　　　　　　　　　　　　　　　　　갑신년(1884) 6월 초7일

14 울릉도에서 도벌한 목재의 환부와 범인 처리 건

발신[發]	署理督辦交涉通商事務 金弘集	高宗 21年 6月 7日
수신[受]	日本署理公使 嶋村久	西紀 1884年 7月 28日
출전	『日案』卷1, #278, 140쪽[원본: 『日本公信 二』(奎19572, 78-2)]	

蔚陵島潛伐木材照數還付故執照約度辦事

　　大朝鮮署理督辦交涉通商事務金, 爲照會事, 照得本年正月十一日, 以貴國奸民, 犯入敝國蔚陵島, 潛伐木材, 載天壽丸, 運到貴國愛媛伊豫地方, 爲開拓使隨員卓挺埴及雇人甲斐軍治所執留者, 宜自貴政府還付該使等事, 業經備文照會貴署理公使在案, 開拓使現已歸國, 惟木材事, 貴政府尙無明覆, 實不禁訝惑, 愛媛縣巡査處保留木材數爻, 及犯人姓名, 玆又另開以送, 該犯之罪, 應照兩國約規處辨, 至所有木材, 望卽轉報貴政府, 飭令照數還付于開拓使隨員白春培, 或甲斐軍治處, 以昭貴國交隣之信義, 迅速辦理, 並祈見覆, 請煩査照施行, 須至照會者, 計附送今治執留木材標証抄錄一件,

　　右照會.

　　　　　　　　　　　　　　　　　　　　　　大日本 署理公使 嶋村
　　　　　　　　　　　　　　　　　　　　　　甲申 六月初七日

울릉도에서 몰래 벌채한 목재의 수량을 헤아려 환부하고, 조약에 따라 처리할 일

대조선 서리독판교섭통상사무 김홍집(金弘集)이 조회합니다. 올해 정월 11일의 조회를 보니, 귀국의 간사한 인민(奸民)이 저희 울릉도에 허가 없이 들어와 몰래 목재를 벌채하고 덴주마루(天壽丸)에 실어서 귀국의 에히메현(愛媛縣) 이요(伊豫) 지방에 운반하였다가 개척사의 수행원 탁정식(卓挺埴)과 고용인 가이 군지(甲斐軍治)에게 집류된 것을 마땅히 귀 정부에서 해당 개척사에게 환부해야 한다는 일로 이미 문서를 갖추어 귀 서리공사에게 조회한 문서가 있습니다. 현재 개척사가 이미 귀국하였는데 오히려 목재의 일에 대해서 귀 정부는 여전히 명확한 답신이 없으니 실로 의혹을 금할 수 없습니다. 에히메현의 순사처(巡査處)에서 보류하고 있는 목재의 수량과 범인의 성명은 별도로 기록하여 보내니 해당 범인의 죄는 양국의 조약(約規)에 따라 처리하고자 합니다. 모든 목재에 대해서는 곧 귀 정부에 전보하고, 귀 정부에서 명령을 내려 개척사 수행원 백춘배(白春培) 혹은 가이 군지에게 수량에 따라 돌려주도록 함으로써 귀국의 교린의 신의를 밝히되, 신속히 처리하기를 바랍니다. 아울러 답서를 받아보기를 바랍니다. 번거로우시더라도 살펴보시고 시행하기를 청합니다. 이같이 조회를 합니다. 이마바리(今治)에 압류한 목재의 표증(標証) 초록(抄錄) 1건을 별도로 보냅니다. 이상입니다.

대일본 서리공사 시마무라 히사시(嶋村久)

갑신년(1884) 6월 초7일

15 울릉도 목재 도벌 환부와 범인 처분에 대한 본국 조회 통보

발신[發]	日本署理公使 嶋村久	西紀 1884年 8月 4日
수신[受]	署理督辦交涉通商事務 金弘集	高宗 21年 6月 14日
출전	『日案』卷1, #279, 140~141쪽[원본:『日本公信 二』(奎19572, 78-2)]	

答蔚陵島木材事

大日本署理欽差辦理大臣嶋村, 爲照覆事, 准貴曆甲申六月初七日照會內開, 照得本年正月十一日云云等因, 准此閱悉, 查此一案, 未准我國政府回報, 以致稽覆, 俟有端倪, 當即知照, 除已將來文, 轉致政府外, 相應照覆貴署理督辦, 請煩查照可也, 須至照覆者,

右照覆.

大朝鮮 署理督辦交涉通商事務 金
明治十七年 八月四日
我甲申 六月十四日

울릉도 목재 건으로 답함

대일본 서리흠차판리대신 시마무라 히사시(嶋村久)가 조복합니다. 귀력(貴曆) 갑신년 6월 7일의 조회를 열어보니 올해 정월 11일 운운하는 내용이었습니다. 이를 상세히 열람하였습니다. 살피건대 이 안건은 아직 근거하여 답변을 드릴 만한 우리 정부의 회보를 받지 못하였습니다. 단서가 있게 된다면 마땅히 즉시 통보하도록 하겠습니다. 이미 보내주신 문서를 정부에 전달한 것 외에도 상응하여 귀 서리독판께 조복합니다. 번거로우시더라도 살펴보시기 바랍니다. 이같이 조복을 보냅니다. 이상입니다.

대조선 서리독판교섭통상사무 김홍집(金弘集)
1884년(明治 17) 8월 4일
아력(我曆) 갑신년 6월 14일

16 제주도·울릉도의 일본인 어채 제외에 관한 건

발신[發]	署理督辦交涉通商事務 金弘集	高宗 21年 6月 15日
수신[受]	日本署理公使 嶋村久	西紀 1884年 8月 5日
출전	『日案』卷1, #281, 141~142쪽[원본: 『日本公信 二』(奎19572, 78-2)]	

日本漁採事, 除濟州蔚陵兩島, 宜於六處約定酬報事

　大朝鮮署理督辦交涉通商事務金, 爲照會事, 照得朝鮮·日本兩國海濱互相徃來捕漁一事, 載在通商章程第四十一款, 自應照章辦理, 惟查本國濟州·蔚陵兩島, 雖近全羅·江原海面, 孤懸海外, 不相統屬, 居民無耕食之土, 除漁採一業, 更無生利, 前據濟州民人等跋涉遠來, 屢經呼訴, 本國政府碍難辦法, 再查漁採章程, 貴國通漁地方共有六處, 似宜於六處海濱, 指定島嶼或港汊, 量其大小可與濟州·蔚陵島相當者, 卽可不准本國民人前徃漁採, 望貴署理公使將此事宜, 轉報貴政府, 指定某地除去, 並飭貴國民人, 不准前徃濟州·蔚陵海邊漁採, 俾兩島生靈, 安堵作業, 以爲互相酬報之美意也, 相應備文照會, 請煩貴署理公使查照, 趕緊辦理, 須至照會者,
　右照會.

　　　　　　　　　　　　　　　　　　大日本 署理公使 嶋村
　　　　　　　　　　　　　　　　　　甲申 六月 十五日

일본의 고기잡이 건은 제주와 울릉도 두 섬을 제외하고 마땅히 여섯 곳으로 보상을 약정함이 마땅함

대조선 서리독판교섭통상사무 김홍집(金弘集)이 조회합니다. 조선과 일본 양국의 해안에서 서로 왕래하며 고기 잡는 일건은 통상장정 제41관에 실려 있으므로, 마땅히 장정에 따라서 처리해야 합니다. 다만 살피건대 제주도와 울릉도 두 섬은 비록 전라도와 강원도 바다와 가까우나 바다 바깥에 떨어져 있어서 서로 통속(統屬)하지 않습니다. 거주민들은 갈아먹을 땅이 없어서 어업을 제외한다면 다시 이익이 생길 방법이 없습니다. 전에 제주 백성들이 고생스럽게 멀리 와서 여러 번 호소하였습니다. 본국 정부가 조치를 강구하는데 어려움이 있어서 어채장정(漁採章程)을 다시 조사해 보니 귀국의 통어지방(通漁地方)은 모두 여섯 곳입니다. 여섯 곳의 해안 가운데 도서(島嶼)나 항구를 지정하고 그 크기를 헤아려 제주도와 울릉도에 상당한 곳에서 본국 백성의 고기잡이를 금지하는 편이 마땅할 것 같습니다. 귀 서리공사께서 이 사안을 귀 정부에 전달하여 알려서 특정 지역을 지정하여 제외하고, 귀국 백성에게 명령을 내려 제주도와 울릉도 해변에 가서 고기 잡는 것을 금지하여 두 섬의 백성들이 안심하고 생업에 종사할 수 있게 해주시기를 바랍니다. 이로써 서로 보상해 주는 아름다운 뜻을 이룰 수 있습니다. 상응하여 문서를 갖추어 조회를 보내니 번거로우시더라도 귀 서리공사가 살펴보시고 서둘러서 처리해 주시기를 바랍니다. 이같이 조회를 보냅니다. 이상입니다.

대일본 서리공사 시마무라 히사시(嶋村久)
갑신년(1884) 6월 15일

17 조선 정부의 일본인 처분 여하 통지 문의

발신[發]	署理督辦交涉通商事務 金弘集	高宗 21年 6月 28日
수신[受]	日本署理公使 嶋村	西紀 1884年 8月 21日
출전	『愛媛県平民村上徳八朝鮮国蔚陵島ニ於テ同国人金性愲ヨリ木材密売一件』(Ref. B10073666600: 0098~0099)	

　　大朝鮮署理督辦交涉通商事務金爲照會事, 案照去年開拓使送隨員白春培, 運輸鬱陵島木材, 至神戶港, 忽有貴國奸民前往該島盜犯者流謂以該島木材已伐者爲渠輩之物, 至於裁判云, 固知其事之卽已掃正, 未審昨年貴國特派員弁至該島捕還奸民以後, 該罪人等處辦如何了結, 乃至此意外之事也, 此事聞之, 不勝慨歎, 本年正月十一日, 由前督辦閔照會貴署公使, 請示裁判之証, 准貴曆明治十七年二月十三日貴署公使照覆內, 有業經將來文轉報本國政府, 相應先覆貴督辦查照, 其如何查辦之處, 自當俟准本國政府回文, 再行照會等因, 本署大臣向已閱悉, 延企半年, 尙無復示, 殊爲訝鬱, 爲此備文咨詢, 請貴署公使, 將貴政府有無回文, 詳細示覆, 實爲公便, 須至照會者,

　　右照會.

大日本 署理公使 嶋村
甲申 六月二十八日
明治十七年 八月卄一日

대조선 서리독판교섭통상사무 김홍집(金弘集)이 조회합니다. 조회를 보니 지난해 개척사가 보낸 수행원 백춘배(白春培)가 울릉도 목재를 운반하여 고베항(神戶港)에 이르렀는데 갑자기 귀국의 간사한 인민(奸民)이 울릉도에 가서 범죄를 저지른 자가 있어 울릉도 목재 중 이미 벌목된 것은 그들의 물건이라고 해서 재판에 이르게 되었다고 합니다. 진실로 이 일이 곧 바르게 처리되었을 것으로 압니다. 작년 귀국 특파원이 울릉도에 가서 간민을 잡아 돌아간 이후에 해당 죄인들의 처벌이 어떻게 마무리되었는지, 더 나아가 어떻게 이번의 뜻밖의 일이 일어나게 되었는지 알지 못합니다. 이번 일을 듣고서 개탄을 금치 못하였습니다. 올해 정월 11일 전 독판 민영목(閔泳穆)이 귀 관서의 공사에게 보낸 조회에서 재판의 증거를 보여주기를 청하였습니다. 귀력(貴曆)으로 1884년(明治 17) 2월 13일 귀 공사관의 공사의 조복 안에 "이미 보내온 문서를 본국 정부에 전보하였으며, 상응하여 먼저 귀 독판에게 답신을 드리니 살펴보십시오. 어떻게 조사하여 처리할지는 마땅히 본국 정부의 회신을 받은 뒤에 다시 조회하겠습니다"라는 내용이었습니다. 본서(本署) 대신이 이미 다 열람하였습니다. 반년을 기다렸어도 도리어 답변을 보이지 않으니 의아하고 답답할 뿐입니다. 이에 글을 갖추어 문의드리니 청하건대 귀 서리공사께서 귀 정부에 회문의 유무를 확인하고 상세하게 답변해 주시면 실로 편하겠습니다. 이같이 조회를 보냅니다. 이상입니다.

　　　　　　　　　　　　　　　　　　　대일본 서리공사 시마무라 히사시(嶋村久)
　　　　　　　　　　　　　　　　　　　　　　　　　　　갑신년 6월 28일
　　　　　　　　　　　　　　　　　　　　　　　　1884년(明治 17) 8월 21일

18 울릉도 목재 도벌에 관한 본국 회신의 미접수 통보

발신[發]	日本署理公使 嶋村久	西紀 1884年 8月 25日
수신[受]	署理督辦交涉通商事務 金弘集	高宗 21年 7月 5日
출전	『日案』 卷1, #293, 147~148쪽 [원본: 『日本公信 二』(奎19572, 78-2)]	

　　大日本署理欽差辦理大臣嶋村, 爲照覆事, 准貴曆甲申六月二十八日照會[3]開, 以查辦開拓使隨員執留載欝陵島木材舩隻一事, 延企半年, 尙無復示, 殊屬訝欝, 爲此, 備文咨詢, 請貴署公使將貴政府有無回文, 詳細示覆, 實爲公便等因前來, 准此閱悉, 查此事現尙未准我政府回報, 除當經將來文轉送政府外, 相應照覆貴署理督辦, 請煩查照可也, 須至照覆者,

　　右照覆.

　　　　　　　　　　　　　　　　　　大朝鮮 署理督辦交涉通商事務 金
　　　　　　　　　　　　　　　　　　明治十七年 八月二十五日
　　　　　　　　　　　　　　　　　　甲申 七月初五日到

3　원본의 등본 30책 부록에는 다음과 같은 요약문이 있음.
　「去年開拓使送隨員白春培, 運輸欝陵島木材至神戶, 忽有奸民前往該島者, 謂以渠輩之物, 至於裁判云, 昨年貴國特派員弁至該島, 捕還奸民, 其如何處辦, 詳細回示事」.

대일본 서리흠차판리대신 시마무라 히사시(嶋村久)가 조복합니다. 귀력(貴曆) 갑신년 6월 28일 조회를 열어보니, "개척사의 수행원이 울릉도 목재를 실은 선박 한 척을 집류(執留)한 것을 조사하여 처리하는 사안에 대하여 반년이 지났는데도 아직 답신을 받지 못하여서 매우 의아하고 답답합니다. 이에 글을 갖추어 문의를 드리니 귀 서리공사가 귀 정부에 회문(回文)의 유무를 상세하게 답장하는 것이 실로 편하겠습니다"라는 내용이었습니다. 보내온 문서를 모두 보았습니다. 이 일을 조사하는데 현재 우리 정부의 회보를 받지 못하였습니다. 보내온 문서는 정부에 전송(轉送)하도록 하겠습니다. 상응하여 답장을 귀 서리독판께 보냅니다. 번거로우시더라도 살펴보시기 바랍니다. 이같이 조복합니다. 이상입니다.

　　　　　　　　　　　　　대조선 서리독판교섭통상사무 김홍집(金弘集)
　　　　　　　　　　　　　　　　1884년(明治 17) 8월 25일
　　　　　　　　　　　　　　　　갑신년 7월 초5일 도착

19 울릉도 벌목 안건의 처분

발신[發]	日本署理公使 嶋村久	西紀 1884年 10月 22日
수신[受]	署理督辦交涉通商事務 金弘集	高宗 21年 9月 4日
출전	『日案』卷1, #316, 157쪽[원본: 『日本公信 二』(奎19572, 78-2)]	

覆以均已閱

　大日本署理欽差辦理大臣嶋村, 爲照會事, 玆准我國外務省來文內開, 我國人前徃欝陵島斫木一事, 係昨年十二月朝鮮開拓使隨員[白春培]控告之一案, 現在松山裁判所審査, 又係內務書記官押歸之一案, 亦於該管衙門審査, 當俟其兩案不日處斷之後, 移送該案一宗文卷等因前來, 准此, 相應轉行照會, 請煩貴署理督辦査照可也, 須至照會者,
　右照會.

　　　　　　　　　　　　　　　　　　　大朝鮮 署理督辦交涉通商事務 金
　　　　　　　　　　　　　　　　　　　甲申 九月 初四日 到

모두 열람하고 조복하였음

대일본 서리흠차판리대신 시마무라 히사시(嶋村久)가 조회합니다. 이번에 우리나라 외무성에서 보내온 문서를 열어보니 "우리나라 사람이 전에 울릉도에 가서 벌목한 사건으로서 이는 작년 12월 조선의 개척사 수행원(백춘배)이 공소(控訴)한 안건입니다. 현재 마쓰야마 재판소(松山裁判所)에서 심사하고 있습니다. 또한 내무서기관(內務書記官)이 압송하여 돌아간 안건이 있습니다. 해당 관청 아문에서 심사하는데 두 안건을 기다리는데 머지않아 처단한 뒤에 해당 문서를 하나의 문건으로 묶어서 이송하겠습니다"라는 내용이었습니다. 이를 모두 확인하고 상응하여 조회를 보내니 번거로우시더라도 귀 서리독판께서 잘 살펴보셨으면 좋겠습니다. 이같이 조회를 보냅니다. 이상입니다.

대조선 서리독판교섭통상사무 김홍집(金弘集)
갑신년(1884) 9월 초4일 도착

20 울릉도 도벌 조사와 개척사 사무 담당자 변경 통보

발신[發]	欽差大臣 徐相雨	高宗 22年 2月 3日
수신[受]	外務卿 井上馨	西紀 1885年 3月 19日
출전	『愛媛県平民村上德八朝鮮国蔚陵島ニ於テ同国人金性瑞ヨリ木材密売一件』(Ref. B10073666700: 0163).	

　　大朝鮮欽差大臣徐爲照會事, 照得本國鬱陵島木料, 被貴國之人盜砍, 已經本國交涉通商衙門督辦, 照會貴國署理公使在案, 貴國署理公使照覆內開, 未准吾國政府回報等因, 查本大臣帶本國政府訓令, 在貴國時查明此事卽玆照會貴大臣請煩查照, 據通商章程第三十二款條約, 卽速將貴國口岸在留朝鮮木料交于本大臣, 並查斷貴國人犯斫之罪爲望爲望, 且本國開拓使金玉均旣以罪罷以李奎遠差代, 凡屬開拓事務盡歸李奎遠管轄, 並此相應備文照會, 祈懇見覆, 須至照會者,

　　右照會.

大日本 外務卿 井上

乙酉 二月初三日

明治十八年 三月十九日

대조선 흠차대신(欽差大臣) 서상우(徐相雨)가 조회합니다. 본국 울릉도 목재를 귀국 사람이 훔쳐 벌목해간 일로 본국 교섭통상아문 독판이 귀국 서리공사에게 조회한 문서가 있습니다. 귀국 서리공사의 조복을 보니 "우리 정부의 회보가 아직 없습니다"라는 내용이 었습니다. 본 대신이 본국 정부의 훈령을 가지고 귀국에 있을 때 조사해 보니, 이 일은 분명하게 조사하였습니다. 곧 귀 대신에게 조회를 하였습니다. 번거로우시더라도 통상장정 제32관(원문 그대로, 제33관을 잘못 기재하였음-역주)을 살펴보고 조속히 귀국 항구에 보관된 조선 목재를 본 대신에게 교부하고 귀국인의 벌목을 베어간 범죄를 처단하기를 바랍니다. 또한 본국 개척사 김옥균(金玉均)은 죄를 지어 파직되었고, 대신에 이규원(李奎遠)이 임명되었습니다. 개척 사무에 속한 일은 모두 이규원이 관할하게 됩니다. 이에 상응하여 문서를 갖추어 조회합니다. 답변하여 주시기를 바랍니다. 이같이 조회를 보냅니다. 이상 입니다.

일본 외무경(外務卿) 이노우에 가오루(井上馨)
을유년 2월 초3일
1885년(明治 18) 3월 19일

21 울릉도 목재 도벌 범인에 대한 결정안과 뒤처리에 관한 건

발신[發]	外務卿 井上馨	西紀 1885年 3月 21日
수신[受]	欽差大臣 徐相雨	高宗 22年 2月 5日
출전	『日案』卷1, #438, 218쪽.	

　　大日本外務卿井上, [爲脫]照覆事, 接准貴曆乙酉二月初三日照會內開, 照得本國鬱陵島木料被貴國之人盜斫, 已經本國交涉通商衙門督辦[閔泳穆]照會貴國署理公使[嶋村久]在案, 本大臣帶本國政府訓令, 查明此事, 據通商章程第三十二款, 卽速將所有木料, 交于本大臣, 並查斷貴國人犯斫之罪爲望, 且本國開拓使金玉均, 旣以罪罷, 以李奎遠差代, 凡屬開拓使務, 盡歸李奎遠管轄等因, 准此閱悉, 查盜斫鬱陵島木料之案, 業於我松山裁判所, 正在查辦, 且將上年六月間, 由貴國交涉通商事務督辦, 照會我署理公使之意, 當經行催該管衙門在案, 想當不日結案, 且關處辦該犯之事, 貴政府所請之意, 已經行知該管衙門, 故必妥辦此案, 相應照覆, 貴大臣查照, 須至照覆者,

　　再, 此案如經查斷, 則未識在我國將所有木料並罰鍰等, 交付何人爲可, 應請詳細知照該人姓名居處, 並委查收之旨意可也, 幷及,
　　右照覆.

明治十八年 三月二十一日

대일본 외무경 이노우에 가오루(井上馨)가 조복합니다. 귀력(貴曆) 을유년 2월 초3일의 조회를 열어보니, "본국 울릉도의 목재를 귀국인이 몰래 벌목하였기에 이미 본국 교섭통상아문독판 [민영목(閔泳穆)]이 귀국 서리공사[시마무라 히사시(嶋村久)]에게 보낸 조회가 보존되어 있습니다. 본 대신이 본국 정부의 훈령을 가지고 이 일을 조사하였습니다. 통상장정 제32관에 의거하여 곧 소유한 목재는 본 대신에게 교부하고 아울러 귀국인의 범죄사실을 조사하기를 바란다는 것입니다. 또한 본국 개척사 김옥균(金玉均)은 이미 죄를 지어 파직되었고 이규원으로 대신 임명하였으니 개척 사무를 이규원(李奎遠)이 관할하게 됩니다"는 내용이었습니다. 이를 모두 열람해 보았습니다.

울릉도 목재를 훔쳐 벌목한 안건을 조사해 보니 우리 마쓰야마 재판소(松山裁判所)에서 바르게 재판을 하고 있습니다. 또한 작년 6월 사이에 귀국 교섭통상사무독판이 우리 서리공사에게 조회한 뜻을 해당 관할 아문에 재촉한 안건이 있는데 머지않아 안건이 종결될 것이라 봅니다. 또한 해당 범죄를 처리하는 일로 귀 정부가 청한 뜻은 이미 해당 관할 아문에 알렸습니다. 그러므로 이 안건도 반드시 온당하게 처리될 것입니다. 이에 상응하여 조복을 보내니 귀 대신이 잘 살피시기를 바랍니다. 이같이 조복을 보냅니다.

추신. 이 안건을 만약 조사하게 처리하게 되면 우리나라에서 모든 목재와 벌금 등을 누구에게 교부해야 좋은지 알지 못하니 응당 상세하게 해당 인명과 거주지를 알려주시기 바랍니다. 아울러 살펴보시는 것이 좋겠습니다. 아울러 전합니다.

1885년(明治 18) 3월 21일

22 울릉도 목재를 처분한 금액의 수령처 통지

발신[發]	欽差大臣 徐相雨	高宗 22年 2月 14日
수신[受]	外務卿 井上馨	西紀 1885年 3月 30日
출전	『愛媛県平民村上徳八朝鮮国蔚陵島ニ於テ同国人金性㥣ヨリ木材密売一件』(Ref. B10073666700: 0169).	

　大朝鮮欽差大臣徐爲照會事, 接准貴歷明治十八年三月二十一日照覆內, 開盜砍欝陵島木料之案, 業於我松山裁判所正在查辦, 且將上年六月間有貴國交涉通商事務督辦照會我署理公使之意, 當經行催該管衙門在案, 想當不日結案且關處辦該犯之事, 貴政府所請之意已經行知該管衙門, 故必妥辦此案, 再開此案, 如經查斷, 則未識在我國將所有木料並罰鍰等, 交附何人爲可應請詳細知照該人姓名居處並委查收之旨意可也, 併及等因, 准此閱悉, 貴政府或有木料, 或有現銀, 請交神戶德國行八拾二號, 橫濱德國行八號, 聽該行受辦自不致誤, 以此照會, 請煩貴大臣查照, 爲此照會, 須至照會者,
　右照會.

大日本國 外務卿 井上

再該行名用西字, 另有一張, 併請查照.

乙酉 二月十四日
明治十八年 三月三十日

대조선 흠차대신(欽差大臣) 서상우(徐相雨)가 조회합니다. 귀력(貴曆)으로 1885년(明治 18) 3월 21일의 조복을 받아 보았습니다. 내용을 보니 "울릉도 목재를 몰래 벌채한 사건은 현재 우리 마쓰야마 재판소(松山裁判所)에서 조사하여 처리하고 있습니다. 또한 지난 6월 사이에 귀국 교섭통상사무독판께서 우리 서리공사에게 조회한 뜻을 해당 아문에 재촉하도록 알린 안건입니다. 머지않아 안건이 결정되면 해당 범인을 처리하는 일입니다. 귀 정부가 청한 뜻은 이미 해당 관할 아문에 알렸으며 반드시 이 일을 온당하게 처리하게 될 것입니다. 다시 이 안건을 열어보고 만약 처리된다면 우리나라가 장차 소유 목재와 벌금 등을 어떤 사람에게 교부해야 좋을지 해당 인물의 성명과 거주지를 상세히 조사하여 마땅히 알려주시면 좋겠습니다"라는 내용이었습니다. 이를 모두 잘 알았습니다. 귀 정부가 혹은 목재를 혹은 현금을 가지고 있으니 청하건대 고베(神戶)에 있는 덕국양행(德國行) 82호와 요코하마(橫濱)의 덕국양행 8호에 교부하고 덕국양행이 받으라고 알려서 잘못되지 않도록 하겠습니다. 이 내용으로 조회하니 번거로우시더라도 귀 대신께서 확인하시기 바랍니다. 이같이 조회를 보냅니다. 이상입니다.

　　　　　　　　　　　　　　　　대일본국 외무경(外務卿) 이노우에 가오루(井上馨)

　　추신. 행(行)의 명칭은 서양 글자(西字)를 사용하니 별도로 1장이 있습니다. 아울러 조사하여 살펴보시기 바랍니다.

　　　　　　　　　　　　　　　　　　　　　　　　　　을유년 2월 14일
　　　　　　　　　　　　　　　　　　　　　　　　　1885년(明治 18) 3월 30일

23 울릉도에서 일본 선박 반리마루(萬里丸)가 절취한 목재 회수 요청

발신[發]	P. G. von Möllendorff	1885년 5월 30일
수신[受]	兵庫縣縣令	
출전	『神戸港ニ於テ日本形船万里丸朝鮮国蔚陵島ヨリ搭載ノ材木差押一件』(Ref. B10074439400: 0159~0161).	

　一翰致啟達候。陳ハ拙者公用ヲ帶ヒ此地滯在罷在候處、日本舩萬里丸カ朝鮮欝陵島ニ至リ、我政府ノ許可ナク同島ヨリ材木荷物ヲ取出シタル趣信憑スヘキ報知ヲ得申候。

　該舩ハ現今貴管内ニアルヲ以テ、拙者ハ貴下ヘ左ノ電報ヲ發セリ。

　日本舩萬里丸朝鮮欝陵島ヨリ盜取シタル材木ヲ搭載兵庫ヘ入着セリ、該舩ヲ差押ヘ材木ハ神戸ランガルド、クラインウオールト氏ヘ御引渡シ賴ム、東京外務省ヘモ電報セリ、返事ヲ乞フ。

モルレンドルフ

　拙者ハ同時ニ、東京日本皇帝陛下ノ外務省ヘ同一ノ通信ヲ爲シ該舩ヲ直チニ差押ヘ、且材木取戻ノ處分アランコトヲ依賴セリ。

　拙者ヨリ貴下ヘ宛テタル電報ニ關シ猶御依賴及候、右舩ヲ差押ヘ及同舩ノ齎シタル材木荷物ハ神戸ランガルド、クラインウオールト氏商會ヘ御引渡アランコトヲ同商會ハ本件ニ付テハ、朝鮮政府ノ代理ヲイタシ候。

　猶外ニ、若干ノ日本船萬里丸ト同一ノ目的ヲ以テ、欝陵島ヘ航行スヘシトノ報知ヲ得候條。此不法理不盡ナル擧動ヲ再ヒセサル樣可然御處置相成度及御依賴候。

　朝鮮國王陛下ノ領事官、或ハ外交官ノナキト且ツハ、貴國法術ノ不偏公明ナルヲ知ルヲ以テ、拙者ハ本件ニ付、公然貴下ヘ御掛合及ヘリ、蓋シ拙者ハ斯ク御掛合スルノ全權ヲ有セサレモ、我陛下カ現今貴管内ニアル財産ヲ失ハレサランコトヲ望ミタル義ニ有之候。拜具。

長崎ニ於テ
千八白八十五年五月三十日
朝鮮國王陛下ノ外務省員
フオン、モルレンドルフ(手署)

兵庫縣縣令

서한으로 조회합니다. 소생은 공적 임무를 띠고 이곳(나가사키, 長崎)에 파견되어 머물고 있습니다. 일본 선박 반리마루(萬里丸)가 조선의 울릉도(鬱陵島)에 와서 우리(조선) 정부의 허가 없이 그 섬에서 목재 화물을 반출했다는 믿을만한 보고를 받았습니다. 그 선박은 현재 귀국(일본)의 관내에 있기 때문에 소생은 귀하에게 아래와 같은 전보를 보냈습니다.

일본 선박 반리마루가 조선의 울릉도에서 몰래 절취한 목재를 탑재하고 효고(兵庫)로 입항했습니다. 그 선박을 차압하여 목재는 고베(神戶)의 랑가르트 클라인보트(ランガルド、クライン ウオールト, Langgart Kleinwort) 씨에게 인도해 줄 것을 의뢰합니다. 도쿄(東京)의 외무성(外務省)에도 전보를 보냈습니다. 답신을 바랍니다.

묄렌도르프(P. G. von Möllendorff)

소생은 이와 동시에 도쿄의 일본 천황(日本天皇) 폐하의 외무성으로 동일한 통신을 보내 그 선박을 즉시 차압하고, 또 목재의 회수 처분을 내려줄 것을 의뢰했습니다. 소생이 귀하 앞으로 보낸 전보에서 간절히 부탁드리는 내용은 위 선박을 차압하고, 또한 그 선박이 탑재하고 있는 목재 화물은 고베의 랑가르트 클라인보트 씨의 상회로 인도해 주는 것입니다. 그 상회는 본 건에 대해 조선 정부를 대리하고 있습니다.

이 외에도 몇몇 일본 선박이 반리마루와 동일한 목적으로 울릉도로 항행한다는 보고를 받았습니다. 이와 같은 불법 무도한 행위가 재발하지 않도록 조치해 주시기를 또한 의뢰합니다.

조선 국왕 폐하의 영사관원 또는 외교관이 없다면, 귀국 사법기관의 불편부당함을 알고 있기 때문에 소생은 본 건에 대해 공식적으로 귀하에게 교섭을 요청하려고 합니다. 대개 소생은 이같이 교섭할 수 있는 전권을 가지고 있지 않지만, 우리 폐하께서는 현재 귀하의 관내에 있는 재산을 잃지 않기를 바라고 계십니다. 삼가 예를 갖추어 인사드립니다.

나가사키(長崎)에서
1885년 5월 30일
조선 국왕 폐하의 외아문 관원
폰 묄렌도르프(von Möllendorff) (서명)

효고현(兵庫縣) 현령(縣令)

24 울릉도 목재의 회수와 관계자의 처벌 촉구

발신[發]	署理督辦交涉通商事務 徐相雨	高宗 22年 4月 23日
수신[受]	代理公使 近藤眞鋤	西紀 1885年 6月 5日
출전	『日案』卷1, #479, 233~234쪽[원본: 『日信 四』(奎19572, 78-4)]	

　　大朝鮮署理督辦交涉通商事務徐, 爲照會事, 照得本國欽差大臣·副臣[徐相雨·穆麟德] 向在貴國時, 與在神戶德國洋行, 妥商將我國欝陵島木料一事, 囑該洋行代爲管理, 及欽差 一行回到長崎, 得按該行電信內稱, 日本風帆船萬里丸, 裝載木料, 由欝陵島而來, 現泊在神 戶等情, 再於本月初, 我國委派大員協辦穆[麟德], 轉到長崎時, 接貴國外務卿井上[馨]來電 云, 將該萬里丸船, 業由政府收拿查問等因, 續於日前, 貴國輪船來泊仁川港, 接該行送信稱, 將該萬里丸, 已經送歸日本官府收留, 所有裝載木料, 打算價値, 計四萬元之左右, 此外又有 兩隻風帆船, 已駛徃欝陵島, 亦載木料回徃神戶等語, 本署理大臣據歷次前來電信及書函, 查欝陵島一案, 業由我國欽差大臣·副臣向在貴國, 會同外務省, 議定罰款及懲辦等事, 尙未 接辦理之信, 乃有此次萬里丸船裝運欝陵島木料之事, 殊甚駭異, 況未開口岸不得潛越, 自 有定章, 合施罰鍰, 至貴國人偸運木料, 亦宜照章懲辦, 俱係不可已之事, 應請貴署理公使轉 禀貴國外務省, 將上項議定之案趕速妥辦, 此次裝運之欝陵島木料, 交付在神戶之德國洋行, 以便收回本國, 至潛斫罰鍰·偸運懲辦一切事件, 迅速辦理, 無或違乖章程, 實屬公允, 爲此, 備文照會, 請煩貴署理公使查照, 見覆施行可也, 須至照會者,
　　右照會.

大日本 署理公使 近藤
乙酉 四月二十三日

計粘抄另開應行事款

一, 向我欽差大副臣同日本外務省, 議定欝陵島一事, 趕速妥辦事.

一, 此次萬里丸所載欝陵島木料, 交付在神戶德國洋行, 以便收回本國事.

一, 日本人潛斫欝陵島木料, 應照章程合索罰鍰一千元事.

一, 偸運木料之日本諸人, 合有照律懲辦事.

대조선 서리독판교섭통상사무 서상우(徐相雨)가 조회합니다. 본국의 흠차대신[서상우]과 부대신[묄렌도르프(穆麟德, P. G. von Möllendorff)]이 귀국에 있을 때, 고베(神戶)에 있는 덕국양행(德國洋行)[4]과 협의해 우리나라 울릉도 목재의 일을 해당 양행에 위탁하여 대신 관리하게 하였습니다. 흠차대신 일행이 나가사키(長崎)에 도착하여 해당 양행의 전신(電信)을 받아보니 그 내용에, "일본의 풍범선(風帆船) 반리마루(萬里丸)가 싣고 있던 목재가 울릉도를 거쳐 왔는데 현재 고베에 정박해 있다"는 소식이었습니다. 이달 초 다시 우리나라에서 위임하여 파견한 대원인 협판(協辦) 묄렌도르프가 나가사키에 도착할 때 귀국의 외무경 이노우에 가오루(井上馨)가 보내온 전보를 접하였는데, "해당 반리마루는 정부가 나포(拿捕)하여 조사하겠다"는 내용이었습니다. 일전에 귀국 윤선(輪船)이 인천항에 와서 정박했는데 해당 양행에서 보낸 전신을 보니 "해당 반리마루는 이미 돌아가 일본 관부(官府)가 수용하였고, 싣고 있던 목재를 소유하고 있어서 그 값을 따져보니 합하여 4만 원 정도입니다. 이외에 두 척의 풍범선이 이미 울릉도로 가서 목재를 싣고 고베로 돌아오고 있습니다"라고 이야기했습니다. 본 서리대신은 전에 여러 차례 온 전신과 문서에 따라 울릉도에 대한 안건을 조사하니, 저번에 우리나라 흠차대신과 부대신이 귀국에 가서 외무경과 회동하여 벌금과 처벌 등에 대하여 의정한 건이었습니다. 하지만 아직 처리되었다는 소식을 접하지 못하였습니다. 이번에 반리마루가 실어 나른 울릉도 목재의 일이 있어서 자못 심히 의아했습니다. 하물며 미통상 항구에는 몰래 넘어올 수 없다고 장정(章程)에 정한 바가 있으니 벌금을 물어야 합니다. 귀국인이 훔쳐 운반한 목재에 대해 마땅히 장정에 따라서 잘못을 밝히는 일은 그칠 수 없는 문제입니다. 응당 귀 서리공사에게 청하고 귀국 외무경께 아뢰어 장차 위 사항의 의정한 문서대로 조속히 온당하게 처리하여 이번에 실어 운반한 울릉도 목재는 고베에 있는 덕국양행에 교부하여 본국으로 회수할 수 있도록 해야 편리합니다. 몰래 벌목한 일에 대한 벌금 징수와 훔쳐 운반한 사실을 징벌하는 일체의 사건은 신속하게 처리하여 혹 장정을 어기는 일이 없도록 함이 실로 공정하고 타당합니다. 이에 문서를 갖추어 조회를 보냅니다. 번거로우시더라도 귀 서리공사께서 살펴보시고 시행하는 것이 좋겠습니다. 이같이 조회를 보냅니다. 이상입니다.

대일본 서리공사 곤도 마스키(近藤眞鋤)
을유년(1885) 4월 23일

---

4 세창양행을 가리킨다.

마땅히 행해야 할 일에 대한 문건 따로 초록하여 첨부합니다.

1. 우리 흠차대신과 부대신이 같은 날 일본 외무성에서 논의하고 정한 울릉도 건은 조속하게 온당히 처리할 것
2. 이번에 반리마루가 실어간 울릉도 목재를 고베에 있는 덕국양행에게 교부하고 즉시 본국으로 회수할 것
3. 일본인이 몰래 베어간 울릉도 목재에 대하여 장정에 따라서 1,000원(元)을 벌금으로 징수할 것
4. 목재를 훔쳐 운반해 간 일본인들을 법률에 따라서 징벌할 것

25 울릉도 목재의 회수와 관계자의 처벌 촉구 건의 본국 전달 통보

발신[發]	代理公使 近藤眞鋤	西紀 1885年 6月 6日
수신[受]	署理督辦交涉通商事務 徐相雨	高宗 22年 4月 24日
출전	『日案』卷1, #480, 234쪽[원본: 『日信 四』(奎19572, 78-4)]	

　　大日本代理公使近藤, 爲照覆事, 准貴曆乙酉四月二十三日照會, 以日本風帆舩萬里丸裝載木料, 由欝陵島來泊神戶, 現經日本官府收留該舩等各情, 據悉電文及書函, 因查該島一事, 業經議定罰款及懲辦等事, 尙未接辦理之信, 應由本使轉禀外務省, 將上項議定之案, 趕速妥辦, 此次裝運之欝陵島木料, 交付在神戶之德國洋行, 以便收回本國, 至潛斫罰鍰·偸運懲辦一切事件, 迅速辦理, 無或違乖章程, 實屬公允等因, 准此閱悉, 查此事本使未准本國報知, 不審原委, 除當將來意, 轉禀我外務省外, 相應照覆貴署理督辦, 請煩查照可也, 須至照覆者,

　　右照覆.

大朝鮮 署理督辦交涉通商事務

明治十八年 六月六日

乙酉 四月二十四日到

대일본 대리공사 곤도 마스키가 조복합니다. 귀력(貴曆) 을유년 4월 23일에 온 조회를 확인하였는데, "일본 풍범선 반리마루(萬里丸)가 목재를 싣고 울릉도에서 고베로 와서 정박하였으며, 현재 일본 관청(官府)이 해당 선박을 압류하고 있다는 등의 내용이었습니다. 전문(電文)과 서함을 모두 잘 보았습니다. 울릉도에 대한 일을 조사해 보니 이미 벌금과 처벌 등의 건을 의정하였는데, 아직 처리하였다는 소식을 접하지 못하였습니다. 따라서 본 사신이 마땅히 외무성으로 보고하여 장차 상기 의정한 안건은 조속하게 처리하겠습니다. 이번에 신고 온 울릉도의 목재는 고베(神戶)에 있는 덕국양행에 교부하여 본국이 회수할 수 있도록 하면 편하겠습니다. 몰래 벌목한 벌금과 훔쳐 운반한 처벌의 일체 사건은 조속하게 처리하겠습니다. 혹시라도 장정을 위반하는 일이 없다면 실로 공평하고 타당하겠습니다"라는 내용이었습니다. 이를 모두 다 확인하였습니다. 이 일을 조사해 보니 본사가 본국에서 통지받은 내용이 없어서 보내온 의견을 외무성에 아뢴 것 이외에는 경위를 알지 못합니다. 이에 상응하여 귀 서리독판께 조복을 보냅니다. 번거로우시더라도 확인하시기 바랍니다. 이같이 조복을 보냅니다. 이상입니다.

대조선 서리독판교섭통상사무
1885년(明治 18) 6월 6일
을유년 4월 24일 도착

26 울릉도 도벌 목재에 관한 백춘배 성명의 허위와 오판 우편물 환수 건

발신[發]	督辦交涉通商事務 金允植	高宗 22年 5月 29日
수신[受]	日本臨時代理公使 高平小五郎	西紀 1885年 7月 11日
출전	『日案』卷1, #520, 249~250쪽[원본: 『日信 四』(奎19572, 78-4)]	

逕啓者, 本年二月初三日, 敝署照會貴署公使近藤[眞鋤]內開, 本國開拓使金玉均, 旣以罪罷, 以李奎遠差代, 凡屬開拓事務, 盡歸李奎遠管轄等因, 貴署公使照覆在案, 査本國鬱陵島木料盜斫查辦一案, 業經貴國政府知照「凡係金玉均所自擅行之事」自歸罷論, 今聞貴國帆船來到馬關, 有罪人金玉均開拓使時隨員白春培, 聲言爲我政府所允許, 現欲干涉於木料一事云, 不勝駭嘆, 庸玆函告, 請煩照亮, 卽行飭知于貴國商民, 該白春培所言, 槪勿聽准, 毌致歧貳, 實屬公允, 爲此肅佈, 藉頌日祉.

乙酉 五月二十九日

再者, 昨有仁川貴國領事官[久水三郞]所送郵便收照一紙, 由本署已給不足錢四十文, 更考之, 敝署寄送天津書函, 未經付送郵便, 此收照似是誤到, 故繳還貴署, 乞查明示及爲荷.

※ 乙酉 六月初二日, 日館傳語官川上來署, 凡係金玉均所自擅行之事十一字, 抹改以去.

아룁니다. 올해 2월 초3일, 우리 관서(署)에서 귀 공사 곤도 마스키(近藤眞鋤)에게 조회하였는데, 그 안에 "본국의 개척사 김옥균(金玉均)이 죄를 지어 파직되었고 이규원(李奎遠)이 대신 임명되었습니다. 개척에 속한 사무는 이규원이 모두 관할합니다"라는 내용을 귀 공사에게 조복한 문서가 있습니다. 본국 울릉도 목재를 몰래 벌채하여 조사하여 처리하려는 안건을 이미 귀 정부에 통지하였습니다. '김옥균이 멋대로 행한 일과 관련된 것'은 모두 중지되었습니다. 지금 들으니 귀국의 범선이 바칸(馬關, 시모노세키)에 도착했는데 죄인 김옥균이 개척사로 있을 때 수행원 백춘배(白春培)가 우리 정부가 윤허하였다는 쓸데없는 말을 하여 현재 목재에 대한 일을 간섭하고자 한다고 운운하는 것은 매우 놀라지 않을 수 없습니다. 이에 문서로 통지하니 번거로우시겠지만 살펴 헤아려 주십시오. 즉시 귀국 상민(商民)에게 알려주어서 백춘배가 말한 것은 듣고 따르지 말도록 하여 의논이 갈라지는 일이 없도록 해야 공평하고 타당합니다. 이같이 정중히 말씀드립니다. 복이 있으시기를 기원합니다.

을유년 5월 29일

추신. 어제 인천에 있는 귀국 영사관 [히사미즈 사부로(久水三郎)]이 보내온 우편 한 통을 받아 보았습니다. 본서를 통해 이미 부족한 돈 40문을 지급하였습니다. 다시 생각해 보니 저의 관청이 톈진(天津)으로 보내려 한 편지는 우편으로 부치지 않았습니다. 이 조회를 받아보고 착오가 있었던 듯합니다. 그러므로 귀서에 도로 돌려보냅니다. 잘 살펴보시기 바랍니다.

을유년 6월 초2일 일본공사관 통역관 가와카미(川上)가 본서에 왔는데, '凡係金玉均所自擅行之事' 11자를 지워 고쳐 갔다고 한다.

27 울릉도 목재 매각 비용과 조선생도 관련 비용 등 처분 건

발신[發]	督辦交涉通商事務 金允植	高宗 22年 7月 29日
수신[受]	臨時代理公使 高平小五郎	西紀 1885年 9月 7日
출전	『日案』卷1, #541, 259쪽[원본: 『日信 五』(奎19572, 78-5)]	

　逕啓者, 向以敝邦生徒事, 至煩貴國政府轉示代籌之策, 實深感荷, 日前與美國人淡于孫立約, 將欝陵島已伐之木料, 准其賣買, 扣除入費外, 所餘銀元, 托該商人, 確查敝邦生徒食費·船價, 仍令回國, 聞該商人當於數日內, 出徃仁港, 仍向貴國, 請轉稟貴國政府, 付送該商, 至爲禱盼, 此請日祉.

乙酉 七月二十九日

金允植

아룁니다. 지난번 본국의 생도(生徒)에 대한 일로 인해 귀국 정부에서 수고롭게도 대신 계책을 세워서 보내신 건에 대하여 매우 감사하게 생각하고 있습니다. 일전에 미국인 타운센드(湪于孫)와 약속하기를, 울릉도에서 이미 베어간 목재는 매매를 허용하고, 들어간 비용을 제외한 이외에 남은 돈은 해당 상인에게 부탁하여 우리나라 생도의 식비와 배삯으로 확정하여 본국으로 돌아오도록 하였습니다. 해당 상인은 들으니 수일 내에 인천항에서 출항하여 이내 귀국으로 향한다고 하니 귀국 정부에 전보하기를 청하며 해당 상인에게 부쳐 보냅니다. 기도하여 이같이 청하니 안녕히 계십시오.

을유년(1885) 7월 29일

김윤식(金允植)

28 동남제도개척사 김옥균의 차용금 상환 청구

발신[發]	臨時代理公使 高平小五郎	西紀 1885年 9月 10日
수신[受]	督辦交涉通商事務 金允植	高宗 22年 8月 2日
출전	『日案』卷1, #545, 260~261쪽[원본: 『日信 五』(奎19572, 78-5)]	

　　大日本代理公使高平, 爲照會事, 玆據我代理漢城領事館事務結城[顯彦]移案, 以准據大阪協同商會社長高須謙三具呈, 爲索償借與朝鮮國東南開拓使[金玉均]之金額貳千七百七十壹圓八十壹錢三厘之事, 據案查得, 此事始於明治十六年[1883]十一月九日即朝鮮曆癸未十月初十日, 該協同商會社長與貴國開拓使立約, 以蔚陵島木材及海産採伐·運輸·販賣等, 並代爲辦墊舡費及給該島民之粮食·隨員旅費, 其他一切事, 而嗣聽該使隨員卓挺埴等二人之指示, 周旋辦理, 乃在雇舡開帆前, 多所違約, 終於立定期償還之約, 而以遷延至今, 具呈索償者, 因此案之於貴政府, 當任償完之義務者, 證理確直明白於呈狀; 相應將所有文卷[券誤], 照會貴政府, 請煩查照, 迅速償還該社長索償之金額, 俾免累贖可也, 須至照會者,

　　右照會.

　　　　　　　　　　　　　　　　　　大朝鮮 督辦交涉通商事務 金
　　　　　　　　　　　　　　　　　　明治十八年 九月十日
　　　　　　　　　　　　　　　　　　乙酉 八月初二日到

대일본 대리공사 다카히라 고고로(高平小五郎)가 조회합니다. 우리 한성영사관 사무대리 유키 아키히코(結城顯彦)가 이관한 안건에 따르면, 오사카 협동상회(大阪協同商會) 사장 다카스 겐조(高須謙三)가 문서를 갖추어 아뢰기를, 조선국 동남개척사(東南開拓使) [김옥균(金玉均)]가 빌려간 돈을 받아내는 것으로 금액은 2,771원(圓) 81전(錢) 3리(厘)입니다. 이 안건을 조사해 보니 이 일이 시작된 것은 1883년(明治 16) 11월 9일로, 조선력으로 계미년 10월 초10일입니다. 해당 협동회사 사장과 귀국 개척사가 울릉도 목재와 해산물 채집, 운반, 판매 등에 대한 계약을 체결하였습니다. 그 대신 선비(船費)를 내고 울릉도민의 양식, 수행원 여비와 기타 일체를 지급하기로 하였습니다. 이후 그 사신의 수행원 탁정식(卓挺埴) 등 두 명이 지시하여 주선하고 처리하였습니다. 고용된 선박이 항구를 떠나기 전에 약조를 위반한 것이 많았습니다. 결국 기한을 정하여 상환하기로 약조하였습니다. 그러나 지금까지 지연되어 모두 배상하라고 하면서 제출한 것입니다. 이 안건에 대하여 귀 정부가 완전하게 배상해야 할 의무가 있으며 정장(呈狀)에 명백하게 증거와 논리가 있습니다. 여기에 상응하여 소유한 문서(文券)를 귀 정부에 조회로 보냅니다. 번거로우시더라도 확인하시고 조속히 해당 사장이 요구하는 금액을 배상하여 혼란을 면하시는 편이 좋겠습니다. 이같이 조회를 보냅니다. 이상입니다.

대조선 독판교섭통상사무 김윤식(金允植)
1885년(明治 18) 9월 10일
을유년 8월 초2일 도착

29 김옥균의 차용금 상환 건 협의 후 조치 건 회답

발신[發]	督辦交涉通商事務 金允植	高宗 22年 8月 3日
수신[受]	日本臨時代理公使 高平小五郎	西紀 1885年 9月 11日
출전	『日案』卷1, #546, 261쪽[원본: 『日信 五』(奎19572, 78-5)]	

　　大朝鮮督辦交涉通商事務金, 爲照覆事, 卽接來文, 爲高須謙三要償金額一事, 査此係是[金]玉均已廢之約, 到今另有層節, 宜存商量, 本督辦當與政府會議妥辦, 再行仰覆, 請煩貴代理公使査照見諒可也, 須至照復者,

　　右照覆.

　　　　　　　　　　　　　　　　　　　　　　　大日本 代理公使 高平
　　　　　　　　　　　　　　　　　　　　　　　乙酉 八月初三日

대조선 독판교섭통상사무 김윤식(金允植)이 조복합니다. 보내오신 문서를 접해 보니 다카스 겐조(高須謙三)의 배상요구 금액에 대한 일입니다. 살피건대, 이는 김옥균(金玉均)이 이미 폐기한 약속입니다. 현재에 이르러 다른 층위의 문제가 있다면 마땅히 보류하고 상의해야 합니다. 본 독판은 마땅히 정부와 함께 회의하여 온당하게 처리할 터이므로 다시 답변하도록 하겠습니다. 번거로우시더라도 귀 대리공사가 살펴보시기를 양해하시기 바랍니다. 이같이 조복을 보냅니다. 이상입니다.

대일본 서리공사 다카히라 고고로(高平小五郞)
을유년(1885) 8월 초3일

30 동남제도개척사 차용금 상환 청구의 취지 통보

발신[發]	日本臨時代理公使 高平小五郎	西紀 1885年 9月 12日
수신[受]	督辦交涉通商事務 金允植	高宗 22年 8月 4日
출전	『日案』卷1, #547, 261쪽[원본:『日信 五』(奎19572, 78-5)]	

　大日本代理公使高平, 爲照會事, 接准貴曆乙酉八月初三日照覆, 以高須謙三要償金額一事, 查此係是[金]玉均已廢之約, 到今另有層節, 宜存商量, 本督辦當與政府會議妥辦, 再行仰覆等因, 准此閱悉, 查來文, 雖有此約係是玉均已廢之約等語, 而其約未經廢之之順序, 故儼乎現存, 然今協同商會社長具呈要求之意, 盖非欲實行其約於日後也, 秖爲盡因約當盡之責, 而有已費之款, 故不過求其償報耳, 惟望貴大臣照諒主意之所在, 而有所會議妥辦焉, 須至照會者,
　右照會.

　　　　　　　　　　　　　　　　　　　　　　　　大朝鮮 督辦交涉通商事務 金
　　　　　　　　　　　　　　　　　　　　　　　　明治十八年 九月十二日
　　　　　　　　　　　　　　　　　　　　　　　　乙酉 八月初四日到

대일본 대리공사 다카히라 고고로(高平小五郞)가 조회합니다. 귀력(貴曆) 을유년 8월 초3일 조복을 받았습니다. 내용을 보니 "다카스 겐조(高須謙三)가 배상을 요구하는 금액에 대한 일로 이것을 살펴보니 김옥균(金玉均)이 이미 폐기한 약조와 관계가 있으며, 지금까지 문제를 일으키고 있으니 마땅히 생각해 보아야 합니다. 본 독판이 정부와 회의하여 온당히 처리하는 것이 마땅하니 다시 답변을 드리도록 하겠습니다"라는 것입니다. 이를 모두 다 읽어보았습니다.

보내온 문서를 조사해 보니, 비록 이 약속이 김옥균이 이미 폐기한 약속과 관련된 일이라고 말하였으나 그 약속은 폐기하는 순서를 따르지 않았습니다. 그러므로 엄연히 현존합니다. 그러므로 지금 협동상회(協同商會) 사장이 서류를 갖추어 올려 요구하는 뜻은 대개 이후에 약속을 실행하려는 것이 아니라 계약으로 인해 마땅히 해야 할 책임을 다하고자 하는데, 이미 지출한 것이 있으니 다만 배상을 갚도록 청구한 건에 불과할 따름입니다. 바라건대 귀 대신이 주된 뜻의 소재를 잘 알아서 회의하여 온당하게 처리하십시오. 이같이 조회합니다. 이상입니다.

대조선 독판교섭통상사무 김윤식(金允植)
1885년(明治 18) 9월 12일
을유년 8월 초4일 도착

31 울릉도 목재를 운반하는 일본인 인부 모집에 관한 건

발신[發]	督辦交涉通商事務 金允植	高宗 22年 8月 14日
수신[受]	臨時代理公使 高平小五郎	西紀 1885年 9月 22日
출전	『日案』卷1, #559, 267쪽[원본: 『日信 五』(奎19572, 78-5)]	

　大朝鮮交涉通商事務金, 爲照會事, 據東萊府人李章五禀稱, 與英國人米鐵徃欝陵島, 看審木料, 斫伐之木, 孤島民少, 勢難運下, 徃赤馬關, 要募役夫, 地方官以無本國公使飭知不准云, 請飭知于該地方官, 俾爲憑信事.

乙酉 八月十四日

原本見漏

대조선 교섭통상사무 김윤식(金允植)이 조회합니다. 동래부 사람 이장오(李章五)가 아뢴 것에 따르면 "영국인 미첼(米鐵)과 함께 울릉도에 가서 목재를 간심(看審)했는데 벌목한 목재는 고도(孤島)에 백성이 적어서 운반하는 데 어려움이 있다고 합니다. 바칸(馬關, 시모노세키)에 가서 인부를 모집하고자 하는데 지방관이 본국 공사의 통지(飭知)가 없어서 허락해 줄 수 없습니다"라고 하였습니다. 해당 지방관에게 통지해 주시기를 요청하오니 이를 신임해 주실 일입니다.

을유년(1885) 8월 14일
원본은 잃어버림

32 울릉도 목재를 운반하는 일본인 인부 모집 건에 관한 정부의 위임 여부 조회

발신[發]	臨時代理公使 高平小五郞	西紀 1885年 9月 23日
수신[受]	督辦交涉通商事務 金允植	高宗 22年 8月 15日
출전	『日案』卷1, #560, 267쪽[원본: 『日信 五』(奎19572, 78-5)]	

  大日本代理公使高平, 爲照覆事, 准貴曆乙酉八月十四日照會內開, 現據東萊府人李章五稟稱, 本年四月二十日, 與英國人米鐵, 偕往長崎島賃舩, 六月初六日, 轉至蔚陵島, 看審木料, 雖有斫置之木, 孤島民少, 勢難運下, 六月十四日, 到赤馬關, 要募役夫, 該地方役所書記言內, 役夫雇賃一款, 須有我國公使飭知, 然後可以准雇云云等情, 爲此, 備文照會, 請煩貴代理公使查照, 飭知于該地方官, 俾爲憑信可也等因, 准此閱悉, 當將來意, 稟請我政府查照, 轉飭該地方官, 但未知李章五所辦雇舩與人, 運載蔚陵島木料之事, 係貴政府所委任或允准乎, 請貴督辦明晰示覆, 以便稟報可也, 且該島係未通商之處, 如至李章五雇約之成, 則行飭該島地方官, 妥爲照科我應雇之人民爲望, 須至照覆者,

  右照覆.

大朝鮮 督辦交涉通商事務 金

明治十八年 九月二十三日

乙酉 八月十五日到

대일본 대리공사 다카히라 고고로(高平小五郎)가 조복합니다. 귀력(貴曆) 을유년(1885) 8월 14일의 조회를 열어보니, "지금 동래부 사람 이장오(李章五)가 아뢴 것이 따르면, 올해 4월 20일 영국인 미첼(米鐵)과 함께 나가사키(長崎)에 가서 배를 임대하고 6월 초6일 울릉도에 가서 목재를 간심했는데 비록 벌목할 나무가 있어도 고도(孤島)에 백성이 적어서 운반하는 데 어려움이 있다고 합니다. 6월 14일 바칸(馬關, 시모노세키)에 가서 인부를 모집하고자 하는데 해당 지방 관청(役所)의 서기가 말하기를, '역부를 고용하는 일에 대해서는 우리 공사의 통지(飭知)가 있은 연후에야 고용할 수 있습니다'라고 운운하였다는 소식입니다. 이 때문에 문서를 갖추어 조회하오니, 번거롭지만 귀 대리공사께서 조사하고 헤아려 해당 지방관에게 통지함으로써 신뢰하도록 하면 좋겠습니다"라는 내용이었습니다. 이를 모두 다 열람하였습니다. 장차 온 뜻에 따라 우리 정부에서 조사하여 헤아리고 해당 지방관에게 통지하도록 요청하겠습니다. 다만 이장오가 선박과 인부를 고용하여 울릉도의 목재를 실어 운반하는 일을 주관하는지 알지 못합니다. 귀 정부가 위임하였는지 혹은 윤허하였는지 귀 독판께서 분명하게 답장하여 주기를 청하니 곧 품보(稟報)하는 편이 좋겠습니다. 또한 울릉도는 미통상 항구로, 만약 이장오가 고용 계약을 달성하게 되면 울릉도 지방관에 명령을 내려 고용된 우리 인민들을 법에 따라서 보살펴 주시기를 바랍니다. 이같이 조복합니다. 이상입니다.

대조선 독판교섭통상사무 김윤식(金允植)
1885년(明治 18) 9월 23일
을유년 8월 15일 도착

33 울릉도 목재를 운반하는 일본인 인부 모집 건에 관한 정부의 확인

발신[發]	督辦交涉通商事務 金允植	高宗 22年 8月 16日
수신[受]	臨時代理公使 高平小五郎	西紀 1885年 9月 24日
출전	『日案』卷1, #561, 268쪽[원본:『日信 五』(奎19572, 78-5)]	

　　大朝鮮督辦交涉通商事務金, 爲照會事, 准本年八月十五日貴代理公使照覆內開, [自但未知止爲望], 准此, 查河桂祿係是東萊府所派, 同英國人米鐵, 徃看欝島木料, 仍行隨宜採辦者也, 米鐵約條, 原係本衙門盖印, 更無他疑, 該島設有島長一人, 尙屬草剏, 當飭知該島長, 俟貴國雇民來到, 隨便照料, 爲此, 備文照會, 須至照會者,

　　右照會.

　　　　　　　　　　　　　　　　　　　　　　　　大日本代理公使 高平

　　　　　　　　　　　　　　　　　　　　　　　　乙酉 八月十六日

대조선 독판교섭통상사무 김윤식(金允植)이 조회합니다. 올해 8월 15일 귀 대리공사의 조복을 받아 열어보니, ['단미지(但未知)'에서 '위망(爲望)'까지] 이를 확인하였습니다. 조사해 보니 하계록(河桂祿)은 동래부(東萊府)에서 파견한 사람으로, 영국인 미첼(米鐵)과 함께 울릉도에 가서 목재를 간심(看審)하고 이내 편의에 따라 벌목하고 매매했습니다. 미첼과의 약조는 원래 본 아문에서 인장을 찍었으니 달리 의심할 것은 없습니다. 그 섬에는 도장(島長) 1인을 두었는데 창설한 지 얼마 안 되었으므로, 울릉도 도장에게 통지(飭知)하여 귀국의 고용된 사람들이 도착하기를 기다려 편의에 따라서 살펴주도록 하겠습니다. 이를 위하여 문서를 갖추어 조회를 보냅니다. 이같이 조회를 합니다. 이상입니다.

대일본 대리공사 다카히라 고고로(高平小五郎)
을유년(1885) 8월 16일

34 울릉도 목재 처리에 관한 문의

발신[發]	臨時代理公使 高平小五郎	西紀 1885年 12月 1日
수신[受]	督辦交涉通商事務 金允植	高宗 22年 10月 25日
출전	『日案』卷1, #597, 287쪽[원본:『日信 五』(奎19572, 78-5)]	

　逕啟者, 爲我國人村上德八, 關係欝陵島被告案件之罰錢一節, 本使曾經面詳於貴督辦, 玆准我外務省來文內開, 因本年三月徐[相雨]公使來翰中, 有貴政府或有木料, 或有現銀, 請交神戶德國行八十二號, 橫濱德國行八號, 聽該行受辦, 自不致誤云云, 故罰錢之外, 倘若或有木料, 則自當交附該行, 然朝鮮政府今另有所欲, 或要更交付於他人, 或欲便宜公賣, 將其價值, 交附統理衙門, 亦不可知, 煩由貴使, 將此特問明於該政府等因, 准此, 函詢貴督辦, 請煩查覆貴政府便宜之處可也, 耑此, 順頌日祉.

明治十八年 十二月一日

高平小五郎

乙酉 十月廿五日到

金督辦 閣下

삼가 말씀드립니다. 우리나라 사람 무라카미 도쿠하치(村上德八)는 울릉도와 관련된 안건의 피고로 벌금을 물어야 하는 일에 대하여 본사는 일찍이 귀 독판과 면담하였습니다. 우리 외무성에서 온 문서를 열어보니, "올해 3월 서상우(徐相雨) 공사가 보내온 서한 중에 '귀 정부에 있는 목재나 현금은 고베(神戶)에 있는 덕국양행(德國行) 82호와 요코하마(橫濱)에 있는 덕국양행 8호에 교부하기를 청하였습니다. 해당 양행이 받아 처리하도록 하면 잘못될 일이 없습니다'라고 운운하였습니다. 그러므로 벌금 이외에 만약 혹시라도 목재가 있다면 해당 양행에 마땅히 교부하십시오. 그리고 조선 정부가 지금 별도로 하려고 하는 바가 있으므로 혹여 다른 사람에게 다시 교부하게 되는 일이 필요하거나, 혹은 편의에 따라 공매하려 합니다. 장차 그 금액을 통리아문(統理衙門)에 교부할지도 모르겠습니다. 번거롭게 귀사를 통해 이것은 해당 정부에 분명하게 물어야 합니다"라는 내용이었습니다. 이를 확인하였습니다. 귀 독판께 문의하오니 번거로우시더라도 귀 정부가 편리하게 생각하는 처분으로 답변해 주시면 좋겠습니다. 안녕히 계십시오.

1885년(明治 18) 12월 1일
다카히라 고고로(高平小五郎)

을유년 10월 25일 도착
김윤식(金允植) 독판 각하

35 울릉도 목재의 공매 처분과 해당 비용의 송부 요청 건

발신[發]	督辦交涉通商事務 金允植	高宗 22年 11月 3日
수신[受]	臨時代理公使 高平小五郎	西紀 1885年 12月 8日
출전	『日案』卷1, #604, 291쪽[원본: 『日信 五』(奎19572, 78-5)]	

　　逕复者, 昨奉來函, 爲貴國人村上德八, 關係欝陵島被告案件之一事, 查本年二月, 徐[相雨]公使在貴國時, 曾經照會外務省, 以貴政府或有木料, 或有現銀, 請交神戶德國行八十二號, 橫濱德國行八號等因在案, 玆准來函, 藉悉一切, 乃今更望貴政府, 將該木料便宜公賣, 交付價値於本衙門爲幸, 至罰鍰, 亦望一體交付, 偸運人懲辦之事, 照本年四月本衙門署理督辦徐[相雨]公文所有應行事款, 趕速辦理, 幷望轉禀于貴政府, 禱切盼切, 肅此奉复, 順頌日祉.

　　　　　　　　　　　　　　　　　　　　　　　　　　乙酉 十一月初三日

　　　　　　　　　　　　　　　　　　　　　　　　　　　　　　金允植

삼가 아룁니다. 어제 온 서함을 받았습니다. 귀국인 무라카미 도쿠하치(村上德八)는 울릉도와 관련하여 고발된 안건에 대한 내용이었습니다. 살펴보니 올해 2월에 서상우(徐相雨) 공사가 귀국에 있을 때 일찍이 외무성에 조회를 보내어 귀 정부에 혹여 목재나 현금이 있다면 고베(神戶)에 있는 덕국양행(德國行) 82호와 요코하마(橫濱)에 있는 덕국양행 8호 등에 교부하도록 요청한 문서가 보관되어 있습니다. 이번에 온 서함을 보니 모두 잘 알겠습니다. 이에 지금 다시 귀 정부에 바랍니다. 앞으로 해당 목재를 편의대로 공매(公賣)하고 본 아문에 그 금액을 교부하면 다행이겠습니다. 벌금에 대해서도 일체 교부하기를 바랍니다. 훔쳐 운반한 사람을 처벌하는 일은 올해 4월에 본 아문 서리독판(本衙門署理督辦) 서[상우]의 공문에 있는 마땅히 행사하겠다는 조관을 살펴 조속하게 처리하도록 귀 정부에 전달하여 품신하기를 바랍니다. 절실히 기도하며 이 조복을 받아 이같이 말씀을 올립니다. 나날이 평안하시기를 기원합니다.

을유년(1885) 11월 초3일

김윤식(金允植)

36 협동상회 다카스 겐조의 배상금 반환 촉구

발신[發]	臨時代理公使 高平小五郎	西紀 1885年 12月 12日
수신[受]	督辦交涉通商事務 金允植	高宗 22年 11月 7日
출전	『日案』卷1, #606, 292쪽[원본: 『日信 五』(奎19572, 78-5)]	

　　大日本代理公使高平, 爲照會事, 照得協同商會社長高須謙三索償金額一案, 業經本年九月十二日, 覆以其具呈要求之主意, 而請貴政府妥辦在案, 爾後至今尙未得回音, 爲此照催貴督辦, 請煩査照, 速行核辦結案可也, 須至照會者,
　　右照會.

大朝鮮 督辦交涉通商事務 金
明治十八年 十二月十二日
乙酉 十一月初七日到

대일본 대리공사 다카히라 고고로(高平小五郞)가 조회합니다. 협동상회(協同商會) 사장 다카스 겐조(高須謙三)의 배상금 요구에 대한 안건에 대해 말씀드리자면 이미 올해 9월 12일 소장을 제출하여 요구하는 취지로 조복하였고, 귀 정부에서 온당하게 판단하기를 요청하였습니다. 이후에 지금까지 회신을 받지 못하였습니다. 이에 귀 독판께 번거로우시겠지만 조사해 보시기를 촉구하오니 속히 상세히 조사하여 최종적으로 안건을 종결하면 좋겠습니다. 이같이 조회합니다. 이상입니다.

대조선 독판교섭통상사무 김윤식(金允植)

1885년(明治 18) 12월 12일

을유년 11월 초7일 도착

37 다카스 상환금 재촉의 무효

발신[發]	督辦交涉通商事務 金允植	高宗 22年 11月 8日
수신[受]	臨時代理公使 高平小五郎	西紀 1885年 12月 13日
출전	『日案』卷1, #607, 292쪽[원본: 『日信 五』(奎19572, 78-5)]	

　　大朝鮮督辦交涉通商事務金, 爲照覆事, 接准貴曆十二月十二日照會內開, [自協同至可也]等因, 准此, 查高須謙三之索償金額, 係是爲欝[陵脫]島木料與金玉均立約者也, 嗣後玉均與美國人他雲仙, 更立訂約, 則前約自歸廢紙, 玉均現又不在, 無處可問, 我政府無以辦法, 業經說明于該社長, 貴代理公使想已入聞, 爲此備文照覆, 請煩查照飭知于該社長可也, 須至照覆者,

　　右照覆.

大日本 代理公使 高平

乙酉 十一月 初八日

대조선 독판교섭통상사무 김윤식(金允植)이 조복합니다. 귀력(貴曆) 12월 12일 조회를 열어보니, '협동(協同)'에서부터 '가야(可也)'까지 잘 알겠습니다. 다카스 겐조(高須謙三)의 배상금 요구에 대한 안건을 조사하니 울릉도 목재와 김옥균(金玉均)이 약조한 건에 관련이 있습니다. 이후에 김옥균이 미국인 타운센드(他雲仙)와 함께 다시 약조를 정한다면 이전의 약조는 자연스럽게 휴지조각이 됩니다. 김옥균이 현재 부재하고 있으며 물어볼 만한 곳도 없습니다. 우리 정부는 처리할 법이 없어서 해당 사장에게 이미 설명을 하였습니다. 귀 대리공사께서 이미 소문으로 들어 아시리라 생각합니다. 이를 위해 문서를 갖추어 조복을 보내오니 번거로우시더라도 해당 사장에게 통지(飭知)하여 조사하면 좋겠습니다. 이같이 조복을 보냅니다. 이상입니다.

대일본 대리공사 다카히라 고고로(高平小五郎)
을유년(1885) 11월 초8일

38 동남제도개척사 수행원 백춘배의 공초 송부

발신[發]	督辦交涉通商事務 金允植	高宗 22年 11月 19日
수신[受]	臨時代理公使 高平小五郎	西紀 1885年 12月 24日
출전	『日案』卷1, #621, 297~299쪽[원본:『日信 五』(奎19572, 78-5)]	

　　大朝鮮督辦交涉通商事務金, 爲密行照會事, 照得前開拓[使脫]隨員白春培, 隨同金玉均, 久在貴國, 本年八月回國, 其間玉均事情, 白春培應無不知之理, 昨日拿到本衙門, 一一盤覈, 據該員所供, 尤可駭惋, 玆錄供辭, 相應備文照會, 請煩貴代理公使査照, 轉達貴國政府, 嚴核迅辦可也, 須至照會者,
　　右照會.

大日本 代理公使 高平
乙酉 十一月 十九日

附. 金玉均隨員白春培供辭

　　罪人白春培年四十三, 居漢城中部翼廊洞白等, 矣身旣係爲賊[金玉]均開拓隨員, 派在日本有年, 則必諳賊情, 致此嚴覈, 焉敢小隱也, 第以所經見聞者仰陳之, 矣身於癸未[1883]七月分, 以開拓隨員入日本, 經營蔚[陵脫]島木料之事, 至昨年十月, 矣身以運木向蔚島, 漂風還泊神戶, 聞變驚惶, 不意逆徒玉均[朴]泳孝奎完等夜泊而遇之問則曰, 吾輩所爲實出於開化一世, 然今我朝野, 必以吾輩與日使陰謀, 矯召兵丁, 劫遷鑾輿, 擅殺大臣, 歸之大逆矣, 吾家之盡被誅戮, 勢所固然, 必有玉石俱焚之境豈不哀哉, 因語逼國母, 詬辱朝廷, 仍復大笑之, 矣身問計將安出曰, 直往東京, 就與後藤相[象誤]次郎別作良圖, 此人卽民權黨之領袖, 而賊均曾在東京時, 深有結約云者也, 且謂矣身曰, 君須走匿釜山領事館, 探我情形, 而數數通報也, 翌日向東京而去, 矣身以蔚島事急, 卽往該島幹事, 今年四月歸泊于神港, 則賊均來已有日, 張澂奎適自我國探事而來到, 賊均有不信澂奎至之意, 矣身責均曰, 今當用人之日, 爲我

出入死地者, 不以心腹待之, 誰爲之用命乎, 甚不取也, 賊然其言, 又送澱奎續探事情, 忽一日嘆曰, 日人志小量窄, 難與謀大, 淸人則可與有爲, 無路結交奈何, 且曰, 君昔遊海蔘歲時, 或見俄人中有可用人乎, 矣身曰, 區區謀食之人, 有何可用, 當此之時, 見諸賊俱無道理, 三凶之往米國時, 亦不與賊相通, 賊均欝欝無聊, 日以遊戲爲事, 及張某回還之五日, 會話於西村屋, 張某將諺信與賊同看, 眼嬉眉笑, 不勝其喜, 賊均握矣身手曰, 君住於此, 如有得食之道, 須耐過三四個月也, 矣身問, 有何善謀而云耶, 答以早晚可知已, 其翌矣身與張某論賊之事, 問昨者所喜之書何來, 答曰, 此書桂洞大監[李載元]許爲內應之故也, 曰, 然則此中能有兵力之可辦否, 答曰, 有則有之, 然均則欲帶多兵, 我則云旣有內應, 不必多兵, 相持未決而罷云, 後幾日, 張某因賊急電以招去, 其返也, 曰, 今已勢成, 不出吾所料, 問其由, 則曰, 與均偕往後藤相[象謨]次郞, 約以大擧兵五千, 將於九十月, 暗襲江華, 再犯京闕, 而如事不成, 遷駕于長崎, 則事必諧矣, 矣身大驚而問曰, 後藤有何可憑, 而一至于此乎, 曰, 有密旨, 矣身益驚曰, 有何密旨, 澱奎曰, 上年賊均在漢城時, 面奏欲得國債, 須有御寶文憑, 因賜安寶之空紙, 賊均矯書密旨於安寶之紙, 出示後藤, 後藤以此爲信云, 澱奎因密囑矣身回國將此事情細細密達, 又言於賊均, 須送白某回國, 探報內情爲好, 賊均然之, 矣身還國時賊均寄書有云, 若到我京, 事無大小, 詳示於張某, 使我得如虎生翼之句身矣, 以謹當如敎, 幸速圖之, 以救生靈塗炭之意答之, 矣身旣脫虎口, 復見天日, 安敢有毫髮隱情, 前已密達所懷, 而今於明問之下細細畢陳, 矣身前後情跡可質神明, 雖與賊均對質, 必無一毫違錯, 伏望裁察焉.

대조선 독판교섭통상사무 김윤식(金允植)이 비밀리에 조회합니다. 전에 개척사 수행원 백춘배(白春培)가 개척사 김옥균(金玉均)을 수행하는데 오래도록 귀국에 있다가 올해 8월에 귀국하였습니다. 그 사이에 김옥균의 사정을 백춘배가 알지 못할 이유가 없으므로, 어제 본 아문에 잡아와서 일일이 자세하게 캐어물었습니다. 해당 수행원의 공초에 따르면 더욱 놀랍습니다. 이에 공초를 초록하고 문서를 갖추어 조회합니다. 번거로우시더라도 귀 대리공사께서 살펴보시고, 귀 정부에 전달하여 엄히 신속하게 처리하면 좋겠습니다. 이같이 조회를 보냅니다.

대일본 대리공사 다카히라 고고로(高平小五郞)

을유년(1885) 11월 19일

부록) 김옥균 수행원 백춘배 공사(供辭)

죄인 백춘배의 나이는 43세입니다. 한성 중부 익랑동(翼廊洞)에 거주합니다. 저는 적 김옥균의 개척사 수행원이 되어서 일본에 몇 년 있는 동안 반드시 적정을 알았고, 이처럼 엄중하게 조사하는데 어찌 감히 조금이라도 숨기겠습니까? 다만 보고 들은 것을 진술하려 합니다. 저는 계미년(1883) 7월에 개척사 수행원으로 일본에 들어가서 울릉도 목재에 대한 일을 경영하였습니다. 작년 10월 저는 목재를 운반하는 일로 울릉도로 가다가 풍랑을 만나 고베(神戶)로 돌아와 정박하였습니다. 그 사이에 변화는 놀라웠습니다. 뜻밖에 역적 김옥균, 박영효(朴泳孝), 이규완(李奎完) 등이 밤에 정박하고 만나서 말하기를, "우리들이 한 행위는 세상을 개화(開化) 하려는 데서 나왔습니다. 그런데 지금 우리 조야에서는 반드시 우리와 일본공사가 음모를 꾸며서 병정을 모으고 겁박하여 임금이 타는 가마를 옮겼으며, 대신을 함부로 죽인 일은 대역(大逆)이 되고 말았습니다. 우리 집안은 모두 주륙을 당하였습니다. 그 형세가 진실로 그러하여 옥석을 모두 가리지 않고 모두 불태우는 지경이었으니 어찌 슬프지 않겠습니까?"라고 이야기했습니다. 국모(國母)를 핍박하고 조정을 꾸짖으면서 다시 크게 웃었습니다. 제가 장차 어떻게 할지 계획을 물어보니, "곧바로 도쿄(東京)로 가서 고토 쇼지로(後藤象二郞)와 함께 별도로 좋은 방법을 만들고자 한다. 이 사람은 민권당(民權黨)의 영수로 적 김옥균이 일찍이 도쿄에 있을 적에 깊이 약속한 적이 있다"라고 말하였습니다. 또한 저에게 말하기를, "그대는 모름지기 부산영사관에서 가서 숨고 우리 정세를 탐문하여 번번이 통보하기 바란다"고 하였습니다. 다음날 도쿄로 갔습니다. 제가 울릉도의 일이 급하여 그 섬 간사에게 바로 갔습니다. 올해 4월 고베로 돌아와 정박하니 적 옥균이 온 지 며칠이 되었습니다. 장은규(張漺奎)가 마침 우리나라에서 일을 탐문하여 도착했는데, 적 옥균이 장은규를 불신하는 기색이 있었습니다. 제가 김옥균을 책문하여 말하기를, "지금 사람을 고용하는 일로 우리가 사지를 출입하고 있는데 심복으로 기다리지 않으면 누구를 사용하여 명하겠습니까? 취할 자는 거의 없습니다"라고 하였습니다. 적의 말이 그러하므로 장은규를 보내고 사정을 이어서 탐문하였습니다. 하루는 갑자기 한번 탄식하며 말하기를, "일본인은 뜻이 작고 도량이 좁고 큰일을 더불어 도모하기 어렵습니다. 청국인은 더불어 할 수 있으나 서로 사귈 방법이 없으니 어찌하겠습니까?"라고 하였습니다. 또한 말하기를, "그대는 지난번에 블라디보스토크에 갔을 때 혹시 보았던 러시아인 가운데 쓸만한 사람이 있었습니까?"라고 하였습니다. 제가 말하기를, "가지각색으로 살길을 찾는 사람이 어떻게 쓸만하겠습니까?"라고 하였습니다. 이때를 맞이하여 여러 적에게는 모두 어찌할 도리가 없었습니다. 세 흉적이 미국에 갔을 때 또한 적과 서로 통하지 않아 적 옥균이 울적하고 무료하였습니다. 어느 날 유람할 일이 있어서 장은규와 돌아오는 5일 동안 니시무라야(西村屋)에서 대화하였습니다. 장은규가 장차 언신(諺信)으로 적과 함께 보고 얼굴에 안면에 웃음을 띄우며 기쁨을 숨기지 않았습니다. 적 옥균이 제 손을 쥐면서 말하기를, "그대는 여기에 거주하면서 만약 먹을 방법이 있다면 3~4개월을 견딜 수 있을 것입니다"라고 하였습니다. 제가 묻기를, "어찌 잘 도모할 수 있겠습니까?"라고 하니 답하기를, "조만간 알게 될 겁니다"라고 하였습니다. 다음 날 제가 장은규와 함께 적을 논하는 일로 어제 기뻐한 서한이 어디서 왔는지를 물으니 답하기를, "이 서한으로 계동(桂洞) 대감 [이재원(李載元)]이 내응하기로 허락했기 때문입니다" 하고 하였습니다. 말하기를, "그렇다면 이 가운데 병력 동원의 여부를 판단할 수 있겠습니까?" 하니, 답하기를, "있다면 있습니다"라고 하였습니다. 그러므로 옥균은 여러 병력을 거느리고자 하였습니다. 나는 이미 내응이 있다면 많은 병력은 필요하지 않을 것이라고 하였습니다. 의견을 서로 고집하면서 결정하지 못한 채 자리를 파했다고 말하였습니다. 이후에 며칠이 지나서 장은규가 적으로 인해 급히 전보를 보내려 불려 갔다가 돌아왔습니다. 말하기를, "지금 이미 세력이 만들어졌으나 우리가 생각한 대로 나오지 않습니다. 그 이유를 물어보니 말하기를, 옥균과 더불어 모두 고토 쇼지로(後藤象二郎)에게 가서 대병력 5,000명을 약속받고 장차 9~10월에 강화도를 몰래 습격하고 다시 서울의 궁궐을 침범

할 것이다. 만약 일이 성사되지 않아 나가사키(長崎)로 어가를 옮긴다면 일은 반드시 풀릴 것이다"라고 하였습니다. 제가 크게 놀라서 물으니 말하기를, "고토 쇼지로에게 믿을 만한 무엇이 있길래 한 번에 이렇게 합니까?"라고 하니 말하기를, "밀지(密旨)가 있습니다"라고 하였습니다. 제가 더욱 놀라 말하기를, "어떠한 밀지가 있습니까?"라고 했습니다. 장은규가 말하기를, "작년 적 옥균이 한성에 있을 때 주상을 뵙고 국채(國債)를 얻으려면 모름지기 어보가 찍힌 문서가 있어야 한다고 하였습니다. 이로 인하여 어새가 찍힌 빈 종이를 받았습니다. 적 옥균이 어새가 찍힌 종이에 밀지를 써서 고토에게 내어 보였습니다. 고토는 이것으로 신뢰를 하였습니다"라고 말하였습니다. 장은규가 저에게 비밀리에 귀국한 후 이 사정을 세세하게 몰래 전달하라고 부탁하였습니다. 이 일로 귀국하여 이 사정을 세세하게 비밀리에 진달하였습니다. 또한 적 옥균에게 말하기를 모름지기 백 아무개(백춘배)가 귀국하도록 보낼 때 국내 정황을 탐지하여 알리도록 하면 좋겠다고 하였습니다. 적 옥균이 그렇게 하였습니다. 제가 귀국할 때 적 옥균이 기별 서한을 주면서 말하였습니다. 만약 우리 한성에 도착하면 일이 크든 작든 장은규에게 상세하게 보여주고 우리가 호랑이에게 날개가 생긴 것 같다는 구절을 얻었습니다. 저는 삼가 교시처럼 하는 것이 당연하므로, 속히 이를 도모하여 도탄에 빠진 백성을 구제하겠다고 하였습니다. 제가 이리 호랑이 소굴에서 벗어나서 하늘을 다시 보게 되니 어찌 감히 터럭이라도 사정을 숨김이 있겠습니까? 전에 이미 품고 있던 밀지는 지금 분명하게 질문하신 내에서 세세하게 진술을 마쳤습니다. 저의 전후 정황과 행적은 천지신명에게 물어볼 수 있을 것입니다. 비록 적 옥균과 대질하더라도 반드시 터럭이라도 착오가 없으니 바라옵건대 살펴주십시오.

39 재일 유학생의 경비와 지운영 관련 비용의 처리 방침 문의

발신[發]	臨時代理公使 高平小五郎	高宗 23年 1月 5日
수신[受]	督辦交涉通商事務 金允植	西紀 1886年 2月 8日
출전	『日案』卷1, #650, 309~310쪽[원본: 『日案』(奎18058, 41-3)]	

第九號

逕啓者, 貴政府所派我國之留學生徒處措一事, 本使承准我外務省來文, 業經以昨年八月二十二日, 函致貴督辦嗣准外務省據旅店主具請速償, 徐欽差[相雨]駐京時, 爲該學生立約, 作爲朝鮮政府債款之食費貳千壹百貳圓九十貳錢, 轉報前來, 當經於九月七日, 函致貴督辦, 乃接貴督辦乙酉[1885]七月二十九日覆函, 以此次美國商人淡于孫, 爲賣蔚陵島木料, 前往貴國, 仍托該商人, 將本國生從十人食費·舩價, 確查計給, 即令回國, 應請貴使轉稟貴政府, 招致本國生徒, 查問食費, 無容浮濫, 淡于孫自可代償等因, 即由本使於十一月十三日, 知會貴督辦, 以查問食費, 無容浮濫, 是係我政府所難處辦, 祇可將美商東渡, 計給食費等, 即令回國之意, 面諭留學生等因在案, 已上係是歷來端委, 而今又承准外務省據留學生徒再籲稟稱, 美商賣木價無幾何, 接濟仍絕, 依然困窮等情, 另又據兵庫縣民大島兵太郎稟請, 索償徐欽差過該地時, 爲朝鮮人池運永食費·藥價, 立約借用之債款貳百五拾圓等情轉報各前來, 本使承准此, 查關係貴國留學生之各債款現尙未至償完, 具請人等盼望綦切, 不可迤置, 至於該學生等資費耗整, 生計惟難, 不可一日等閑, 應請貴政府另行設法. 急速辦理, 各臻妥結, 倘或猶豫, 必重其累, 甚非計也, 爲此專函, 請煩貴督辦查照施行可也, 耑此順頌日祉.

明治十九年 二月八日

高平小五郎 ㊞

金督辦 閣下

丙戌 正月二十八日到

제9호

삼가 말씀드립니다. 귀 정부가 파견하여 우리나라에 유학하는 생도들의 조처에 대한 일입니다. 본 사신이 우리 외무성에서 온 문서를 받았습니다. 작년 8월 22일 문서를 귀 독판께 보냈습니다. 이후에 외무성은 여점주(旅店主)가 모두 속히 배상하도록 청한 것을 승인하여 흠차대신(欽差大臣) [서상우(徐相雨)]이 도쿄에 머무르고 있을 때 해당 학생과 약조하였습니다. 조선 정부 차관으로 식비 2,102원(圓) 92전(錢)을 전달한 보고는 이전에 왔습니다. 9월 7일 문서를 귀 독판께 보냈습니다. 귀 독판이 을유년(1885) 7월 29일에 보낸 조복 서함(覆函)을 보니 "이번에 미국 상인 타운센드(淡于孫)가 울릉도 목재를 팔려고 전에 귀국에 갔고, 해당 상인에게 부탁하여 장치 본국 생도 10인의 식비와 선박비(舩價)를 지급한다고 합니다. 즉시 귀국을 명령할 것이니 응당 귀사가 귀 정부에 아뢰기를 청하여 본국 생도를 불러들이는데 식비를 물어서 지나치게 남용함이 없게 하며, 타운센드가 스스로 대신 배상하게 합니다"라는 내용이었습니다. 곧 본사에서 11월 13일에 귀 독판께 통지하였습니다. 식비를 조사해 보니 "남용은 없으며 우리 정부가 조처하기 어려우니 장치 미국 상인이 일본으로 건너가니 곧 귀국을 명령하려는 뜻으로 유학생을 말로 잘 타이르겠다"는 내용이었습니다. 이상이 이전부터 내려온 내용입니다. 그러나 외무성이 유학 생도를 다시 부르는 일에 의거하여 말하기를, "미국 상인이 목재를 판매한 값이 얼마인지가 없어서 살아갈 방도가 없으니 여전히 곤란하다"는 내용이었습니다. 또한 별도로 효고현(兵庫縣) 백성 오시마 효타로(大島兵太郎)가 청하기를, "흠차대신 서상우가 그 지역을 지나갈 때 조선인 지운영(池運永)의 식비와 약값을 빌려 쓰기로 약조한 금액 250원(圓)의 채무를 배상해야 한다"라는 내용을 각각 보고하였습니다. 본 사신이 이를 확인하였습니다. 귀국 유학생의 각 빚을 조사해 보니 아직 상환하지 못하였습니다. 청구하는 모든 사람들이 간절히 바라고 있으며, 이를 내버려 둘 수 없습니다. 해당 학생들의 밑천 비용(資費)과 소모품에 대해서는 생계가 어려우나 하루라도 등한시할 수 없습니다. 응당 청하건대 귀 정부가 별도로 방법을 강구하여 조속히 처리하도록 하고 각각 타결하거나, 유예하도록 하십시오. 잘못을 거듭하는 일은 심히 좋은 계책이 아닙니다. 이를 위하여 문서를 보내니 번거로우시더라도 귀 독판께서 조사하여 시행하면 좋겠습니다. 이에 특별히 편지를 올립니다. 나날이 평안하시기를 기원합니다.

          대일본 대리공사 다카히라 고고로(高平小五郎) 印
            김윤식(金允植) 독판 각하
            병술년(1886) 정월 28일 도착

40 영국상인 미첼의 일본 운반 울릉도 목재 매매 불허 건

발신[發]	督辦交涉通商事務 金允植	高宗 23年 1月 14日
수신[受]	臨時代理公使 高平小五郎	西紀 1886年 2月 17日
출전	『日案』卷1, #651, 310~311쪽[원본:『日信 六』(奎19572, 78-6)]	

　　大朝鮮督辦交涉通商事務金, 爲照會事, 案照甲申[1884]十二月二十一日, 本衙門與英國人米鈛, 立有約據, 爲採賣鬱島木料一事, 內有朝鮮國准英國商人米鈛雇價, 前往鬱嶋, 量伐該島木料, 裝滿一舩, 帶到上海賣買, 回到仁川査賬等語, 再於乙酉[1885]八日初三日, 本衙門托美國商人淡于孫前往貴國, 將前開拓從事白春培所伐鬱島木料, 妥爲代賣, 給有約據, 內有我國鬱陵島木料一事, 與住日本橫濱二十八番美國會社, 旣有約條矣, 自癸未年[1883]至甲申六月十日以前, 則該嶋木料之載徃日本者, 當屬美國會社, 放賣收價, 如約辦理, 此木賣買之前, 或有外國人將該島木料載到日本, 無得許賣等語, 今聞英商米鈛將鬱嶋木料一舩, 欲賣於貴國地方, 殊非約據本旨, 請煩貴代理公使將此事由轉稟貴國政府, 米鈛帶來之木料, 不宜准在貴國地方賣買, 以符米鈛及淡于孫之原約, 寔合事宜, 爲此, 照會貴代理公使, 請煩査照施行, 須至照會者,

　　右照會.

　　　　　　　　　　　　　　　　　　　　　　　大日本 代理公使 高平
　　　　　　　　　　　　　　　　　　　　　　　丙戌 正月十四日 照會
　　　　　　　　　　　　　　　　　　　　　　　繳還

대조선 독판교섭통상사무 김윤식(金允植)이 조회합니다. 갑신년(1884) 12월 21일자 문서를 보니, 본 아문이 영국인 미첼(米鋲)과 약조를 맺어 울릉도 목재를 베어 판매하기로 한 일이 있습니다. 그 안에 조선국은 영국 상인 미첼에게 고용 비용(雇價)을 주고 울릉도로 가서 적당량의 목재를 벌목하여 배 한 척에 가득 싣고 상하이(上海)에 도착하여 매매를 하고 인천으로 돌아와서 조사를 받는다는 내용이었습니다. 을유년(1885) 8월 초3일에 다시 본 아문은 미국 상인 타운센드(淡于孫)에게 부탁하여 귀국으로 가서 앞으로 개척사(開拓使)의 종사관 백춘배(白春培)가 벌목한 울릉도 목재를 모두 대신 판매하기로 약조한 적이 있습니다. 그 안에 우리나라 울릉도 목재에 대한 건이 있는데 일본 요코하마(橫濱) 28번지 주소를 둔 미국회사에 이미 약조가 있습니다. 계미년(1883)부터 갑신년(1884) 6월 10일 이전까지 울릉도 목재를 실어 일본으로 가져간 것은 당연히 미국회사에 속하며, 판매하고 값을 거두는 것은 약조한 것과 같이 처리합니다. 이 목재를 매매하기 전에 혹시 외국인이 그 섬의 목재를 일본에 싣고 오는 일이 있더라도 판매를 허락하지 않는다는 말이었습니다. 지금 영국 상인 미첼이 거느린 울릉도 목재 배 한 척에 대해 들었는데 귀국 지방에 판매하고자 하는 것으로 이는 약조의 본래 취지가 아닙니다. 번거로우시더라도 귀 대리공사는 이 일을 귀국 정부에 전달하고 품신(轉稟)해 주셔서 미첼이 가지고 온 목재는 귀국의 지방에서 매매하는 것을 허락하지 말아 미첼과 타운센드의 원래 약조에 부합하도록 해주시기를 청합니다. 이를 위하여 귀 대리공사에게 조회를 보냅니다. 번거로우시더라도 조회를 조사하여 시행하기 바랍니다. 이같이 조회합니다. 이상입니다.

대일본 대리공사 다카히라 고고로(高平小五郎)
병술년(1886) 정월 14일 조회

문서를 돌려받았음

41 영국인 미첼 소지 문서에 대한 질의

발신[發]	臨時代理公使 高平小五郎	高宗 23年 6月 12日
수신[受]	署理督辦交涉通商事務 徐相雨	西紀 1886年 7月 13日
출전	『日案』卷1, #697, 329쪽[원본: 『日信 六』(奎19572, 78-6)]	

第二十三號

逕啓者, 我福岡縣平民上田勝造其外幾許人, 居長崎英人米鐵處, 雇以航渡蔚陵島, 本年三月中, 自同縣廳達於外務省, 而右英人處, 貴政府之許可証之有否, 取調中, 而今在神戶英國領事舘, 別紙關文寫差出, 右關文果自貴衙門發給, 則何年間有效力者哉, 右關文據, 而我人民雇之事, 結約定書, 昨年如知盖印外衙門印, 則他日右英人約定, 若違, 則於貴政府任其責哉, 右二條, 自外務大臣[井上馨]有訓令故敢問, 答二條中何如, 爲荷以此, 敬具.

明治十九年 七月十三日 高平小五郎 ㊞

徐 署理督辦 閣下

附. 日人雇役에 關한 米鐵所持의 關文

關

統理交涉通商事務衙門, 爲相考事, 照得東萊府所派河桂祿·同英國人米銕, 前徃該島, 看審木料, 雖有斫置之木, 而孤島民少, 勢難運下, 故自本衙門募用日本人民雇役矣, 此次日本應雇人民, 如到該島, 隨事照料即斗護意, 俾便木料搬運之地宜當者, 合行移關, 請照驗施行, 須至關者,

丙戌 六月十二日
　　右關.
鬱陵島長
　乙酉 八月十六日[5]
　　　統理衙門
丙戌 六月十二日

5　통리아문의 수결(手決)이 있으며 난외(欄外)에 「十八年陰曆八日」의 두주(頭註)가 보임

제23호

삼가 아룁니다. 우리나라 후쿠오카현(福岡縣)의 평민 우에다 가쓰조(上田勝造) 이외에 몇 사람들은 나가사키(長崎)에 거주하는 영국인 미첼(米鐵)에게 고용되어 바다를 건너 울릉도에 갔습니다. 올해 3월 중, 후쿠오카 현청(福岡縣廳)에서 외무성으로 보고하고, 위의 영국인에게 귀 정부의 허가 증명의 여부를 조사하는 중에 지금 고베(神戶)에 있는 영국영사관이 별지 관문(別紙關文)을 베껴 보냈습니다. 다음의 관문(關文)을 과연 귀 아문에서 발급하였다면 어느 해까지 효력이 있는지요? 이 관문에 따르면 우리 백성이 고용된 일은 약정서(約定書)를 체결한 것입니다. 작년에 만약 외아문 인장의 날인을 알았다면 다른 날 위의 영국인과 약정한 것이고, 만약 어겼다면 귀 정부에 책임을 위임한 것인지요? 위의 두 가지 사항을 외무대신[이노우에 가오루(井上馨)]이 내린 훈령에 있으니 감히 묻습니다. 두 가지 사항이 어떠한지 답하여 주시기 바랍니다. 이같이 말씀드립니다.

1886년(明治 19) 7월 13일
다카히라 고고로(高平小五郎) ㊞
서리독판 서상우(徐相雨) 각하

부록) 일본인 고용에 관한 미첼 소지 관문

관(關)

통리교섭통상사무아문이 상고(相考)하는 일입니다. 동래부(東萊府)에서 파견한 하계록(河桂祿)과 영국인 미첼이 울릉도에 가서 목재를 자세히 보아 살폈습니다. 비록 벌채해 둔 목재가 있더라도 고도(孤島)에 백성이 적어서 시세상 운반하는데 어려움이 있습니다. 그러므로 본 아문에서 모집한 일본인을 고용하여 일을 수행할 예정입니다. 이번에 일본에서 고용한 인민이 만약 그 섬에 도착하여 일을 수행하게 되면 돌보아 주시기 바랍니다[즉, 보호한다는 뜻]. 목재 운반을 하는 지역에는 관문을 보내어 마땅히 행하도록 해야 합니다. 이같이 관문(關文)을 보냅니다.

병술년 6월 12일
   다음과 같이 관문(關文)을 보냄
울릉도장(鬱陵島長)
   을유년 8월 16일
      통리아문(統理衙門)
병술년 6월 12일

42 무라카미 도쿠하치의 울릉도 목재 도벌에 관한 벌금과 관계서류 송부 건

발신[發]	日本署理公使 嶋村久	西紀 1884年 1月 8日
수신[受]	署理督辦交涉通商事務 徐相雨	西紀 1886年 7月 13日
출전	『日案』卷1, #698, 330~331쪽[원본: 『日信 六』(奎19572, 78-6)]	

第二十四號

我國愛媛縣平民村上德八, 以欝陵島關係被告事件, 罰金幷木材交附事, 相談於金[允植]督辦, 今松山輕罪裁判所處分相濟, 故別附裁判言渡寫書, 幷右罰金及密商木材公賣代金之事, 第一國立銀行爲替券二件, 自我外務省廻送, 右交附條査收爲希, 順頌日祉.

明治十九年七月十三日

高平小五郞 ㊞

署理督辦 徐相雨 閣下

封送件

一. 松山裁判所言渡寫書
一. 自村上德八徵收罰金幷沒收木材公賣代金調書
一. 銀貨百六十二元五十四錢九厘, 第一國立銀行金券
一. 錢四百四十五元二十錢九厘, 同銀行金券

附. 村上德八裁判言渡書 其他

高宗 22年 10月 14日

西紀 1885年 11月 20日

裁判言渡書

愛媛縣下伊豫國野間郡來島村五十一番地平民船乘業被告人村上德八, 年三十六, 松山輕罪裁判所因檢察官之公訴, 被告人村上德八之事件, 被告人訊問調書及檢證調書, 被告人入警察署之時, 朝鮮開拓使金玉均雇人甲斐軍治, 及船主石崎正富, 連書讀時, 檢察官意見, 証人陳述, 及被告人答辯聽, 而向朝鮮國人金性瑞外四名, 連署標記, 其他本案關係一切之證, 披書類檢, 而被告村上德八, 明治十四年[1881]四月以來, 雇愛媛縣伊豫國和氣郡新濱村石崎正富, 同人所有千三百十六石積日本形高船天壽丸, 爲冲合船頭, 航海諸處, 曾朝鮮蔚陵島木材伐斫運貨積事, 賴自同人, 明治十六年[1883]四月及六月, 二次渡蔚島, 其木材積歸, 伊時伊勢國和氣郡新濱村高橋敷難, 於同島結一社, 斫槻木中, 亦木材運費, 自敷難出給, 故明治十六年九月十五日, 出帆伊豫國和氣郡三津濱, 後以風波, 纔同年十一月十五日至欝陵島時, 不意以政府命, 悉招來在島日本人, 高橋亦歸國, 後殆極困窮, 空決心歸帆, 尙在島朝鮮人金性瑞等處聞情, 則未知判然其細事, 曾日本人伐木材, 悉出給在島朝鮮人, 而今則非日本政府之關, 現在木材若積歸, 以相當價定, 而可賣渡ヨリ, 被告則空歸ヨリモ, 寧更買者決意, 而同月卽明治十六年十一月十八日, 遂與金性瑞等談判之終, 槻木十二本代金, 以三百四十元更買, 其金內六十元, 米十五俵·現金以五十元, 金性瑞等處出給, 餘條二百三十元, 卽出給之意約定, 該木材欲載船時, 十二介內二介, 則丈頗長而不能載, 故切其半, 都合十四介, 皆積入天壽丸, 至同月二十三日, 關右賣買, 金性瑞外四名連署標記, 朝鮮國光緒九年[1883]癸未十月二十二日標記, 自同人處依受, 並出帆該島. 明治十六年十一月二十六日, 伊頭[預誤]國和氣郡三津濱歸港, 船主石崎正富當時上阪中, 而面談於同人, 遂欲該木材積上大阪表, 直發三津濱, 至同國野間郡來島泮, 船中他水夫等除減, 而碇泊同所, 被告人一人上阪中, 遂事發覺, 爲警察官所押, 右木材事被告所關, 卽朝鮮國不開港以密行罪, 其季組船天壽丸以日本形高船積千三百十六石, 以明治十六年第三十四號, 布告於朝鮮國日本人民貿易規則第三十一款之規定茫茫, 該積石數, 以噸數算, 則二百噸九一六, 而卽五百噸以下, 因同規則第三十三款及四十款照, 而其密買之槻木沒收, 而尙五十萬文二分之一則二十五萬文之罰金可也, 右理由以對審上, 被告村上德八密買槻木悉沒收, 而二十五萬文罰金爲定事.

明治十八年 十一月二十日
於松山裁判所 判事補 宮地美成
書記 竹田之直

一. 銀貨百六十二元五十四錢九厘[自村上德八徵收罰金], 右韓錢二十五萬文之換銀, 昨十八年公使館來信相披啓.
一. 四百六十六圓八十錢[村上德八沒收木材公賣代金], 四十六錢六厘[越智野間郡役所當廳己送金爲換自數料], 六錢[書留郵便], 二十一元六錢五厘[沒收材木保管及公費用], 除右金, 在文四百四十五元二十錢九厘, 且送現金.

제24호

우리나라 에히메현(愛媛縣)의 평민 무라카미 도쿠하치(村上德八)가 울릉도와 관계된 사건의 피고가 되어 벌금과 목재를 교부하는 일입니다. 김윤식(金允植) 독판과 상담을 하였고, 지금 마쓰야마 경죄재판소(松山輕罪裁判所)에서 처분을 마쳤습니다. 그러므로 재판에서 언도한 문서를 필사하여 첨부합니다. 아울러 벌금과 밀상(密商) 목재 공매 대금 건은 제일국립은행(第一國立銀行) 위체권(爲替券) 2건을 우리 외무성에서 회송하오니 교부하는 건을 조사하여 수령하시기 바랍니다. 안녕히 계십시오.

1886년(明治 19) 7월 13일
다카히라 고고로(高平小五郞) ㊞
서리독판 서상우(徐相雨) 각하

봉하여 보내는 안건

1. 마쓰야마 재판소 언도 필사본
2. 무라카미 도쿠하치에게 징수한 벌금과 몰수 목재 공매 대금 조서
3. 은화 162원(元) 54전(錢) 9리(厘) 제일국립은행 금권(金券)
4. 동전 445원(元) 20전(錢) 9리(厘) 제일국립은행 금권

첨부. 무라카미 도쿠하치 재판언도서 기타

고종 22년 10월 14일
1885년 11월 20일

재판언도서

에히메현 이요국(伊豫國) 노마군(野間郡) 구루지마촌(來島村) 51번지의 평민으로 선승업(船乘業)을 하는 피고인 무라카미 도쿠하치는 나이 36세로, 마쓰야마 재판소에서 검찰관에게 기소되었습니다. 피고인 무라카미 사건은 피고인의 신문 조서와 검증 조서, 피

고인이 경찰서에 들어갈 때 조선 개척사 김옥균(金玉均)의 고용인 가이 군지(甲斐軍治)와 선주 이시자키 마사토미(石崎正富)가 연서를 읽을 당시 검찰관의 의견은 증인의 진술과 피고인의 답변을 듣고 조선국 사람 김성서(金性瑞) 외 4명이 연달아 서명한 표기(標記), 기타 본 안건과 관계된 일체 증거 서류를 펼쳐서 검사하였습니다.

피고인 무라카미는 1881년(明治 14) 4월 이래 에히메현 이요국 와케군(和氣郡) 신하마무라(新濱村)의 이시자키에게 고용되어 이 자가 소유한 1,316석 적재 일본형 선박 덴주마루(天壽丸)가 충합선(沖合船)의 선두가 되어서 바다 여러 곳을 항해하였습니다. 일찍이 조선 울릉도 목재를 벌목하여 운반하고 적재하는 일은 이자에게 의뢰하여 1883년(明治 16) 4월과 6월에 두 차례 울릉도를 건너가 목재를 적재하여 돌아왔습니다. 이때 이요국 와케군 신하마무라의 다카하시(高橋敷難)와 함께 이 섬의 회사 하나를 만들어서 규목(槻木)을 벌목하고 또한 목재 운반비는 스스로 출급하기 어려웠습니다. 1883년(明治 16) 9월 15일에 이요국 와케군 미쓰하마(三津濱)에서 출범하였으나 이후 풍랑에 난파되었습니다. 같은 해 11월 15일에 울릉도에 도착했을 때 뜻하지 않게 정부의 명령이 있어 울릉도에 있는 일본인을 모두 불러들였습니다. 다카하시도 귀국하였습니다. 이후에 매우 곤궁하여 귀항하기로 결심하였고 오히려 울릉도에 있는 조선인 김성서 등의 일은 들었으나 자세한 사정은 알지 못하였습니다. 일찍이 일본인이 목재를 벌목한 것은 울릉도의 조선인에게 모두 내어주었습니다. 그러나 지금은 일본 정부의 관문이 아니면 현재 목재가 있어도 적재하고 돌아오니 상당한 값을 정하여 매도할 수 있다고 합니다. 피고인은 빈손으로 돌아가기보다도 오히려 다시 살 것을 결의하였습니다. 같은 달 곧 1883년(明治 16) 11월 18일에 김성서 등과 담판을 한 끝에 규목 12그루의 대금 340원(元)으로 다시 사고, 금액 내에 60원은 쌀 15다와라(俵) 현금 50원으로 김성서 등에게 내어주었습니다. 나머지 230원은 곧 지급하겠다는 뜻으로 약정하였습니다. 해당 목재를 배에 싣고 오려 할 당시 12개 중에서 2개는 자못 길이가 길어서 실을 수 없었습니다. 그래서 그 반을 잘라서 도합 14개입니다. 모두 덴주마루에 적재해 들였습니다. 같은 달 23일에 위의 매매에 관련된 관문, 김성서 외에 4명이 연명으로 서명한 표기(標記), 조선국 광서(光緒) 9년(1883) 계미년 10월 22일 표기는 이자에게 받고 그 섬에서 출항하였습니다.

1883년(明治 16) 11월 26일 이요국 와케군 미쓰하마로 귀항하였습니다. 선주 이시자키는 당시에 오사카에 올라가 있었습니다. 이자와 면담을 하고 결국 해당 목재를 오사카(大阪)에 적재하고자 미쓰하마에서 곧바로 출발하여 이요국 노마군 구루지마 앞바다에 도착하였습니다. 배 안에서 다른 수부(水夫)의 수를 줄이고자 같은 곳에 정박하였습니다. 피고인 1인이 오사카에 가 있던 중에 이 일이 결국 발각되어 경찰관에게 압수를 당했습니다.

위의 목재 일로 피고와 관련된 건은 조선국의 미개항장(未開港場)에서 몰래 범죄를 저지른 것입니다. 계조선(季組船) 덴주마루는 일본형 선박으로 1,316석을 적재할 수 있습니다. 1883년(明治 16) 제34호로 「조선국에서 일본인민의 무역규칙」(조일통상장정)을 포고하였습니다. 제31관의 규정이 분명하지 않으므로, 적재하는 해당 석수(石數)를 톤수로 계산하면 200톤 916킬로그램입니다. 곧 500톤 이하이므로, 이 규정에 따르면 제33관과 40관에 따라서 밀매한 규목을 몰수하고 50만 문(文)의 1/2인 25만 문을 벌금으로 징수하는 편이 좋겠습니다. 이상의 이유로 대심(對審)을 한 다음, 피고인 무라카미가 몰래 매매한 규목은 모두 몰수하고 25만 문을 벌금으로 징수하기로 결정하였습니다.

1885(明治 18) 11월 20일
마쓰야마 재판소 판사보(判事補) 미야치 요시나리(宮地美成)
서기(書記) 다케다 유키나오(竹田之直)

1. 은화 162원(元) 54전(錢) 9리(厘) [무라카미에게 징수하는 벌금]. 한국 동전 25만 문으로 환전함. 지난 18년 공사관에서 온 신함을 열람하였음.
2. 466원(圓) 80전(錢)[무라카미에게 몰수한 목재 공매 대금]. 46전 6리(厘)[오치군(越智郡)과 노마군(野間郡)의 관청에서 이미 보낸 돈을 상환한 수수료]. 6전(錢)[서류 우편료]. 21원(元) 6전 5리[몰수 목재의 보관과 공비(公費) 용]. 이를 제외한 금액으로, 남은 445원(元) 20전 9리는 이것을 현금으로 보냄.

43 울릉도 목재 공매 대금의 교부 건 통지

발신[發]	署理督辦交涉通商事務 徐相雨	高宗 23年 6月 15日
수신[受]	臨時代理公使 高平小五郎	西紀 1886年 7月 16日
출전	『日案』卷1, #702, 332쪽[원본: 『日信 六』(奎19572, 78-6)]	

　敬復者, 接准貴曆七月十三日來函, 爲貴國愛媛縣平民村上德八潛斫蔚陵島木料罰金一百六十二元五十四錢九厘, 及木材公賣代金四百四十五元二十錢九厘, 并計六百七元七十五錢八厘匯票, 業經照收, 現方派人交換于仁川國立銀行, 請煩照亮爲荷.

丙戌 六月十五日

徐相雨

代理公使 高平 閣下

삼가 답장을 보냅니다. 귀력(貴曆) 7월 13일에 보내온 서함을 받아 보았습니다. 귀국 에히메현(愛媛縣)의 평민 무라카미 도쿠하치(村上德八)가 몰래 울릉도 목재를 벌목한 벌금 162원(元) 54전(錢) 9리(厘)와 목재를 공매(公賣)한 대금 445원 20전 9리를 합하여 모두 607원 75전 8리의 환어음을 이미 수취하였고, 현재 사람을 파견하여 인천국립은행(仁川國立銀行)에서 교환하고자 합니다. 번거로우시더라도 잘 살펴주시기 바랍니다.

병술년(1886) 6월 15일
서상우(徐相雨)
대리공사 다카히라 고고로(高平小五郞) 각하

44 미첼 소지 증거 서류의 내용 해명

발신[發]	署理督辦交涉通商事務 徐相雨	高宗 23年 6月 15日
수신[受]	臨時代理公使 高平小五郎	西紀 1886年 7月 16日
출전	『日案』卷1, #703, 332~333쪽[원본: 『日信 六』(奎19572, 78-6)]	

　大朝鮮署理督辦交涉通商事務徐, 爲照會事, 照得本政府前者與英人米銕訂立合同, 前往欝[陵脫]島, 斫伐木料, 因該島民少, 勢難運下, 徃赤馬關. 要募力夫, 伊時, 本衙門督辦金[允植]照會貴代理公使, 飭知該地方, 以爲憑信在案, 查米銕所帶本衙門憑據中, 載有各樣入費米銕自辦等語, 至伐木時雇用貴國人與否, 非本衙門所知, 請煩貴代理公使查照, 飭知貴國地方可也, 須至照會者,
　右照會.

　　　　　　　　　　　　　　　　　　　大日本 代理公使 高平 閣下
　　　　　　　　　　　　　　　　　　　　　　　丙戌 六月十五日

대조선 서리독판교섭통상사무 서상우(徐相雨)가 조회합니다. 본 정부가 전에 영국인 미첼(米銕)과 약조한 계약서를 보니, 전에 울릉도에 가서 목재를 벌목하였는데, 그 섬의 백성이 적어 형편상 운반하는데 어려움이 있으니 아카마가세키(赤馬關, 시모노세키)에 가서 역부(力夫)를 모집하는 일이 필요하였습니다. 이때 본 아문 독판 김윤식(金允植)이 귀 대리공사께 조회하여 해당 지방으로 통지(飭知)하여 증빙으로 삼겠다는 내용이 문서에 있습니다. 미첼이 가지고 간 본 아문의 증빙을 조사해 보니 각각 들어간 비용은 미첼이 스스로 마련한다는 말이 실려 있습니다. 벌목을 할 때 귀국인을 고용하는 여부는 본 아문이 아는 바가 아니니 번거로우시더라도 귀 대리공사께서 조사하여 귀국 지방에 통지하는 편이 좋겠습니다. 이같이 조회를 합니다. 이상입니다.

대일본 대리공사 다카히라 고고로(高平小五郞) 각하
병술년(1886) 6월 15일

45 미첼 소지 증거 서류의 재발급 불허

발신[發]	署理督辦交涉通商事務 徐相雨	高宗 23年 7月 6日
수신[受]	臨時代理公使 高平小五郎	西紀 1886年 8月 5日
출전	『日案』卷1, #706, 333~334쪽[원본: 『日信 六』(奎19572, 78-6)]	

  逕啓者, 英國商民米鐵, 前往欝陵島斫木憑據, 確係本衙門發給者, 而伊時因該島民少, 要徃赤馬關, 募用力夫, 故雖經本衙照會貴代理公使, 飭知該地方, 以爲憑信, 然米鋨所帶本衙門憑據中, 載有各樣入費米鋨自辦等語, 至伐木時雇用貴國人與否, 非本衙門所知也, 且現因米鐵再請前往, 屢經行文, 而本署大臣以該商之不遵憑據, 不許再准發給, 方在靳持中, 容俟此款之安辦, 當行照復, 先此奉函, 尙祈照諒爲荷.

丙戌 七月初六日

徐相雨

代理公使 高平 閣下

삼가 아룁니다. 영국 상인 미첼(米鐵)이 울릉도에 가서 벌목하는 일의 증빙 문건은 본 아문에서 발급한 것이 확실합니다. 그때 그섬의 백성들이 적어 아카마가세키(赤馬關, 시모노세키)에 가서 역부(力夫)를 모집하는 일이 필요했습니다. 그래서 비록 본 아문에서 귀 대리공사께 조회하여 해당 지방에 통지(飭知)하여 증빙으로 삼도록 하였습니다. 그런데 미첼이 가지고 간 본 아문의 증빙 중에 각각 들어간 비용은 미첼이 스스로 마련한다는 말이 실려 있습니다. 벌목할 때 귀국인을 고용하는지 여부는 본 아문이 알 바는 아닙니다. 또한 현재 미첼이 다시 전처럼 가기를 요청하는 까닭으로 누차 공문을 보내고 있습니다. 그러나 본서(本署) 대신은 해당 상인의 증빙을 따르지 않고 재발급을 허락하지 않으려 합니다. 마음에 내키지 않아 이 사안을 어떻게 처리할지 기다리고 있습니다. 마땅히 조복을 하여 사정을 밝혀주시기 바랍니다.

병술년(1886) 7월 초6일
서상우(徐相雨)
대리공사 다카히라 고고로(高平小五郎) 각하

46 와타나베 스에키치의 울릉도 목재 운반비와 관리비 청구에 관한 건

발신[發]	臨時代理公使 高平小五郎	高宗 23年 8月 6日
수신[受]	督辦交涉通商事務 金允植	西紀 1886年 9月 3日
출전	『日案』卷1, #728, 343~346쪽[원본: 『日信 六』(奎19572, 78-6)]	

　　大日本代理公使高平, 爲照會事, 承准我外務省來文內開, 我國宮崎縣下日向國南那珂郡油津町三百十番戶平民萬里丸船長渡邊末吉, 向於明治十七年[1884]十月中, 將朝鮮國蔚陵島木料裝載運至我國神戶港事, 與朝鮮國開拓使從事官白春培, 訂立約條 即如另單第一號 證·第四號証, 且將該裝載木料, 作爲抵當, 代墊滙銀 如另單第二號 至第三號證, 至翌年十八年[1885]五月二十一日, 按照約條, 裝載槻木, 運至我國兵庫縣下神戶港後, 渡邊末吉向白春培氏, 索償載運該木料費等, 而白氏不償, 餙辭推諉, 無幾歸國, 不知去向, 故渡邊末吉不得已自出需費, 將該木料起置於神戶港棧橋西邊, 爾後亦自出費, 以置保護該木料人, 並每月完納若干賃地費 如另單第五號·第 六號及第七號證, 更慮仍舊安置該木料, 則易致朽腐, 將蓆子包裹其外, 然爲日來暴風大雨吹散, 現在漸將朽腐, 殊深悶難等情, 據查渡邊末吉該收金額, 應請朝鮮政府償給, 然關係載運該木料等事, 另有白春培對渡邊末吉, 約以若不照約償完該金額, 當將賣與憑罩[單誤]交附等情, 故倘若不能償給該金額, 則欲令售賣該木料, 望其迅行回覆, 如該政府仍不爲迅速辦理, 則恐有該木料悉將朽腐, 徒失其價, 究歸該政府損虧之虞, 但售賣該木料時, 當由我政府, 餙[飭]令該管官, 眼同施行, 且由所賣得之價値內, 撥償渡邊末吉以載運費及代墊銀等, 尙有剩餘之銀, 則速行交附該政府, 萬一不足, 則當將不足之額, 向索該政府, 煩由貴使, 將此照會朝鮮政府等因前來, 承准此, 相應備文照會貴督辦, 請煩查照回覆可也, 須至照會者.

　　再, 渡邊末吉索償金額, 卽滙銀一千二百五十圓, 載費金一千一百五十餘圓, 約條金百圓, 代墊金七十圓, 起上木料費金五十五圓, 幷賃地費及補助銀八十二錢, 一圓銀四十二圓, 統計二千六百二十五圓零, 及補助銀八十二錢, 一圓銀四十二圓也, 而其詳則, 如另罩[單誤]自第一號至第七號証, 再及焉,
　　右照會.

大朝鮮 督辦交涉通商事務 金

明治十九年 九月三日

附. 欝陵島木料에 關한 白春培·波邊末吉 間의 文券證單

第一號 約條

茲因朝鮮國開拓使, 將該國蔚陵島木料, 裝載運到日本兵庫縣神戶港, 即以朝鮮國開拓使從事官白春培爲甲, 以宮崎縣日向國那珂郡油津町河野宗四郎所有船萬里丸船長渡邊末吉爲乙, 約証下文各條.

第一條. 一[6]裝載之額, 定爲五萬才.
第二條. 一長壹丈四尺, 每才一尺爲百才, 即此運費, 定爲金二圓三十錢.
第三條. 一裝載物件之期, 俟船到本島部旁廳, 除風雨猛浪外, 以晴天十四日爲限,
第四條. 一倘於十四日內, 不能將物件搬至海岸, 則另行停泊七日, 定將每日停泊費金十二圓, 除運費外, 由甲算給於乙.
第五條. 一裝載之額, 雖定爲五萬才, 如有其他物件搬齊於海岸者, 當俟甲乙安議, 即將此裝載, 但運費須準據上文之額.
第六條. 一交修物件之法, 應俟船到神戶後, 乙以船舷爲限, 甲擔其外, 第六條 在蔚陵島爲裝載所用役夫每日役錢, 由甲算給.
第七條. 一將物件上岸之期, 俟船到神戶港, 以晴天七日爲限, 甲將運費算給於乙, 但其時, 須由甲查驗.

訂立以上各條後, 彼此誓無違約, 爲此, 繕就約書二通, 各行盖印, 互執一通爲憑.

明治十七年(1884) 十月九日

大朝鮮國 開拓使從事官 白春培 ㊞

---

6 제1조 이하 각 조항 내 '일(一)'자는 없어도 되는 글자로 보임.

宮寄縣日向國那珂郡油津町河野宗四郎所有船萬里丸船長 渡邉末吉 ㊞

會同人 甲斐軍治 ㊞

小泉征兵衛 ㊞

河野宗千代 ㊞

乙一號, 於神戶始審裁判所, 判事補, 宇佐美頌之助 閱印

續加条

一. 所約日期內, 不能搬齊物件, 則雖不足裝載額五萬才, 仍當視爲五萬才額, 甲將運費算給, 如乙約額之物件搬齊, 而因自便, 在所約日限內開船, 則甲視裝載之額, 將其運費, 算給於乙.

已下空白

第二號 借用匯銀票

[大朝鮮東南諸島開拓使 代理委理印]

一. 金壹千圓整

此利息及各需費金二百五十圓整.

此次爲載運本使所管蔚陵島木料, 雇用貴船乃爲匯銀借用上文金額, 是實俟船歸到日本神戶港, 將裝載物件盡行上岸後, 必當償完, 決不遲延, 倘若違約不償, 則將該物件寄存於他人, 作爲抵, 羅天災不得抵島, 則當將本金一千圓償完, 而收回此票, 恐後無憑, 立此借票爲憑.

明治十七 年十月九日

大朝鮮開拓使事官立借票人 白春培 ㊞

僱員 會同人 甲斐軍治 ㊞

[乙第二號 明治十八年百十六號, 於神戶始審裁判所, 判事補 宇佐美頌之助 閱㊞]

山口縣 赤間關區 東南部町 小泉征兵衛 ㊞

萬里丸船長 渡邉末吉[代理委任印] 收執爲憑

第三號 記

一. [開拓代理印] 今七圓也, 右之金貸用, 而蔚陵島材木運来後, 同運賃金卽爲償還相約事.

大朝鮮 開國四百九十四年 正月十日
東南諸島開拓使 從事官 白春培 ㊞
萬里丸 船長 渡邉末吉 樣 貴下

第四號 記

一. [㊞] 金一百圓也, 右爲萬里丸航徃朝鮮國蔚陵島, 二度空還, 而今又航海其所勞若且多雜費金, 用玆賞與, 重施慰謝事.

大朝鮮國 東南諸島開拓使 從事官 白春培 [開拓使委任㊞]
開國四百九十三年 十二月二十六日
渡邊末吉 樣

第五號

番號第 番外假號 納入 內國商人渡邊末吉

補助銀十二錢, 一圓銀十五圓已上, 上文賃地費預寄稅, 確經收到矣.

明治十九 年六月七日
神戶稅關 ㊞

第六號

第^{番號}三七二〇號^{納人}內國商人渡邊末吉
　　三四
銅貨二錢, 補助銀貨七十錢, 一圓銀二十七圓, 上交貨地費確經收到矣.

明治十九年 六月七日
神戶稅關 ㊞

第七號 記

一. 金五十五圓整, 已上係將槻材五十九條上陸費, 確經收到矣.

明治十八年 七月二十三日
兵庫縣新川 鳶本善兵衛 ㊞ 發
河野宗千代 收執爲憑

대일본 대리공사 다카히라 고고로(高平小五郎)가 조회합니다. 우리 외무성에서 온 공문을 보니, "우리나라 미야자키현(宮崎縣) 휴가국(日向國) 미나미나카군(南那珂郡) 유즈정(油津町) 310번호에 사는 평민 반리마루(萬里丸) 선장 와타나베 스에키치(渡邊末吉)는 1884년(明治 17) 10월에 장차 조선국 울릉도 목재를 싣고 운반하여 우리나라 고베항(神戶港)에 올 일을 조선국 개척사(開拓使) 종사관(從事官) 백춘배(白春培)와 함께 약조하였습니다(별지 제1호 증거와 제4호 증거와 같습니다). 또한 장차 해당 목재를 싣기로 하고 저당을 설정하였습니다. 회은(滙銀)을 대신 지불하기로 하였습니다(별지 제2호와 제3호의 증거와 같습니다). 이듬해 1885년(明治 18) 5월 21일, 약조에 따라서 규목(槻木)을 싣고서 우리나라 효고현(兵庫縣)에 있는 고베항에 도착한 뒤에 와타나베는 백춘배 씨에게 해당 목재를 운반한 비용 등의 배상을 요구하였습니다. 그러나 백씨는 배상하지 않았고, 말을 꾸미며 핑계를 댔습니다. 귀국할 기미도 없으며 어느 곳으로 갔는지 알지 못하였습니다. 그러므로 와타나베는 부득이 자체적으로 비용을 마련하였습니다. 장차 해당 목재는 고베항에 있는 잔교 서쪽에 두었고, 아울러 이후에 또한 스스로 비용을 내어 해당 목재를 보호할 사람을 두었습니다. 매월 약간의 토지 임차비용(賃地費)을 모두 납부하였습니다(별지 제5호, 제6호, 제7호의 증거와 같습니다). 다시 생각해 보면 해당 목재를 그대로 둔다면 쉽게 부패하고 상할 것입니다. 돗자리(席子)로 포장하는 이외에 날마다 폭풍이 불고 폭우가 내려서 현재 점차 부패하고 있어서 매우 걱정이 되고 어렵습니다"라는 내용이었습니다. "이에 와타나베가 받아야 할 해당 금액을 조사하고, 마땅히 조선 정부에 배상을 청하려 합니다. 그런데 해당 목재를 싣고 운반하는 것과 관계된 일은 별도로 백춘배가 와타나베에게 만약 약정에 비추어 해당 금액을 배상하지 않는다면 마땅히 팔아넘길 빙단을 교부하겠다고 약속하였다는 내용이었습니다. 그러므로 만약 해당 금액을 상환할 수 없다면 해당 목재를 판매하도록 명령을 내리고자 하니 신속하게 답변하기를 바랍니다. 해당 정부가 만약 신속하게 처리하지 못한다면 해당 목재는 장치 부패하게 되어 헛되게도 그 가치를 상실합니다. 해당 정부가 손해를 입을까 걱정됩니다. 다만 해당 목재를 판매할 때 우리 정부를 경유하여 해당 관할 관리에게 명하여 같이 보고 시행하도록 해야 합니다. 또한 판매하여 얻은 값 중에서 와타나베의 운반비와 대신 지불한 금액은 배상해야 합니다. 그러고도 남아 있는 은(銀)은 속히 해당 정부에 교부하겠습니다. 만일 부족하다면 장차 부족한 금액을 해당 정부가 배상해야 합니다. 번거롭게 귀사를 통해 이 조회를 조선 정부에 보내시기 바랍니다"라는 내용이 왔습니다. 이를 확인하고 상응하는 문서를 갖추어 귀 독판께 조회를 보냅니다. 번거롭게 청하건대 잘 살피어 답변하는 것이 좋겠습니다. 이같이 조회를 보냅니다.

　재(再). 와타나베에게 배상할 금액은 곧 회은 1,250원(圓), 운반비 1,150여 원, 약조금 100원, 대신 지불한 금액 70원, 목재를 끌어올리는데 들어간 비용 55원, 토지 임차 비용 과와 보조비 82전, 1원은(圓銀) 42전, 합하여 2,625원, 그리고 보조은 82전, 1원은(圓銀) 42원. 상세한 것은 별단 제1호에서 제7호의 증빙에 있습니다. 이상입니다.

　이상과 같이 조회합니다.

대조선 독판교섭통상사무 김윤식(金允植)
1886년(明治 19) 9월 3일

울릉도 목재에 관한 백춘배와 와타나베 스에키치의 증빙 문서

제1호 약조

　조선국 개척사가 장차 조선국 울릉도 목재를 싣고 일본 효고현 고베항에 운반하는 일은 조선국 개척사 종사관 백춘배가 갑(甲)이다. 미야자키현 휴가국 나카군 유즈정의 고노 소시로(河野宗四郞)가 소유한 반리마루 선장 와타나베가 을(乙)이다. 아래 각 조항의 문서와 같이 약정한다.

제1조. 싣고 올 액수는 5만 재(才)로 정한다.
제2조. 길이는 4척(尺), 매 재(才)는 1척을 100재로 한다. 이 운반비는 2원 30전으로 정한다.
제3조. 물건을 싣고 오는 시기는 배가 본섬의 부방청(部旁廳, 도방청[道方廳, 현재의 도동]을 가리키는 표기의 오류로 보임-역주)에 도착하기를 기다리고 바람과 비가 맹랑한 것을 제외하여 날씨가 맑은 날 14일로 한정한다.
제4조. 14일 이내에 물건을 해안까지 운반하지 못하면 7일간 별도로 정박을 하고 매일 정박하는 비용은 12원으로 정한다. 운반비를 제외하고 갑이 을에게 지급한다.
제5조. 싣고 온 액수는 비록 5만 재로 정하나, 만약 기타 물건을 해안에 옮기게 되면 마땅히 갑을이 논의하기를 기다려서 이를 싣는다. 다만 운반비는 위 문서의 금액에 준한다.
제6조. 물건을 교부하는 방법은 마땅히 배가 고베에 도착한 이후를 기다려 을이 배의 양쪽 가장자리 부분(船舷)을 제한하고, 갑이 그 나머지를 담당한다. 제

6조 울릉도에 있으면서 싣는데 사용한 인부의 매일 인부삯은 갑이 계산하여 지급한다.

제7조. 장차 물건을 해안으로 올릴 시기는 배가 고베항에 도착하기를 기다려 맑은 날 7일로 한정한다. 갑이 장치 운반비를 계산하여 을에게 지급하면 그때 모름지기 갑이 조사하여 살펴본다.

이상의 각 조목을 약조한 후에 서로 약조를 어기지 말도록 하며 이를 위하여 약조 두 통을 만들어가 각 행에 날인하고, 서로 한 통씩 가져가 증빙으로 삼는다.

1884년(明治 17) 10월 9일
대조선국 개척사 종사관 백춘배
개국 493년 12월 26일

대조선국 동남제도개척사 종사관 백춘배 ㊞

미야자키현(宮崎縣) 휴가국(日向國) 미나미나카군(南那珂郡) 유즈정(油津町)에 사는
고노 소시로(河野宗四郞) 소유의 선박
반리마루(萬里丸) 선장 와타나베 스에키치(渡邊末吉) ㊞
회동인(會同人) 가이 군지(甲斐軍治) ㊞
고이즈미 세이베(小泉征兵衛) ㊞
고노 소치요(河野宗千代) ㊞

을1호. 고베 시심재판소(神戶始審裁判所) 판사보(判事補) 우사미 쇼노스케(宇佐美頌之助) 열람 ㊞

이어서 추가한 조관

제1호. 약속한 기일 안에 물건을 옮기지 못한다면 비록 싣는 액수가 5만 재(才)에 부족하더라도 5만 재의 액수로 간주하여 갑(甲)이 장차 운반비를 정산하여 지급한다. 만약 을(乙)이 약속한 액수의 물건을 운반하는데 약조한 기일 안에 배가 출발한

다면 갑(甲)은 싣는 액수를 보고, 장차 운반비를 을(乙)에게 정산하여 지급한다.

이하 공백

제2호. 차용회은표(借用匯銀票)

(대조선 동남제도개척사 대리 위리 ㊞)

1. 일금 1천 원 정(整)

이 이자와 각 수비금(需費金) 250원 정(整).

이번에 본사 소관의 울릉도 목재를 싣고 온 귀하의 고용 선박은 이내 회은(匯銀)을 차용하고 위 금액을 올렸다. 이는 실로 배가 일본 고베항(神戶港)으로 돌아오기를 기다려 장차 싣고 온 물건을 모두 해안에 올린 뒤에 반드시 지체없이 완전히 갚겠고, 결코 지연하지 않겠다. 만약 약조를 어기고 갚지 않는다면 장차 해당 물건은 다른 사람에게 맡겨서 저당으로 삼는다. 천재지변으로 인하여 섬에 도착할 수 없다면 마땅히 본 금 1천 원으로 완전히 보상한다. 이 표를 회수한 후에는 증빙할 수 없으므로, 이 차용증(借票)을 증빙으로 삼는다.

1884년(明治 17) 10월 9일

대조선 개척사 관립차표인(官立借票人) 백춘배 ㊞

고용원 회동인(會同人) 가이 군지 ㊞

[을제2호. 1885년(明治 18) 116호 고베 시심재판소에서 판사보 우사미 쇼노스케 열람 ㊞]

야마구치현(山口縣) 아카마가세키구(赤間關區) 도난베정(東南部町) 고이즈미 세이베 ㊞

반리마루 선장 와타나베 스에키치(대리 위임 ㊞)

집조(收執)를 증빙으로 삼는다.

제3호. 기(記)

1. [개척 대리 ㊞] 금액[7] 7원이다. 다음 금액을 차용한다. 울릉도 목재를 운반해 온 후에 이 운임 금액은 곧 상환하도록 서로 약속함.

대조선 개국 494년(1885) 정월 10일

동남제도개척사 종사관 백춘배 ㊞

---

7   전후로 봐서 金으로 판단된다.

반리마루 선장 와타나베 스에키치 귀하

제4호. 기(記)

1. [㊞] 금액 100원이다. 반리마루가 조선국 울릉도에 가서 두 번이나 빈손으로 돌아왔다. 지금 다시 항해하는데 그 노고로 만약에 또한 많은 잡비용을 쓴다면 상을 주고 위로와 감사를 무겁게 실시할 것.

제5호

[번호]제 0번외 임시 번호, [납부인]일본국 상인 와타나베 스에키치

보조은 12전, 1원은(圓銀) 15원 이상.

상기 토지임차 비용, 예기세(預寄稅)는 수령하였음.

1886년(明治 19) 6월 7일
고베 세관(神戶稅關) ㊞

제6호

[번호]제 $\frac{3720}{34}$호 [납부인]내국 상인 와타나베 스에키치

동화 2전, 보조 은화 70전, 1원은(圓銀) 27원, 상기 토지 임차 비용을 수령하였음.

1886년(明治 19) 6월 7일
고베 세관(神戶稅關) ㊞

제7호 기(記)

1. 금액 55원 정(整). 이상 규목 59조(條) 상륙비를 수령하였음.

1885년(明治 18) 7월 23일
효고현(兵庫縣) 신카와(新川) 도비모토 젠베(鳶本善兵衛) ㊞
고노 소치요(河野宗千代)가 받아 보관하고 증빙으로 함

47 김옥균 문서 위조와 기만 사실 통보와 향후의 문서 확인 방향 조회

발신[發]	督辦交涉通商事務 金允植	高宗 23年 8月 6日
수신[受]	臨時代理公使 高平小五郎	西紀 1886年 9月 3日
출전	『日案』卷1, #729, 346쪽[원본: 『日信 六』(奎19572, 78-6)]	

　　密行照會事, 照得本國不安分之人, 往往虛造謠言, 僞作文憑, 摹搨國寶, 誆誘外人, 本督辦早爲是慮, 前年照會各國公舘, 內有嗣後外國人與朝鮮人立約, 無論公私, 如無本衙門蓋印, 視同私約等語, 刻已刊布遠近, 今有人自日本來傳, 金玉均帶有國寶文憑, 設法鉤取, 本督辦會同政府, 公共閱視, 確係贋造, 當卽稟明大君主, 我大君主深爲痛恨, 仍思此等奸獘, 尙不絶於暗昧之中, 特命本督辦, 再行聲明, 爲此, 備文照會, 請煩貴代理公使査照, 前後如有此等不明之文憑, 幷無本衙門蓋印者, 均作廢紙可也, 須至照會者.

　　　　　　　　　　　　　　　　　　　　　　　　　　丙戌 八月初六日

[各公舘同, 不照覆, 而有默許]

비밀리 조회합니다. 본국에서 자기 분수에 만족하지 못하는 사람이 왕왕 유언비어를 꾸며내고, 증빙 문서를 허위로 만들어서 국보(國寶)를 모방하여 베끼고 외국 사람을 기만하고 있습니다. 본 독판이 일찍부터 이를 우려하였습니다. 지난해 각국 공사관에 조회를 보냈는데, 그 안에서 이후 외국인과 조선인이 약조하는 일이 있으면 공사를 막론하고 만약 본 아문의 인장 날인이 없다면 사사로운 약속과 동일시하라고 말하였습니다. 이 말을 새겨서 이미 널리 공포하였습니다.

　　지금 어떤 사람이 일본에서 전해온 말에 따르면 김옥균은 국보가 있는 문서를 가지고서 방법을 만들어 갈고리로 끌어내듯이 취하고 있다고 합니다. 본 독판은 정부에서 회동하여 공공연하게 열람해 보았는데, 위조가 확실합니다. 마땅히 즉시 대군주(大君主)께 명확하게 아뢰었습니다. 우리 대군주께서 이러한 작폐가 아직 어리석고 사리에 어두운 가운데 끊이지 않고 있다고 생각하시어 매우 통한으로 여기셨습니다. 본 독판에게 특별히 명을 내려 재차 성명하도록 하셨습니다. 이를 위하여 문서를 갖추어 조회를 보냅니다. 번거로우시더라도 귀 대리공사가 자세히 조사하여 전후로 만약 이들이 불분명한 문서가 있고, 본 아문의 인장 날인이 없다면 모두 폐지로 만들어도 좋습니다. 이같이 조회를 보냅니다.

　　　　　　　　　　　　　　　　　　　　　　　　　　　　병술년(1886) 8월 초6일

[각 공사관과 동일하다. 조복은 없지만, 묵인은 있었다.]

48 고베 소재 울릉도 목재의 매각 처분 건

발신[發]	督辨交涉通商事務 金允植	高宗 23年 8月 8日
수신[受]	臨時代理公使 高平小五郎	西紀 1886年 9月 5日
출전	『日案』卷1, #732, 347~348쪽[원본: 『日信 六』(奎19572, 78-6)]	

　　大朝鮮督辨交涉通商事務金, 爲照覆事, 照得貴曆九月三日, 接准貴代理公使來文內, 蔚陵島木料載運費償完一事, 均已閱悉, 查木料旣經裝置, 不宜一任朽腐, 應行售賣, 不致暴棄, 實合事宜, 請貴代理公使轉達貴國政府, 飭令渡邊末吉, 現在神戶之木料, 遵卽售賣, 價値實額, 務從詳核開算, 另爲賜覆, 當由本政府再行照會, 償完運費, 相應備文照會, 請煩貴代理公使查照施行, 須至照會者,

　　右.

　　　　　　　　　　　　　　　　　　　　　　　大日本 代理公使 高平
　　　　　　　　　　　　　　　　　　　　　　　丙戌 八月初八日

대조선 독판교섭통상사무 김윤식(金允植)이 조복합니다. 귀력(貴曆) 9월 3일의 조회를 보니 귀 대리공사에게 온 문서 내에 울릉도 목재를 실어 운반하는 비용을 완전히 보상하는 일이었습니다. 모두 다 읽어보았습니다. 목재를 조사하니 이미 잘 보관하고 있습니다. 썩어 부패하게 두는 것은 옳지 않으므로, 판매를 시행함이 마땅하며, 거칠게 버려두지 않는 편이 실로 사의에 합당합니다. 청하건대 귀 대리공사께서 귀국 정부에 전달하고 와타나베 스에키치(渡邊末吉)에게 명령을 내려 현재 고베(神戶)에 있는 목재를 판매하고 그 값을 실제 금액을 상세하게 계산하여 별도로 회답해 주시기 바랍니다. 마땅히 본 정부를 통해 다시 조회하여 운반비의 상환을 완료하겠습니다. 상응하여 문서를 갖추어 조회를 하니 번거로우시더라도 귀 대리공사가 조사하여 시행해 주시기 바랍니다. 이같이 조회를 보냅니다. 이상입니다.

　　　　　　　　　　　　　　　　대일본 대리공사 다카히라 고고로(高平小五郎)
　　　　　　　　　　　　　　　　병술년(1886) 8월 초8일

49 협동상회 다카스 겐조의 배상금 변제 요청

발신[發]	臨時代理公使 高平小五郞	高宗 23年 8月 24日
수신[受]	督辦交涉通商事務 金允植	西紀 1886年 9月 21日
출전	『日案』卷1, #742, 346쪽[원본: 『日案 三』(奎18058, 41-3)]	

第四十三號

　大日本代理公使高平, 爲照會事, 爲我協同社長高須謙三, 向貴政府之開拓使索償一案, 接准貴曆乙酉十一月初八日照復內稱, 此案係是爲欝島木料, 與金玉均立約者也, 嗣後玉均與美國人他雲仙, 更立訂約, 則前約自歸廢紙, 玉均現又不在. 無處可問我政府無以辦法, 業經說明于該社長貴代理公使想已入聞等因前來, 准此閱悉, 查爾來爲此案, 本使屢經與貴大臣面議, 卽該社長所有約條, 並非緣嗣後貴開拓使以自己之便宜, 與他人訂約, 故歸於廢紙者, 而於貴政府應任其責之理由, 早在貴大臣諒悉之中矣, 來文所稱金玉均現又不在, 無處可問, 我政府無以辦法等語, 然詞訟者, 據證憑審判, 是各國通例也, 該社長執有爲此案所必要之證憑, 其索償之理, 據此已明白矣, 則金氏之在不在, 可不必論, 來文所稱業經說明于該社長, 切望結案, 而再渡來留於京城, 更呈訴以昨年具控已來, 索償金額漸增利息, 今合算本金, 至總計金三千三百六十二圓五十二錢八厘之額等情, 貴政府如不從速完結此案, 則利息益加若斯, 而將重貴政府損失也, 相應備文照會, 請煩貴大臣查照辦理可也, 須至照會者, 右照會.

大朝鮮 督辦交涉通商事務 金

明治十九年 九月二十一日

제43호

　　대일본 대리공사 다카히라 고고로(高平小五郎)가 조회합니다. 우리 협동상회 사장 다카스 겐조(高須謙三)가 귀 정부의 개척사(開拓使)에게 배상을 받는 일입니다. 귀력(貴曆) 을유년 11월 8일의 조복 내에서 말하기를, "이 안건은 울릉도 목재와 관련이 된 것으로 김옥균(金玉均)과 약조하였습니다. 이후 김옥균이 미국인 타운센드(他雲仙)와 다시 약조를 맺었으니 이전의 약조는 저절로 휴지조각이 됩니다. 김옥균은 또한 현재 나타나지 않아 물어볼 곳도 없고, 우리 정부가 어찌할 방법이 없습니다. 이미 해당 회사 사장에게 설명하였고, 귀 대리공사께서 이미 들었을 것이라고 생각합니다"라는 내용이었습니다. 이를 모두 다 잘 알았습니다.

　　이후에 이 안건을 조사해 보니 본사가 여러 번 귀 대신과 대면하여 논의하였습니다. 해당 회사의 사장이 소유한 약조는 모두 이후에 귀 개척사가 자기의 편의에 따른 것으로, 다른 사람과 약조를 맺었다면 휴지조각으로 돌아갑니다. 귀 정부에서 마땅히 책임져야 할 이유가 있습니다. 귀 대신께서 다 잘 아시는 내용입니다. 온 공문에 "김옥균이 현재 나타나지 않아 물어볼 곳도 없고, 우리 정부가 어찌할 방법이 없습니다"라고 말하였습니다. 그러나 소송을 하는 자가 증빙에 의거하여 심판함이 각국의 통례입니다. 해당 사장이 가지고 있는 이 안건은 반드시 요구할 증거가 있습니다. 배상을 요구하는 이유는 여기에 의거하여 이미 명백합니다. 김 씨가 있든지 없든지는 논할 필요가 없습니다. 온 공문에서 말하기를 "이미 해당 사장에게 설명하였고, 사안의 종결을 간절히 바랍니다. 다시 한 번 경성에 와 머무르며 작년에 공소를 제기하였습니다. 배상을 요구하는 금액은 그 이자가 점점 늘어나고 있어서 지금 금액을 계산해 보니 총액은 3,362원 52전 8리에 이르렀습니다"라고 합니다. 귀 정부가 만약 이 안건을 조속하게 해결하지 않으면 이자는 더욱 늘어나게 됩니다. 장차 귀 정부의 손실이 가중될 것입니다. 상응하여 문서를 갖추어 조회를 보냅니다. 번거로우시더라도 귀 대신이 잘 조사하고 처리하는 것이 좋겠습니다. 이같이 조회를 보냅니다. 이상입니다.

　　　　　　　　　　　　　　　　　　　대조선 독판교섭통상사무 김윤식(金允植)
　　　　　　　　　　　　　　　　　　　1886년(明治 19) 9월 21일

50 다카스 겐조의 배상금 변제 계약 성립과 계약서 초록 송부

발신[發]	督辦交涉通商事務 金允植	高宗 23年 10月 2日
수신[受]	臨時代理公使 杉村濬	西紀 1886年 10月 28日
출전	『日案』卷1, #763, 360쪽[원본: 『日信 七』(奎19572, 78-7)]	

　　大朝鮮督辦交涉通商事務金, 爲照覆事, 准貴曆本年九月二十一日第四十三號來文, 爲協同社長高須謙三, 向我開拓使索償一案, 准此, 閱悉一切, 查此案歷經與貴代理公使會商, 玆緣查定我政府應償金額, 爲二千四百十圓九十六錢九厘, 此內五百元, 卽時償給高須謙三, 剩額一千九百十元九十六錢九厘, 約限明年陽曆三月十日淸完, 故立約書二分, 一存本署, 一給高須謙三, 以暫結此案, 相應備文照會, 幷鈔送約書, 請煩貴代理公使査照可也, 須至照覆者,

　　右照覆.

　　　　　　　　　　　　　　　　　　　　　　　大日本 代理公使 杉村
　　　　　　　　　　　　　　　　　　　　　　　丙戌 十月 初二日
　　　　　　　　　　　　　　　　　　　　　　　給高須約書, 在[日信第六末章]

대조선 독판교섭통상사무 김윤식(金允植)이 조복합니다. 귀력(貴曆) 올해 9월 21일 제 43호로 온 문서를 받았습니다. 협동사장(協同社長) 다카스 겐조(高須謙三)가 우리 개척사(開拓使)에게 배상을 요구하는 일입니다. 이를 받고 모두 다 잘 읽었습니다. 이 안건을 여러 번 조사하였고 귀 대리공사와 만나 논의하였습니다. 우리 정부가 배상 금액을 조사하여 정하였는데 2,410원(圓) 96전(錢) 9리(厘)였습니다. 이 중에서 500원(元)은 즉시 다카스 겐조에게 배상으로 지급하였고, 나머지 금액 1,910원 96전 9리는 내년 양력 3월 10일을 기한으로 완전하게 갚기로 약조하였습니다. 그러므로 계약서 2부를 만들어서 1부는 본서(本署)에 두고, 1부는 다카스 겐조에게 지급하기로 하였습니다. 이 안으로 잠정 체결하고 상응하는 문서를 갖추어 조회를 보냅니다. 아울러 계약서를 초록하여 보내니 번거로우시더라도 귀 대리공사께서 살펴보시는 편이 좋겠습니다. 이같이 조복을 보냅니다. 이상입니다.

대일본 대리공사 스기무라 후카시(杉村濬)

병술년(1886) 10월 초2일

다카스 겐조의 계약서 발급[『일신(日信)』제6호 끝(末章)에 있음]

51 백춘배 고용 일본인의 울릉도 목재 관련 인부 고용비 상환 청구

발신[發]	臨時代理公使 高平小五郎	高宗 24年 3月 28日
수신[受]	督辦交涉通商事務 金允植	西紀 1887年 4月 21日
출전	『日案』卷1, #864, 402~403쪽[원본: 『日信 七』(奎19572, 78-7)]	

第二十五號

大日本代理公使高平, 爲照會事, 玆據我外務省來文內開, 據兵庫縣下兵庫湊町寄留山口縣平民內田德次郎, 及該處羇宿島根縣平民田村正太郎等具稟稱, 曾於明治十七年[1884] 四月, 爲伐採蔚陵島木, 受朝鮮國開拓使從事官白春培之雇, 田村正太郎如另單第六號證, 被選任職夫部長, 傭七十餘名之役夫, 前往該[地脫], 自其年五月起, 從事於槻木伐採, 所有役夫費六月間爲止, 槪經收領, 而其年陰曆七月起至九月止之間, 斷無發給, 以至其額如第一號証金三千零二十六圓八十七錢七厘五毛, 並有第三號証金三百五十元, 及前期未經發給額金二百四十六圓, 合計金三千六百二十二圓八十七錢七厘五毛之額, 應得該政府發給者, 但白春培氏奉該政府之命令, 爲輸送民等食粮, 周於時日發派船隻, 到該島之事, 而當時風波猛烈, 不能駛進該島, 致民等三十四名困於飢渴, 備嘗辛苦矣, 白春培氏至十八年[1885] 四月, 搭坐萬里丸抵島, 故向催役夫費, 則商請俟至日本馬關, 乃肯之, 將所有槻木裝載該船, 民等共同搭坐船抵馬關, 而不發給, 不得已仰該船供給, 其月前來神戶, 向白春培氏催促發給, 該氏以不能專斷, 須先稟議本國政府, 速圖完辦, 其年八月歸國之後, 仍不發給該金額, 然該槻木載來神戶後, 寄存於稅關, 故民等信爲究非朝鮮政府放置者, 專注目於該木材, 以俟朝鮮政府報知, 現今民等聞得, 朝鮮政府囑令萬里丸船長渡邊末吉公賣該木梶, 已經收買有人云, 爲此仰願, 行公賣訖後, 該金額中, 撥給渡邊末吉索償之金, 如有剩額, 交給民等, 其餘不足之數, 向索朝鮮之意等因前來, 承准此, 據其事實, 查此案係屬關於蔚陵島木料欲伐之事, 貴國開拓使從事官白春培氏, 以其職權, 與內田德次郎等訂約後, 不遵行約條之義務者, 故於今日貴政府理應任其責, 即將內田德次郎等要求金額合計三千六百二十二圓八十七錢七厘, 迅速償完, 相應照會, 幷鈔送另單証書自第一號至第六號, 請煩貴督辦查照妥處可也, 須至照會者,

 右照會.

大朝鮮 督辦交涉通商事務 金
明治二十年 四月二十一日
丁亥 三月二十八日到

제25호

　대일본 대리공사 다카히라 고고로(高平小五郎)가 조회합니다. 우리 외무성에서 온 문서를 열어보니, "효고현(兵庫縣) 관내 효고 미나토정(兵庫湊町)에 머무르고 있는 야마구치현(山口縣)의 평민 우치다 도쿠지로(內田德次郞)와 같은 곳에 묵고 있는 시마네현(島根縣) 평민 다무라 쇼타로(田村正太郞) 등이 같이 아뢰었습니다. 일찍이 1884년(明治 17) 4월에 울릉도의 목재를 벌채하려고 조선국 개척사 종사관 백춘배(白春培)에게 고용되었습니다. 다무라 쇼타로는 별지에 제6호의 증거가 있듯이 직부부장(職夫部長)에 임명되었고, 70여 명의 인부를 고용하여 해당 지역에 갔습니다. 그해 5월부터 시작하여 규목을 벌채하는 작업에 종사하였습니다. 소유한 인부비는 6개월 간에 그쳤고, 대개 수령하였습니다. 수령을 하고 그해 음력 7월부터 9월까지는 단연코 발급이 없었습니다. 제1호 증거로 금액은 3,026원 87전 7리 5모입니다. 제3호 증거에는 금액이 350원입니다. 그리고 앞서 발급하지 않은 금액은 246원입니다. 모두 합하여 금액은 3,622원 87전 7리 5모로, 마땅히 해당 정부에서 발급해야 합니다. 다만 백춘배 씨가 해당 정부의 명령을 받고 수송한 백성들의 식량은 이날 파견된 선척으로 그 섬에 가는 일은 마침 이때 파도가 맹렬하여 그섬으로 가지 못하였습니다. 백성 34명이 기근과 갈증으로 고생하였을 것입니다. 백춘배 씨가 1885년(明治 18) 4월에 반리마루를 타고 울릉도에 도착하였습니다. 그리고 인부 비용을 재촉하였는데 일본 시모노세키에 도착할 때까지 기다리라고 청하였습니다. 이에 수긍하였습니다. 장차 해당 선박에 규목을 싣고 백성과 함께 선박에 탑승하여 시모노세키에 도착하였으나 발급하지 않았습니다. 부득이 선박에 공급을 요청하였습니다. 그달 전에 고베에 와서 백춘배 씨에게 발급을 재촉하였는데 그는 전단(專斷)할 수 없으므로, 모름지기 먼저 본국 정부에 품의하여 완전히 조치하도록 도모하였습니다. 그해 8월에 귀국한 뒤에도 해당 금액을 발급받지 못하였습니다. 그런데 해당 규목을 싣고 고베에 온 뒤에는 세관에 보관시켰습니다. 인민들은 이를 탐구하여 조선 정부가 방치한 것이 아니라고 믿고 전적으로 해당 목재에 주목하여 조선 정부에서 알리기를 기다렸습니다. 지금 사람들은 조선 정부가 반리마루 선장 와타나베 스에키치(渡邊末吉)에게 명령을 내려 해당 목재를 공매하였고, 수매한 사람이 이미 있다고 말하는 것을 들었습니다. 이 때문에 청원하는데, 공매를 마친 뒤에 해당 금액 중에서 와타나베 스에키치에게 배상할 금액을 지급하고, 만약 남은 금액이 있으면 백성들에게 지급하며 나머지 부족한 금액은 조선에게 요구하겠습니다"라는 취지의 내용이었습니다.

    이 사실을 바탕으로 이 안건을 조사하니 울릉도 목재를 벌목하고자 하는 일은 귀국 개척사 종사관 백춘배 씨가 직권으로 우치다 도쿠지로와 약조한 뒤에 약조의 의무를 따르지 않은 것입니다. 그러므로 오늘 귀 정부가 그 책임을 져야 합니다. 장차 우치다 도쿠지로 등이 요구한 금액을 합하여 3,622원 87전 7리이니 조속히 상환하도록 해야 합니다. 상응하여 조회를 보냅니다. 아울러 별도의 증서는 제1호부터 제6호까지 초록하여 송부합니다. 번거로우시더라도 귀 독판께서 조사하여 처리하시면 좋겠습니다. 이같이 조회를 보냅니다. 이상입니다.

대조선 독판교섭통상사무 김윤식(金允植)
1887년(明治 20) 4월 21일
정해년 3월 28일 도착

52 백춘배 등의 일본 체류 중 발생한 제반 비용의 상환 요청

발신[發]	臨時代理公使 高平小五郎	高宗 24年 3月 28日
수신[受]	督辦交涉通商事務 金允植	西紀 1887年 4月 21日
출전	『日案』卷1, #865, 403~404쪽[원본:『日信 七』(奎19572, 78-7)]	

第二十六號

　　大日本代理公使高平, 爲照會事, 玆准我外務省來文內開, 朝鮮政府開拓使從事官白春培氏及該使傭人甲斐軍治者, 爲該國蔚陵島木料 [卽係在神戶第一稅關邊, 此次公賣者]之事, 自明治十七年[1884]十一月起至十八年八月二十三日止, 投宿於我國兵庫縣下神戶區榮町籍居之田中喜左衛門處, 不行算償所有宿費及代墊金·各港徃来汽船運費·各項買物價金等, 合計四百二十九圓九十六錢之額, 故喜左衛門屢經催索, 而據伊稱, 若非售賣該木料, 或一時歸國, 則絶無償完欠債之望云云, 致不辦金, 乃約以明治十八年[1885]十月三十日爲期而償還之事, 卽如另抄證劵, 詎至其年八月二十三日, 白春培氏以下甲斐軍治其他隸屬之人, 統同歸國後, 竟不償還, 受累匪淺, 故雖將信書催促數次, 而無答應, 不得已正在等待售賣該木料之際, 聞萬里丸船主渡邊末吉代理人告白以公賣該木料一節, 已經公賣之說, 此次, 喜左衛門禀請照會朝鮮政府, 將所有宿費其他各項代墊金等, 由該公賣金內撥償, 或將另款金額辨償, 必要妥處之意等因前來, 准此, 查此案係田中喜左衛門向貴國開拓使從事官白春培氏奉有公務, 滯留之間貸給, 而其後數經函催償完, 而絶無回音, 故專指望木料, 安心視其動靜, 焉知其所指望物, 今將歸消滅, 則驚愕困難之餘, 禀請償完者, 相應鈔錄另單証書照會, 請煩貴政府察酌此案事實, 速將該名要求金額合計四百二十九元九十六錢, 償以便結案可也, 須至照會者.

　　　　　　　　　　　　　　　　　　大朝鮮 督辦交涉通商事務
　　　　　　　　　　　　　　　　　　明治二十年 四月二十一日
　　　　　　　　　　　　　　　　　　　丁亥 三月二十八日

제26호

대일본 대리공사 다카히라 고고로(高平小五郎)가 조회합니다. 우리 외무성에서 온 공문을 보니, "조선 정부 개척사(開拓使) 종사관(從事官) 백춘배(白春培) 씨와 해당 사신의 고용인 가이 군지(甲斐軍治)의 그 나라 울릉도 목재(고베 제1세관 해변에 있어서 이번에 공매함)에 대한 일입니다.

1884년(明治 17) 11월부터 1885년 8월 23일까지 우리나라 효고현(兵庫縣) 내 고베구(神戶區) 사카에정(榮町)에 본적을 둔 다나카 기자에몬(田中喜左衛門) 집에서 투숙한 숙박비와 대신 지불한 대금, 각 항구를 왕래한 기선의 운반비, 각항의 물건 구입 대금을 계산하여 배상하지 않았는데 모두 합하여 429원 96전의 금액입니다. 그러므로 다나카 기자에몬이 여러 번 배상을 요구하였습니다. 이를 들어 만약 해당 목재를 매매하지 않고 만약 일시에 귀국한다면 빚을 배상받을 가망이 없다고 운운했습니다. 1885년(明治 18) 10월 30일을 기한으로 하여 상환하기로 약속하고, 별도로 증서를 작성하였습니다. 그해 8월 23일까지 백춘배 씨 이하 가이 군지, 기타 예속인들이 귀국한 후에 끝내 상환하지 않았습니다.

고생하게 되어 장차 서신으로 여러 번 재촉하였으나 응답이 없었습니다. 부득이하나 해당 목재가 판매되기를 기다리고 있을 때 반리마루(萬里丸)의 선주 와타나베 스에키치(渡邊末吉)의 대리인이 해당 목재를 공매한다고 고시하였고, 이미 공매하였다는 이야기도 있었습니다. 이번에 다나카 기자에몬이 조선 정부에 조회해 주기를 요청하였습니다. 이에 소유한 숙박비와 기타 각 항목의 지불 대금을 해당 공매 금액 내에서 배상하거나, 금액을 변상하여 반드시 온당하게 처리해 주십시오"라는 내용이었습니다. 이를 확인하였습니다. 다나카 기자에몬과 관계된 안건을 조사해 보니, 귀국 개척사 종사관 백춘배 씨는 공무를 수행하였으므로, 체류하는 동안 대신 지급하였고, 이후에 여러 번 문서로 상환을 촉구하였으나 답변이 없었습니다. 그러므로 오로지 목재만 가리키고 쳐다보았고, 그 동정을 살피면서 안심하였습니다. 가리키고 바라보고 있던 물건이 장차 소멸하게 된 것을 알자 경악하고 곤란해진 나머지 완전히 보상하기를 요청하였는데, 상응하는 별도의 증거 문서를 초록하여 조회합니다. 번거로우시더라도 귀 정부에서 이 사실을 잘 살펴서 속히 해당 인물이 요구하는 금액 429원 96전을 배상하여 안건을 해결하면 좋겠습니다. 이같이 조회를 보냅니다.

대조선 독판교섭통상사무 김윤식(金允植)
1887년(明治 20) 4월 21일
정해년 3월 28일

53 울릉도 규목 비용의 처리 회신과 잔액 처분 건

발신[發]	臨時代理公使 高平小五郎	高宗 24年 3月 28日
수신[受]	督辦交涉通商事務 金允植	西紀 1887年 4月 21日
출전	『日案』卷1, #866, 404쪽[원본: 『日信 七』(奎19572, 78-7)]	

第二十七號

大日本代理公使高平, 爲照會事, 照得昨年九月三日, 將第三十七號照會, 以我萬里丸船長渡邊末吉向索貴國開拓使從事官白春培氏, 載運欝陵島木料費金一節前去, 即准貴曆丙戌[1886]八月初八日照覆稱, 飭令渡邊末吉, 售賣現在神戶之木料, 其價値實額開算賜[覆脫?]等語, 當經將事由轉申我外務省在案, 玆承准外務省來文稱, 昨年十二月, 將所有木料公行價賣, 得三千五百十二元, 其月二十九日, 將渡邊末吉當初所索金額二千六百六十七元八十四錢, 暫行交附訖, 合將其剩額金八百四十四元十六錢, 暨渡邊末吉領收金額時, 所繳呈關係此案原本文書七件, 遞送等因前來, 承准此, 念其辦法, 諒在貴督辦亦無不同意之處, 相應將該文書七件, 照會繳還貴督辦, 請煩査收可也, 再者, 剩額八百四十四元十六錢, 旣存於本館, 則不論何時, 儘可交附, 但剩額之原舊之物即木料, 與今日將公文第二十五號由內田德次郎等, 向開拓使索役夫費金, 並第卄六號由田中喜左衛門索留宿費, 照會前去之案, 有所牽連, 故望貴督辦査照此中委曲, 賜覆如何受授之意爲妥, 須至照會者,

　右照會,

封送白春培氏本証書, 其他關係書類, 共七通也.

大朝鮮 督辦交涉通商事務 金
明治二十年 四月二十一日
丁亥 三月二十八日

제27호

대일본 대리공사 다카히라 고고로(高平小五郞)가 조회합니다. 작년 9월 3일, 제37호 조회는 우리 반리마루(萬里丸) 선장 와타나베 스에키치(渡邊末吉)가 귀국 개척사 종사관 백춘배(白春培) 씨에게 배상을 요구하는데 울릉도 목재를 싣고 운반하는 비용에 대한 것입니다. 귀력(貴曆) 병술년(1886) 8월 초8일 조복을 보니, "와타나베 스에키치에게 칙령을 내려 현재 고베에 있는 목재를 판매하고 그 값을 계산한다는 말로 그 사유를 우리 외무성에 전달하였습니다"라는 말이 있습니다. 외무성에서 온 문서는 보니, "작년 12월에 목재를 공매한 값이 3,512원입니다. 그달 29일 와타나베 스에키치가 당초에 배상을 요구한 금액이 2,667원 84전입니다. 교부를 마치고 남은 금액은 844원 16전입니다. 와타나베 스에키치가 금액을 수령할 때 이 안건과 관련된 원본 문서 7건을 전송하였습니다"라는 내용이었습니다. 이를 확인하였는데, 처리 방법을 생각해 보면 귀 독판께서도 동의하지 않을 곳은 없으므로, 상응하여 해당 문서 7건을 귀 독판께 조회하여 돌려보냅니다. 번거로우시더라도 조사하는 것이 좋겠습니다. 다시 한번 남은 금액 844원 16전은 본관에 있으니 언제든지 모두 교부하고자 합니다. 다만 남은 금액은 목재를 판매한 금액으로, 금일 공문 25호로 우치다 도쿠지로(內田德次郎) 등이 개척사에게 인부 비용을 요구하였고, 아울러 제26호로 다나카 기자에몬(田中喜左衛門)이 숙박비의 배상을 요구하는 것이 이전에 보낸 조회와 관련이 있습니다. 그러므로 귀 독판께서 이 안건을 자세히 조사하시기를 바라며, 어떻게 주고받을지 회답을 기다리겠습니다. 이같이 조회를 보냅니다. 이상입니다.

백춘배 씨 원본증명서를 봉하여 보냅니다. 기타 관계 서류는 모두 7통입니다.

대조선 독판교섭통상사무 김윤식(金允植)
1887년(明治 20) 4월 21일
정해년 3월 28일

54 울릉도 목재 대금 잔액의 송부 요청과 우치다 등의 배상금 불허 통지

발신[發]	督辦交涉通商事務 金允植	高宗 24年 4月 26日
수신[受]	臨時代理公使 高平小五郎	西紀 1887年 5月 18日
출전	『日案』卷1, #885, 411~412쪽[원본: 『日信 七』(奎19572, 78-7)]	

　　大朝鮮督辦交涉通商事務金, 爲照覆者[事誤], 准我曆本年三月二十八日貴照會內開云云等因, 准此, 査木料價中二千六百六十七元八十四錢, 已經貴國外務省交付渡邊末吉, 本大臣意無異同, 所有剩額八百四十四元, 應照數交本署, 以淸此帳, 再査欝島開拓一事, 已經數年變革, 凡係此等索債, 我政府早已考驗償還, 貴國民應索該債者, 經歷幾年, 尙無一言, 必無是理, 惟渡邊末吉索費事在去年, 與高須謙三債款, 一律許還, 我政府更不准償此[無脫]紀限之索費, 至[內脫]田德次郞・田中喜左衛門等諸費, 俱係剏聞, 我政府不能認償, 相應備文照复, 請貴代理公使査照施行, 須至照复者,

　　右照覆.

大日本 代理公使 高平

丁亥 四月二十六日

대조선 독판교섭통상사무 김윤식(金允植)이 조복합니다. 아력(我曆)으로 올해 3월 28일 귀 조회를 열어보니 운운하는 말이 있습니다. 이를 확인하였습니다. 조사해 보니 목재값 가운데 2,667원(元) 84전(錢)은 이미 귀국 외무성을 통해 와타나베 스에키치(渡邊末吉)에게 교부하였습니다. 본 대신도 이견이 없습니다. 남아 있는 금액 844원은 마땅히 그 수를 확인하고 본서에 교부하여 장부를 청산하고자 합니다. 다시 조사해 보니 울릉도를 개척하는 일건은 이미 여러 해 변혁을 거쳤습니다. 이러한 채무 배상과 관련항 우리 정부는 이미 상환을 고려하였습니다. 귀국 백성이 응당 해당 빚을 갚으라 재촉한 지 여러 해가 지나도록 아직 한 마디도 없는데, 이러할 이유가 전혀 없습니다. 다만 와타나베 스에키치가 비용을 요구하는 일은 지난해에 있었고 다카스 겐조(高須謙三)의 채무와 더불어 일괄적으로 상환을 허락하였습니다. 우리 정부는 다시 무기한으로 비용 배상을 요구하는 일을 허락하지 않겠습니다. 우치다 도쿠지로(內田德次郎)와 다나카 기자에몬(田中喜左衛門) 등의 제반 비용은 모두 처음 듣는 것으로 우리 정부는 배상을 인정할 수 없습니다. 상응하여 문서를 갖추어 조복합니다. 청하건대 귀 대리공사께서 조사하여 시행하시기 바랍니다. 이같이 조복을 보냅니다. 이상입니다.

대일본 대리공사 다카히라 고고로(高平小五郎)
정해년(1887) 4월 26일

55 울릉도 목재 대금 잔액의 송부와 우치다 등의 배상금 상환 재차 요구

발신[發]	臨時代理公使 高平小五郎	高宗 24年 4月 29日
수신[受]	督辦交涉通商事務 金允植	西紀 1887年 5月 21日
출전	『日案』卷1, #886, 412~413쪽[원본: 『日信 七』(奎19572, 78-7)]	

第三十六號

　　大日本代理公使高平, 爲照會事, 接准貴曆丁亥四月二十七日來, 爲我國萬里丸船長渡邊末吉, 索償載運蔚陵島木料費案及內田德次郎·田中喜左衛門等, 索向貴開拓使職夫費·留宿費各案, 稱以查木價二千六百六十七元八十四錢, 已經貴外務省交付渡邊末吉, 本大臣意無異見, 所有剩額八百四十四元, 應照數送交本署, 以淸此賬. 再查蔚島開拓一事, 已經數年前變革, 凡係此等索償, 我政府早已考驗償還, 貴國民應索該債者, 經幾年尙無一言, 必無是理, 惟渡邊末吉索費事在去年, 與高須謙三償款, 一律許還, 我政府更不准償此無紀限之索費, 至內田德次郎·田中喜左衛門等諸費, 俱係剏聞, 我政府不能認償等因, 准此閱悉, 查來意, 我外務省將載運木料費, 交付渡邊末吉之事, 旣無異見, 則容將此情稟報該省, 至於木料價値剩額八百四十四元十六錢, 因屬貴政府所有物價, 故將另附銀行券票送請查收, 卽渡邊末吉索償之案, 至此完結, 希諒悉爲幸, 但該剩額牽連於內田德次郎·田中喜左衛門債案之意, 業經聲明於前照會, 則此次雖將該剩額送交, 而並非本使抛棄其索償案之權利者, 請陳其理由, 原夫一國之事, 就其與外國交涉之處言, 則係所謂單純社會者, 其社會中設有何等變遷, 至其義務責任, 斷不爲此推移, 故雖官局有幾多變革, 官吏有幾回交代, 然其旣經變革交代之官局及官吏之約章, 應仍歸實在政府之義務責任者, 各國普通法理也, 貴開拓使雖經數年前變革, 而其與外國人民締訂約條之義務, 須在貴政府履行, 是理所當然, 故高須謙三·渡邊末吉索向該使之案, 旣由貴政府負荷償完, 而至內田德次郎·田中喜左衛門索債, 獨不認償, 未知有何故, 按來文, 有貴國民應索該債者, 經歷幾年, 尙無一言等語, 但如前照會所言內田·田中等不行早速呈控索債者, 唯從貴開拓使代理官[白春培]之言, 俟其妥當處辦故也, 是在高明所洞鑒, 若夫貴政府以蔚島關係案件, 定立期限, 呈控索償, 而貴政府旣不履行此事序, 則雖有此無紀限之索債, 其責果屬何人乎, 本使深信不屬於我國人也, 況內田·田中等索償案, 係屬貴國官吏爲其職掌, 據其職權, 以其職名, 滯留我國, 雇役我民而起者, 我民爲貴國受費勞力, 旣非勘[勘誤]少, 而貴政府以其索債之僅後數月, 故欲不認償者, 恐非據理處事之道, 又非報德酬勞之方也, 且此案所係, 非貴國民事, 貴政府欲以一已之私意, 因不得擅處, 應請貴督辦查照, 將此事理禀達貴政府, 按據其法理, 承擔其責任, 迅速償完該債, 不勝盼望, 須至照會者,

　右照覆[會誤].

　　　　　　　　　　　　　　　　　　　　大朝鮮 督辦交涉通商事務 金
　　　　　　　　　　　　　　　　　　　　明治二十年 五月二十一日
　　　　　　　　　　　　　　　　　　　　丁亥 四月二十九日

제36호

　대일본 대리공사 다카히라 고고로(高平小五郞)가 조회합니다. 귀력(貴曆)으로 정해년 4월 27일에 온 것을 접하였는데, 우리나라 반리마루(萬里丸) 선장 와타나베 스에키치(渡邊末吉)가 울릉도 목재 운반 비용을 배상해 달라고 요구한 사안과 우치다 도쿠지로(內田德次郞), 다나카 기자에몬(田中喜左衛門) 등이 귀 개척사(開拓使)의 인부 비용, 숙박비 등의 배상을 요구하는 안건입니다.

　조사해 보니 목재값 가운데 2,667원(元) 84전(錢)은 이미 귀국 외무성을 통해 와타나베 스에키치에게 교부하였습니다. 본 대신도 이견이 없습니다. 남아 있는 금액 844원은 마땅히 그 수를 확인하고 본서에 교부하여 장부를 청산하고자 합니다. 조사해 보니 울릉도를 개척하는 일건은 이미 여러 해 변혁을 거쳤습니다. 이러한 채무 배상과 관련하여 우리 정부는 이미 상환을 고려하였습니다. 귀국 백성이 응당 해당 빚을 갚으라 재촉한 지 여러 해가 지나도록 아직 한 마디도 없는데, 이러할 이유가 전혀 없습니다. 다만 와타나베 스에키치가 비용을 요구하는 일은 지난해에 있었고, 다카스 겐조(高須謙三)의 채무와 더불어 일괄적으로 상환을 허락하였습니다. 우리 정부는 다시 무기한으로 비용 배상을 요구하는 일을 허락하지 않겠습니다. 우치다 도쿠지로와 다나카 기자에몬 등의 제반 비용은 모두 처음 듣는 것으로 우리 정부는 배상을 인정할 수 없습니다"라는 내용이었습니다. 이를 모두 다 확인하였습니다.

　보내온 의견을 조사해 보니, 우리 외무성이 목재 운반비를 와타나베 스에키치에게 교부하는 일에 이견이 없으므로, 이 사정을 외무성에 보고하겠습니다. 목재값으로 남은 844원 16전은 귀 정부가 소유한 물건값에 속하기 때문에 장차 별도로 은행 전표를 첨부하여 송부하면 거두어 조사해 주시기를 요청합니다. 와타나베 스에키치의 채무 배상 안건은 완결되어 기쁘고 다행입니다. 다만 해당 잔여 금액이 우치다 도쿠지로와 다나카 기자에몬의 채무와 관련되어 있다는 취지는 이미 이전 조회로 성명하였습니다. 이번에 비록 해당 남은 금액을 보내는데 아울러 본 사신이 채무 배상을 요구할 권리를 포기하는 것이 아니라면 그 이유를 말씀해 주시기를 요청합니다.

　원래 한 나라의 일로 외국과 교섭하는 곳에서 하는 말은 소위 사회를 단순하게 하는 것으로 설령 사회 중에서 만약 어떠한 변천이 있더라도 의무와 책임에 이르러서는 단연코 옮기고 미룰 수 없습니다. 따라서 비록 관청의 부서에 많은 변혁이 있더라도, 관리에게 몇 차례 교대가 있더라도, 변혁하고 교대를 거친 관청의 부서와 관리의 약조는 응당 실제로 정부의 의무와 책임으로 귀속함이 각국의 보통 법리입니다. 귀 개척사가 비록 수년 전에 변혁되었으나 외국 백성과 체결한 약조의 의무가 있으니 모름지기 귀 정부에서 이행해야 합니다. 이는 당연한 일입니다. 다카스 겐조와 와타나베 스에키치의 그 사신에 대한 안건은 귀 정부에서 이미 부담하여 배상을 완료하였습니다. 그러나 우치다 도쿠지로와 다나카 기자에몬의 채무 배상 건은 유독 배상을 인정하지 않고 있습니다. 어떠한 이유인지 알 수 없습니다.

 보내온 문서를 살펴보니 귀 국민이 응당 배상할 건은 여러 해가 지났는데도 아직 한 마디 말도 없습니다. 다만 이전 조회에서 말한 것과 같이 우치다 도쿠지로와 다나카 기자에몬에게 조속히 채무 배상의 소송 제기를 하지 않는 것은 귀 개척사 대리관 백춘배가 말하였듯이 온당하게 처리되기를 기다리기 때문입니다. 이는 높이 통찰해야 할 바입니다. 만약 귀 정부가 울릉도 관계 안건으로 기한을 정하여 채무 배상 소송을 제기하였는데 귀 정부가 이 일에 대하여 이행하지 않는다면 비록 이렇게 무기한의 채무 배상이 있더라도 그 책임은 과연 누구에게 귀속하겠습니까? 본 사신은 우리나라 인민에게만 귀속하지 않는다고 깊게 믿습니다. 하물며 우치다 도쿠지로와 다나카 기자에몬의 배상안은 귀국 관리의 직무에 속하기 때문에 직무 권한에 의거하고 그 직책명을 가지고 우리나라에 체류하여 우리 백성을 고용하고 부른 것으로, 귀국을 위해서 우리 백성이 비용을 받고 노동력을 제공한 것이 이미 적지 않았습니다. 귀 정부가 배상한 지 겨우 수개월 이후이기 때문에 배상을 인정하지 않으려는 것은 아마도 이치에 의거한 방도가 아닙니다. 또한 덕에 보답하고 노고를 갚는 방도가 아닙니다. 이 안건은 귀국의 민사와 관련된 일이 아닙니다. 귀 정부에서 일 개인의 사적인 의사로 삼고자 하더라도 멋대로 처리할 수 없기 때문입니다. 마땅히 청하건대 귀 독판께서 조사하여 이 일의 이유를 귀 정부가 진달하고 법리에 따라서 처리하여 그 책임을 부담하고 속히 해당 채무를 완전하게 청산하기를 바라마지 않습니다. 이같이 조회합니다. 이상입니다.

              대조선 독판교섭통상사무 김윤식(金允植)
                   1887년(明治 20) 5월 21일
                      정해년 4월 29일

56 울릉도 목재 관련 가이 군지 청구액의 상환 촉구

발신[發]	臨時代理公使 高平小五郎	高宗 24年 5月 19日
수신[受]	督辦交涉通商事務 金允植	西紀 1887年 7月 9日
출전	『日案』卷1, #936, 434~435쪽[원본: 『日信 七』(奎19572, 78-7)]	

第五十五號

　大日本代理公使高平, 爲照會事, 玆據在漢城我領事館移案稱, 據長崎縣平民甲斐軍治具呈稱, 小民明治十六年[1883]七月雇於朝鮮國開拓使, 爲蔚陵島開拓事宜, 專任以雇傭船隻·匠役等事, 自十七年[1884]一月起, 十八年[1885]五月止, 使所雇船前後六回渡航該島, 并派匠役等, 將木料載來神戶港矣, 故將所有各樣準備費及運費·匠役費等, 凡由米國商會領收之款, 及小民代爲支辦之款, 扣除淸算, 則合計金一萬一千二百七十九圓五十三錢三厘, 不足敷用, 當經向從事官白春培氏, 催請償完, 而不得要領, 竟向統理衙門索討該金額, 則該衙門以爲非所與知, 不行准理等情, 由該名附以另單文件, 呈請照會該管妥處, 據此, 合行准理移案等因前來, 據此, 查得此案內, 帶有已經了結之萬里丸船長渡邊末吉控索開拓使載運木料費并滙銀等事, 暨本年將第二十五號公文照會之內田德次郎索討匠役費事, 以及第二十六號照會田中喜左衛[門脫]索討宿費事, 故諭令該名, 除去以上三事, 單將該名專有應行要求之正當權利之款, 再爲具呈, 即據其再呈, 由始初具呈金額下, 扣去三事金額六千七百八十圓, 惟將所餘該名應當領收金額四千四百九十九圓五十四錢三厘, 與本年一月起五月止之利息及逗留日費五百五十九元二十三錢二厘, 合計五千零五十八元七十七錢五厘求請前來, 本使認爲該金額在貴政府應任償完之責, 而於甲斐軍治有應行要求之正當權理者, 相應備文照會, 并附送另單文件, 請煩貴督辦査照辦理, 必在貴政府迅速盡以該當義務, 允應該名要求, 以便結案可也, 須至照會者,

　右照會.

內附甲斐具呈二件·願書一件·始末書四件·再願書一件·計算表一件合九件[8]

大朝鮮 督辦交涉通商事務 金

明治二十年 七月九日

丁亥 五月十九日

---

[8] 本案에는 안보임

제55호

대일본 대리공사 다카히라 고고로(高平小五郎)가 조회합니다. 한성에 있는 우리 영사관에서 보내온 안건에 따르면, "나가사키현(長崎縣) 평민 가이 군지(甲斐軍治)가 말하기를, '저희들은 1883년(明治 16) 7월에 조선국 개척사(開拓使)에게 고용되어 울릉도 개척에 대한 일을 하며 고용된 선박과 인부를 전적으로 담당하였습니다. 1884년(明治 17) 1월부터 1885년(明治 18) 5월까지 였습니다. 고용된 선박은 전후로 6회 울릉도에 도항하였고, 인부를 파견하였습니다. 목재를 고베항(神戶港)으로 운반해 왔습니다. 그러므로 소유한 각종 준비 비용과 운반비, 인부 비용 등은 무릇 미국 상회가 수령할 비용과 저희들이 대신 지불할 비용을 청산한다면 모두 합하여 11,279원 53전 3리로, 사용하기에 부족합니다. 마땅히 종사관 백춘배(白春培) 씨에게 배상을 마치도록 재촉하여 청하였으나, 요령을 얻지 못하였습니다. 결국 통리아문(統理衙門)에게 해당 금액의 배상을 청구하였지만, 그 아문에서는 알지 못하는 일이기 때문에 인정하고 처리하지 않습니다'라는 내용이었습니다. 해당 별단 문건을 첨부하여 해당 관아에서 처리하도록 조회를 청하여 증정합니다. 이를 바탕으로 이치에 부합하도록 안건을 이첩합니다"라는 내용이었습니다.

이를 바탕으로 조사해 보건대, 이 안건 안에 이미 종결된 반리마루(萬里丸) 선장 와타나베 스에키치(渡邊末吉)가 개척사에게 목재 운반 비용을 청구한 건과 회은 등의 일은 이미 올해 제25호 공문 조회 안에 우치다 도쿠지로(內田德次郎)가 인부 비용을 청구한 일, 제26호 조회에서 다나카 기자에몬(田中喜左衛門)이 숙박비 배상을 청구한 일과 같습니다. 그러므로 해당자들을 타이르고 명하여 이상의 세 가지는 제거하였습니다. 해당자들은 전적으로 마땅히 정당한 권리로 요구하는 것이므로, 재차 갖추어 올렸습니다. 재차 갖추어 올린 건에 의거하면, 처음에 말씀드린 금액으로 3가지를 제외한 금액은 6,780원입니다. 나머지 해당 이름으로 마땅히 수령해야 할 금액은 4,499원 54전 3리입니다. 더불어 이달 정월부터 5월까지 이자와 체류비용 559원 23전 2리를 합하여 모두 5,058원 77전 5리를 청구합니다.

본 사신은 해당 금액을 귀 정부에서 마땅히 배상을 완료할 책임이 있다고 생각합니다. 가이 군지에게는 마땅히 요구할 정당한 권리가 있습니다. 상응하여 문서를 갖추어 조회를 보내며, 아울러 별단 문건을 첨부합니다. 번거로우시더라도 귀 독판께서 잘 처리하여 반드시 귀 정부가 조속히 모두 해당 의무를 감당하고, 해당자의 요구를 모두 허락하여 안건을 처리하면 좋겠습니다. 이같이 조회를 보냅니다. 이상입니다.

첨부. 가이 군지가 갖추어 바친 2건, 원서 1건, 시말서 4건, 재원서(再願書) 1건, 계산표 1건으로 합하여 9건.

대조선 독판교섭통상사무 김윤식(金允植)
1887년(明治 20) 7월 9일
정해년 5월 19일

57 미해결 9가지 안건의 처리 촉구

발신[發]	代理公使 近藤眞鋤	高宗 24年 10月 11日
수신[受]	督辦交涉通商事務 趙秉式	西紀 1887年 11月 25日
출전	『日案』卷1, #1015, 468쪽[원본: 『日信 八』(奎19572, 78-8)] ; 『韓日外交未刊極秘史料叢書』卷29, 318~320쪽(일본어본).	

第八十三號

 大日本代理公使近藤, 爲照會事, 案査本館歷經照會貴衙門各事, 現尙懸宕, 未至妥結者不尠, 故條列于左, 相應備文照催, 貴督辦査照, 各行辦妥, 賜覆可也, 須至照會者,
 右照會.

　　　　　　　　　　　　　　　　　　　　　　　大朝鮮 督辦交涉通商事務 趙
　　　　　　　　　　　　　　　　　　　　　　　明治二十年 十一月二十五日
　　　　　　　　　　　　　　　　　　　　　　　丁亥 十月十一日

廢撤在仁川徵牛皮稅事 今年 三月三十日由本館將第十九號公文照會
廢撤花島鎭船舶灣泊處事 今年 四月七日 第二十二號
元山監理拒蓋印事 今年 四月二十三日 第二十九號
內田德次郞等索償工錢事 今年 五月卄一日 第三十六號
田中喜左衛門事 同上 第三十七號
甲斐軍治索償金額事 今年 七月九日 第五十五號
送交漂民事 今年 七月十七日 第五十八號
釜山船主人事 今年 八月十五日 第六十三號
廢撤釜山徵牛皮稅事 今年 八月十六日 第六十四號

제83호

대일본 대리공사 곤도 마스키(近藤眞鋤)가 조회합니다. 본관이 여러 번 귀 아문에 여러 가지 일을 조회를 보낸 사안을 보니 현재 미해결로 남아 있어서 합의되지 못한 건이 적지 않습니다. 그러므로 조목을 아래와 같이 나열합니다. 상응하여 문서를 갖추어 조복을 재촉합니다. 귀 독판이 조사하여 각 조목을 잘 처리하여 회답을 주시는 것이 좋겠습니다. 이같이 조회합니다. 이상입니다.

대조선 독판교섭통상사무 조병식(趙秉式)
1887년(明治 20) 11월 25일
정해년 10월 11일

인천에서 징수한 우피세(牛皮稅)를 철폐하는 일. 올해 3월 30일, 본관에서 보낸 제19호 공문 조회
화도진(花島鎭) 선박이 만(灣)에서 정박하는 것을 철폐하는 일. 올해 4월 7일 제22호
원산 감리가 개인(蓋印)을 거부한 일. 올해 4월 23일 제29호
우치다 도쿠지로(內田德次郎) 등이 공전(工錢) 배상을 요구한 일. 올해 5월 21일 제36호
다나카 기자에몬(田中喜左衛門)의 일. 위와 같음. 제37호
가이 군지(甲斐軍治)가 금액 배상을 요구한 일. 올해 7월 9일, 제55호
표류민을 송환하는 일. 올해 7월 17일, 제58호
부산의 선주인에 대한 일. 올해 8월 15일, 제63호
부산에서 징수한 우피세(牛皮稅)를 철폐하는 일. 올해 8월 16일 제64호

58 울릉도 목재 관련 인부비 등의 상환과 가이 군지의 회답 촉구

발신[發]	代理公使 近藤眞鋤	高宗 24年 12月 11日
수신[受]	督辦交涉通商事務 趙秉式	西紀 1888年 1月 13日
출전	『日案』卷1, #1077, 496~497쪽[원본: 『日信 九』(奎19572, 78-9)]	

第二十七號

　大日本代理公使近藤, 爲照會事, 照得我國人內田德次郎及田村正太郎等, 被雇於貴國開拓使從事官, 爲採伐蔚陵島木料, 向貴政府索討役夫費等合計金三千六百二十二元八十七錢七厘五毛償還一案, 昨年將四月二十一日第二十五號及五月二十一日第三十六號公文, 業經照會貴衙門, 荏苒至於今日, 不見回音, 玆承准我外務省來文, 據該名等苦禀, 家勢冷落, 迫於飢餓, 切請償給所索金額云云等因前來, 承准此, 查此案之有索討權利之理由, 前送公文, 旣已罄述, 則當在閣下洞燭之中, 第係閱歷年月之案, 宜於貴政府及早以盡應行義務爲可, 相應更行照會, 請煩貴督辦查照可也, 須至照會者,

　再者, 所有甲斐軍治及田中喜左衛門·林德右衛門各案, 請速复示爲望, 故再及焉,

　右照會.

大朝鮮 督辦交涉通商事務 趙
明治二十一年 一月二十三日
丁亥 十二月十一日

제27호

　대일본 대리공사 곤도 마스키(近藤眞鋤)가 조회합니다. 우리나라 우치다 도쿠지로(內田德次郎)와 다무라 쇼타로(田村正太郎) 등은 귀국 개척사(開拓使) 종사관(從事官)에 고용되어 울릉도 목재를 벌채하였습니다. 귀 정부로부터 받아야 할 인부 비용 등을 합하면 금액이 3,622원(元) 87전(錢) 7리(厘) 5모(毛)로 이를 상환하는 안건입니다. 작년 4월 22일 제25호와 5월 21일 제36호 공문으로 귀 아문에 조회를 보냈습니다. 덧없이 시간이 흘러 오늘에 이르렀는데 답신을 보지 못했습니다.

　우리 외무성에서 온 문서를 받아보니 해당 인물 등의 힘든 사정이 들어 있는데 가세(家勢)가 쇠락하여 기아에 내몰렸다고 합니다. 간절히 청하건대 해당 금액을 상환해 달라고 운운하는 내용이었습니다. 이를 받아서 이 안건에서 독촉해서 받아낼 권리가 있는 이유를 조사해 보았습니다. 이전에 보낸 공문에서 이미 설명하였으니 마땅히 각하께서 통촉하시기 바랍니다. 다만 여러 가지 문서를 열람하니 귀 정부가 마땅히 일찍 응당 해야 할 의무를 다하는 편이 좋겠습니다. 상응하여 다시 조회를 보냅니다. 번거로우시더라도 귀 독판께서 조사하셨으면 좋겠습니다. 이같이 조회합니다.

　추신. 가이 군지와 다나카 기자에몬, 하야시 도쿠에몬(林德右衛門)의 각 안건이 있습니다. 청하건대 속히 회신해 주시기를 바랍니다. 그러므로 재차 아룁니다.

대조선 독판교섭통상사무 조병식(趙秉式)
1888년(明治 21) 정월 23일
정해년 12월 11일

59 일본인의 울릉도 목재 도벌에 대한 처벌 요구

발신[發]	督辦交涉通商事務 趙秉式	高宗 25年 1月 9日
수신[受]	代理公使 近藤眞鋤	西紀 1888年 2月 20日
출전	『日案』卷1, #1089, 500~501쪽[원본:『日信 九』(奎19572, 78-9)]	

　　大朝鮮督辦交涉通商事務趙, 爲照會事, 照得我曆上年十二月二十六日, 接據我國鬱陵島禁伐監官裵奎周在長崎報稱, 長崎大浦居鈴木勝之丞, 偸斫鬱陵島紋木六十九株, 長一千二百十七尺, 槻木二株, 一, 長八尺·廣三尺·厚二尺五寸, 一, 長十三尺·廣二尺二寸·厚二尺, 共計七十一株, 裝船發還, 故因此控訴於日本官及英國官, 尙未歸結, 請知照日本公使, 轉照長崎地方官, 以便追索等情, 據此, 査長崎民人之前徃鬱陵島, 寔由英國商人米鐵請領本署憑據, 斫運該島木料, 密行運售, 按據朝日通商章程第三十三款, 如有日本商船在朝鮮國不通商口, 密行賣買, 或希圖密行賣買者, 將商貨及其所載各商貨入官, 罰船長五十萬文等語在案, 查該鬱陵島原係不通商口岸, 況此偸斫木料, 不比密行賣買, 不但違背定章, 實犯鄰國厲禁, 請煩貴公使將此轉照長崎地方官, 所有密運木料, 亟令追繳, 該船長亦罰五十萬文, 以遵通商之章, 以照[昭誤]鄰國之禁可也, 須至照會者.

　　右照會.

大日本 代理公使 近藤
戊子 正月初九日

대조선 독판교섭통상사무 조병식(趙秉式)이 조회합니다. 귀력(貴曆)으로 지난해 12월 26일 우리나라 울릉도 금벌감관(禁伐監官) 배규주(裴奎周)가 나가사키(長崎)에 있을 때 보고한 내용에 따르면 "나가사키 오우라(大浦)에 거주하는 스즈키 가쓰노조(鈴木勝之丞)가 울릉도에서 훔친 무늬목(紋木) 69그루는 길이 1,217척(尺)이고 규목(槻木) 2그루 중 한 그루는 길이 8척, 너비 3척, 두께 2척 5촌(村)이며 다른 한 그루는 길이 13척, 너비 2척 2촌, 두께 2척입니다. 합하여 71그루이며, 배에 실어서 출발해 가지고 왔습니다. 그러므로 이를 바탕으로 일본 관리와 영국 관리에게 공소(控訴)하였으나 아직 해결되지 않았습니다. 청하건대 일본공사가 알도록 조회를 보내고 나가사키 지방관에게 전보하시기 바랍니다"라고 하여 재촉하여 받아내겠다는 사정 등이었습니다. 이에 의하여 나가사키 사람들이 전에 울릉도에 간 사정을 조사하고 영국 상인 미첼(米鐵)이 본서의 증빙을 신청하여 울릉도 목재를 자르고 운반하여 몰래 팔려고 하였습니다. 조일통상장정(朝日通商章程) 제33관에 따라서 만약 일본 상선이 조선국 미통상 항구에서 몰래 매매하게 되거나 몰래 매매하고자 도모하는 자가 있으면 화물과 가지고 온 화물은 모두 관청에 들이고 선장은 50만 문을 벌금으로 징수한다는 등의 조문이 있습니다. 울릉도는 원래 미통상 항구입니다. 하물며 이것은 베어서 훔친 목재이고 몰래 운반하여 매매하였으니 장정을 어겼을 뿐만 아니라 실로 이웃 나라의 금령을 범한 것입니다. 번거로우시더라도 귀 공사께서 나가사키 지방관에게 전보하여, 몰래 운반한 목재는 추징하도록 하고 해당 선장은 또한 벌금 50만 문을 물게 하여 통상장정을 준수하도록 하고 이웃 나라의 금지를 밝히는 편이 좋겠습니다. 이같이 조회합니다. 이상입니다.

대일본 대리공사 곤도 마스키(近藤眞鋤)
무자년(1888) 정월 초9일

60 일본인의 울릉도 목재 도벌에 대한 처벌 요구 회답

발신[發]	代理公使 近藤眞鋤	高宗 25年 1月 11日
수신[受]	督辦交涉通商事務 趙秉式	西紀 1888年 2月 22日
출전	『日案』卷1, #1090, 501쪽[원본: 『日信 九』(奎19572, 78-9)]	

　　大日本代理公使近藤, 爲照覆事, 接准貴曆戊子正月初九日照會, 以緣我長崎縣人鈴木勝之丞, 偸斫貴國欎陵島木料, 由禁伐監官裵奎周氏, 控訴我國該管官, 故欲本使轉照該官等因, 准此閱悉, 查此案旣經貴禁伐監官控訴於我法衙, 則自當按法妥處, 素不俟言也, 除將來文稟報我外務省, 以備鑒閱外, 相應照覆, 須至照覆者,
　　右.

　　　　　　　　　　　　　　　　　　　大朝鮮 督辦交涉通商事務 趙
　　　　　　　　　　　　　　　　　　　明治二十一年 二月二十二日
　　　　　　　　　　　　　　　　　　　戊子 正月十一日

대일본 대리공사 곤도 마스키(近藤眞鋤)가 조복합니다. 귀력(貴曆) 무자년 정월 9일 조회를 받아보았습니다. 우리 나가사키현(長崎縣) 사람 스즈키 가쓰노조(鈴木勝之丞)가 귀국 울릉도 목재를 몰래 베어내어 훔쳐 간 일로 금벌감관(禁伐監官) 백규주(裵奎周) 씨가 우리나라의 해당 관할 관청에 공소(控訴)하였기에 본사가 해당 관청에 전보하여 알려 달라고 한 일이었습니다. 이를 모두 다 읽었습니다. 이 사안을 조사하니 이미 귀 금벌감관이 우리 법원에 공소한 것은 마땅히 법에 따라서 처리될 예정입니다. 조금도 기다리지 말고 믿으시기 바랍니다. 보내온 문서는 우리 외무성에 보고하여 자세히 갖추어 열람시키도록 하겠습니다. 상응하여 조복을 보냅니다. 이같이 조복합니다. 이상입니다.

대조선 독판교섭통상사무 조병식(趙秉式)
1888년(明治 21) 2월 22일
무자년 정월 11일

61 일본인의 울릉도 목재 도벌과 금벌감관 배규주의 공소 제기에 대한 통지[9]

발신[發]	督辦交涉通商事務 趙秉式	高宗 25年 1月 11日
수신[受]	駐日本署理公使 金嘉鎭	西紀 1888年 2月 22日
출전	『日案』卷1, #1091, 501~502쪽[원본: 『日信 九』(奎19572, 78-9)]	

  督辦交涉通商事務趙, 爲關飭事, 據欝陵島禁伐監官裴奎周在長崎報稱, 長崎大浦居鈴木勝之丞偸斫該島紋木六十九株, 長一千二百十七尺, 椒木二株, 一, 長八尺·廣三尺, 厚二尺五寸, 一, 長十三尺·廣二尺二寸·厚二尺, 共計七十一株, 裝船發還, 因此控訴日本官及英國官, 尙未歸結, 請知照日本公使, 轉照長崎地方官, 以便追索等情, 據此, 査日人之前往欝島, 寔由英商米鐵請領本署憑據, 斫運木料雇用, 不料該鈴木因緣犯此偸斫密運, 按査朝日通商章程第三十三款, 如有日本商船在朝鮮不通商口岸, 密行賣買, 或希圖密行賣買者, 將商貨及其所載各貨入官, 罰船長五十萬文等語在案, 査該島原係不通商口岸, 況此偸斫木料, 不比密行賣買, 不但背違定章, 請轉飭長崎地方官, 追繳該木料, 罰該船長五十萬文, 以遵定章事, 照會日公使在案, 及據該照復內稱, 査此案旣由貴禁伐監官控訴我法衙, 則自當妥處等語, 玆將各等因關飭, 到即知照日本外務省, 轉飭長崎裁判所, 追還木料, 徵罰船長, 歸納本政府宜當者, 合行關, 請照驗施行, 須至關者,

  右關.

駐紮日本署理公使 金
光緒十四年 正月十一日

---

9 이 문서는 『주일내거안』에 수록되어 있던 것을 『일안』에 등사하여 편입시킨 것임.

대조선 독판교섭통상사무 조병식이 관칙(關飭)합니다. 울릉도 금벌감관(禁伐監官) 배규주(裴奎周)가 나가사키(長崎)에 있을 때 보고한 내용에 따르면, "나가사키 오우라(大浦)에 거주하는 스즈키 가쓰노조(鈴木勝之丞)가 울릉도에서 베어내어 훔친 무늬목(紋木) 69그루는 길이 1,217척(尺)이고 규목(槻木) 두 그루 중 한 그루는 길이 8척, 너비 3척, 두께 2척 5촌(村)이며 다른 한 그루는 길이 13척, 너비 2척 2촌, 두께 2척입니다. 합하여 71그루이고 배에 실어서 출발해 가지고 왔습니다. 그러므로 이를 바탕으로 일본 관리와 영국 관리에 공소(控訴)를 제기하였으나 아직 해결되지 않았습니다. 청하건대 일본공사가 알도록 조회를 보내고 나가사키 지방관에게 조회를 전달하여 재촉하고 받아내는 일을 편하게 하십시오"라는 내용이었습니다.

이에 따라 일본인들이 전에 울릉도에 갔던 일을 조사하고, 영국 상인 미첼(米鐵)이 본서(本署)에 증빙 서류 수령을 요청하였는데, 목재 벌목과 운반 고용은 스즈키가 이번에 몰래 베어내어 운반해 온 일에서 연유한 것을 헤아리지 않았습니다. 조일통상장정(朝日通商章程) 제33관을 조사해 보니 만약 일본 상선이 조선국 미통상 항구에서 몰래 매매를 하게 되거나, 몰래 매매하고자 도모를 하는 자가 있으면 화물과 가지고 온 화물은 모두 관청에서 압수하고, 선장은 50만 문을 벌금으로 징수한다는 등의 내용이 있습니다. 울릉도는 원래 미통상 항구입니다. 하물며 이렇게 훔친 목재는 매매를 몰래 한 것이며, 장정을 어긴 것입니다. 번거롭게 청하건대 귀 공사께서 나가사키 지방관에게 전보를 쳐, 몰래 운반한 목재는 추징하도록 하고, 해당 선장은 또한 벌금 50만 문을 물게 하여 통상장정을 준수하도록 하는 일로 일본공사에게 조회를 하였습니다. 해당 조복 내에 이 안건을 조사하니 귀 금벌감관이 우리 법원에 공소한 일은 마땅히 온당하게 처리하겠다는 말이 있었습니다. 이러한 일로 관칙을 보내니 일본 외무성이 알게 하도록 하며 나가사키 재판소에 전달해 알려 목재를 추징하도록 하고, 선장에게 징수한 벌금은 본 정부에 납부하여 귀속시킴이 마땅합니다. 관칙을 보내니 청하건대 잘 확인하여 시행하시기 바랍니다. 이같이 관칙을 보냅니다. 이상입니다.

일본 주찰 서리공사 김가진(金嘉鎭)

광서(光緒) 14년(1888) 정월 11일

62 울릉도 금벌감관 배규주에게 보내는 지시사항

발신[發]	統理交涉通商事務衙門	高宗 25年 1月 1日
수신[受]	在長崎鬱陵島禁伐監官 裵奎周	西紀 1888年 2月 22日
출전	『日案』卷1, #1092, 502쪽[원본: 『日信 九』(奎19572, 78-9)]	

關禁伐監官裵奎周密運木料一事

　統理交涉通商事務衙門, 爲關飭事, 日本人之偸斫木料密運一事, 業經知照日本公使, 今據該复, 此案旣經控訴我法衙, 則自當妥處等語, 須卽詳錄該木料才數, 控訴長崎裁判官, 一一追尋, 亦徵罰金五十萬文, 並與原木料七十一株, 來納本政府宜當者, 須至關者,
　　右關.

在長崎 鬱陵島禁伐監官 裵奎周
戊子 正月十一日

此當在駐日署理公使關飭之下

금벌감관 배규주에게 몰래 운반한 목재 일건을 관칙(關飭)할 것

통리교섭통상사무아문이 관칙(關飭)합니다. 일본인이 훔친 목재를 몰래 운반한 사안은 이미 일본공사에게 조회를 보내어 알렸으며, 지금 그의 조복에 따르면 "이 안건은 우리 법원에 공소하였으니, 마땅히 적절히 처리될 것입니다" 등의 말이 있습니다. 모름지기 목재의 수를 상세하게 기록하며 나가사키 재판소에 공소하여 일일이 추심하고 또한 추징 벌금 50만 문은 원 목재 71그루와 함께 본 정부에 납부함이 마땅합니다. 이같이 관칙을 보냅니다. 이상입니다.

                         나가사키에 있는 울릉도 금벌감관(禁伐監官) 배규주(裵奎周)
                                                무자년(1888) 정월 11일

                         이는 마땅히 주일 서리공사의 관칙 아래에 있음

63 미해결 전환국 기기 가격과 울릉도 관계 비용 등 안건의 조속한 타결 요청

발신[發]	代理公使 近藤眞鋤	高宗 25年 3月 13日
수신[受]	督辦交涉通商事務 趙秉式	西紀 1888年 4月 23日
출전	『日案』卷1, #1126, 518쪽[원본: 『日信 九』(奎19572, 78-9)]	

百二十四號

大日本代理公使近藤, 爲照會事, 案査本館歷經照會貴衙門各事,

其一. 林德右衛門索向貴典圜局製紙機器價之事, 於我明治十八年[1885]九月十九日照會公文去後, 案准貴曆丁亥[1887]五月二十七日照復內, 以此事飭駐日本公使[閔泳駿]查報之意, 而已經半載有余, 尙未見何裁覆,

其二. 內田德次郎關於貴國開拓使從事官, 索討役夫費事, 二十年[1887]四月二十一日, 將第二十五號照會前去, 更於本年一月二十三日, 將二十七號更行照會, 未領貴答,

其三. 田中喜左衛門向貴國開拓使從事官, 索討留宿費事, 二十年四月二十一日, 將第二十六號照會, 而未領貴答,

其四. 甲斐軍治索償爲貴國開拓使支辦金額等事, 二十年七月七日, 將第五十五號照會, 而未領貴答,

其五. 元山貴監理[李重夏]拒盖印於我商護照事, 二十年十二月二十三日, 將第九十一號公文, 未領貴答,

其六. 廢撤釜山牛皮徵稅事, 二十年八月十六日, 將六十四號公文, 未領貴答,

其七. 仁川同上事, 二十年十二月五日, 將八十五號公文, 未領貴答,

其八. 元山同上事, 二十一年一月十九日, 將第二十五號公文, 未領貴答,

以上列敘各事, 已涉數歲或數朔之久, 未至妥辦, 不但我商民之哀訴, 有關條約, 請貴督辦速圖鼎力示覆可也, 須至照會者,

右照會.

大朝鮮 督辦交涉通商事務 趙
明治二十一年 四月二十三日
戊子 三月十五日

124호

대일본 대리공사 곤도 마스키(近藤眞鋤)가 조회합니다. 본관에서 조사하여 귀 아문에 여러 번 조회를 보낸 각 사안입니다.

1. 하야시 도쿠에몬(林德右衛門)이 귀 전환국 제지 기기값을 상환받을 일입니다. 1885년(明治 18) 9월 19일 조회 공문을 보낸 후에 귀력으로 정해년 5월 27일 조복 안에 이 일은 주일본 조선공사 민영준(閔泳駿)이 조사하여 보고한다는 뜻으로 이미 절반 정도 여유가 있으나 어떠한 답변도 보지 못하였습니다.
2. 우치다 도쿠지로(內田德次郎)가 귀국 개척사(開拓使) 종사관(從事官)에게 인부 비용을 받아내는 일입니다. 1887년(明治 20) 4월 21일 제25호 조회를 전에 보냈는데 다시 올해 정월 23일 제27호 조회를 보냈습니다. 귀국의 답변을 받지 못하였습니다.
3. 다나카 기자에몬(田中喜左衛門)이 귀국 개척사 종사관에게 체류비를 받아내는 일입니다. 1888년(明治 21) 4월 21일, 제26호 조회에 대하여 귀국의 답변을 받지 못하였습니다.
4. 가이 군지(甲斐軍治)가 귀국 개척사에게 지불한 금액을 상환하는 일입니다. 1887년(明治 20) 7월 7일, 제55호 조회를 보냈으나 귀국의 답변을 받지 못하였습니다.
5. 귀국의 원산감리 이중하(李重夏)가 우리 상인의 호조(護照)에 날인을 거부한 일입니다. 1887년(明治 20) 12월 23일, 제91호 공문을 보냈으나 귀국의 답변을 받지 못하였습니다.
6. 부산 우피세(牛皮稅) 징수를 철폐하는 일입니다. 1887년(明治 20) 8월 16일의 64호 공문을 보냈으나 귀국의 답변을 받지 못하였습니다.
7. 인천 우피세 징수를 철폐하는 일입니다. 1887년(明治 20) 12월 5일, 85호 공문을 보냈으나 귀국의 답변을 받지 못하였습니다.
8. 원산 우피세 징수를 철폐하는 일입니다. 1888년(明治 21) 정월 19일, 25호 공문을 보냈으나 귀국의 답변을 받지 못하였습니다.

이상 각 사안을 나열하였습니다. 여러 해가 지나고 달수도 이미 오래되었는데 처리되지 않았습니다. 우리 상인이 슬프고 호소하는 것은 약조와 관계가 되니 청하건대 귀 독판께서 조속하게 처리하여 힘을 다하시어 답변을 보내주시면 좋겠습니다. 이같이 조회를 보냅니다. 이상입니다.

대조선 독판교섭통상사무 조병식(趙秉式)
1888년(明治 21) 4월 23일
무자년 3월 15일

64 미해결 전환국 기기 가격과 울릉도 관계 비용 등 청구안의 거절

발신[發]	督辦交涉通商事務 趙秉式	高宗 25年 4月 7日
수신[受]	代理公使 近藤眞鋤	西紀 1888年 5月 17日
출전	『日案』卷1, #1138, 528~529쪽[원본: 『日信 第十』(奎19572, 78-10)]; 『韓日外交未刊極祕史料叢書』卷29, 349~350쪽.	

  大朝鮮督辦交涉通商事務趙, 爲照覆事, 照得我曆本年三月十五日, 接准貴公使來文內開, 按查本館歷經照會貴衙門各事, 其一, 林德右衛門製紙機器價, 其二, 內田德次郎開拓使從事官役費, 其三, 田中喜左衛門開拓使從事官留宿費, 其四, 甲斐軍治支辦金額, 其五, 元山監理拒盖印我商護照, 其六, 釜山皮徵稅, 其七, 仁川牛皮徵稅, 其八, 元山牛皮徵稅, 以上列叙各事, 已涉數歲或數朔, 未至妥辦, 我商民之哀訴, 有關條約, 請速圖鼎力示覆等因前來, 均已閱悉, 列叙各事, 迄今稽覆, 實深顙歎, 第關係於金玉均事情者, 非我政府所知, 則今不必擧論, 至元山監理拒盖印我商護照, 當飭該監理務從妥善辦法, 而三口牛皮徵稅, 均係親軍營所管, 屢度各營申明通商章程第十八款之旨意, 則據覆稱, 此非徵稅也, 抽分於我民賣主, 在外國商民, 實無相涉云云, 據此, 再查通商章程第五款, 內載或將出口貨物裝船者, 應先將置貨單, 註明其原價·裝包費·抽分錢·保險費·運費·其他各項需費等語, 推此觀之, 今此牛皮之抽分, 亦不是剙例, 各國均有之規費, 理應貴商亦各徵分, 況抽分於我民賣主, 實無涉於外國商民, 無恠夫我親營之所云也, 惟望貴公使將此轉飭三口貴領事, 洞諭商民, 但不准於租界內徵抽牛皮分錢, 在租界外, 任便抽分於我民賣主可也, 須至照覆者,

  右照覆.

大日本 代理公使 近藤

戊子 四月初七日

대조선 독판교섭통상사무 조병식(趙秉式)이 조복합니다. 아력(我曆)으로 올해 3월 15일에 귀 공사가 보내온 공문을 보니, 본관이 여러 번 귀 아문으로 여러 가지 일을 조회 하였습니다.

첫째는 하야시 도쿠에몬(林德右衛門)의 제지(製紙) 기계 비용에 대한 건, 둘째는 우치다 도쿠지로(內田德次郎)가 개척사 종사관에게 받을 인부 사역비(役費)에 대한 건, 셋째는 다나카 기자에몬(田中喜左衛門)이 개척사 종사관에게서 받을 숙박비, 넷째는 가이 군지(甲斐軍治)가 대신 지불한 금액, 다섯째는 원산감리(元山監理)가 우리 상인의 호조(護照) 날인을 거절한 일, 여섯째는 부산의 가죽 징세(皮徵稅), 일곱째는 인천의 우피 징세(牛皮徵稅), 여덟째는 원산의 우피 징세(牛皮徵稅), 이상의 각 안건을 열거하였습니다. 여러 해 혹은 수개월 동안 처리하지 못하고 있습니다. 우리 상민들이 슬프게 호소합니다. 조약과 관계가 있으니 청하건대 속히 진력하여 답변해 주시기를 바란다는 내용으로, 모두 다 확인하였습니다.

각 안건으로 열거된 것은 지금까지 답변을 검토하고 있습니다. 실로 매우 한탄스럽습니다. 다만 김옥균(金玉均)의 사정과 관련된 문제는 우리 정부가 아는 내용이 아니라면 지금 거론할 필요가 없습니다. 원산감리(元山監理)가 우리 상인의 호조에 날인을 거절한 일은 해당 감리가 법에 따라 판단하고 처리한 것입니다. 세 항구의 우피 징세는 모두 친군영(親軍營) 소관에 관련된 문제로, 여러 차례 각 영(營)에서 통상장정(通商章程) 제18관의 뜻을 거듭 밝히라고 하였습니다. 답변을 받아보니 이것은 징세가 아닙니다. 우리 백성의 매주(賣主)에게 상업세를 징수하는데, 외국 상민들은 실로 간섭할 것이 없다고 운운하였습니다. 이를 바탕으로 통상장정 제5관을 조사해 보니 물화를 안으로 실어 혹은 항구에서 나가 배에 적재하는 일은 응당 먼저 화물을 두고 원가(原價), 포장비(包裝費), 추분전(抽分錢), 보험비, 운반비, 기타 각 항구의 수요 등의 말로 미루어 보면 이는 우피의 상업세입니다. 역시 이때 창설된 것은 아니며, 각국에는 모두 규정된 비용이 있으므로, 귀 상인도 응당 각각 나누어 거둘 이치가 있습니다. 하물며 우리 매주(賣主)에게 상업세를 거두는 일은 실로 외국 상인이 간섭할 문제가 아닙니다. 우리 친군영이 말한 바가 괴이하지 않습니다. 귀 공사께서 세 항구의 귀 영사에게 전달하여 상민에게 알리시기를 바랍니다. 조계 안에서 우피 분전을 징수하는 것을 허락하지 않고, 조계 밖에서 임의로 우리 백성의 매주(賣主)에게 징세하는 편이 좋겠습니다. 이같이 조복을 보냅니다.

대일본 대리공사 곤도 마스키(近藤眞鋤)
무자년(1888) 4월 초7일

65 김옥균 관련 미해결 3건에 관한 항변

발신[發]	代理公使 近藤眞鋤	高宗 25年 4月 12日
수신[受]	督辦交涉通商事務 趙秉式	西紀 1888年 5月 22日
출전	『日案』卷1, #1141, 530~531쪽[원본: 『日信 第十』(奎19572, 78-10)]; 『韓日外交未刊極祕史料叢書』卷29, 351~353쪽.	

一百五十五號

大日本代理公使近藤, 爲照會事, 接准貴曆戊子四月初七日照覆內稱, 列叙各事, 迄今稽復, 實深顚欸, 第關係於金玉均事情者, 非我政府所知, 則不必擧論等因, 准此閱悉, 然其關係於金玉均事情云者, 果指何而言乎, 不甚明白, 但查貴復之意, 推爲就本使列叙照催各案中, 其二, 內田德次郎開拓使從事官役費, 其三, 田中喜左衛門開拓使從事官宿費, 其四, 甲斐軍治開拓使支辦金額之三事, 而垂言者, 只憾覆言簡短, 不盡其理, 似反兩國秉公處辦之道, 以故不足認爲貴督辦之明覆矣, 唯欲一言于此者, 所有各案與金玉均其人, 毫無關係事情, 而向於貴國政府之開拓使, 與有關係焉, 盖遇有政府若其一部官署之長官或隷屬官吏, 以其職權, 與他人立約之事, 則因其約所生權利義務, 應歸於官署之擔任履行者, 係屬各國通義, 而未聞有措其官, 而貴其人之說也, 要之, 兩國政府處辦交涉公案, 一據正理正法之所存, 是應該至當之事, 苟於貴督辦思定有拒絶該各案之理, 則當一一照公法據正道, 覆示其可拒之理由, 以圖速結, 若其不然, 遷延更涉日, 則我民哀訴之聲, 遂集於貴衙門, 本使亦無奈何, 爲此, 再行照會, 須至照會者, 右照會.

大朝鮮 督辦交涉通商事務 趙

明治二十一年 五月二十二日

戊子 四月十二日

155호

대일본 대리공사 곤도 마스키(近藤眞鋤)가 조회합니다. 귀력(貴曆) 무자년 4월 7일 조복을 보니 각 안건을 열거하고 지금까지 답변을 고민하면서 실로 깊이 근심하고 탄식하는데, 김옥균(金玉均)의 사정과 관련된 것은 우리 정부가 아는 내용이 아니라면 반드시 거론할 필요가 없다는 내용이었습니다. 모두 다 잘 확인하였습니다.

그러나 김옥균의 사정과 관련되었다고 운운한 말은 과연 무엇을 가리켜 말하는 것입니까? 매우 명백하지 않습니다. 다만 귀하께서 조복하신 뜻을 조사해 보니 본사가 열거한 각 안건을 재촉하는 것을 미루어 보면 두 번째, 우치다 도쿠지로(內田德次郞)가 개척사 종사관에게 받을 인부 사역비(役費)에 대한 것, 세 번째 다나카 기자에몬(田中喜左衛門)이 개척사 종사관에게서 받을 숙박비, 네 번째 가이 군지(甲斐軍治)가 대신 지불한 금액의 세 가지 일을 말하는 것으로 보입니다. 단지 답변하는 말이 짧아서 모두 이해할 수 없습니다. 양국이 공평하게 판단하여 처리하는 방도에 반합니다. 그러므로 귀 독판의 분명한 답변이 부족하다고 봅니다. 비록 여기에 한 마디를 해 보자면, 각 안건과 김옥균 그 자가 추호도 관계가 없다는 사정인데, 귀국 정부의 개척사에 대하여 관계가 있다고 하는 것입니까?

대개 정부가 있어서 만약 한 관서(官署)의 장관으로 혹은 예속 관리로서 직권으로 다른 사람과 약속을 맺는 일이 있다면 그 약속으로 권리와 의무가 생겨서 이는 관서의 담당 이행자에게 귀속합니다. 각국의 통의(通義)가 그러합니다. 그 관의 조치가 있음을 듣지 못하였으니 그 사람의 말을 귀하게 여기는 것입니다. 요컨대 양국 정부가 교섭하여 처리하는 공안(公案)은 바른 이치(正理)와 정법(正法)한 것으로 응당 지당한 일에 해당합니다. 진실로 귀 독판께서 해당 안건의 이유를 막고자 생각을 정했다면 일일이 공법과 정도에 따라서 일일이 설명해야 합니다. 귀 아문에 모여서는 본사 역시 어찌할 수 없습니다. 이에 다시 조회를 보냅니다. 이같이 조회합니다. 이상입니다.

대조선 독판교섭통상사무 조병식(趙秉式)
1888년(明治 21) 5월 22일
무자년 4월 12일

66 김옥균 관련 미해결 3건 신속 처리 촉구

발신[發]	代理公使 近藤眞鋤	高宗 25年 5月 7日
수신[受]	督辦交涉通商事務 趙秉式	西紀 1888年 7月 6日
출전	『日案』卷1, #1206, 555쪽[원본:『日信 第十』(奎19572, 78-10)] ;『韓日外交未刊極祕史料叢書』卷29, 354~355쪽(일본어본).	

　大日本代理公使近藤, 爲照會事, 照得爲內田德次郎役夫費, 田中喜左衛門留宿費, 及甲斐軍治支辦金額之三案, 向經本年五月二十二日, 將第一五五號公文照會貴衙門, 而迄未接复, 盖此三案即關係於貴政府一部之開拓使, 而其清完之責, 固在貴政府者, 所不容疑, 苟於貴督辦等閑一日, 則有一日之不利, 縱使貴政府自甘其不利, 然我民窮苦日迫, 則在本使職任, 不容仍然恝置, 是以再行照會, 希貴督辦特垂鼎力, 迅速妥處可也, 須至照會者,
　右照會.

大朝鮮 督辦交涉通商事務 趙
明治二十一年 七月六日
戊子 五月二十七日

대일본 대리공사 곤도 마스키(近藤眞鋤)가 조회합니다. 우치다 도쿠지로(內田德次郎)의 인부 비용, 다나카 기자에몬(田中喜左衛門)의 체류비, 가이 군지(甲斐軍治)가 지불한 금액에 대한 3가지 안건은 올해 5월 22일의 제155호 공문으로 귀 아문에 조회를 보냈습니다. 아직 답변을 받지 못하였습니다.

대개 이 세 가지 안건은 귀 정부의 일부인 개척사와 관련이 되므로 완전하게 청산할 책임이 진실로 귀 정부에 있으므로, 의심을 허용하지 않습니다. 귀 독판께서 진정 한가하게 하루를 보내면 하루가 불리해집니다. 가령 귀 정부가 스스로 불리함을 감내하니 우리 백성들은 고통을 받으며 하루가 절박하므로, 본사의 직임은 그대로 내버려 둘 수 없습니다. 이에 다시 조회를 보내니 바라건대 귀 독판이 특별히 힘을 다하여 속히 처리해 주면 좋겠습니다. 이같이 조회를 보냅니다. 이상입니다.

대조선 독판교섭통상사무 조병식(趙秉式)
1888년(明治 21) 7월 6일
무자년 5월 27일

67 울릉도 불법 거류 일본인들의 철수 요청

발신[發]	督辦交涉通商事務 趙秉式	高宗 25年 6月 30日
수신[受]	代理公使 近藤眞鋤	西紀 1888年 8月 7日
출전	『日案』卷1, #1229, 566쪽[원본: 『日信 第十』(奎19572, 78-10)] ; 『欝陵島ニ於ケル伐木関係雑件』(Ref. B11091460200: 0065).	

　　大朝鮮督辦交涉通商事務趙, 爲照會事, 照得我曆六月二十八日, 接據欝陵島長徐敬秀牒稱, 近有日本人三十名來寓該島, 築室掛旗等情, 據此, 查該島係是未通商口岸, 並不准外國人租地覊留, 未審貴國人胡爲來此, 而築室掛旗, 爲此照會, 請煩貴公使查照, 將此轉達貴政府, 亟令撤回該島築室之日本人可也, 須至照會者,
　　右.

大日本 代理公使 近藤

戊子 六月三十日

대조선 독판교섭통상사무 조병식(趙秉式)이 조회합니다. 아력(我曆) 6월 28일 울릉도장(欝陵島長) 서경수(徐敬秀)의 첩보를 보니 근래 일본인 30명이 울릉도에 와서 건물을 짓고 깃발을 세웠다는 등의 내용이 있었습니다. 이에 따르면 울릉도는 미통상 항구이므로 아울러 외국인 조계지(租地)로 허락하지 않았으며 귀국인이 어찌하여 이곳에 와서 건물을 짓고 깃발을 세우게 되었는지 미심쩍습니다. 이 때문에 조회로 보냅니다. 번거롭게 청하건대, 귀 공사가 조사하여 귀 정부에 전달하고 울릉도에서 건물을 세운 일본인을 소환시키도록 명령을 내리는 편이 좋겠습니다. 이같이 조회를 보냅니다. 이상입니다.

대일본 대리공사 곤도 마스키(近藤眞鋤)
무자년(1888) 6월 30일

68 울릉도 침범 일본인의 처분 요청

발신[發]	代理公使 近藤眞鋤	高宗 25年 8月 6日
수신[受]	署理督辦交涉通商事務 李重七	西紀 1888年 9月 11日
출전	『日案』卷1, #1248, 576쪽[원본: 『日信 第十一』(奎19572, 78-11)] ; 『欝陵島ニ於ケル伐木関係雑件』(Ref. B11091460200: 0067, 일문본).	

  大日本代理公使近藤, 爲照复事, 接准貴曆戊子六月三十日照會內稱, 日本人三十名來寓欝陵島, 係是未通商口岸, 亟令撤回等因, 當經電報我外務省在案, 茲接該省回文, 遇有我國人在朝鮮, 違犯該國間行里程及其他條約, 深入內地, 或無故登上不通商口岸, 則應由該國政府便宜, 令其退回, 若有不從命者, 卽行拿送於就近我領事館, 我領事俟到該犯, 當以國法從事等因前來, 此係貴政府權內應行之事, 合請派遣官吏, 下令於欝島之我國人退回, 或爲拿交於就近我領事可也, 但本使念彼此不通言語, 或有貴政府難處之虞, 則要我官吏同徃該島, 俾助成其應行之擧, 亦所不辭, 然此則本使對貴政府之好意, 幷不得爲後例, 相應照复, 請煩貴督辦查照可也, 須至照复者,
  右.

大朝鮮 署理督辦交涉通商事務 李

明治二十一年 九月十一日

戊子 八月初六日

대일본 대리공사 곤도 마스키(近藤眞鋤)가 조복(照覆)합니다. 귀력(貴曆) 무자년 6월 30일 자 조회를 보니 일본인 30명이 울릉도에 와서 거주하고 있으며 이곳은 미통상 항구인 관계로 철거를 명령해 달라는 등의 내용이었습니다. 마땅히 우리 외무성에 전보를 한 문서가 있습니다. 외무성의 회신 공문을 보니 "우리나라 사람이 조선국에 있으면서 해당 국가의 한행이정(閒行里程)과 기타 조약을 어기고 내지에 깊이 들어갔으며 혹은 이유 없이 미통상 항구에 들어갔으니 마땅히 해당국 정부의 편의에 따라서 퇴거를 명하는 것이 마땅하다는 내용입니다. 만약 명령에 따르지 않는 자가 있다면 즉시 붙잡아 가까운 우리 영사관으로 보내며, 우리 영사는 해당 범죄자가 도착하기를 기다려 마땅히 국법에 따라서 일을 처리하도록 합니다"라는 내용이었습니다.

이는 귀 정부의 권한 내에서 마땅히 해야 할 일이므로, 관리를 파견하여 울릉도에 있는 우리나라 사람을 퇴거하도록 명령을 내리시기를 청하거나, 가까운 우리 영사에 잡아 보내시는 편이 좋겠습니다. 다만 본 사신은 피차 언어가 통하지 않거나, 혹은 귀 정부가 난처해질 우려가 있으므로, 우리 관리가 함께 울릉도에 가서 집행하는 일을 도와드릴 일이 필요하다면 역시 사양하지 않겠습니다. 이것은 본 사신이 귀 정부의 호의를 대하는 것이며 나중의 예를 위해서는 아닙니다. 상응하여 조복을 합니다. 번거로우시더라도 귀 독판께서 살펴보시면 좋겠습니다. 이같이 조복합니다. 이상입니다.

대조선 독판교섭통상사무 이중칠(李重七)
1888년(明治 21) 9월 11일
무자년 8월 초6일

69 울릉도 침범 일본인의 퇴거 조처 경과 통지

발신[發]	署理督辦交涉通商事務 李重七	高宗 25年 8月 28日
수신[受]	代理公使 近藤眞鋤	西紀 1888年 10月 3日
출전	『日案』卷1, #1271, 585쪽[원본: 『日信 第十一』(奎19572, 78-11)] ; 『欝陵島ニ於ケル伐木関係雑件』(Ref. B11091460200: 0068~0069, 일문본).	

　　大朝鮮署理督辦交涉通商事務李, 爲照會事, 照得我曆八月初六日, 接准貴公使照會內開, 玆接外務省回文, 凡遇有我國人在朝鮮國, 違犯該國開行里程及其他條約, 深入內地, 或無故登上不通商口岸, 則應由該國政府便宜, 令其退回, 若有不從命者, 卽行拿管, 送交於就近我領事館, 在我領事俟俟收到該違犯訖, 當以國法從事等因前來, 准此, 凡貴國人之違犯條約, 登上未通商口者, 令其回退, 或行拿交就近貴領事館等事, 均在我政府應行權內, 本署此次另派諳通貴國言語人一員, 將帶本署訓令, 前往欝陵島, 詳查貴國人之在該島者, 諭卽回退, 而若有不遵該派員所諭, 不獲已拿交就近貴領事館, 本署派員在該島, 詳查辦事等情, 待該員還來日, 應照知貴公使, 遇有敝政府難行辦事之事, 則亦望貴公使揀派就近貴領事館員, 與本署派員共經辦理, 寔爲妥便, 爲此, 須至照會者,

　　右.

大日本 代理公使 近藤
戊子 八月二十八日

대조선 독판교섭통상사무 이중칠(李重七)이 조회합니다. 아력(我曆)으로 8월 6일 귀 공사께서 보낸 조회를 접해 보니, "외무성의 회신 공문을 받아보았습니다. 우리나라 사람이 조선국에서 해당국의 한행이정(閒行里程)과 기타 조약을 어기고 내지에 깊이 들어가거나, 이유 없이 미통상 항구에 상륙하면, 마땅히 해당국 정부의 편의에 따라서 퇴거를 명령하고 명령에 따르지 않는다면 즉시 붙잡아서 근처의 우리 영사관에 보내도록 하되, 우리 영사는 해당 범죄자를 인수 완료한 뒤 마땅히 국법에 따라 일을 처리한다"는 내용이었습니다. 이를 확인하였습니다.

무릇 귀국인으로 조약을 어기고 미통상 항구에 들어간 자를 퇴거하도록 명하거나, 붙잡아서 가까운 귀 영사관에 보내도록 하는 일은 우리 정부가 행사할 수 있는 권한 내에 있습니다. 이에 본서(本署)는 귀국 언어를 할 줄 아는 1인을 파견하고, 본서의 훈령을 휴대하고 울릉도에 가서 귀국인으로 울릉도에 있는 자를 상세하게 조사하여 퇴거하고 돌아가도록 효유하겠습니다. 만약 해당 파견 관원의 효유를 따르지 않는다면 부득이하게 근처 귀국 영사관으로 붙잡아 보내도록 하겠습니다.

본서의 파견 관원이 울릉도에서 자세하게 일을 조사한 상황은 해당 관원이 돌아오기를 기다려 귀 공사에게 자세하게 알려드리도록 하겠습니다. 우리 정부가 집행하기 어려워 판단하지 못할 일이 있다면 역시 귀 공사가 근처 귀국 영사관원을 가려 파견하기를 바라며, 본서 파견 관원과 함께 조사하도록 하는 편이 실로 편하겠습니다. 이같이 조회를 보냅니다. 이상입니다.

대일본 대리공사 곤도 마스키(近藤眞鋤)
무자년(1888) 8월 28일

70 동남제도개척사 관계 배상 청구에 대한 회답 촉구

발신[發]	代理公使 近藤眞鋤	高宗 25年 9月 12日
수신[受]	署理督辦交涉通商事務 李重七	西紀 1888年 10月 16日
출전	『日案』卷1, #1278, 588쪽[원본: 『日信 第十一』(奎19572, 78-11)]	

逕啓者, 爲林德右衛門·內田德次郎等索償柀, 向經九月十五日將第三八三號照會, 擬限十五日, 請貴署理督辦賜覆在案, 而今猶未見覆如何, 此案之閱歷年所, 該名等累窮之情, 業旣罄陳於前公文, 而貴政府不諒, 仍然恝置, 本使苦無致我政府之辭, 故不得不聲呼以聳尊聽, 爲此, 函催貴署理督辦, 請煩查照, 趕急, 賜答可也, 耑此, 順頌日祉.

明治廿一年 十月十六日

近藤眞鋤 拜具

戊子 九月十二日

말씀드립니다. 하야시 도쿠에몬(林德右衛門)과 우치다 도쿠지로(內田德次郎) 등의 배상 청구에 대한 안건은 지난 9월 15일에 보낸 제383호 조회에 있습니다. 15일을 기한으로 생각하여 귀 서리독판께서 답변하시기를 청하였습니다. 그러나 지금 아직 답변을 받아보지 못하였으니 어째서입니까? 이 안건을 열람한 지 1년이나 되었습니다. 해당 인물들에게 쌓인 궁박한 사정은 이미 이전 공문에 자세하게 진술하였습니다만, 귀 정부가 믿지 않아서 이내 내버려 두고 있습니다. 본사가 우리 정부의 말을 듣지 않는다면 부득이하나 공표하여 호소하지 않을 수 없습니다. 이같이 문서로 귀 서리독판께 재촉하오니 번거로우시더라도 조사하여 조속히 답변을 내려주시면 좋겠습니다. 이에 특별히 편지를 올리니 나날이 평안하시기를 기원합니다.

1888년(明治 21) 10월 16일
곤도 마스키(近藤眞鋤) 삼가 드림
무자년 9월 12일

71 일본 잠수회사 어선의 울릉도 연해 어획 금지와 어획물 몰수에 대한 항의

발신[發]	代理公使 近藤眞鋤	高宗 25年 10月 21日
수신[受]	署理督辦交涉通商事務 趙秉稷	西紀 1888年 11月 24日
출전	『日案』卷1, #1315, 601~602쪽[원본: 『日信 第十一』(奎19572, 78-11)]	

　　大日本代理公使近藤, 爲照會事, 玆據駐漢我領事官[橋口直右衛門]稟稱, 頃據本國潛水會社社長古屋利涉稟報, 該會社社員姬野八郎次·三宅數矢兩人, 管駕漁船四隻, 附搭潛水機器二個, 擬於朝鮮國江原道蔚陵島沿海一帶地方捕漁, 本年七月初五日, 於本國隱岐開船, 初六抵蔚陵島, 初九從事漁業, 十一日該島長[徐敬秀]聲稱, 倘無朝鮮政府關文, 不准從事漁業, 若欲在此捕魚, 必須與我偕赴江原道, 稟經允准, 方得下手, 幷將所有潛水機器·應用衣服二件押收, 不得捕魚, 姬野八郎次不得已留他漁民於於該島, 搭坐自己船隻, 抵江原道原里浦, 島長亦搭朝鮮船隻抵該地, 當經島長稟報漢城去後, 島長乃稱奉到政府之命, 嚴禁在該島捕魚云云, 因之不准捕魚, 幷將所押潛水衣服發還, 且强令回國, 姬野進退維谷, 爲照料留島之漁民, 再赴該島, 先是, 朝鮮國輪船抵泊該島, 搭有內務府主事尹某[始炳], 會有我漁民識彼者, 由尹主事周旋, 暫准留島漁民捕魚, 距及島長回來, 尹主事稱, 受島長之命, 將所捕獲之鮑一千二百五十斤, 悉皆入官, 所有一切漁民, 於九月初五, 離島回去本國, 爲此, 懇乞照會朝鮮政府, 嶋長因何禁止捕魚, 幷將所捕之鮑入官等語, 相應稟請, 轉行照會查辦等情到本使, 據此, 查前准貴督辦戊子六月三十日照會, 近有本國人三十名來寓蔚陵島, 築室掛旗等因, 當經本使於九月十一日, 業已照復在案, 玆據前稟, 幷將彼此月日比較, 輒知我領事官所稟該島漁業之案, 與貴督辦所謂築室掛旗一案, 自係一轍, 恐非二歧, 按查蔚陵島本爲江原道所轄海島, 按照通商章程第四十一款明文, 顯係存在聽往來捕魚之區域中, 則我漁民任意前往捕魚, 何妨之有, 今該島長因何禁止我漁船捕魚乎, 又因何將所捕獲之鮑入官乎, 實爲本使之所不解也, 若謂因我漁民在該島築室掛旗, 以違反漁採規則, 由貴政府命令退去, 是係當然之事, 雖然因此一事, 幷奪因約所得之沿海捕魚之權, 旣屬不合, 且不經我領事官

審判, 嶋長擅行將我漁民所捕之漁介入官, 亦係越權, 況於無可沒官之理乎, 為此照會, 貴署督辦查照, 希即轉飭該島長, 將所有入官之鮑, 迅速還給潛水會社長古屋利涉具領, 併希嚴飭該島長, 後來逢有我國人前往該島捕魚, 毫無不法情事, 不須嶋長擅禁其業, 以符約旨, 須至照會者.

　右.

大朝鮮 署理督辦交涉通商事務 趙
明治二十一年 十一月二十四日
戊子 十月十一日

대일본 대리공사 곤도 마스키(近藤眞鋤)가 조회합니다. 한성 주재 일본영사관 [하시구치 나오에몬(橋口直右衛門)]이 말한 바에 따르면, 본국 잠수회사 사장 후루야 기쿠쇼(古屋利涉)가 말하기를, 해당 회사 사원 히메노 하치로지(姬野八郞次)와 미야케 가즈야(三宅數矢) 두 사람은 어선 4척을 관리하고 있으며 잠수기기 두 대를 탑재하고서 조선국 강원도 울릉도 연해 일대 지방에서 고기잡이를 하다가 올해 7월 초5일, 본국(일본) 오키(隱岐)에서 출항하여 초6일 울릉도에 도착하였고 초9일 어업에 종사했습니다. 11일 울릉도장 [서경수(徐敬秀)]이 소리 내어 말하기를, "조선국 관문이 없으니 어업 종사를 허락하지 않는다. 만약 이곳에서 고기잡이를 하려면 반드시 우리와 함께 강원도에 가서 말하고 윤허를 받아야 손을 쓸 수 있다"고 하였습니다. 장차 잠수기와 사용하는 의복 2건을 압수하고 고기잡이를 못하게 하여, 히메노 하치로지는 체류할 수 없게 되자 부득이 다른 어민을 그 섬에 남겨두고 자기의 선박을 타고 강원도 원리포(原里浦)로 갔습니다. 울릉도장 역시 조선 선박에 탑승하여 원리포에 도착하였습니다. 울릉도장이 한성에 보고하였습니다. 이윽고 울릉도장은 "정부의 명령을 받들어 울릉도에서 고기잡이를 엄격히 금지한다"고 말하였습니다. 이로 인하여 고기잡이를 불허하고 압류한 잠수기와 의복을 돌려주고 강제로 귀국하도록 하였습니다.

히메노 하치로지는 진퇴양난에 빠져 울릉도에 남은 어민들을 보살피기 위하여 다시 울릉도에 갔습니다. 이에 앞서 조선국 윤선이 울릉도에 도착하여 정박하였는데, 내무부 주사(內務府主事) 윤 아무개[윤시병(尹始炳)]가 타고 있었습니다. 마침 우리 어민 중에 그를 아는 자가 있어 윤 주사가 주선하여 잠시 섬에 남은 어민이 고기를 잡을 수 있도록 허락하였습니다. 울릉도장이 돌아오자 윤 주사가 말하기를, "도장의 명령에 따라 포획한 전복 1,250근을 모두 관에서 몰수하며, 모든 어민은 9월 초5일까지 섬을 떠나 본국으로 돌아가라"고 하였습니다. 이 때문에 조선 정부에 조회하여 도장은 무엇 때문에 고기잡이를 금지하고 잡은 전복을 몰수하여 입관하였는지 물어보아 달라고 간청하였습니다. 이에 상응하는 청원을 올리니, 조회를 전달하여 조사하여 처리해 달라는 내용이 본사(本使)에게 도착하였습니다.

이를 바탕으로 전에 귀 독판께서 무자년 6월 30일 조회에서 근래 본국인 30명이 울릉도에 와서 거주하고 집을 만들고 깃발을 걸어 두었다는 내용을 조사하였습니다. 지난번 본 사신이 9월 11일에 회답한 문서가 있었습니다. 이전 품신에 따르고 아울러 피차의 날짜를 비교해 보면, 우리 영사관이 울릉도 어업에 대하여 아뢴 문서와 귀 독판께서 이른바

집을 만들고 깃발을 세웠다는 안건은 하나의 궤로 같이 하는 것이지 아마도 둘로 나뉘지 않을 것입니다.

울릉도를 조사해 보니 본래 강원도 관할의 바다에 있는 섬입니다. 통상장정(通商章程) 41관의 명문(明文)에 비추어 고려해 보면, 왕래하여 고기잡이를 하는 구역 안에 있어서 우리 어민들이 임의로 가서 고기잡이를 하는데 무슨 방해가 있겠습니까? 지금 울릉도장이 우리 어선의 고기잡이를 왜 금지하고 있습니까? 또한 어찌하여 포획한 전복을 관에서 몰수하였습니까? 실로 본사가 이해할 수 없습니다.

만약 우리 어민들이 울릉도에서 집을 만들고 깃발을 세운다면 도리어 어채규칙을 위반한 것으로 귀 정부가 퇴거 명령을 내리는 것이 당연합니다. 비록 이 일로 인하여 약속하여 얻은 연해 고기잡이의 권리를 빼앗긴다면 불합리합니다. 또한 우리 영사관의 심판을 거치지 않고 울릉도장이 마음대로 우리 어민이 잡은 어획물을 관에서 몰수하는 일은 월권입니다. 하물며 관에서 몰수할 이치도 없습니다.

이 때문에 조회를 보내니 귀 독판께서 잘 살펴주시기를 바랍니다. 울릉도장에게 전칙(電飭)하시기를 희망합니다. 압수한 어물은 신속하게 잠수회사 사장 후루야 기쿠쇼에게 모두 환급하도록 울릉도장에게 엄히 말씀으로 타이르십시오. 이후에 우리 국민이 울릉도에 가서 고기잡이를 하면서 조금도 불법을 저지르지 않는다면 울릉도장이 마음대로 어업을 금지하지 못하도록 함이 조약의 취지에 부합할 것입니다. 이같이 조회를 보냅니다. 이상입니다.

대조선 서리독판교섭통상사무 조병직(趙秉稷)
1888년(明治 21) 11월 24일
무자년 10월 21일

72 동남제도개척사 관련 세 현안의 타결 촉구

발신[發]	代理公使 近藤眞鋤	高宗 25年 11月 9日
수신[受]	署理督辦交涉通商事務 趙秉式	西紀 1888年 12月 11日
출전	『日案』卷1, #1321, 605쪽[원본: 『日信 第十二』(奎19572, 78-12)]	

　　大日本代理公使近藤, 爲照會事, 照得頃奉本國外務大臣[大隈重信] 札飭內開, 我國民甲斐軍治·內田德次郎·田中喜左衛門, 索討朝鮮舊開拓使[金玉均]所負匠役·駐留·支辦等諸費項三案, 旣閱四年之久, 仍無結局之報, 查此等債案, 業係開拓使所負, 朝鮮政府宜任其責, 如數完淸, 乃如高須謙三·渡邊末吉案件, 朝鮮政府早旣辦了之, 而甲斐·內田·田中各案, 亦皆關係開拓使, 乃似此遷延涉久, 措諸不問, 實屬不合, 矧我國民困約日迫, 嗷嗷哀訴尤爲可憐, 爲此札飭, 札到本使, 速行照會統理衙門, 質問何以該政府將此三案日久擱置之理, 該政府若有誤觧之處, 則宜辨明之, 俾其按道辦理, 速行妥結等因, 奉此, 查此三案, 前任高平[小五郎]書記官幷本使抵任以來, 迭經照會貴衙門, 而仍未接到明答, 荏苒到今, 實屬悶欝, 現奉我外務大臣札飭, 理當再行照催, 仍希貴署督辦急速妥辦該三懸案, 以觧兩國之煩可也, 爲此照會, 須至照會者, 右.

　　　　　　　　　　　　　　　　　　大朝鮮 署理督辦交涉通商事務 趙
　　　　　　　　　　　　　　　　　　明治二十一年 十二月十一日
　　　　　　　　　　　　　　　　　　戊子 十一月初九日

대일본 대리공사 곤도 마스키(近藤眞鋤)가 조회합니다. 지난 본국 외무대신 [오쿠마 시게노부(大隈重信)]의 찰칙(札飭)을 열어보니, "우리 국민 가이 군지(甲斐軍治), 우치다 도쿠지로(內田德次郎), 다나카 기자에몬(田中喜左衛門)은 조선의 옛 개척사[김옥균(金玉均)]가 부담하기로 한 인건비와 체류, 비용 지불 등 제반 비용을 받아내려 하는 세 가지 안건이 4년이 넘게 오래되었습니다. 이에 결론을 지었다는 보고가 없어서 이러한 채무 안건을 조사하는데 개척사가 진 빚과 관련이 되므로 조선 정부가 채무를 지는 것이 마땅하므로 전부 완전히 청산해야 합니다. 다카스 겐조(高須謙三)와 와타나베 스에키치(渡邊末吉) 안건은 조선 정부가 일찍이 이미 판단을 완료하였습니다. 그러나 가이 군지, 우치다 도쿠지로, 다나카 기자에몬의 각 안건은 또한 모두 개척사와 관계가 있는데, 이에 일자를 끌면서 미루는 일이 오래되었습니다. 그대로 두고 덮어두고 있는데, 실로 부합하지 않습니다. 하물며 우리 국민은 곤궁하여 날로 절박해지고 있으니 원망하면서 슬피 호소하는 것이 더욱 가련합니다"라는 내용입니다.

이와 같은 내용의 찰칙이 본사에게 도착하였으므로, 속히 통리아문(統理衙門)에 조회를 보냅니다. 해당 정부가 어찌하여 세 가지 안건이 오래도록 방치해 둔 이유를 묻고자 합니다. 해당 정부가 만약 오해한 일이 있다면 마땅히 분명하게 밝혀야 합니다. 사리에 따라 처리하고 조속히 판단하여 일을 끝내야 합니다. 이를 받들어 이 세 안건을 조사하여 전임 다카히라 고고로(高平小五郎) 서기관과 본사가 부임한 이래 귀 아문에 조회를 보냈으나 명백한 답변을 받지 못하고 덧없이 시간이 흘러 지금에 이르렀습니다. 실로 안타깝고 답답합니다.

현재 우리 외무대신의 찰칙을 받고 다시 집행하여 주기를 조회로 재촉합니다. 귀 독판께서 조속히 세 가지 안건을 처리해 주시기 바랍니다. 이로써 양국의 번거로움이 풀리면 좋겠습니다. 이같이 조회를 보냅니다. 이상입니다.

대조선 독판교섭통상사무 조병식(趙秉式)
1888년(明治 21) 12월 11일
무자년 11월 초9일

73 동남제도개척사 관련 현안 등의 처분 촉구

발신[發]	代理公使 近藤眞鋤	高宗 25年 12月 16日
수신[受]	署理督辦交涉通商事務 趙秉稷	西紀 1889年 1月 17日
출전	『日案』卷1, #1336, 615쪽[원본:『日案 三』(奎18058, 41-3)]	

一○[號]

　以書翰致啓上候。陳者、我民甲斐軍治・內田德次郎・田中喜左衛門ヨリ貴國舊開拓使[金玉均]ニ依ル夫役・駐在・支辦諸費請求事件、本國難民高尾子之吉漂流經費事件、元山手越・卜稅廢撤事件、蔚陵島長[徐敬秀]我漁民ノ捕獲ニ係ル鮑魚ヲ沒收セシ事件、釜山僉使[金完洙]ノ我民佐佐木熊吉ノ錢文ヲ借用セシ事件、佛國公使館付貴國兵丁、我民宮田・平山ヲ毆傷セシ事件等、屢本使ヨリ貴署督辦ニ對シ至急御處分有之度旨及御照會置候處、今日ニ至ル迄數十日ノ久キヲ經テ、尙未ダ何等ノ御回答モ無之束テ懸案トセラレ候ハ、恐クハ友國辦公ノ道ニアラス、實ニ本使解セサル所口有之候。因テ茲ニ御照催ニ及候間、貴署督辦ニ於テ速ニ以上各案ヲ御處分相成候樣致希望。此段照會得貴意候。敬具。

　　　　　　　　　　　　明治二十二年 一月十七日
　　　　　　　　　　　　代理公使 近藤眞鋤 ㊞
　　　　　　　　　　　　署理督辦交涉通商事務 趙秉稷 閣下

[漢譯文]

大日本代理公使近藤, 爲照會事, 照得我民甲斐軍治·內田德次郎·田中喜左衛門索討貴國舊開拓使負匠役·駐留·支辦等諸費項一案, 本國難民高尾子之吉漂流經費一案, 廢撤元山手越·卜稅一案, 蔚陵島長將我漁民所捕鮑魚入官一案, 釜山僉使借用我民佐佐木熊吉錢文一案, 法國公館貴國兵丁, 毆傷我民宮田·平山一案, 疊經本使行文貴署督辦, 作速辦理在按, 而迄今數十日之久, 尙未接到何回復, 束爲懸案, 恐非友國辦公之道, 本使實有所不觧也, 爲此, 照催貴署督辦, 請煩查照, 希卽將以上各案從速辦理, 實爲公便, 須至照會者, 右.

　　　　　　　　　　　　　　　大朝鮮 署理督辦交涉通商事務 趙
　　　　　　　　　　　　　　　　　　明治二十二年 一月十七日
　　　　　　　　　　　　　　　　　　　　　戊子 十二月十六日

10호

　　대일본 대리공사 곤도 마스키(近藤眞鋤)가 조회합니다. 가이 군지(甲斐軍治), 우치다 도쿠지로(內田德次郎), 다나카 기자에몬(田中喜左衛門) 등은 개척사가 부담하였던 인건비, 체류비, 비용 지불 등 제반 비용 항목의 채무를 독촉하는 안건, 본국 난민 다카오 고노키치(高尾子之吉)의 표류 경비 일건, 원산의 수월세(手越稅)·복세(卜稅) 철폐 안건, 우리 어민이 포획한 전복과 물고기를 관에 압수하도록 한 울릉도장(蔚陵島長) 안건, 부산첨사(釜山僉使)가 우리 인민 사사키 구마키치(佐佐木熊吉)에게 금전을 빌린 안건, 프랑스 공사관의 귀국 병사가 우리 인민 미야타(宮田)와 히라야마(平山)를 구타하여 상해를 입힌 안건은 누차 본사가 귀서(貴署) 독판께 지급히 처분해 달라는 취지로 조회를 해 두었습니다. 하지만 오늘에 이르기까지 수십 일의 시간이 흘렀으나, 아직 어떠한 회답도 없어서 현안이 되었습니다. 아마도 우방 국가가 공적인 일을 처리하는 방도가 아니며, 실로 본사가 이해할 수 없습니다. 따라서 이에 조회를 촉구하오니, 귀서 독판께서 속히 이상의 각 안건을 처분해 주시기를 희망합니다. 이 내용으로 귀하께 조회를 합니다. 이상입니다.

　　　　　　　　　　　　　　　대조선 독판교섭통상사무 조병직(趙秉稷)
　　　　　　　　　　　　　　　　　　1889년(明治 22) 정월 17일
　　　　　　　　　　　　　　　　　　　　　무자년(1888) 12월 16일

74 동남제도개척사 관계 채무 세 안건의 타결 촉구

발신[發]	代理公使 近藤眞鋤	高宗 26年 2月 6日
수신[受]	署理督辦交涉通商事務 趙秉稷	西紀 1889年 3月 7日
출전	『日案』卷1, #1360, 626~627쪽[원본: 『日信 第十二』(奎19572, 78-12)]	

　大日本代理公使近藤, 爲照會事, 案查所有甲斐軍治·內田德次郎·田中喜左衛門等, 向開拓使索償一案, 前年以來, 屢次照請辦理, 究竟未見明晳照復, 是以於上年十二月十一日, 公第四九二號公文照催在案, 想在貴署督辦早已洞悉, 案懸未結, 已涉四年之久也, 本使查開拓使署本屬貴政府所分, 則於該署所欠之款, 卽係貴政府應償之債, 責無旁貸, 固無庸辯, 而將此項應償之款, 似此拖延彌久, 殊覺於理未合, 卽請貴署督辦, 於前送照會詳加查閱, 從速見復, 妥結懸案, 以便轉禀本國外務省, 是爲切盼, 爲此, 備文照會貴署督辦, 請煩查照可也, 須至照會者.
　右.

　　　　　　　　　　　　　　　　　　大朝鮮 署理督辦交涉通商事務 趙
　　　　　　　　　　　　　　　　　　明治二十二年 三月七日
　　　　　　　　　　　　　　　　　　己丑 二月初六日

대일본 대리공사 곤도 마스키(近藤眞鋤)가 조회합니다. 조사한 바에 따르면 가이 군지(甲斐軍治), 우치다 도쿠지로(內田德次郎), 다나카 기자에몬(田中喜左衛門) 등은 개척사(開拓使)에게 채무를 독촉하는 안건으로 전년 이래로 누차에 걸쳐 일을 처리할 수 있도록 요청하였으나 명백한 답변을 받지 못하였습니다. 이에 작년 12월 11일에 공제(公第) 492호 공문으로 재촉하였으므로, 귀서(貴署) 독판께서는 이미 모두 알고 계실 것입니다. 현안이 타결되지 않은 채 이미 4년이나 오래되었습니다. 본사가 조사해 보니 개척사는 본래 귀 정부에 속한 직책으로 해당 관서에서 채우지 못한 조관은 귀 정부에서 마땅히 배상해야 할 채무입니다. 책임을 남에게 전가할 수는 없습니다. 장차 이 조항을 마땅히 배상해야 하는 일이 지체된 지 이미 오래되었습니다. 즉시 청하건대 귀서 독판께서 이전에 보낸 조회를 상세하게 조사하여 조속하게 답변하시고 현안을 처리하여 본국 외무성에 알리기를 간절히 바랍니다. 이같이 문서를 갖추어 귀서 독판께 조회를 보내오니 번거로우시더라도 조사하시는 편이 좋겠습니다. 이같이 조회를 보냅니다. 이상입니다.

대조선 독판교섭통상사무 조병직(趙秉稷)
1889년(明治 22) 3월 7일
기축년 2월 초6일

75 울릉도 출어 일본 어민의 퇴거와 어획물 반환 조치 요구

발신[發]	署理督辦交涉通商事務 趙秉稷	高宗 25年 12月 24日
수신[受]	代理公使 近藤眞鋤	西紀 1889年 1月 25日
출전	『日案』卷1, #1341, 617~618쪽[원본: 『日信 第十二』(奎19572, 78-12)]	

　　大朝鮮署理督辦交涉通商事務趙, 爲照復事, 案查我曆十月二十一日, 接准貴公使來文內開, 據駐漢城領事官[橋口直右衛門]稟稱, 頃據本國潛水會社社長古屋利涉稟報, 該會社社員姬野八郎·三宅數矢兩人, 管駕漁船四隻, 附搭潛水機器二個, 擬於朝鮮國江原道蔚陵島沿海一帶地方捕魚, 開船抵蔚陵島從事漁業, 該島長[徐敬秀]聲稱, 倘無朝鮮政府關文, 不准漁業, 幷將所有機器·應用衣服二件押收, 不得捕魚, 姬野八郎不得已留他漁民於該島, 搭船抵江原道原里浦, 島長亦搭抵該地, 當經島長稟報漢城去後, 島長乃稱奉到朝鮮政府之命, 嚴禁在該島捕魚云云, 因不准捕魚, 幷將所押潛水衣服發還, 且令回國, 姬野爲照料留島之漁民, 再赴該島, 先是, 朝鮮國輪船抵泊該島, 搭有內務主事尹某[始炳], 周旋暫准留島漁民捕魚, 詎及島長回來, 尹主事稱笑[受誤]島長命, 將所捕獲之鮑一千二百五十斤, 悉皆入官, 所有漁民離島回國, 爲此, 稟請等語到, 據此, 查前准貴督辦[趙秉式]戊子六月三十日照會, 近有本國人三十名來寓蔚島, 築室掛旗等因, 當經本使業已照復在案, 茲據前稟, 幷將彼此月日比較, 輒知該島漁案, 與築室掛旗一案, 自係一轍, 按查蔚島, 本爲江原道所管轄, 按照章程第四十一款明文, 顯在徃來捕魚之區域中, 則我民捕魚, 該島長因何禁止, 又因何將所捕獲之鮑入官乎, 若因我民在該島築室掛旗, 違反漁採規則, 由貴政府命令退去, 是係當然, 因此, 幷奪因約捕魚之權, 且不經我領事審辦, 島長擅將我漁民所捕魚介入官, 亦係越權, 況無可沒官之理乎, 爲此, 照會貴督辦, 轉飭該島長, 將所有入官之鮑魚, 迅速還給潛水會社具赴具領, 嚴飭該島長, 後來我國人前徃捕魚, 不須島長捕[擅誤]禁, 以符約旨等因, 准此, 查業將原照會抄錄, 關飭該島長, 掛旗築室之日本人, 幷令撤回, 至漁民所捕獲之鮑

一千二百五十斤, 亦卽還給該潛水會社, 隨輒具報等語在案, 因海路遙夐, 迄未接到稟覆, 容俟該島長牒到, 再行奉佈可也, 須至照復者, 右.

大日本 代理公使 近藤

戊子 十二月二十四日

대조선 서리독판교섭통상사무 조병직(趙秉稷)이 조복합니다. 아력(我曆)으로 10월 21일에 귀 공사께서 보내온 공문을 열어보니, 한성 주재 일본영사관 [하시구치 나오에몬(橋口直右衛門)]이 말하기를, 본국 잠수회사 사장 후루야 기쿠쇼(古屋利涉)가 말하기를, 해당 회사의 사원 히메노 하치로지(姬野八郎次)와 미야케 가즈야(三宅數矢)가 어선 4척을 관리하고 있는데 잠수기기 2개를 탑재하고서 조선국 강원도 울릉도 연해 일대 지방에서 어업을 하고자 배를 타고 울릉도에 가서 어업에 종사하고 있는데 울릉도장 [서경수(徐敬秀)]이 소리 내어 말하기를, "조선 정부의 관문이 없으니 어업을 허락할 수 없다"고 하였습니다. 소유한 잠수기와 사용한 의복 2건을 압수하여 고기잡이를 할 수 없었습니다. 히메노 하치로지가 부득이 울릉도에 다른 어민과 체류하였고 배에 탑승하여 강원도 원리포로 가서 울릉도장 또한 배에 타고 해당 지방으로 가서 울릉도장이 한성에 아뢰러 간 이후에 울릉도장이 조선 정부의 명령을 받아 와서 울릉도에서의 고기잡이를 엄히 금지한다고 말하였습니다. 고기잡이를 허락할 수 없다는 이유로 압류한 잠수기와 의복을 반환하고 귀국을 명령하였습니다. 히메노 하치로지는 울릉도에 체류한 어민을 생각하여 다시 울릉도에 가서 먼저 조선국 윤선이 울릉도에 정박하였는데, 내무주사(內務主事) 윤 아무개[윤시병(尹始炳)]가 탑승하고 있어서 그의 주선으로 잠시 울릉도에 머무른 어민들의 고기잡이를 허락받았습니다. 울릉도장이 돌아오자 윤 주사는 울릉도장(鬱陵島長)에게 명을 받았다면서, 포획한 어물 1,250근을 모두 관으로 압수하고, 어민들이 울릉도를 떠나 귀국하도록 하였습니다. 이러한 사정으로 아뢰었다고 말하였습니다.

이를 바탕으로 조사해 보니, 전에 귀 독판 [조병식(趙秉式)]이 무자년 6월 30일 조회에서 최근 본국인 30명이 울릉도(蔚島)에 가서 거류하면서 가옥을 짓고 깃발을 세웠다는 내용으로 본 사신이 이미 회답했던 문서가 있습니다. 전에 아뢴 바에 따르면 피차 날짜를 비교해 보니 울릉도 고기잡이 안건과 가옥을 짓고 깃발은 세운 안건은 궤를 같이하고 있습니다. 울릉도를 조사해 보니 본래 강원도 관할로, 장정(조일통상장정) 제41관의 명문의 내용을 고려해 보면 왕래하여 고기잡이를 하는 구역 중에 있으니 우리 어민의 고기잡이를 울릉도장이 어찌 금지하며, 또한 어찌 포획한 어물을 관에서 압수할 수 있겠습니까? 만약 우리 어민이 울릉도에서 가옥을 짓고 깃발을 세웠다면 어채규칙(漁採規則)을 위반하였으므로, 귀 정부가 퇴거 명령을 하는 것은 당연합니다. 이로 인하여 고기잡이의 권리를 빼앗는 것은 우리 영사가 심판하지 않았으니 울릉도장이 마음대로 포획한 어물을 관으로 압수한 것이며, 이는 월권입니다. 하물며 관에서 몰수할 이유도 없습니다. 이에 장차 귀 판께 조회하오니, 울릉도장에게 관칙을 전달하여 입관한 어물에 대해서는 신속하게 잠수회사에게 모두 환급하도록 하고, 울릉도장에 엄히 명하여 이후에 오는 우리나라 사람이 가서 고기잡이하는 것을 울릉도장이 멋대로 금지하지 못하도록 함이 조약의 취지에 부합한다는 내용이었습니다.

    이를 보니 원 조회를 초록하여 울릉도장에게 관칙하고, 깃발을 세우고 가옥을 지은 일본인을 철회 명령을 내리며, 어민이 잡은 어물 1,250근은 해당 잠수회사에 즉시 환급하라는 등의 말이 있었습니다. 해로가 멀어서 아직 도착하지 않았으니 울릉도장의 첩보가 오기를 기다려 다시 시행하도록 하면 좋겠습니다. 이같이 조복을 보냅니다. 이상입니다.

                                                         대일본 대리공사 곤도 마스키(近藤眞鋤)
                                                                무자년(1888) 12월 24일

76 동남제도개척사 관련 일본인 채무의 처리 촉구

발신[發]	日本代理公使 近藤眞鋤	高宗 26年 2月 6日
수신[受]	署理督辦交涉通商事務 趙秉稷	西紀 1889年 3月 7日
출전	『韓日外交未刊極秘史料叢書』卷29, 359~360쪽.	

第五六號

　以書簡致啓上候。陳レハ甲斐軍治內田德次郎田中喜左衛門等貴國開拓使ニ關スル索償案件ニ付、前年來數度ノ經照會候得共、何等御明答無之ニ衣リ、客歲十二月十一日公第四九二號書簡ヲ以テ更ニ御照催及候ニ付、該案ハ旣ニ四ケ年間貴政府ニ於テ御趑置相成候義ヲ貴署督辦ニ於テ御承知有之タル事ト存候。一躰開拓使ナル者ハ固貴政府ノ一部ニ屬スレハ該使所負ノ債額ハ卽是貴政府ノ債額ニシテ、貴政府ニ於テ辨償ノ責ニ任セラルヘキハ勿論、其辨償ヲ斯迨遷延ニ付セラルヘキ筈ハ決シテ無之筈ト存候間、貴署督辦ニ於テ前號公文ノ意ヲ篤ト御査閱ノ上、至急御妥辦相成以テ本國外務省ヘ轉稟スルニ便ナル樣御取計相成度。此段更ニ及御照會候条、何分ノ御回答有之度、不堪企望候。敬具。

　　　　　　　　　　　　　　　　　　　　明治二十二年 三月七日
　　　　　　　　　　　　　　　　　　　　代理公使 近藤眞鋤
　　　　　　　　　　　　　　　署理督辦交涉通商事務 趙秉稷 閣下

제56호

서한으로 삼가 조회합니다. 말씀드릴 내용은 가이 군지(甲斐軍治), 우치다 도쿠지로(內田德次郎), 다나카 기자에몬(田中喜左衛門) 등의 귀국 개척사(開拓使)에 관계된 배상 요구 안건에 대해 지난해부터 여러 차례에 걸쳐 조회했습니다. 그러나 어떠한 명확한 답변이 없었으므로 작년 12월 11일 자 공제(公第) 492호 서간으로 다시 조회하여 촉구했음에도, 해당 안건은 이미 4개년 간 귀 정부에서 방치하고 있다는 상황을 귀 부서의 독판께서는 충분히 알고 계시리라고 생각합니다. 개척사라고 하는 관직 전체는 본래 귀국 정부의 일부에 속하기 때문에 해당 개척사의 부채액도, 즉 이 역시 귀국 정부의 부채액이므로, 귀국 정부에 변상의 책임이 있음은 물론이며, 그 변상을 이 시점까지 지연시킬 만한 이유는 결코 없다고 생각합니다. 따라서 귀 부서의 독판께서 전 호 공문의 내용을 충실히 검토하신 후, 신속히 사리에 맞게 결정함으로써, (본 공사가) 본국(일본)의 외무성(外務省)으로 전품하기에 좋은 형편을 만들어 주시기 바랍니다. 이에 다시 조회하오니 마땅한 회답을 주시기를 감히 기대합니다. 삼가 말씀을 드렸습니다.

1889년(明治 22) 3월 7일
대리공사 곤도 마스키(近藤眞鋤)
서리 독판교섭통상사무 조병직(趙秉稷) 각하

77 동남제도개척사 관련 채무 세 건의 타결 촉구

발신[發]	代理公使 近藤眞鋤	高宗 26年 3月 4日
수신[受]	署理督辦交涉通商事務 趙秉稷	西紀 1889年 4月 3日
출전	『日案』卷1, #1379, 635~636쪽[원본:『日信 第十二』(奎19572, 78-12)] ;『韓日外交未刊極祕史料叢書』卷29, 361~365쪽(일본어본).	

　　大日本代理公使近藤, 爲照會事, 照得頃奉我國外務大臣[大隈重信]札開, 所有我國民田中喜左衛門·內田德次郎·甲斐軍治等, 向朝鮮國開拓使, 索討欠款三案, 迭經札催辦理, 而該案所有情形, 于今未據覆詳, 實屬疎于從公, 查該三案原係朝鮮政府所設開拓使虧欠各情, 均有確証可憑, 而於朝鮮政府並不認償, 案懸數年, 堆[推諉]諉不理, 豈是政府辦理交涉事務之道哉, 相應再行札催, 照會該國統理衙門, 將該三案妥速商結, 以昭公允等因, 奉此, 本使查該三案, 數年以來, 或行公文, 或經會晤, 煞費珍唇舌, 誠非一次, 而在貴署督辦不但慳於明晰答覆, 甚至以第關金玉均之案, 非我政府所知一言推之, 似貴署督辦高明, 而昧於事理有如此者, 誠堪詫嘆也, 試思, 該三案果屬何等欠款, 其一, 係田中姓索討開拓使從事官住宿之費, 其二, 係內田姓索討開拓使從事官所役人夫之費, 其三, 係甲斐姓索討爲開拓使代墊之款, 卽此三案均屬開拓使爲其辦公欠債, 而未經辦償之款, 固非金某之私債, 確有案卷可查, 旣此案均非金某私欠之款, 則其認賠之責, 究歸誰歟, 開拓使而現在尙存, 該欠款固宜開拓使任責賠償, 而開拓使業經撤去, 則貴政府宜任其賠償之責, 何則, 以開拓使之存廢, 一歸於貴政府之權內也, 更進一步而論之, 該開拓使者, 原係貴政府內所分而設, 則該開拓使卽與政府何異, 故該開拓使之進項與虧款, 皆不得不歸之於貴政府, 然則豈得有只知收其進項, 不認其虧欠之理乎, 前於明治二十年, 我國民渡邊末吉一案, 亦以關乎該開拓使欠款, 由貴政府令渡邊姓, 爲開拓使出售所存木料, 卽將價銀賠償載運木料之費, 所剩之款, 悉入之貴政府一節, 此乃非其明証乎, 若果如貴署督辦之言, 開拓使一案, 以關乎金某之事, 推之不理, 則渡邊姓一案. 果與開拓使無所相關耶, 該開拓使果與金某, 毫無所相關耶, 貴署督辦何其不思之甚也, 要之, 貴署督辦果能了解該三案者是係開拓使辦公虧累, 以致欠該商等之款,

則向構辭金某, 推諉觔擱, 空懸數年之非, 亦自有所悟, 統希貴署督辦審加査覈, 將該各案剋日辦結, 從速見復, 以便轉詳, 是爲盼切, 爲此, 照會貴署督辦, 請煩查照施行可也, 須至照會者, 右.

　　　　　　　　　　　　　　　大朝鮮 署理督辦交涉通商事務 趙
　　　　　　　　　　　　　　　明治二十二年 四月三日
　　　　　　　　　　　　　　　己丑 三月初四日

대일본 대리공사 곤도 마스키(近藤眞鋤)가 조회합니다. 우리나라 외무대신 [오쿠마 시게노부(大隈重信)]이 보낸 서찰을 열어보니, "우리나라 국민인 다나카 기자에몬(田中喜左衛門), 우치다 도쿠지로(內田德次郎), 가이 군지(甲斐軍治) 등이 조선국 개척사(開拓使)에게 채무 배상을 요구한 세 가지 안건을 서찰로 재촉하여 처리하도록 하고 해당 안건의 사정에 대하여 지금까지 상세하게 답변을 받지 못하여 실로 공에 따라서 세 가지 안건을 조선국에서 창설한 개척사의 부재한 사정을 조사하고 확실하게 증빙하도록 하는 일입니다. 조선 정부가 배상을 인정하지 않아 안건이 여러 해가 지나도록 처리되지 않고 있습니다. 어찌 정부가 사무를 교섭하는 방법이겠습니까? 상응하여 다시 문서를 보내 재촉하니 해당국 통리아문(統理衙門)이 조회하여 장차 세 안건을 조속하게 결정하고 공평 타당함을 밝혀주십시오"라는 내용이었습니다.

이를 받고서 본사가 세 가지 안건을 조사해 보니 수년 이래로 혹은 공문을 보내고 혹은 만나서 대화를 나눈 것이 한 번이 아닙니다. 귀서(貴署) 독판께서 명백하게 답변하시지 않았습니다. 김옥균(金玉均)과 관련된 안건은 더욱 심합니다. 우리 정부가 아는 바가 아니어서 한마디로 말하지 못하겠습니다. 귀서 독판께서 고명하신 듯한데 사리에 어두움이 이와 같습니다. 진실로 한탄스럽습니다.

잠시 생각해 보면 세 가지 안건은 과연 어떠한 일로 빚을 졌습니까? 첫째는 다나카 기자에몬이 개척사 종사관의 숙박비에 대한 배상할 비용. 둘째는 우치다 도쿠지로가 개척사 종사관이 부른 인부에 대하여 배상할 비용. 셋째는 가이 군지가 개척사 대신 지불한 비용입니다. 이 세 가지 안건은 개척사와 관련되었는데, 공적으로 진 빚으로 배상하지 못한 것입니다. 진실로 김옥균이 사사로이 진 빚이 아닙니다. 문서로 조사할 수 있습니다. 이 안건은 김옥균이 사사로이 진 빚이 아니라면 배상을 인정할 책임이 있습니다. 누구에게 돌아가겠습니까? 개척사는 현재 아직 그대로 있습니다. 해당 빚은 진실로 개척사가 배상해야 할 책임이 있습니다. 개척사를 철폐하게 되면 귀 정부에 마땅히 배상해야 할 책임이 있습니다. 개척사의 존폐는 모두 귀 정권의 권한 내에 있습니다. 다시 한 걸음 나아가 논하겠습니다. 해당 개척사는 원래 귀 정부가 설치한 것으로 개척사가 정부와 어찌 다르겠습니까? 그러므로 개척사의 진출과 혐의는 귀 정부에 귀속하지 않을 수 없습니다. 어찌 단지 진출한 사항만 알고 혐의의 이치를 인정하지 않습니까?

1887년(明治 20)에 우리나라 국민인 와타나베 스에키치(渡邊末吉) 안건 또한 개척사가 진 빚과 관련하여 귀 정부가 와타나베 스에키치에게 명하여 개척사가 가진 목재를 판매하고 그 값으로 목재 운반비를 배상하였습니다. 남은 것은 모두 귀 정부에 들어갔습니다. 이것이 증명하지 않습니까? 과연 만약 귀서 독판의 말대로 개척사에 대한 것은 김옥균의 일과 관련이 되어 이를 미루어 이치가 아니라면 와타나베 스에키치의 안건은 과연 개척사와 상관이 없습니까? 개척사는 과연 김옥균과 한 치도 상관이 없습니까? 귀서 독판께서 어찌 생각하지 않음이 이리도 심합니까? 예컨대 귀서 독판께서는 과연 세 가지 안건을 해결할 능력이 있습니까? 개척사가 공적으로 업무를 처리하는데 빚을 져서 상인들에게 배상해야 하는데 김 아무개(김옥균)로 핑계를 꾸며내고 시간을 허비하면서 여러 해 동안 해결하지 못하고 있으니 과연 스스로 깨달을 바가 있습니다. 귀서 독판께서 더 조사하기를 바라며, 각 해당 안건을 해결하고 속히 답변하기를 바랍니다. 상세하게 전달하니 간절히 바랍니다. 이 내용으로 귀서 독판께 조회를 보냅니다. 번거로우시더라도 잘 시행하시기 바랍니다. 이같이 조회합니다. 이상입니다.

대조선 서리독판교섭통상사무 조병직(趙秉稷)
1889년(明治 22) 4월 3일
기축년 3월 초4일

78 동남제도개척사 관련 현안의 신속한 처분 요청

발신[發]	代理公使 近藤眞鋤	高宗 26年 3月 12日
수신[受]	署理督辦交涉通商事務 趙秉稷	西紀 1889年 4月 11日
출전	『日案』卷1, #1381, 636~637쪽[원본: 『日信 第十二』(奎19572, 78-12)]	

　　大日本代理公使近藤, 爲照會事, 照得現査兩國交涉案件, 數年以來, 懸未了結者, 卽除甲斐軍治·內田德次郞·田中喜左衛門等三人, 向開拓使索討久款各案外, 仍有元山手越·卜稅一案, 蔚陵島長將我漁民所採鮑魚入官一案, 釜山僉使借用我國民佐佐木熊吉錢文一案, 法國公館貴國兵丁毆傷我國民宮田·平山一案, 將古森兵助妄行管押, 並將錢米勒指分用一案等數件, 曾皆經屢次照催, 而未領明答, 荏苒經久, 果爾有何所見念, 實署督辦視本使日來面陳, 或行文相催之言, 爲毫不足輕重耶, 是實本使所不能解也, 依此, 再行照催, 卽希將前開各案, 逐加査閱, 務期水落石出, 以恤商困, 益昭約旨, 是爲厚望焉, 爲此, 備文照會, 請煩貴署督辦査照, 立見核復可也, 須至照會者.

　　右.

明治二十二年 四月十一日
大朝鮮 署理督辦交涉通商事務 趙
己丑 三月十二日

대일본 대리공사 곤도 마스키(近藤眞鋤)가 조회합니다. 현재 양국의 교섭 안건을 조사해 보니 수년 이래 현안으로 완결되지 못한 문제가 있습니다. 가이 군지(甲斐軍治), 우치다 도쿠지로(內田德次郎), 다나카 기자에몬(田中喜左衛門) 3인이 개척사에게 독촉하여 받아내려는 오래된 안건 이외에도 원산의 수월세(手越稅)와 복세(卜稅) 안건, 울릉도장(蔚陵島長)이 장차 우리 어민이 잡은 전복을 관에서 몰수한 안건, 부산첨사(釜山僉使)가 빌려 쓴 우리 백성 사사키 구마키치(佐佐木熊吉)의 금전에 대한 안건, 프랑스 공사관의 귀국 병정이 우리 국민 미야타(宮田)와 히라야먀(平山)를 구타한 안건, 후루모리 효스케(古森兵助)가 함부로 행동하여 구금되고 아울러 동전과 쌀을 억지로 나누어 사용한 안건 등 여러 건이 있습니다.

　　일찍이 모두 여러 차례 재촉하였으나 명백한 답변을 받지 못하였습니다. 부임한 지 오래인데 과연 어찌 생각해 볼 바가 있겠습니까? 실로 독판이 본사에서 오셔서 마주하고 말하거나 혹은 문서로 서로 재촉하는 말을 하였으니 조금도 경중에 부족함이 있겠습니까? 이것은 실로 본사가 이해할 수 없습니다. 이를 바탕으로 다시 재촉하는 조회를 보내니, 곧 앞에서 열거한 각 안건을 더 조사하시어 반드시 일의 진상이 밝혀지기를 바랍니다. 이에 곤궁함을 구휼하고 약속하였던 바를 더욱 밝히기를 실로 깊이 바랍니다. 이 내용으로 문서를 갖추어 조회를 보냅니다. 번거로우시더라도 귀서 독판께서 조사하시어 조사한 결과로 답변하는 편이 좋겠습니다. 이같이 조회를 보냅니다. 이상입니다.

1889년(明治 22) 4월 11일
대조선 독판교섭통상사무 조병직(趙秉稷)
기축년 3월 12일

79 동남제도개척사 관련 8개 현안에 대한 회답

발신[發]	署理督辦交涉通商事務 趙秉稷	高宗 26年 3月 29日
수신[受]	代理公使 近藤眞鋤	西紀 1889年 4月 28日
출전	『日案』卷1, #1399, 647~648쪽[원본: 『日信 第十二』(奎19572, 78-12)] ; 『韓日外交未刊極祕史料叢書』卷29, 366쪽(일본어본)	

　　大朝鮮署理督辦交涉通商事務趙, 爲照覆事, 照得我曆三月十二日, 接准貴公使來文內, 以甲斐軍治·內田德次郎·田中喜左衛門等三人, 向開拓使索討欠款各案, 此係金玉均事情者, 非我政府所知, 今不必擧議, 咸鏡道手越·卜稅一案, 此係抽分於我民者, 現經屢百年之久, 恐非貴公使所可過問, 無容多辨, 欝陵島鮑魚入官一案, 此係築室掛旗, 冒犯例禁者, 據尹[始炳]主事所稟明, 則該漁民妄行不法情事, 拿交駐金山貴領事[室田義文]之際, 該漁民所帶鮑魚五百五十斤, 爲領護差役所, 加充川費, 兩詞自相矛盾, 斤數定不相符, 請飭貴領事, 再提該漁民查核, 務歸從公妥結, 佐佐木熊吉向金完洙索償一案, 此係控告詞訟者, 應歸漢城少尹[金鶴鎭]審辦, 且該金完洙現充配於全羅道珍島, 未便解到查追, 容竢宥還, 另行究辦, 宮田·平山被傷於法館兵丁一案, 此係公館僱役者, 遽難查緝, 應由我地方官照知該公使[Plancy], 確有准覆, 始可拿還, 當卽行飭漢城判尹[尹榮信], 轉照該公使, 催行懲警, 古森兵助請繳錢米一案, 此係手銃傷人者, 據該府使捧供報明, 則所有錢米, 自行交付, 設有該古森改詞投控, 遽難追繳, 業經關飭該府使, 將該朴文述再行查詢, 迅速移知釜山監理[李容植], 以憑審斷, 茲將前開各等案逐細條陳, 理合備文照覆, 貴公使請煩查照可也, 須至照會者.

　　右.

大日本 代理公使 近藤

己丑 三月卄九日

대조선 서리독판교섭통상사무 조병직(趙秉稷)이 조복합니다. 아력(我曆)으로 3월 12일에 귀 공사께서 보내온 공문을 보니, 다나카 기자에몬(田中喜左衛門), 우치다 도쿠지로(內田德次郎), 가이 군지(甲斐軍治) 등의 3인이 개척사(開拓使)에게 채무 배상을 요구하는 각 안건이 있었습니다. 이는 김옥균(金玉均)과 관련된 사정으로 우리 정부가 알지 못하므로, 지금 갑자기 논의할 필요가 없습니다. 함경도의 수월세(手越稅)와 복세(卜稅) 안건은 우리 국민에게서 나누어 징수한 것으로, 수백 년 동안 해 오던 것이므로 귀 공사가 따져 물을 일이 아니며 여러 말을 할 필요 없습니다.

울릉도의 전복을 몰수한 안건은 집을 짓고 깃발을 세우는 것과 관련하여 금령을 범한 것으로 윤 주사[윤시병(尹始炳)]가 분명하게 보고한 내용에 의거한다면 해당 어민이 망령되게 법의 사정을 어긴 것입니다. 부산 주재 영사[무로다 요시후미(室田義文)]에게 붙잡아 교부할 때 해당 어민이 소지한 전복과 물고기 550근은 차역소(差役所)에서 수령하여 보관하고 비용을 충당하도록 하였습니다. 양쪽의 말 자체에 모순이 있고, 근수도 서로 맞지 않기 때문에 귀 영사에게 명령을 내려서 해당 어민을 다시 조사하고 공평하게 해결되도록 힘써야 합니다.

사사키 구마키치(佐佐木熊吉)가 김완수(金完洙)에게 배상을 요구한 안건은 공소를 제기하여 소송하는 건으로 한성소윤[김학진(金鶴鎭)]이 심판하고 있습니다. 또한 김완수는 현재 전라도 진도(珍島)로 유배가 있어 풀어주고 조사하기 어려우니 풀려나기를 기다려서 조사해야 합니다.

미야타(宮田)와 히라야마(平山)가 프랑스 공사관 병정에게 상해를 입은 안건은 공사관의 인부 고용과 관련되어 있어서 조사하기 어려우니 우리 지방관이 해당 공사 [플랑시(Victor Collin de Plancy)]에게 알려서 답변을 받았습니다. 비로소 잡아서 보내니 한성판윤(漢城判尹)[윤영신(尹榮信)]이 해당 공사에게 조회를 보내고 징계하도록 촉구하였습니다.

후루모리 효스케(古森兵助)가 돈과 미곡을 돌려달라고 요청한 안건은 수쟁(手鎗)으로 사람을 해친 문제입니다. 해당 부사가 공초하여 분명하게 보고하고, 쌀과 미곡이 있다면 교부를 하겠습니다. 후루모리가 말을 바꾸어 고소하면 추정하기 어려우니 해당 부사에게 관칙을 내려 박문술(朴文述)이 다시 조사하도록 하고 조속히 부산감리(釜山監理)[이용식(李容植)]에게 알려서 판단하도록 하였습니다. 각 안건을 상세하게 진술하였으니 문서를 갖추어 조복을 보냅니다. 번거로우시더라도 귀 공사께서 잘 살피시면 좋겠습니다. 이같이 조회를 보냅니다. 이상입니다.

대일본 대리공사 곤도 마스키(近藤眞鋤)
기축년 3월 29일

80 동남제도개척사 관련 3개 현안에 대한 변론

발신[發]	代理公使 近藤眞鋤	高宗 26年 4月 7日
수신[受]	署理督辦交涉通商事務 趙秉稷	西紀 1889年 5月 6日
출전	『日案』卷1, #1407, 653~654쪽[원본: 『日信 第十二』(奎19572, 78-12)] ; 『韓日外交未刊極祕史料叢書』卷29, 367~372쪽(일본어본)	

　　大日本代理公使近藤, 爲照會事, 案査甲斐軍治・田中喜左衛門・內田德次郞等各案, 前以第八十號公文照會在案, 旋准貴曆三月貳拾捌日貴署督辦照復所稱, 並未詳辯本使所達之言, 而仍祗以關乎金玉均事情, 不擧論一言見復, 殊爲出于情理之外, 夫兩國官員辦理交涉案件, 務各懇切愼重, 無論事之大小, 必期將情理査核, 明確曲直, 所判毫無遺憾, 故修好條規第十款, 特明載務昭公平允當字樣者, 職是之由, 査該三案自從成讞以來, 迄今已涉數年, 於本使迭次照會催辦, 而貴署督辦竟將此案情置之于度外, 又於本使所諭各節, 並不詳晰分辯, 祗止搆辭金某, 漠然以不擧論一詞推諉如此, 尙得謂之昭公平允當耶, 本使豈欲强詞奪理, 錯直擧曲者哉, 惟所有交涉案件, 若不徹底根究, 而期得允當, 則恐難符約旨也, 盖辦理此案之要節, 固不一而足, 然姑擧其至重者而言, 則當日開拓使者, 是否貴政府所設, 當日該使官員前赴我國者, 是否由貴政府派去, 本案所稱欠款, 是否在該使辦公之日所虧, 本案卷宗內字證, 是否該使官員親筆所書, 用圖章, 是否可視與該使官印相同, 此等各情, 俱要査明, 再揆之于法理, 然後此案所討欠款, 是否應歸開拓使擔當繳還, 或歸該使官員私欠, 立可判定也, 而貴署督辦並未將此等情節詳爲分辯, 又於此案法理, 毫未提及, 無乃辭無可辯乎, 我國民何罪, 應開拓使之雇, 敢冒絶海風濤之險, 拚命從事, 而辛工一無所得, 或該使官員所投客棧, 朝夕供餐, 並未得其租房・飮食之資, 或爲該使代墊之款, 無所索討, 是可以屛氣吞聲而已乎否, 天下豈有此理乎, 今雖開拓使撤去, 長官在外, 而其設開拓使, 簡任該長官之貴政府, 仍然如故, 則關係該使一切事宜, 固應自擔其責, 貴署督辦見不及此, 祗以金玉均爲辭, 欲將此案拒絶不辦, 則曩之簡任金某, 以開拓使之名, 雇用我國人, 或投宿我國客棧, 或使我國人墊辦公款之責, 究將歸誰歟, 請貴署督辦就本使因此案由迭次詳論之旨, 虛衷翫

味, 速行禀達貴政府, 將此各案悉臻妥結, 至日前所稱俟捉到金某再辦等語, 顯係搪塞之詞, 殊不合事理, 何則, 此案原屬貴政府之事, 並非索金某私債, 故其金某在與不在, 毫不足輕重我商民索款之權, 況此項欠款, 應歸貴政府擔責償還與否, 卽就前開各節推求, 則可立判乎, 勿得再事躊躇, 是所深望焉, 相應備文照會貴署督辦, 請煩查照可也, 須至照會者,

　右.

　　　　　　　　　　　　大朝鮮 署理督辦交涉通商事務 趙
　　　　　　　　　　　　明治二十二年 五月六日
　　　　　　　　　　　　己丑 四月初七日

대일본 대리공사 곤도 마스키(近藤眞鋤)가 조회합니다. 살펴보니 가이 군지(甲斐軍治), 다나카 기자에몬(田中喜左衛門), 우치다 도쿠지로(內田德次郎) 등 각 안건에 대해서 제80호 공문으로 조회한 내용이 보관되어 있습니다. 귀력(貴曆) 3월 28일 귀서 독판께서 조복에서 말하기를, 본사가 진술하였던 말을 상세하게 판단하지 않고 김옥균(金玉均)의 사정과 관련이 되어서 한 마디도 거론하지 않은 채 답변하였습니다. 자못 정리 외에서 나온 것입니다. 무릇 양국 관원이 교섭하고 판단하는 안건은 각각 간절하고 신중함에 힘써야 하는데, 일의 크고 작은 것을 논하지 않고 반드시 그 사정을 잘 조사해야 하며, 곡절을 분명하게 해야 터럭만큼도 남은 의혹이 없습니다. 따라서 수호조규(修好條規) 제10관에 공평하고 타당하게 한다는 말이 분명하게 실려 있습니다. 이러한 이유로 세 가지 안건을 조사하여 말씀을 드렸던 이래로 지금 이미 수년이 흘렀습니다. 본사가 조회로 수차 재촉하고 있습니다.

　귀서 독판께서 마침 이 안건을 마음 밖에 두고 있습니다. 또한 본 사신이 각 구절을 거론하면서 상세하고 분명하게 분변하였습니다. 김옥균이라는 말이 나오면 막연하게 한 마디도 거론하지 않습니다. 이같이 미루어 보면 공평하고 타당하다고 말할 수 있겠습니까? 본사가 어찌 말을 끌어들여 억지로 하여 사실을 곡해하겠습니까? 비록 교섭하는 안건이 있어서 만약 철저하게 조사하지 않아 기한 내에 타당함을 얻지 못한다면 약속을 달성하기 어렵습니다.

　이 안건의 요점을 조사하면 진실로 하나가 아닙니다. 그러므로 거듭 거론하여 말씀드리면 개척사는 귀 정부에서 설치하지 않았습니까? 개척사 관원은 우리나라에 가서 귀 정부가 파견하고 본안에서 말한 빚은 개척사가 공무를 보다가 채무가 생긴 것이 아닙니까? 본 안건은 증거가 있어서 개척사 관원이 친필로 쓴 것 아닙니까? 사용한 도장은 개척사 관인과 서로 같지 않습니까?

　이러한 각 사정은 요점이 분명합니다. 다시 법리를 헤아린다면 나중에 이 안건의 채무를 배상해야 합니다. 이것은 개척사 담당으로 돌려주어야 할 것이 아닙니까? 아니면 개척사 관원이 사사로이 빚을 진 것입니다. 분명하게 확정해야 합니다. 귀서 독판께서 비록 각 사정을 자세하게 분변하지 않더라도, 또한 이 안건의 법리를 터럭도 언급하지 않으니 말도 없고 판단도 없습니다. 우리나라 국민에게 무슨 죄가 있겠습니까? 개척사의 고용에 응하여 감히 바닷바람을 맞으며 모험을 하면서 종사하였습니다. 어려운 노동에서 얻은 것이 없습니다. 혹은 개척사 관원이 여관에서 투숙하고 아침저녁을 제공받으며 방세와 식비를 내지 않았습니다. 혹은 개척사 대신 지불하였던 비용은 배상받지 못했습니다. 이는 숨을 죽이고 울음을 참는 것이 아닙니까? 천하에 이런 이치가 어디에 있습니까?

지금 비록 개척사를 철거하여 장관이 없다고 하더라도, 개척사를 설치하고 귀국 정부에서 그 장관을 임명한 데 까닭이 있다면, 개척사에 관계된 일체의 일은 애초부터 스스로 책임을 져야 마땅합니다. 그러나 귀 독판의 견해는 여기에 이르지 않았습니다. 김옥균을 핑계 삼아 장차 본 안건을 거절하고 처리하지 않으려 한다면 김옥균이 개척사 이름으로 고용한 우리나라 사람이 우리나라 여관에서 투숙하거나, 우리나라 사람에게 공무로 대신 지불하도록 한 책임은 결국 누구에게 돌아갑니까?

청하건대 귀서 독판께서 본사와 이 안건으로 여러 차례 상세하게 논한 뜻을 미루셔서 실망하였습니다. 속히 귀 정부에 품의하고 장차 각 안건을 조사해서 해결해야 합니다. 일전에 말한 김옥균을 다시 처리하겠다는 등의 말은 둘러대는 말에 불과하니 사리에 부합하지 않습니다. 왜냐하면 이 안건은 원래 귀 정부의 일에 속하며, 김 아무개의 사채를 배상하라는 일도 아닙니다. 따라서 김 아무개가 있고 없고는 추호도 우리나라 상민들이 배상을 요구하는 권리의 경중을 따지는 데 충분한 문제가 아닙니다. 하물며 이 항목의 채무는 귀 정부가 부담하여 상환하는 여부에 귀속됩니다. 각 장절을 청구하니 당장 결정해야 합니다. 다시 머뭇거릴 사정이 없습니다. 이것은 깊이 바라는 바입니다. 상응하여 문서를 갖추어 귀서 독판께 조회를 보냅니다. 번거로우시더라도 잘 판단하시기 바랍니다. 이같이 조회를 보냅니다. 이상입니다.

대조선 서리독판교섭통상사무 조병직
1889년(明治 22) 5월 6일
기축년 4월 초7일

81 후루모리 상해, 울릉도장의 어획물 몰수 건 등 각 안건의 타결 촉구

발신[發]	代理公使 近藤眞鋤	高宗 26年 4月 25日
수신[受]	署理署辦交涉通商事務 趙秉稷	西紀 1889年 5月 24日
출전	『日案』卷1, #1416, 657쪽[원본: 『日信 第十二』(奎19572, 78-12)]	

　逕啓者, 前據駐釜山我領事[室田義文]禀稱, 古森兵助以手鎗誤傷朴文述之故, 收押在案, 而該古森被人勒取錢米, 雖迄今未見送還, 未可再事遷延, 相應一面先辦誤傷之罪, 一面禀請照催統署, 關飭河東府使, 將錢米如數繳還給領等情前來, 查此案前于四月十八日本使照會催辦, 而旋接己丑 三月卄九日照復內稱云云各情, 均不足服本使之心也, 請試思之, 古森之言, 旣不符朴供, 則其物之授受, 不合于正法可知, 旣知有其不合正法, 則還之原主, 專待官裁, 是人民之義也, 朴之愚昧猶可恕, 而河東府使不守正法, 袒庇朴文述, 使本案稽留至此, 是誰之過哉, 惟旣關飭查詢, 計日已過匝月, 應由該府使業經詳復矣, 未悉如何情形, 迅速复示爲望, 又如古屋利涉等被蔚陵島長將所採捕鮑魚沒入官一案, 亦于己丑三月卄九日照復內所稱云云, 敢問貴署督辦, 將該漁民拿交領事時, 領護差役妄將該漁民之物, 扣充川費, 以爲合正理耶, 則尹[始炳]主事身在官吏, 擅行不正, 其爲人可知, 則其自稱五百五十斤者, 爲知非其揑詞, 請貴署督辦再查, 必示其數之確據, 以解原告者之惑可也, 又法館兵丁一案, 雖前于照复內, 聲明當即行飭等因, 而在漢城判尹業經照知該國公使[葛林德][10], 拿還辦罪, 禀覆與否, 迄無所示, 此非玩閣而何, 玆當急欲淸理積案, 不可仍事因循, 即希從速見復如何, 辦法爲望, 特此佈達, 順頌大安.

　　　　　　　　　　　　　陽曆 五月卄四日
　　　　　　　　　　　　　近藤眞鋤
　　　　　　　　　　　　　己丑 四月卄五日

---

[10] Collin de Plancy

삼가 말씀드립니다. 부산 주재 우리 영사[무로다 요시후미(室田義文)]가 말하기를, "후루모리 효스케(古森兵助)가 수쟁(手鎗)으로 박문술(朴文述)에게 찰과상을 입어 구금한 안건이 있습니다. 해당 후루모리는 사람을 해치고 쌀과 돈을 빼앗아서 지금 송환할 수 없습니다. 두 번이나 일이 지연되지 않게 상응하여 일면으로 먼저 과실 상해의 죄를 판단하고, 한편으로 통서(統署, 외아문)에 조회를 청하니 하동부사(河東府使)에게 관칙하여 전미를 수에 맞추어 환급하여 수령해 가겠습니다"라는 내용이었습니다.

이 안건을 조사하니 4월 18일 본사가 조회를 재촉하여 기축년 3월 29일 조복에서 말한 바가 있습니다. 본사의 마음을 얻기에 부족하여 시험하여 판단하시기를 청합니다. 후루모리의 말은 박문술의 공초에 부합하지 않으며, 물건의 수수는 법에 부합하지 않음을 알 수 있습니다. 법에 부합하지 않음을 안다면 원주인에게 돌려주고 오로지 관의 재판을 기다리는 것이 인민들의 의무입니다. 박문술이 우매하므로 용서해야 합니다. 하동부사가 법을 지키지 않고 박문술을 비호하여 본안이 지체된 일이 이와 같으니 누구의 허물입니까? 조사하도록 관칙을 내려 일자를 헤아린 지 한 달이 지났습니다. 하동부사가 상세하게 조복하였습니다. 어떠한 사정인지 모두 살피지 못하였으니 조속히 답변하기를 바랍니다.

그리고 후루야 기쿠쇼(古屋利涉) 등이 울릉도장(鬱陵島長)에게 잡은 어물을 관에 몰수당한 안건입니다. 또한 기축년 3월 29일 조복 안에서 말하였습니다. 감히 귀서 독판께 묻습니다만, 장치 해당 어민을 영사에게 잡아서 교부할 때 이들을 수령하여 보호한 차역(差役)이 해당 어민들의 물건을 비용으로 충당한 일은 이치에 부합합니까? 윤 주사[윤시병(尹始炳)]가 관리로 재직하면서 마음대로 부정을 행하니 어떤 사람인지를 알 만합니다. 스스로 550근이라 칭하였는데, 어찌 날조한 말이 아님을 알겠습니까? 청하건대 귀서 독판께서 다시 조사하여 그 숫자를 확실하게 보여주고 원고의 의혹을 푸는 것이 좋겠습니다.

프랑스 공사관의 병정 안건은 이전에 조복에서 분명하게 엄칙한다고 하였습니다. 한성판윤(漢城判尹)이 지난번에 해당국 공사 [플랑시(葛林德, Victor Collin de Plancy)]에게 붙잡아 와서 죄를 판단하겠다고 조회하였으나, 답변한 여부를 보여주지 않았습니다. 이는 즐길만한 건이 아니므로, 급히 적체된 안건을 해결해야 하며, 인순고식(因循姑息)해서는 안 됩니다. 바라건대 속히 답변하시어 법에 따라 처리하기를 바랍니다. 안녕히 계십시오.

양력 5월 24일

곤도 마스키(近藤眞鋤)

기축년(1889) 4월 25일

82 동남제도개척사 관련 세 안건의 충분한 조사와 답변 요구

발신[發]	代理公使 近藤眞鋤	高宗 26年 7月 3日
수신[受]	署理督辦交涉通商事務 趙秉稷	西紀 1889年 7月 30日
출전	『日案』卷1, #1444, 671쪽[원본: 『日信 第十三号』(奎19572, 78-13)]	

啟者, 我民田中·內田·甲斐等, 係向貴開拓使索債三案, 曾與貴督辦辯論, 至貴督辦云須加再思而止, 爾後旣過數旬, 仄聞貴恙已復常, 未知視事如舊否, 本使所見, 罄述我曆五月五日第一○一號公文旣無餘蘊, 希貴督辦再加熟查, 如有異見, 一一明覆, 以便結局, 是所切盼, 幷頌日安.

七月三十日

近藤眞鋤 頓

己丑 七月初三日

말씀드립니다. 우리 백성 다나카 기자에몬(田中喜左衛門), 우치다 도쿠지로(内田德次郎), 가이 군지(甲斐軍治) 등이 귀 개척사에게 배상을 요구한 세 가지 안건은 일찍이 귀 독판과 논의하였습니다. 귀 독판께서 말씀하시기를 조금 더 생각해 보겠다고 하였습니다. 이후에 수십 일이 지났습니다. 소문으로 우연히 들으니 병환이 이미 회복되셨다고 합니다. 일을 보셨는지 알지 못하나 예전 같지는 않은 듯합니다. 본사가 본 바로는 아력(我曆) 5월 5일 자 101호 공문에 남김없이 모두 진술하였습니다. 귀 독판께서 다시 잘 조사하기 바랍니다. 만약 이견이 있으면 일일이 분명하게 답변 바랍니다. 일이 완료되기를 이같이 간절히 바랍니다. 안녕히 계십시오.

7월 30일

곤도 마스키(近藤眞鋤) 드림

기축년(1889) 7월 초3일

83 동남제도개척사 관련 세 안건의 논의를 위한 면담 요청

발신[發]	代理公使 近藤眞鋤	高宗 26年 7月 12日
수신[受]	督辦交涉通商事務 閔種黙	西紀 1889年 8月 8日
출전	『日案』卷1, #1455, 677쪽[원본: 『日信 第十三号』(奎19572, 78-13)] ; 『韓日外交未刊極祕史料叢書』卷29, 380~381쪽	

逕啓者, 所有我國民內田·田中·甲斐等索討貴國曾設開拓使欠款三案, 懇已多年, 迄今未臻結局, 日前與趙[秉稷]署督辦會晤, 反覆駁論, 終以容再熟思一語而止, 玆復過數旬, 正遇貴督辦承接後任, 必能和衷會商辦結也, 本使擬欲明後十日下午三點鍾, 前趨貴署, 藉圖罄情, 未悉屆時得暇否, 卽候回音, 惟此案我國政府確信我國民有索款正理之可據, 而貴政府毫不顧情理, 一味託辭峻拒, 案涉數年, 仍未了結, 旣爲兩國交涉重情, 案無大小, 交誼存亡實繫焉, 請貴督辦體諒此意, 務圖妥結爲要, 本使意見業已罄述于我曆五月五日第一○一號公文矣, 尙望於會晤前, 熟閱圖之可也, 耑此佈達, 卽頌台祉.

八月八日

近藤眞鋤 頓

己丑 七月十二日

말씀드립니다. 우리 백성 우치다 도쿠지로(內田德次郎), 다나카 기자에몬(田中喜左衛門), 가이 군지(甲斐軍治) 등이 귀국이 일찍이 설치한 귀 개척사가 진 빚을 독촉하여 받아내는 세 가지 안건이 있습니다. 이미 다년간 간절하게 요청하였으나 지금까지 해결되지 못하였습니다. 일전에 귀서(貴署) 조 독판[조병직(趙秉稷)]과 회견하였는데 도리어 말을 바꾸어 반박하였습니다. 끝내 다시 심사숙고하겠다는 한마디만 하고 끝났습니다. 다시 수십여 일이 지났습니다.

귀 독판께서 뒤를 이어받아 부임하셨으니 반드시 마음을 터놓고 회동하여 논의하고 해결하려 합니다. 본사가 모레 10일 오후 3시쯤에 귀서에 가서 사정을 말씀드리고자 합니다. 정한 기일에 겨를이 있을지 없을지 못하겠으니 즉시 회신해 주시기를 기다리겠습니다. 유독 이 안건은 우리 정부가 우리 국민이 독촉을 받아낼 정당한 증거가 있다고 확신하고 있습니다. 귀 정부는 조금도 정리(情理)를 돌아보지 않고 한번 핑계를 꾸며내어 거부하고 있습니다. 안건이 수년이 지나도록 아직 해결되지 않았습니다. 이미 양국 교섭의 두터운 정을 위해서는 안건은 크고 작은 것이 없습니다. 교의(交誼)의 존망은 실로 걸려 있습니다.

청하건대 귀 독판께서 이러한 뜻을 이해하시어 해결하도록 힘써주시기를 바랍니다. 본사의 의견은 이미 아력(我曆) 5월 5일 자 101호 공문에 모두 실려 있습니다. 바라건대 만나기 전에 충분히 확인하여 주시면 좋겠습니다. 정중히 말씀드립니다. 복 받으시기를 기원합니다.

8월 8일

곤도 마스키(近藤眞鋤) 드림

기축년(1889) 7월 12일

84 동남제도개척사 관계 배상 청구의 부당성과 김옥균의 체포·인도 촉구

발신[發]	督辦交涉通商事務 閔種默	高宗 26年 9月 2日
수신[受]	代理公使 近藤眞鋤	西紀 1889年 9月 26日
출전	『日案』卷2, #1495, 1쪽[원본:『日案 第十四号』(奎19572, 78-14)];『韓日外交未刊極祕史料叢書』卷29, 392~393쪽	

　　敬復者, 曩接台械, 爲甲斐[軍治]·內田[德次郎]·田中[喜左衛門]等三人, 向開拓使索償一事, 查此案係是金玉均所經關涉也, 本政府初不認准, 幷未與聞, 則該款之予受情節, 無從查詢, 將何以追繳債欠乎, 覆查詞訟公例, 兩造具備, 各首情實, 審其是否, 驗其文件, 確其憑證, 然後始可嚴拿責償, 方合事宜, 現該兩造均係貴國境內住止, 如該甲斐等設欲索償, 應向玉均所駐地方裁判所控告, 嚴拿該玉均, 面對辨詰, 竢其輸情服罪, 確向該玉均追繳, 固是公案定例也, 如以玉均認爲我國人民, 要向我國官員審辦, 應由貴國該地方官拿緝該玉均, 交來我國刑訟之員, 另求審斷可也, 該甲斐等不此之爲, 反欲臆索欠款於本政府者, 不其乖當歟, 總之, 聽訟之道, 非兩造不公, 非服輸不信, 焉有不公不信, 而妥結訟案之理乎, 應請貴公使斟酌辦理, 務祈照諒, 將此轉詳貴政府, 飭諭該甲斐等, 幷拿玉均, 帶到本署, 以憑交付法曹, 妥行審理, 實屬公允, 耑此幷頌秋安.

　　　　　　　　　　　　　　　　　　　　　　　　　己丑 九月 初二日

　　　　　　　　　　　　　　　　　　　　　　　　　　　閔種默

삼가 답장을 드립니다. 지난번 보내신 문서를 보니 가이 군지(甲斐軍治), 우치다 도쿠지로(內田德次郎), 다나카 기자에몬(田中喜左衛門) 3인이 개척사(開拓使)에게 빚을 받아내는 일에 대한 건입니다. 이 안건을 조사해 보니 김옥균(金玉均)과 관련된 일입니다. 본 정부는 처음부터 인준하지 않았습니다. 아울러 사정을 들은 적이 없습니다. 해당 문서의 말한 사정은 조사하지 않았으므로, 장차 어찌 채무를 추징하겠습니까? 분쟁을 공적인 사실로 다시 조사하는 것은 원고와 피고가 모두 갖추어져야 각자의 사정의 옳고 그름을 조사하고 문건을 확인하여 증빙을 확인한 연후에 비로소 엄히 잡아다 배상을 묻는 것이 사의에 합당합니다.

현재 해당 원고와 피고가 귀국 경내에 거주하고 있으니, 만약 해당 가이 군지 등이 설령 배상받고자 한다면 응당 김옥균이 거주하는 지방의 재판소에 공소를 제기하고, 김옥균을 잡아다가 대면하여 잘잘못을 가리고 죄를 인정받기를 기다려서 김옥균에게 도로 받아내도록 하는 편이 진실로 해당 안건의 정해진 예입니다. 김옥균을 우리나라 인민으로 인정한다면 우리 관원이 심판하여 처리함이 필요합니다. 응당 귀국 해당 지방관이 김옥균을 체포하여 우리나라의 형송(刑訟) 관원에게 보내오면 별도로 심판을 요구함이 좋겠습니다. 해당 가이 군지 등이 이같이 하고자 하지 않고 도리어 본 정부에 배상을 요구한다면 이치에 맞지 않는 것이 아니겠습니까?

요컨대 송사하는 방법은 원고와 피고가 아니면 공평하지 않으니 승복하지 않는다면 불신을 주게 됩니다. 하물며 불공정과 불신이 있으면서 어찌 송사를 해결할 이치가 있겠습니까? 마땅히 귀 공사께서 일을 헤아려 판단하시고 힘써 잘 헤아려 조사하시기 바랍니다. 장차 이를 귀 정부에 자세하게 전하여 가이 군지 등에게 칙유(飭諭)하고 김옥균을 잡아다 본서에 데려오면 법조(法曹)에 교부하여 온당하게 심리하는 편이 공평하고 타당할 것입니다. 정중히 말씀드립니다.

기축년(1889) 9월 초2일

민종묵(閔種黙)

85 동남제도개척사 관계 배상 거부에 대한 반박

발신[發]	代理公使 近藤眞鋤	高宗 26年 9月 4日
수신[受]	督辦交涉通商事務 閔種默	西紀 1889年 9月 28日
출전	『日案』卷2, #1502, 3~5쪽[원본: 『日案 第十四號』(奎19572, 78-14)]; 『韓日外交未刊極祕史料叢書』卷29, 394~399쪽	

　　逕啓者, 頃接復函內開, 田中·內田·甲斐三名, 向開拓使索償一案云云等因前來, 准此, 查此案數年未結, 迭經本使據實伸理, 極論貴開拓使責任所在, 而貴督辦尙若漫然, 僅擧尋常兩造詞訟之例示復, 而至本使第五十號公文, 未見何等辯解, 愈覺事體支吾, 無乃失當乎, 抑本使所以請貴政府撕理此案者, 原係索貴開拓使官債耳, 並非爲追討金某私債也, 況事旣歸兩國交際專員之議, 故其協與不協, 所關甚大, 豈可以裁判民詞視之乎, 請再論貴政府不免其責任之理, 查貴曆癸未年[1883], 金玉均自稱開拓使長官, 率從事官白春培等來至敝國, 擬雇募人夫·舡隻, 前赴欝陵島, 當時我政府未審該使長官職權輕重, 深慮我國民濫渡該島, 致招違禁之罪, 先行駐漢公使島村[久]詢之貴政府, 而據當時外督辦閔[泳穆]覆稱, 本國東南開拓使金玉均, 曾奉我政府委任, 凡屬欝陵島開拓事件, 皆歸該使辦理, 如雇用舡隻等項, 自應據通商章程第三十四款施行, 再無用政府准單云云在案, 於是乎我政府始知該使長官金某奉有便宜行事全權, 遂准我民承雇而往, 以釀成此欠債之案矣, 夫貴政府初授與該長官, 以便宜行事全權, 由其盡權而行, 而于今謂初未認准, 非所與聞, 何自矛盾之甚, 函內又稱, 予援情節, 無從查詢, 將何以追繳債欠乎一節, 夫政府派員外邦, 旣以便宜行事之權委之, 至其成敗得失, 政府自應任責, 而功罪所歸, 外邦並不與焉, 縱令貴政府及今究得金·白等之罪, 亦不過係貴政府內事耳, 不足以塞當盡之責也, 況本案憑證, 均有使該官員手記·印章鑿鑿可據, 盖伊輩爲辦公務, 負債外邦之人, 皆出於貴政府委任之責, 請貴督辦熟閱本案卷宗, 固不難瞭然也, 其一, 貴開拓使雇用敝國小民數十名, 從事欝陵島伐材, 未付工資是也, 其二, 貴開拓使官員, 拓[投誤]宿客舍, 未算飮食之資是也, 其三, 貴開拓使雇用敝國人, 鞅掌使務, 未給薪工, 並令代墊款項, 而未償還是也, 此等情節, 令人聞之, 猶覺無可對人, 況貴政府聞其所委派之官有似此玷然可恥之跡, 則應速行措還, 以全政府聲名, 而復何有所礙, 抛棄情理, 不思當時金某實爲奉委長官, 又不顧當時委任之重, 而其責應歸政府, 動輒搆辭於事後

之罪犯, 欲推之於該使官員之私債, 所謂藏頭露尾, 本使實所難解也, 至於我政府飭該甲斐等, 緝拿玉均, 帶到本署等節, 殊堪驚駭, 本使未聞政府者有將捕拿之權付予民衆, 帶到罪犯於他國之例, 況獲交罪犯, 自有公法, 而未悉貴督辦知而言之乎, 唯覺昧事體, 本使未能認此爲貴政府外務大臣公文爲憾也, 本使將及結論, 更有一言, 以備台鑒, 往年渡邊末吉一案, 係向貴開拓使, 追討承雇舡價, 而貴政府竟將運到木材付之公賣, 得價償還在案, 此案均係貴開拓使與田中·內田·甲斐三案互相牽涉, 毫無差別者也, 而貴政府旣認償渡邊債案, 此三案亦不可免其責, 固當然之理, 而貴督辦今欲將此三案, 推爲金某等之私債, 則曩之貴政府認償渡邊之案爲官債者, 爲誤歟, 抑爲非歟, 事關貴開拓使也其理一, 乃貴政府二三其德, 本使實不知有所適從也, 因請貴督辦核詳論旨, 參酌第五十號公文, 反復揆度, 更圖之貴政府, 奏仰大君主聖裁, 速賜確復, 本使仗節以待, 肅此, 順頌台祉.

　　　　　　　　　　　　　　　　　　　　　己丑 九月四日
　　　　　　　　　　　　　　　　　　　　　近藤眞鋤

삼가 말씀드립니다. 지난번 답장을 받아보았습니다. 다나카 기자에몬(田中喜左衛門), 우치다 도쿠지로(內田德次郞), 가이 군지(甲斐軍治) 3명이 개척사(開拓使)에 배상을 요구하는 안건에 대한 내용이었습니다. 이를 조사해 보니 수년 동안 해결되지 않았습니다. 본사가 사실에 근거하여 거듭 법대로 처리하려 합니다. 귀 개척사의 책임 소재를 논하고 귀 독판께서 만약 생각이 없다면 겨우 예사로운 원고와 피고의 소송 사례로 볼 수 있습니다. 본사가 보낸 제50호 공문에 대하여 어떠한 해명도 볼 수 없었습니다. 일을 얼버무리려 한다는 것을 깨달았으니 마땅함을 잃어버린 것이 없겠습니까? 본사가 귀 정부에 이 안건을 처리해 달라고 하였으나 원래 귀 개척사 관원이 보상하면 될 뿐입니다. 아울러 김옥균(金玉均)의 사채(私債)를 추토(追討)하는 것이 아닙니다. 하물며 일이 이미 교제를 전담하는 양국 관원의 논의로 귀속하였으므로 그 협력 여부에 관계됨이 매우 큽니다. 어찌 백성의 말로 간주하여 재판할 수 있겠습니까? 다시 청하건대 귀 정부가 그 책임의 이유를 면하지 않았으면 합니다.

귀력(貴曆)으로 계미년(1883년) 당시를 조사하니 김옥균은 개척사 장관이라고 자칭하면서 종사관 백춘배(白春培)를 거느리고 우리나라에 도착하여 인부와 선척을 고용하고 울릉도에 갔습니다. 당시 우리 정부는 해당 사절의 장관이 가진 직권(職權)의 경중(輕重)을 미심쩍어 하였습니다. 우리나라 국민이 울릉도에 건너간 것을 매우 우려하였습니다. 금지사항을 어긴 죄에 이르자 먼저 한성주재 공사 시마무라 히사시(島村久)가 귀 정부에 문의하였습니다. 당시 외아문(外衙門) 독판(督辦) 민영목(閔泳穆)이 답변하기를, "본국의 동남개척사 김옥균은 우리 정부의 위임을 받아서 울릉도 개척에 대한 사건은 모두 개척사가 처리하며, 선박 등을 고용하는 항목 같은 경우 통상장정 제34관에 따라서 시행합니다. 다시 정부의 준단(准單)을 사용할 필요는 없습니다"라고 하였습니다. 이에 우리 정부는 비로소 개척사 장관 김옥균이 편의대로 일하는 전권을 가지고 있었음을 알았습니다. 비록 우리 국민의 고용을 승인하였고, 부채의 안건을 양성하였습니다. 무릇 귀 정부가 처음에 해당 장관에게 편의에 따라 행사할 전권을 부여하여 그가 권한을 모두 행사하였습니다. 그런데 지금 처음부터 이를 승인하지 않았다면서 들은 바가 없다고 하니 스스로 어찌 그리 모순이 심합니까? 문서 내에서 "내가 사건의 경위를 잡고서 조사하여 따를 것이 없으니 장차 어찌 부채를 도로 받아낼 수 있겠습니까?"라는 한 구절이 있었습니다.

무릇 정부가 외방(外邦)에 관원을 파견하면 편의에 따라 행사할 권한을 위임하게 되는데, 성패와 득실에 대해서는 정부가 마땅히 책임을 져야 합니다. 공과가 돌아가는 바에 외방은 무릇 관여하지 않습니다. 귀 정부와 지금 궁구해야 할 김옥균과 백춘배의 죄는 또한 귀 정부의 내부 일(內事)에 불과할 뿐입니다. 모든 책임을 막기에는 부족합니다. 하물며 본 안을 증빙하는데 해당 관원의 수기(手記)와 인장(印章)이 증거로 남아 있습니다. 모두 이들이 공무를 처리하는데 외방의 사람에게 부채를 지고 모두 귀 정부가 위임한 책임에서 나온 것입니다.

청하건대 귀 독판께서 본 안건을 잘 살피면 진실로 어렵지 않고 명료합니다. 첫째, 귀 개척사가 우리나라 소민(小民) 수십 명을 고용하여 울릉도 목재에 종사하고 임금을 주지 않았습니다. 둘째, 귀 개척사 관원이 객사에 투숙하였는데 음식값을 계산하지 않았습니다. 셋째, 귀 개척사가 우리나라 국민을 고용하고 매우 바쁘게 일을 시키고 임금을 주지 않았으며, 또한 대신 지불한 것에 대하여 배상하지 않았습니다. 이러한 내용은 사람들에게 들었습니다. 다른 사람에게 말할 수 없는 내용입니다. 하물며 귀 정부가 파견한 관원이 어지러이 수치스러운 행적이 있다는 것을 들었다면 속히 돌려주는 조치를 취하고 정부가 성명을 내야 합니다. 그렇다면 어찌 다시 정리를 포기하고 의심할 바가 있겠습니까? 당시 김 아무개(김옥균)가 실로 장관의 위임을 받았다고 생각하지 않고, 또한 당시 위임한 중요성을 돌아보지 않으나 그 책임은 정부에 귀속합니다. 걸핏하면 사후의 범죄라고 말을 꾸며내어 해당 사신의 관원이 만든 사채(私債)로 떠넘기려 합니다. 소위 머리는 숨기고 꼬리만 보인다는 것은 본사가 실로 이해하기 어렵습니다.

우리 정부가 가이 군지 등에게 신칙하여 김옥균을 체포하여 본서에 데리고 오라는 등의 구절은 매우 놀랍습니다. 본사는 정부가 체포하는 권한을 우리 민중에게 부여했다는 것을 듣지 못하였습니다. 타국에서 범죄를 저지른 자를 포획하여 교부하는 사례는 하물며 공법(公法)에서부터 있는데, 귀 독판께서는 모두 알지 못하고 말씀하셨습니까? 사체를 깨닫지 못하여 본사는 인정할 수 없으니, 귀 정부의 외무대신의 공문은 유감입니다. 본사가 장차 결론을 내리고자 하는 것은 한마디로 갖추고자 합니다.

지난해 와타나베 스에키치(渡邊末吉)의 안건은 귀 개척사에게 선박을 고용한 비용을 받아내고, 귀 정부가 끝내 목재를 운반하고 공매(公賣)하여 비용을 마련하고 상환할 수 있었습니다. 이 안건은 귀 개척사와 다나카 기자에몬, 우치다 도쿠지로, 가이 군지의 세 안건과 서로 관련되어 있습니다. 터럭도 차이가 없습니다. 귀 정부가 와타나베 부채의 상환을 인정하였듯이 이 세 안건 또한 책임을 면할 수 없습니다. 진실로 당연한 이치입니다. 귀 독판이 지금 이 세 안건을 김옥균의 사채로 미루고자 한다면 귀 정부가 와타나베 안건의 배상을 인정한 것은 관의 부채(官債)가 되니 오류입니까? 아니라는 겁니까? 일이 귀 개척사와 관련되었다는 점에서 이유는 하나입니다. 귀 정부가 이랬다저랬다 하여 본사가 실로 따라야 할 바를 알지 못하겠습니다.

청하건대 귀 독판께서 주장하는 말을 상세하게 하시고 제50호 공문을 참작하여 다시 헤아리시기 바랍니다. 다시 귀 정부가 기회를 놓치지 말고 대군주의 판단을 따라서 속히 답변하기 바랍니다. 본사는 기다리겠습니다. 안녕히 계십시오.

기축년(1889) 9월 4일
곤도 마스키(近藤眞鋤)

86 내무부 독판에게 대군주 알현 상주 요청

발신[發]	代理公使 近藤眞鋤	西紀 1889年 10月 10日
수신[受]	內務府督辦 金永壽	
출전	『韓日外交未刊極祕史料叢書』卷29, 400~402쪽.	

　　逕啟者, 茲查有一交涉案件, □曆數年, 本使奉有本國政府札諭與貴國政府外務督辦會商辦理, 務圖事臻妥經在案, 乃頃據貴外務督辦稱, 貴使所言並非無理, 無如此案實爲敝政府素所深忌, 未從辦理云云, 本使竊惟, 邦交所貴, 正理是賴, 公平明允, 毫不容私, 貴外務督辦旣明知本使之言, 合理難違而仍以有所忌諱爲辭, 欲棄理推諉, 其謬不逆甚哉, 夫兩國交涉之案, 情雖輕細, 而所關却重, 乃令本使從貴外務督辦之意歟, 正理而不伸, 則兩國交際, 將何賴之實, 本使職責攸歸, 豈可已于緘默, 蓋謂貴政府旣置外務督辦之職, 統理交涉事務, 則督辦所言, 卽同貴政府之言也, 而果意存違正理背交道, 本使將向孰暢達我政府之慇念, 輾轉籌思, 惟有叩謁大君主陛下, 仰懇聖明裁奪, 以盡職責耳, 因請貴內務督辦, 據情代爲奏請, 如蒙兪允, 卽乞乘示日期, 不勝殷盼之至, 肅此佈聞, 倂俟復音, 順頌秋安.

　　　　　　　　　　　　　　　　　　　　　　　　近藤眞鋤
　　　　　　　　　　　　　　　　　　　　　　明治廿二年 十月初十日
　　　　　　　　　　　　　　　　　　　　　內務府督辦 金永壽 閣下

삼가 말씀드립니다. 한 가지 교섭 안건을 살펴보니, ▢한 수년 동안 본 사신은 본국 정부가 서찰로 지시한 것을 받들어 귀국 정부 외무독판(外務督辦)과 만나서 논의하여 처리하면서, 일이 타당하게 마무리될 수 있도록 힘써 도모하였습니다. 지난번 귀 외무독판께서 말씀하시기를, "귀 사신께서 말씀하신 내용은 무리가 아닙니다만, 이 안건은 실로 우리 정부에서 애초부터 깊이 꺼리는 바이기 때문에 아직 처리하지 못하였습니다"라고 운운하였습니다.

본 사신이 삼가 생각하건대, 방국의 교제에서 귀하게 여기는 바는 올바른 이치(正理)에 의지하는 것이며, 공평하게 처리하여 조금도 사사로움을 용납하지 않는 것입니다. 귀 외무독판께서 본 사신의 말이 이치에 맞아 거스르기 어려움을 이미 잘 알고 계시면서도 여전히 생각하고 꺼리는 바가 있다는 말로써 이치를 버리고 책임을 미루고 있습니다. 그 잘못을 고치지 못하는 것이 심합니다. 무릇 양국이 교섭하는 안건은 정황이 비록 가볍고 사소하더라도 관련된 일은 오히려 중합니다. 따라서 본사로 하여금 귀 외무독판의 뜻을 따르도록 하는 것이 아니겠습니까? 바른 이치가 펼쳐지지 않으면 양국의 교제는 장차 어찌 믿을 만한 실체가 있겠습니까? 본사의 직책에 귀속하는데 어찌 침묵할 수 있겠습니까? 대개 귀 정부에서 이미 외무독판의 직책을 두어 교섭 사무를 총괄하여 관리한다고 말한 이상, 독판이 한 말은 곧 귀 정부가 한 말과 같습니다. 과연 올바른 이치를 거스르고 교제의 도를 등지는 뜻이 남아 있다면, 본 사신이 장차 우리 정부의 의견을 명확하게 전달하려면 이리저리 생각해 보더라도 오직 대군주 폐하를 알현하고 성명하신 재가를 간청하여 (사신의) 직무를 다할 수밖에 없습니다.

따라서 귀 내무독판(內務督辦)께 청하건대, 이러한 사정을 대신 주청하여 주십시오. 만약 윤허를 받아 곧바로 시일을 알려주시어 기한 내에 보여주신다면 진심으로 감사하겠습니다. 정중히 말씀을 듣고 싶습니다. 다시 한번 안녕히 계십시오.

곤도 마스키(近藤眞鋤)
1889년(明治 22) 10월 초10일
내무부독판 김영수(金永壽) 각하

87 울릉도 밀항 일본인의 난동사건 통지와 관련자 처벌 요구

발신[發]	督辦交涉通商事務 閔種默	高宗 26年 9月 19日
수신[受]	代理公使 近藤眞鋤	西紀 1889年 10月 13日
출전	『日案』卷2, #1510, 9쪽[원본: 『日案 第十四号』(奎19572, 78-14)]	

　　大朝鮮督辦交涉通商事務閔, 爲照會事, 案照, 曩據欝陵島長徐敬秀報稱, 日本人三宅數矢等一百八十六名, 駕船二十四隻, 來泊本島道傍浦, 滿載日本沙器等物, 下陸積置, 交換豆太等穀物, 確係有違定章, 將貨物入官, 罰船長五十萬文, 載有明文, 請照會日舘, 期於責懲, 以杜流弊等情, 將該日人三宅數矢等拿交就近領事, 照章懲罰題辦, 去後, 再據該島長報稱, 探鰒日人三宅數矢·久井友之助等, 來到長與洞及邊嶺, 將居民所農玉秫, 盡爲竊取而去, 則島民所種玉秫, 每年所收不下十五六石, 歲前之粮, 惟此玉秫, 沒數見失於日人之手, 難免塡壑, 該日人數十名作黨, 突入島民裵奎周家, 足蹴板屋, 破壞庫舍, 將積置沙器沒數攫去, 如此日人之不畏法禁, 不遵條規, 雖有百島民, 實難防遏, 此弊若不除革, 島民末由奠居, 具由呈報, 請鑒核轉照日館, 將該日人三宅·久井等嚴行懲辦, 將該攫去入官沙器照數追還, 並將該船長懲罰五十萬文, 竊取玉秫十六石價金, 以銅錢假量, 恰爲四百八十餘兩, 一一查還, 撥給該島民, 以爲資活等情到, 據此, 查該日人三宅·久井等, 在不通商口岸密行賣買, 旣係違背定章, 膽敢蹴破官庫, 攫去貨物, 兼以擅踏農畝, 據折玉秫, 均係不法情事, 合有懲罰責償, 相應備文照會貴公使, 請煩查照, 將該三宅·久井等攫去入官沙器, 查追繳納, 幷將罰金五十萬文照章立徵, 所有玉秫價値四百八十餘兩如數償淸, 以懲姦究, 而嚴約旨可也, 須至照會者,
　　右.

　　　　　　　　　　　　　　　　　　　　　　　　　大日本 代理公使 近藤
　　　　　　　　　　　　　　　　　　　　　　　　　己丑 九月十九日

대조선 독판교섭통상사무 민종묵(閔種默)이 조회합니다. 지난 번 울릉도장(鬱陵島長) 서경수(徐敬秀)가 보고하기를, "일본인 미야케 가즈야(三宅數矢) 등 186명이 선박 24척에 타고 울릉도 도방포(道傍浦)에 와서 정박하고 일본 사기(沙器) 등의 물건을 가득 싣고 육지에 내려 쌓아두고 콩 등의 곡물과 교환하였습니다. 이는 장정을 어긴 것으로, 장차 화물을 관에서 압수하고 벌금 50만 문을 징수한다는 내용이 명문에 실려 있습니다. 일본공사관에 조회를 청하여 징수를 청하고 폐단을 막으려 합니다"라는 내용이었습니다. 해당 일본인 미야케 가즈야 등은 나포하여 부근의 영사에게 교부하였고, 장정에 따라 벌금을 징수하도록 처리하였습니다.

이후에 다시 울릉도장이 보고하기를, "일본인 미야케 가즈야와 구이 도모노스케(久井友之助) 등이 전복을 채취하고자 장여동(長與洞)과 변령(邊嶺)에 도착하여 거주민이 농사지은 옥수수를 모두 훔쳐 갔습니다. 울릉도민들이 파종한 옥수수는 매년 거두는 것이 15~16석 이하이며 세전의 식량은 오직 이 옥수수뿐이므로, 전부 일본인의 손에 잃은 셈입니다. 도랑에 굴러다님을 면하기 어려우니 해당 일본인 수십 명이 작당하여 울릉도민 배규주(裴奎周) 집에 돌입하여 판자집을 발로 차고 창고를 부수었습니다. 장차 쌓아둔 사기를 전부 붙잡아 가려 하자 이 일본인들이 법에서 금지한 바를 두려워하지 않아 조규(條規)를 따르지 않았습니다. 비록 100여 명의 울릉도민이 있으나 실로 막기 어려우니 이 폐단이 만약 고쳐지지 않아서 울릉도민들이 살아가기 어렵습니다. 모두 갖추어 보고를 드리고 청하건대 일본공사관에 전달하여 해당 일본인 미야케 가즈야와 구이 도모노스케 등을 엄하게 처리하십시오. 장차 붙잡아 입관한 사기의 전체를 수에 따라 돌려보내고 아울러 해당 선장에게 50만 문의 벌금을 물려서 훔쳐 간 옥수수 16석의 값을 동전으로 대략 헤아려 보면 480여 냥이 되므로 일일이 조사하여 돌려받고, 해당 울릉도민에게 지급하여 밑천으로 삼아 생활하도록 하자"라는 내용이었습니다.

여기에 의거하여 해당 일본인 미야케 가즈야와 구이 도모노스케 등을 조사해 보니 미통상 항구에서 몰래 매매한 일은 이미 장정을 어긴 것으로 대담하게 관고(官庫)를 부수고 화물을 가져가서 겸하여 농경지를 마음대로 밟고 옥수수를 훔쳤으니 법을 위반한 것입니다. 벌금을 징수하고 보상할 책임이 있으니 상응하여 문서를 갖추어 귀 공사에게 조회를 보냅니다. 번거롭게 청하건대 잘 조사하여 장해 해당 미야케 가즈야와 구이 도모노스케 등이 가로채 간 사기(沙器)를 관에서 몰수하고, 추징하여 납부할 것을 조사하여 벌금 50만 문을 장정에 따라서 징수하고, 옥수수 값 480여 냥을 액수에 따라 배상함으로써 간사함을 징치하고 약속을 엄히 하는 편이 좋겠습니다. 이같이 조회를 보냅니다.

대일본 대리공사 곤도 마스키(近藤眞鋤)
기축년(1889) 9월 19일

88 울릉도에서 난동을 일으킨 일본인에 대한 엄중 조사 후 회신

발신[發]	日本代理公使 近藤眞鋤	高宗 26年 9月 26日
수신[受]	督辦交涉通商事務 閔種默	西紀 1889年 10月 20日
출전	『日案』卷2, #1523, 15쪽[원본: 『日案 第十四号』(奎19572, 78-14)]	

　大日本代理公使近藤, 爲照復事, 接准貴曆九月十九日貴督辦來文內開, 曇據欝陵島長徐敬秀報稱云云等因前來, 准此閱悉, 惟查案關不通商口岸潛商, 及割民粮, 劫官倉重案, 而深惜該地方官未能照漁採規則第二條, 拿獲罪犯, 解交附近我國領事, 徹底根究, 以成信讞耳, 然業由本使札飭駐釜山·元山我國領事, 查訪該三宅等各犯船隻蹤跡, 嚴行弋獲, 隨獲研訊去訖, 一竣各該領事稟復到日, 再當奉復, 理合先行備文照復貴督辦, 請煩查照可也, 須至照會者,
　右.

大朝鮮 督辦交涉通商事務 閔

明治卄二年 十月二十日

己丑 九月二十六日

대일본 대리공사 곤도 마스키(近藤眞鋤)가 조복합니다. 귀력(음력) 9월 19일 귀 독판(督辦)께서 보내오신 문서를 열어보니, 지난번 울릉도장(鬱陵島長) 서경수(徐敬秀)가 보고하여 말한 내용이었습니다. 이를 모두 열람하였습니다.

이것은 미개항장에서의 밀무역(潛商) 및 백성들에게 해를 입히고 관아의 창고에서 양곡을 약탈하는 등에 관련된 사안입니다. 그런데, 해당 지방관이 어채규칙(魚採規則) 제2조[11]에서 범죄인을 체포하면 가까운 우리나라(일본) 영사관으로 교부한다는 내용을 철저히 궁구하여 신뢰할 수 있는 결과를 얻지 못하였으니 매우 애석합니다.

이미 본 사신이 부산(釜山)과 원산(元山)에 주재하는 우리나라의 영사에게 훈령하여 미야케(三宅) 등과 범죄에 이용된 각 선박들의 종적을 추적해서 이들을 체포하여 엄중히 조사하고, 신문(訊問)하도록 지시하였습니다. 해당 각 영사들의 보고가 도착하는 대로 마땅히 다시 조회를 올리겠습니다.

우선 문서를 갖추어 회신하니, 귀 독판께서는 번거로우시더라도 살펴보시기 바랍니다. 이것으로 조회를 마칩니다. 이상입니다.

대조선 독판교섭통상사무 민종묵(閔種默) 귀하

1889년(明治 22) 10월 20일

기축년 9월 26일

---

[11] 어채규칙 제2조 : 처판일본인민재약정조선국해안어채범죄조규(處辦日本人民在約定朝鮮國海岸漁採犯罪條規) 제2조를 가리킴

89 동남제도개척사 관련 가이 군지의 청구금 청산의 건

발신[發]	督辦交涉通商事務 閔種默	高宗 26年 10月 3日
수신[受]	日本代理公使 近藤眞鋤	西紀 1889年 10月 26日
출전	『日案』卷2, #1532, 18쪽[원본: 『日案 第十四号』(奎19572, 78-14)]	

　逕啓者, 案照貴國長崎縣平民甲斐軍治, 向我國開拓從事白春培索償一事, 歷經函照在案, 查我曆丁亥[1887]五月十九日, 准貴前代理公使高平[小五郞]照會內稱, 該名應當領收金額四千四百九十九元五十四錢三厘, 與本年一月起五月止之利息, 及逗遛日費五百五十九元二十三錢二厘, 合計五千零五十八元七十七錢五厘求請前來, 請迅速結案等語, 再查此案議難妥協, 歷有年所, 惟此等案件久未妥結, 徒爲兩國交誼之累, 本督辦深以爲虞, 特委本署參議鄭[秉夏]確商妥訂, 將該金額五千零五十八元七十七錢五厘內, 該利息暨逗遛費一千三百八十元三十一錢五毛, 商允裁減, 玆將應付款項參千陸百柒拾捌元肆拾陸錢肆厘伍毛妥算送交, 卽請貴公使查收, 轉交該甲斐領訖, 要領存票送來本署, 並將該前後債券及准憑文件一倂收還, 以便燬銷, 是爲禱切, 特此佈達, 幷頌時祉.

己丑 十月 初三日

閔種默 頓

급히 알립니다. 귀국(일본) 나가사키현(長崎縣)의 평민 가이 군지(甲斐軍治)가 우리나라의 개척종사관(開拓從事官) 백춘배(白春培)에게 배상을 요구한 건에 대한 그동안의 조회와 서한들을 검토했습니다.

그동안의 조회들을 살펴보니 아력(我曆) 1887년(정해년, 丁亥年) 5월 19일 귀국의 전 대리공사(代理公使) 다카히라 고고로(高平小五郎)는 조회에서 해당인(가이 군지)이 마땅히 받아야 할 금액 4,499원(元) 54전(錢) 3리(厘)와 올해 정월에서 5월까지의 이자 및 체재비 559원 23전 2리, 합계 5,058원 77전 5리를 청구해 왔으니, 신속하게 마무리해 달라고 당부했습니다.

이에 다시 이 사안을 검토하니, 서로 타협하기 어려워 여러 해가 흘렀고, 이 안건이 미타결 상태로 헛되이 시간만 보내면서 장기간 양국의 교의에 문제가 되었습니다. 본 독판(督辦)은 이를 깊이 우려하여 본서(本署-통리교섭통상사무아문)의 참의(參議) 정병하(鄭秉夏)에게 특별히 위임하여 서로 간의 협의를 통해 확실하게 타결하도록 했습니다. 장차 해당 금액 5,058원 77전 5리 중 그 이자 및 체재비를 1,380원 31전 5모(毛)로 계산하고, 이것을 뺀 마땅히 상환해야 할 차입 금액을 3,678원 46전 4리 5모로 계산하여 송금하겠습니다.

따라서 귀 공사께서 이 금액을 받아 가이에게 전달해 주시고, 영수증을 받아 본서로 보내주시기를 요청합니다. 더불어 이 사안과 관련된 모든 채권 및 증빙 문건 일체를 회수함으로써 이 사안이 완전히 종결되기를 바랍니다. 이를 간절히 희망합니다. 특별히 이것을 말씀드리며 평안하시기 바랍니다.

기축년(1889) 10월 초3일
민종묵(閔種默) 드림

90 동남제도개척사 관련 우치다와 다나카의 청구금 청산의 건

발신[發]	督辦交涉通商事務 閔種默	高宗 26年 10月 3日
수신[受]	日本代理公使 近藤眞鋤	西紀 1889年 10月 26日
출전	『日案』卷2, #1533, 18~19쪽[원본: 『日案 第十四号』(奎19572, 78-14)]	

　　逕啟者, 案照貴國兵庫縣平民內田德次郞, 田中喜左衛門等, 向我開拓從事白春培, 索償宿費及代墊金額一事, 歷經照函在案, 查我曆丁亥[1887]三月二十八日, 貴前代理公使高平[小五郞]照會第二十五號, 第二十六號內, 並請該金額迅速償完等語, 再查此案現經多年, 迄未妥結, 互相頡頏, 易致交誼之轇轕, 本督辦深庸爲憂, 特委本署參議鄭[秉夏]確商妥訂, 將該內田所, 索款項三千六百二十二元八十七錢七厘五毛, 田中所索款項四百二十九元九十六錢五厘一倂送交, 祈卽查收轉給該兩人收領, 以結懸案, 將該領票曁前後文書一一收還, 以便燬銷, 至爲禱盼, 嗣後遇有此等欠債索償案件, 本政府理不准償, 並賜照諒, 明白示覆爲要, 尙此, 幷頌日祉.

己丑 十月初三日

閔種默 頓

급히 알립니다. 귀국(일본) 효고현(兵庫縣)의 평민 우치다 도쿠지로(內田德次郞), 다나카 기자에몬(田中喜左衛門) 등이 우리나라의 개척종사관(開拓從事官) 백춘배(白春培)에게 숙박비 및 대신 지불한 비용의 배상을 요구한 건에 대한 그동안의 조회와 서한들을 검토했습니다.

　　그동안의 조회들을 살펴보니, 아력(我曆) 정해년(丁亥年, 1887) 3월 28일 귀국의 전 대리공사(代理公使) 다카히라 고고로(高平小五郞)의 조회 제25호와 제26호의 내용에 해당 금액에 대해 신속하게 상환을 완료해 달라고 당부하는 말씀이 있었습니다. 이에 다시 이 사안을 검토하니, 현재 여러 해가 지나기까지 미타결의 상태로 서로 완고하게 대립하고 있으니, (양국의) 교의를 어지럽게 하고 있습니다.

　　본 독판(督辦)은 이를 깊이 우려하여 본서(本署-통리교섭통상사무아문)의 참의(參議) 정병하(鄭秉夏)에게 이 안건을 특별히 위임하여 확실하게 타결하도록 했습니다. 장차 우치다가 상환을 요구하는 금액 3,622원(元) 87전(錢) 7리(厘) 5모(毛)와 다나카가 상환을 요구하는 금액 429원 96전 5리 일체를 송금하려 합니다.

　　바라건대 수령하시면, 즉시 이를 해당하는 두 사람에 전달하여 수령하도록 함으로써 현안을 종결했으면 합니다. 그리고 해당 금액에 대한 영수증과 이 사안에 대한 그동안의 문서를 하나하나 거두어 돌려보냄으로써 이 사안이 완전히 종결되어 평안하게 되기를 희망합니다.

　　이후에 이와 같은 채무 상환에 대한 안건이 발생한다면, 본 정부는 그 상환을 허락하지 않을 것이므로 아울러 헤아려 주십시오. 면밀히 검토하시어 명확한 내용을 답신해 주시기 바랍니다. 이같이 조회하니 나날이 평안하시기 바랍니다.

기축년(1889) 10월 초3일
민종묵(閔種默) 드림

91 동남제도개척사 관련 배상 요구 3개 안건의 완결과 이후 배상 요구 불가의 건

발신[發]	督辦交涉通商事務 閔種默	高宗 26年 10月 5日
수신[受]	日本代理公使 近藤眞鋤	西紀 1889年 10月 28日
출전	『日案』卷2, #1537, 20~21쪽[원본: 『日案 第十四号』(奎19572, 78-14)]	

　　大朝鮮督辦交涉通商事務閔, 爲照會事, 案照貴國長崎縣平民甲斐軍治暨兵庫縣平民內田德次郞, 田中喜左衛門等, 向我國曩時開拓使金玉均索償一案, 迭經照函, 歷有年所, 迄未妥結, 互相携貳, 無由核辦之梯, 徒爲隣誼之累, 本督辦深庸爲憂, 特委本署參議鄭[秉夏]面商妥訂, 將該索償三案均已算淸, 應由貴公使査收, 轉給該三人收領, 將該領票暨債券一一收回, 以便完結該案, 嗣後遇有貴國紳商人民謂有向該玉均欠債索償等情獘, 本政府斷不准償, 卽請貴公使査照, 將此轉詳貴政府爲妥, 望切見覆, 須至照會者,
　　右.

　　　　　　　　　　　　　　　　　　　　　　　　　大日本 代理公使 近藤
　　　　　　　　　　　　　　　　　　　　　　　　　己丑 十月初五日

대조선 독판교섭통상사무 민종묵(閔種默)이 조회합니다. 귀국 나가사키현(長崎縣)의 평민 가이 군지(甲斐軍治)와 효고현(兵庫縣)의 평민 우치다 도쿠지로(內田德次郎), 다나카 기자에몬(田中喜左衛門) 등이 과거 우리나라의 개척사(開拓使) 김옥균(金玉均)에게 배상을 요구한 안건입니다. 이에 관한 조회와 서한들에 대해 여러 차례 검토하였음에도, 타결되지 않은 상태로 여러 해가 지났습니다. 서로 간에 의견이 달라서 해결의 실마리를 찾지 못하여 이웃 국가 간의 친밀한 관계에 장애가 될 뿐이었습니다.

본 독판은 이를 깊이 우려하여 본서(本署)의 참의(參議) 정병하(鄭秉夏)에게 이 안건을 특별히 위임하고, 서로 협의하여 타결하도록 했습니다. 이제 이 세 건의 배상 요구 안건은 이미 모두 깔끔하게 처리되었습니다. 따라서 귀 공사(公使)께서는 마땅히 배상 금액을 받아 이를 전달하여 해당 3인이 수령하도록 해주시기 바랍니다. 그 이후에는 그 영수증 및 채권 일체를 회수함으로써 이 안건을 완전히 종결하기를 희망합니다.

이 안건 이후에도 귀국의 상인이나 인민으로부터 김옥균의 부채에 대한 배상 요구 등의 폐단이 발생한다면, 우리 정부는 결코 그 배상을 허락하지 않겠습니다. 이에 귀 공사께서는 잘 살펴보시고, 또한 이에 대한 상세한 내용을 마땅히 귀 정부에 보고해 주시기 바랍니다. 이에 대한 회답을 주시기 바랍니다. 이것으로 조회를 마칩니다. 이상입니다.

대일본 대리공사 곤도 마스키(近藤眞鋤)
기축년(1889) 10월 초5일

92 동남제도개척사 관련 일본인 청구 비용 처리에 대한 회답

발신[發]	日本 代理公使 近藤眞鋤	高宗 26年 10月 5日
수신[受]	督辦交涉通商事務 閔種黙	西紀 1889年 10月 28日
출전	『日案』卷2, #1538, 21쪽[원본: 『日案 第十四号』(奎19572, 78-14)]	

　逕復者, 昨准來函, 所有兵庫縣平民內田德次郎·田中喜左衛門等, 向開拓使索償宿費·墊款, 應付內田, 共參仟陸百貳拾貳元捌拾柒錢柒厘五毛, 應付田中, 共肆百貳拾玖元玖拾陸錢五厘, 兩款妥算送交等因, 均已承悉, 該商等所執債券憑照各件以及領單, 俟由各本人送交前來之日, 再當送去銷案, 至嗣後係開拓使欠債索償案件, 理不准償一節, 應由本使, 稟詳本國外務大臣查核可也, 先此佈復, 卽頌時祉.

十月廿八日

近藤眞鋤 頓

己丑 十月初七日

급히 회신합니다. 어제 온 문서를 받았습니다. 효고현(兵庫縣)의 평민 우치다 도쿠지로(內田德次郞)와 다나카 기자에몬(田中喜左衛門) 등이 개척사(開拓使)에게 숙박비로 대신 낸 돈의 배상을 요구하는 건입니다. 우치다의 요구에 따라 받아야 할 돈은 3,622원(元) 87전(錢) 7리(厘) 5모(毛)입니다. 다나카의 요구에 따라 받아야 할 돈은 모두 429원 16전 5리입니다. 두 항목을 계산하여 보내는 일로 모두 다 잘 알았습니다. 해당 상인 등이 가지고 있는 채권증빙 각 건과 영수증을 각 본인이 보내오는 날을 기다려서 다시 보내도록 하여 일을 마무리 지어야 합니다. 이후에 개척사가 진 빚을 보상하는 안건은 이치상 보상할 필요가 없다는 한 구절은 본 사신이 본국 외무대신에게 상세하게 말하여 조사하도록 하는 편이 좋겠습니다. 이에 먼저 답장을 보내니 평안하시기 바랍니다.

10월 28일
곤도 마스키(近藤眞鋤) 드림
기축년(1889) 10월 초7일

93 가이 군지의 배상 요구액에 관한 영수증 및 관계문건 송부 건

발신[發]	日本代理公使 近藤眞鋤	高宗 26年 10月 16日
수신[受]	督辦交涉通商事務 閔種默	西紀 1889年 11月 8日
출전	『日案』卷2, #1555, 28쪽[원본:『日案 第十四号』(奎19572, 78-14)]	

　敬復者, 前准來函, 所有長崎縣平民甲斐軍治, 向開拓使索討各墊款五千零五十八元七拾七錢五厘內, 商允裁減該利息曁逗遛費壹千參百八拾元參拾壹錢五毛, 應付參千陸百柒拾捌元肆拾陸錢肆厘五毛, 妥算送交等因, 均已聆悉, 相應將該前後債劵, 准憑文件共拾肆扣, 以及由該甲斐親具領存票一併送上, 以憑銷案可也, 特此佈復, 即頌時祉.

　　　　　　　　　　　　　　　　　　　　　　十一月八日
　　　　　　　　　　　　　　　　　　　　　　近藤眞鋤 頓
　　　　　　　　　　　　　　　　　　　　　　己丑 十月十六日

삼가 회답합니다. 앞서 온 서함을 확인하였습니다. 나가사키현(長崎縣)의 평민 가이 군지(甲斐軍治)가 개척사(開拓使)에게 배상을 요구한 금액 5,058원(元) 77전(錢) 5리(厘)에 대해 그 내용을 살펴 대리 지불한 금액에 대한 이자와 체재비 1,380원 31전 5모(毛)를 삭감하고, 마땅히 상환할 금액을 3,678원 46전 4리 5모로 계산하여 송금한다는 내용은 모두 잘 알겠습니다.

　　이에 상응하여 마땅히 해당 채권 및 증빙문건 전체 14건과 가이(甲斐)가 직접 작성한 영수증을 함께 보내드려 이 문제를 마무리하고자 합니다. 이를 조회로 알려드리오며, 평안하시기 바랍니다.

(양력) 11월 8일
곤도 마스키(近藤眞鋤) 드림
기축년(1889) 10월 16일

94 동남제도개척사 관련 우치다·다나카의 배상 요구 금액 영수증, 기타 문건 송부

발신[發]	日本代理公使 近藤眞鋤	高宗 26年 12月 3日
수신[受]	督辦交涉通商事務 閔種默	西紀 1889年 12月 24日
출전	『日案』卷2, #1586, 44쪽[원본:『日案 第十五号』(奎19572, 78-15)]	

  逕啟者, 所有前承給還我國兵庫縣平民內田德次郎, 田中喜左衛門等款項, 業經轉給各該本人, 取具領單以及呈出債券, 憑照各等件, 經我國外務省函送前來, 相應附函送繳, 卽希貴督辦査收銷案可也, 特此布達, 順頌日祉.

  計附領單二紙, 券照二封, 委任狀一紙

十二月卄四日

近藤眞鋤 頓

己丑 十二月初三日

급히 알려드립니다. 앞서 송금해 주신 우리나라(일본) 효고현(兵庫縣)의 평민 우치다 도쿠지로(內田德次郎)와 다나카 기자에몬(田中喜左衛門) 등에 대한 상환금을 절차에 따라 본인들에게 전달했습니다. (그리고) 그들로부터 각각 작성한 영수증을 받음으로써 채권과 증빙 조회 등의 관련 문건들이 우리나라 외무성(外務省)의 서함 송부를 거쳐 도착했습니다. 이에 마땅히 조회에 첨부하여 (이 문건들을) 송부합니다. 따라서 귀 독판(督辦)께서는 이를 거두어 확인하시고, 이 문제를 마무리하면 좋겠습니다. 이를 알려드리며 나날이 평안하시기를 기원합니다.

첨부문서는 영수증 2매, 증서 2통, 위임장 1매입니다.

12월 24일
곤도 마스키(近藤眞鋤) 드림
기축년(1889) 12월 초3일

95 울릉도장(鬱陵島長)의 일본 어민 금어(禁漁)와 고래 몰수 사건에 대한 타결 촉구

발신[發]	日本辨理公使 梶山鼎介	高宗 28年 11月 14日
수신[受]	督辦交涉通商事務 閔種默	西紀 1891年 12月 14日
출전	『日案』卷2, #2004, 257쪽[원본: 『日案 第十九号』(奎19572, 78-19)]	

逕啓者, 我曆明治二十一年[1888]夏, 我漁民姬野八郎次, 三宅數矢等, 艤漁舩四隻, 到貴國江原道蔚陵島沿岸, 卽欲捕魚爲生, 詎爲該島長[徐敬秀]所禁, 不得營業, 其後伊等幸得內務府主事[尹始炳]之允准暫漁, 而再該主事稱島長之命, 將其捕獲鮑包二百五十斤入官之案件, 同年十一月二十四日, 業經前任近藤[眞鋤]代理公使照會前署趙[秉稷]督辦, 及其後屢次照會貴督辦在案, 查鬱陵島原係江原道屬下, 我漁民往彼捕魚, 卽載明條約矣, 然則該島長等擅行禁捕, 或沒收獲物, 其違犯條約, 固不待論, 而此案旣及三年之久, 仍未了結, 本使所甚不解也, 仰望貴督辦當卽按照當時近藤代理公使之照會, 查辦結案可也, 專此佈達, 順頌日祉.

十二月十四日

名另具

辛卯 十一月十四日

급히 알립니다. 아력(我曆, 일본력) 1888년(明治 21) 여름, 우리 어민 히메노 하치로지(姬野八郎次)와 미야케 가즈야(三宅數矢) 등이 물고기를 잡아 생계를 잇고자 하여 어선 4척을 끌고 귀국(조선) 울릉도(蔚陵島) 연안에 도착했습니다. 그러나 그 섬의 도장(島長)[서경수(徐敬秀)]가 어업행위를 금지하여 영업을 할 수 없었습니다. 그 후 다행히 내무부 주사(主事)[윤시병(尹始炳)]가 그것을 승인하여 잠시 동안 어업을 할 수 있었습니다. 그러나 그 주사는 다시 도장(島長)의 명령을 받았다고 하면서 잡은 전복 250근을 관청으로 몰수했습니다.

같은해 11월 24일 이미 전임 곤도 마스키(近藤眞鋤) 대리공사가 전임 조병직(趙秉稷) 독판께 이를 조회했습니다. 또한 그 후로도 여러 차례 이 문제에 대해 귀 독판께 살펴달라고 조회하였습니다. 울릉도는 본래 강원도(江原道)의 관할 아래 있으며, 우리 어민이 가서 어업활동을 할 수 있다는 내용은 조약에도 명확하게 실려 있습니다.

그렇기 때문에 그 도장이 자기 마음대로 어업활동을 금지하거나, 혹은 어획물을 몰수하는 등의 행위가 조약을 위반한 것임은 굳이 논할 필요가 없습니다. 그리고 이 문제는 이미 3년이 지났으나, 전혀 해결되지 않고 있다는 것을 본 공사 [가지야마 데이스케(梶山鼎介)]는 도저히 이해할 수 없습니다. 엎드려 바라건대 귀 독판께서는 곧바로 당시 곤도 대리공사의 조회를 검토하시어 해결안을 제시해 주시기 바랍니다. 이같이 알려드리며, 나날이 평안하시기를 기원합니다.

(양력) 12월 14일
발신자의 이름은 따로 표기함
신묘년(1891) 11월 14일

96 낙동강(洛東江)[12]·황해도(黃海道)의 징세, 울릉도의 말린 전복(干鮑) 등에 관한 면담 요청

발신[發]	日本辨理公使 梶山鼎介	高宗 29年 8月 16日
수신[受]	督辦交涉通商事務 閔種默	西紀 1892年 10月 6日
출전	『日案』卷2, #2113, 308~309쪽[원본: 『日案 第二十号』(奎19572, 78-20)]	

訂期面商事

逕啟者, 落[洛誤]東江重稅及黃海道分稅, 幷鬱陵島干鮑之三件, 擬于明日午前九點鍾, 令杉村[濬]書記官前往貴堂面商, 希卽屆時待在焉, 爲幸矣, 順頌日祉.

十月六日

梶山鼎介 頓

壬辰 八月十七日

---

12 원문에 최초 落東江으로 표기된 것에 대해 『구한국외교문서』에서는 落은 '洛의 오자'라고 바로잡았음.

기한을 수정하여 면담, 상의할 것

급히 알려드립니다. 낙동강(洛東江)의 이용에 대한 과중한 세금 및 물건값에 따라 자의적으로 세금을 징수하는 황해도(黃海道)의 분세(分稅), 이와 더불어 울릉도(鬱陵島)의 말린 전복(干鮑)의 3건에 대해 스기무라 후카시(杉村濬) 서기관에게 명령하여 내일 오전 9시에 귀서(貴署, 統理交涉通商事務衙門)로 가서 면담을 요청하도록 하였습니다. 이에 (그의) 도착을 기다려주시면, 그저 감사하겠습니다. 나날이 평안하시기를 기원합니다.

(양력) 10월 6일
가지야마 데이스케(梶山鼎介) 드림
임진년(1892) 8월 17일

97 울릉도 말린 전복 등의 안건에 대한 면담 요청

발신[發]	日本辨理公使 梶山鼎介	高宗 29年 9月 2日
수신[受]	督辦交涉通商事務 閔種默	西紀 1892年 10月 22日
출전	『日案』卷2, #2121, 312쪽[원본:『日案 第二十号』(奎19572, 78-20)]	

　逕啓者, 擬于再明天午前九點鍾, 欲令杉村書記官前往貴宅, 面議鬱陵島干鮑等諸案, 先此佈達, 順頌日祉.

十月二十二日

梶山鼎介 頓首

壬辰 九月初二日

급히 알려드립니다. 스기무라(杉村) 서기관에게 내일 오전 9시 귀택[민종묵(閔種默)의 자택]으로 가서 울릉도(鬱陵島)의 말린 전복(干鮑) 등의 여러 현안을 논의하기 위해 다시 면담을 요청하도록 명령하려고 합니다. 우선 이와 같은 내용에 대해 알려드립니다. 나날이 평안하시기를 기원합니다.

10월 22일
가지야마 데이스케(梶山鼎介) 드림
임진년(1892) 9월 초2일

98 울릉도 말린 전복 등의 안건에 대한 면담 연기 요청

발신[發]	督辦交涉通商事務 閔種默	高宗 29年 9月 2日
수신[受]	日本辨理公使 梶山鼎介	西紀 1892年 10月 22日
출전	『日案』卷2, #2122, 312쪽[원본:『日案 第二十号』(奎19572, 78-20)]	

　逕復者, 頃接大函, 爲明天欲令杉村書記官面議鬱陵島干鮑一事, 備悉一是, 査該尹員[始炳]尙此委頓床茲, 萬難面究, 容俟該員病可, 擬卽佈聞, 照亮爲荷, 肅此, 順頌日祉.

壬辰 九月 初二日

閔種默 頓

급히 회답합니다. 보내주신 조회를 받아보니, 내일 스기무라(杉村) 서기관이 울릉도(欝陵島)의 말린 전복(干鮑)에 대한 문제로 면담하려 한다는 내용입니다. 이 건에 대해서는 모든 사정과 해당 윤 관원[윤시병(尹始炳)]에 대해 조사할 예정입니다. 그러나 아직 이에 대한 조사가 진행되지 못하여 면담하기 어렵습니다. 해당 관원의 질병이 회복되기를 기다려 문의할 터이니, 이에 대해 양해해 주시기 바랍니다. 나날이 평안하시기를 기원합니다.

임진년(1892) 9월 초2일

민종묵(閔種默) 드림

99 면담을 위한 스기무라 서기관 파견 통고

발신[發]	日本辨理公使 梶山鼎介	高宗 29年 9月 18日
수신[受]	署理督辦交涉通商事務 李容稙	西紀 1892年 11月 7日
출전	『日案』卷2, #2130, 314쪽[원본:『日案 第二十号』(奎19572, 78-20)]	

逕啟者, 擬于來九日, 因公欲令杉村[濬]書記官前往貴署面議, 先此佈達, 順頌日祉.

十一月七日

梶山鼎介 頓

壬辰 九月十八日

급히 알립니다. 오는 9일 공무(公務)를 목적으로 스기무라 후카시(杉村濬) 서기관이 귀서(貴署, 統理交涉通商事務衙門)에 가서 면담을 요청하도록 명령하려고 합니다. 우선 이 내용을 알려드립니다. 나날이 평안하시기를 기원합니다.

(양력) 11월 7일
가지야마 데이스케(梶山鼎介) 드림
임진년(1892) 9월 18일

100 스기무라 서기관의 면담 요청 동의

발신[發]	署理督辦交涉通商事務 李容稙	高宗 29年 9月 19日
수신[受]	日本辨理公使 梶山鼎介	西紀 1892年 11月 8日
출전	『日案』卷2, #2131, 314~315쪽[원본: 『日案 第二十号』(奎19572, 78-20)]	

敬復者, 昨展來函, 爲貴書記官前來面議公幹一事, 當於明天在署邀晤, 此覆, 順頌日安.

壬辰 九月十九日

李容稙 頓

삼가 회답합니다. 어제 보내주신 조회를 받아보니, 귀 서기관(杉村濬)이 공무(公務)를 위해 면담하러 온다는 내용입니다. 마땅히 내일 본서(統理交涉通商事務衙門)에서 맞이하겠습니다. 이를 회답합니다. 나날이 평안하시기를 기원합니다.

임진년(1892) 9월 19일
이용직(李容稙) 드림

101 울릉도 말린 전복 금액, 이자 타결액의 기일과 상환 요청

발신[發]	日本代理公使 杉村濬	高宗 29年 12月 3日
수신[受]	督辦交涉通商事務 趙秉稷	西紀 1893年 1月 20日
출전	『日案』卷2, #2179, 332~333쪽[원본: 『日案 第二十一号』(奎19572, 78-21)]	

鮑價催償事
第四號

　敬啟者, 昨經面商, 議及鬱陵島干鮑舊案, 論究之後, 閣下言明, 當卽償給干鮑價銀貳百零五元五拾九錢五厘及邊利銀壹百參拾五元六拾九錢三厘, 共計銀參百四拾壹元貳拾八錢八厘等語, 因此, 卽夕傳知該原告, 而彼固執不從, 諭知再三, 乃曰某等在京數月, 浮費實多, 願速了事, 故若於一二日內得了結, 則勉從貴諭, 以圖本月二十三日夜(卽陰曆十二月初六日夜)發京下仁, 直搭便船歸國, 稍得便也, 然若一二日內不至結案, 則亦終不能從諭云云, 我商所願如此, 希卽照諒焉, 於一二日內, 償給該價銀及利銀全額, 以結此舊案, 殊爲公便, 幷望速復, 肅此佈函, 順候多安.

一月二十一日
杉村濬 頓
壬辰 十二月初四日

전복값의 배상을 촉구할 것
제4호

삼가 알립니다. 지난번 대면 회의에서 울릉도(欝陵島)의 말린 전복(干鮑)에 대한 오래된 현안을 논의했습니다. 그 직후 각하께서는 말린 전복의 금액으로 은(銀) 205원(元) 59전(錢) 5리(厘) 및 이자로 은 135원 69전 3리, 모두 합쳐 은 341원 28전 8리 등을 마땅히 배상하겠다고 언명하셨습니다.

이를 바탕으로 그날 저녁 이 내용을 해당 원고(原告)에게 전달하였으나, 그는 고집을 부리며 따르지 않고 있습니다. 두 세 차례 다시 고지하였습니다. 이에 말하기를, "우리들은 한성(漢城)에서 수개월 동안 체재하면서 쓴 비용이 매우 많습니다. 사건을 빨리 처리해 주시기 바랍니다. 대략 1~2일 이내에 처리되어 사건이 종결된다면, 당신의 통고에 따르겠습니다. 이달 23일 밤(즉, 음력 12월 6일 밤) 한성을 출발하여 인천(仁川)으로 내려가려 합니다. (인천에서) 곧바로 선박에 탑승하여 귀국하면 약간 편리하겠습니다. 그러나 만약 1~2일 내에 사안이 종결되지 않는다면, 아무래도 통고에 따를 수 없습니다"라고 했습니다.

제가 상담한 그들의 소원이 이와 같으니, 이를 잘 헤아려 말린 전복의 금액과 이자 전액을 1~2일 내에 보상 지급함으로써 이 오랜 현안이 종결된다면, 매우 공평하고 편리할 것입니다. 아울러 이 조회에 대해 속히 회답을 주시기 바랍니다. 추운 겨울 평안하시기를 기원합니다.

(양력, 1893년) 1월 21일
스키무라 후카시(杉村濬) 드림
임진년 12월 초4일

102 울릉도 말린 전복의 금액 상환 연기 요청

발신[發]	督辦交涉通商事務 趙秉稷	高宗 29年 12月 6日
수신[受]	日本代理公使杉村濬	西紀 1893年 1月 23日
출전	『日案』卷2, #2181, 333쪽[원본: 『日案 第二十一号』(奎19572, 78-21)]	

尹宜傳鮑價展限事

敬覆者, 昨展來函, 爲欝陵島干鮑原價銀貳百零五元五十九錢五厘及利銀壹百參拾五元六十九錢三厘, 共計銀參百四十壹元貳拾八錢八厘全額妥償一事, 業飭尹員[始炳], 使之迅速償還, 卽據該員面稱, 旣經憲結, 亟應償妥, 但該促償甚迫, 寔難立辦, 懇恩知照轉諭該原告, 特展限期, 以便備還等情, 據此, 查尹員所告, 確係實情, 本督辦再難强督, 耑此佈復, 希貴臨時代理公使査照, 轉飭該原告, 寬展限期, 俾便妥償爲荷, 此復, 順頌日安.

壬辰 十二月 初六日
趙秉稷 頓
※ 初七日自日館繳到

윤 선전관의 전복값은 기한을 연기할 것

삼가 회답합니다. 어제 받은 조회는 울릉도(欝陵島) 말린 전복(干鮑)의 원가 은(銀) 205원(元) 59전(錢) 5리(厘), 이자 은 135원 69전 3리, 합계 341원 28전 8리의 전액 상환에 관한 내용입니다.

윤 관원[윤시병, 尹始炳]에게 그것을 신속하게 상환하라고 명령했습니다. 그런데 해당 관원이 와서 말하기를, "이미 관청에서 결재했기 때문에 마땅히 상환해야 하지만, 다만 상환기일이 너무 촉박하여 상환하기가 어렵다"고 합니다. 해당 원고에게 특별히 기한을 연기하여 상환의 준비가 갖추어질 수 있도록 그 사정을 전달해 주시기를 간절히 바란다고 하여 조회로 알립니다. 이에 윤 관원 보고한 내용을 조사해 보니, 그 사정이 확실히 그러합니다.

따라서 본 독판은 다시 이를 강하게 독촉하기가 어렵습니다. 이를 알려드리니, 귀 임시대리공사께서 이와 같은 사실에 비추어 조사해 보시고, 해당 원고가 너그럽게 상환기일을 연기하여 상환이 이루어질 수 있도록 명령해 주시기를 희망합니다. 이같이 회답합니다. 나날이 평안하시기를 기원합니다.

임진년(1892) 12월 초6일

조병직(趙秉稷) 드림

※ 음력 (12월) 7일 일본공사관으로부터 반송됨.

103 울릉도 말린 전복 상환 금액의 분할 상환 요청(이전 문서의 수정 송부)

발신[發]	督辦交涉通商事務 趙秉稷	高宗 29年 12月 6日
수신[受]	日本代理公使 杉村濬	西紀 1893年 1月 23日
출전	『日案』卷2, #2182, 333~334쪽[원본: 『日案 第二十一号』(奎19572, 78-21)]	

　敬復者, 昨展來函, 爲鬱陵島干鮑原價銀貳百零五元五十九錢五厘及利銀壹百三十五元六十九錢三厘, 共計銀三百四十壹元貳十八錢八厘全額妥償一事, 業飭尹員始炳, 使之迅速償還, 卽據該員面稱, 旣經憲結, 亟應償妥, 但該促償甚迫, 實難立辦, 將五十元, 先於本月十五日扣報, 下餘貳百玖十一元二十八錢八厘, 兌換於釜山監理[李鎬性], 使該漁民推完妥賬等語, 據此, 除函知我釜山監理兌撥外, 仍將該兌函送交, 希貴臨時代理公使查照, 轉及該原告, 認眞遵悉爲荷, 此覆, 順頌日案.

壬辰 十二月 初六日

趙秉稷 頓

삼가 회답합니다. 어제 받은 조회는 울릉도(鬱陵島) 말린 전복(干鮑)의 원가 은(銀) 205원(元) 59전(錢) 5리(厘), 이자 은 135원 69전 3리, 합계 341원 28전 8리의 전액 상환에 관한 내용입니다.

관원 윤시병(尹始炳)에게 그것을 신속하게 상환하라고 명령했습니다. 그런데 해당 관원의 보고에 따르면, 이미 관청에서 결재했기 때문에 마땅히 상환해야 하지만, 다만 상환 기일이 너무 촉박하여 상환할 방법을 세우기 어렵다고 합니다. (그래서) 장차 이달 15일에 50원을 먼저 갚고, 나머지 291원 28전 8리는 부산감리(釜山監理)[이호성(李鎬性)]에게 받을 수 있도록 하여 해당 어민의 채권을 모두 처리하겠다고 합니다.

이를 바탕으로 부산감리가 지불한다는 등 조회에서 빠진 내용을 곧바로 이 조회로 수정하여 송부합니다. 귀 임시대리공사께서 (이와 같은) 사실에 비추어 조사해 보시고, 해당 원고가 모든 사정을 이해하여 상환이 이루어질 수 있도록 명령해 주시기를 희망합니다. 이같이 회답합니다. 나날이 평안하시기를 기원합니다.

임진년(1892) 12월 초6일

조병직(趙秉稷) 드림

104 울릉도 말린 전복 금액 가운데 50원 송부와 전달 요청

발신[發]	督辦交涉通商事務 趙秉稷	高宗 29年 12月 15日
수신[受]	日本辨理公使 大石正巳[13]	西紀 1893年 2月 1日
출전	『日案』卷2, #2196, 340쪽[원본: 『日案 第二十一号』(奎19572, 78-21)]	

鮑價五十元送交事

敬啓者, 本月初六日, 因尹員[始炳]鬱陵島干鮑價全額妥償一事, 函佈貴前臨時代理公使杉村[濬]在案, 玆將該尹員本月十五日訂期償欸洋銀五十元送交, 希貴公使查領, 轉發該漁民收取, 仍請賜復妥結爲要, 耑此, 順頌日安.

壬辰 十二月 十五日

趙秉稷 頓

另附日銀紙幣五十元正

---

[13] 『구한국외교문서』 일안 2권에는 大石正己로 표기되어 있으나, 己는 巳의 오자임. 大石正巳로 표기해야 함. 앞으로 大石正巳에 대한 표기 모두 동일함.

전복값 50원은 송부할 것

급히 알려드립니다. 이달 초6일(음력 12월 6일) 윤 관원[윤시병(尹始炳)]으로 인해 발생한 울릉도(欝陵島) 말린 전복(干鮑) 금액의 전액 상환에 관한 건에 대해 조회로 알립니다. 귀 임시대리공사 스기무라 후카시(杉村濬)가 처리한 사안입니다.

이 사안에 대해 윤(시병) 관원은 이달 15일(음력 12월 15일)로 결정된 기일에 상환금 서양은(洋銀) 50원(元)을 송부했습니다. 귀 공사께서는 확인하시어 해당 어민이 수령할 수 있도록 전달해 주시기 바랍니다. 그 후 곧바로 사안을 타결하기 위해 필요하니, 회답해 주시기를 요청합니다. 이같이 조회합니다. 나날이 평안하시기를 기원합니다.

임진년(1892) 12월 15일
조병직(趙秉稷) 드림

일본 엔화 지폐 50엔정은 별도 첨부

105 울릉도 말린 전복 금액 일부의 수령과 일본어민 전달 건 회답

발신[發]	日本辨理公使 大石正巳	高宗 29年 12月 17日
수신[受]	督辦交涉通商事務 趙秉稷	西紀 1893年 2月 3日
출전	『日案』卷2, #2203, 342쪽[원본: 『日案 第二十一号』(奎19572, 78-21)]	

　　敬復者, 鬱陵島干鮑價妥償一事, 貴十二月十五日訂期償欠洋銀五十元, 已經査收, 除轉交該漁民收取外, 復知貴督辨, 査照可也, 特此奉復, 順頌日祉.

　　附送該漁民收單

二月三日

大石正巳 頓

壬辰 十二月十七日

　　附. 上件領收證
　　　　標
　　　　日本銀貨五拾圓也.
　　　右, 干鮑價內確收事.

明治二十六年 二月二日

故 古屋利涉 代人 大浦登㊞

竹內毅史㊞

삼가 회답합니다. 울릉도(鬱陵島)의 말린 전복(干鮑)에 대한 금액 상환에 관한 내용입니다. 귀력(음력) 12월 15일로 정해진 기한에 상환한 서양은(洋銀) 50원(元)은 이미 확인하고 수령하여 해당 어민에게 전달하였습니다. 이에 조회로 회답하니 귀 독판께서는 확인하시기 바랍니다. 이같이 회답합니다. 나날이 평안하시기를 기원합니다.

해당 어민의 영수증(收單)을 첨부하여 보내드립니다.

(양력) 2월 3일
오이시 마사미(大石正巳) 드림
임진년(1892) 12월 17일

첨부 : 위의 건 영수증
   표
  일본 은화 50엔
위와 같이 말린 전복 금액 중 일부를 확실히 수령했습니다.

1893년(明治 26) 2월 2일
고(故) 후루야 기쿠쇼(古屋利涉)의 대리인 오우라 노보루(大浦登) ㊞
다케우치 다케시(竹內毅史) ㊞

106 말린 전복 금액 잔액의 부산감리서 태환(兌換) 상환에 대한 회답 요구

발신[發]	督辦交涉通商事務 趙秉稷	高宗 29年 12月 17日
수신[受]	日本辨理公使 大石正巳	西紀 1893年 2月 3日
출전	『日案』卷2, #2205, 343쪽[원본: 『日案 第二十一号』(奎19572, 78-21)]	

干鮑價下餘兌換釜監事賜覆事

敬覆者, 頃奉來函, 爲干鮑價云云一事, 領悉一是, 查本月初六日, 將該干鮑價下餘洋銀貳百玖拾貳元貳拾捌錢捌厘, 兌換於我釜山監理[李鎬性], 仍令該漁民帶函徃領一事, 幷經函知貴前臨時代理公使杉村[濬]在案, 希貴辨理公使査照, 將此視覆前來, 以憑檔案爲妥, 耑此, 順頌台安.

壬辰 十二月 十七日
趙秉稷 頓

말린 전복의 나머지 금액은 태환하여 부산 감리에게 보낼 것

삼가 회답합니다. 도착한 조회의 내용은 말린 전복(干鮑) 금액에 대한 건입니다. 보내주신 내용 모두 잘 알겠습니다. 살펴보니 이달 초6일(음력 12월 6일) 또한 해당 말린 전복에 대한 나머지 금액 서양은(洋銀) 292원(元) 28전(錢) 8리(厘)는 부산감리(釜山監理) [이호성(李鎬性)]가 지불하겠다고 해당 어민에게 통지함에 (그가) 통지서를 가지고 와서 나머지 금액을 수령한 내용에 대해서는 귀 전임 임시대리공사 스기무라 후카시(杉村濬)가 처리하여 이미 조회를 받았습니다.

귀 변리공사(辦理公使)께서 이를 확인하시고, 사안이 마무리될 수 있도록 증빙문건을 갖추어 회답해 주시기 바랍니다. 이같이 조회합니다. 나날이 평안하시기를 기원합니다.

임진년(1892) 12월 17일
조병직(趙秉稷) 드림

107 울릉도에 난입하여 폐단을 일으킨 일본인의 엄금 요구

발신[發]	外部大臣 金允植	高宗 32年 5月 21日
수신[受]	臨時代理公使 杉村濬	西紀 1895年 6月 13日
출전	『日案』卷3, #3666, 284쪽[원본: 『日案 第三十四號』(奎19572, 78-34)]	

請禁日人入鬱陵島作獘事

敬啓者, 刻接我內部照會內開, 現聞日本人攔入鬱陵島, 剝盡樹木之皮, 又多作弊, 島民難以支保, 請貴大臣照亮, 知照日公館, 此等作弊一切禁斷等因, 准此, 查外國人攔入不通商地, 剝木之皮, 胎民之弊, 殊屬詫異, 茲庸仰佈, 尙望貴臨時代理公使查照, 轉飭該地方附近駐在實領事, 另飭該島作弊之貴國人嚴行懲禁, 俾勿再犯可也, 順頌日祉.

乙未 五月卄一日

金允植 頓

일본인이 울릉도에 들어가 폐단을 일으키는 일의 금지를 요청할 것

삼가 말씀드립니다. 지금 우리 내부(內部)의 조회를 받아보니 "현재 일본인이 울릉도에 난입하여 수목의 껍질을 모두 깎아버렸다고 들었습니다. 또한 많은 폐단을 일으키고 있다고 합니다. 울릉도민이 지탱하여 보전하기 어렵습니다. 청하건대 귀 대신께서 잘 헤아려 일본공사관에 알리고 이러한 작폐를 일체 금지해 주시기 바랍니다"라는 내용이었습니다. 이것을 확인하였습니다. 외국인이 미통상 지역으로 난입하여 나무의 껍질을 깎고 도민들에게 폐단을 일으키는 일은 특히 의아합니다. 귀 임시대리공사께서 조사해 주시기를 바라며 해당 지방 부근의 주재 영사에게도 알려서 울릉도에서 폐단을 일으키는 귀국인을 엄히 징계하도록 명령을 내려 다시 범죄를 일으키지 않도록 해주시면 좋겠습니다. 안녕히 계십시오.

을미년(1895) 5월 21일
김윤식 드림

108 울릉도에서 문제를 일으킨 일본인들을 가까운 지역의 영사에게 압송 요청

발신[發]	日本臨時代理公使 杉村濬	高宗 32年 5月 30日
수신[受]	外部大臣 金允植	西紀 1895年 6月 22日
출전	『日案』卷3, #3688, 292쪽[원본:『日案 第三十四號』(奎19572, 78-34)]	

第八拾壹號

敬復者, 曡准大械, 內爲日本人攔入鬱陵島, 剝木作弊, 請行禁斷之事, 本臨時代理公使 閱悉之下, 自應利飭駐在釜山[加藤增雄]及元山[上野專一]兩港領事, 隨時加意處辦, 惟查似此案件, 本宜由貴地方官遵照約章, 押解人犯, 移交附近領事, 歸案審辦爲要, 特此佈覆, 仍望貴政府將此意關飭該地官, 遵章妥辦可也, 肅泐, 幷頌崇祉.

我六月卄二日

杉村濬頓

乙未 五月卅日

제81호

　삼가 회답합니다. 보내주신 조회는 일본인들이 울릉도(鬱陵島)에 난입하여 함부로 나무의 껍질을 벗기고, 작폐(作弊)를 일으키고 있으니, 이를 금지시켜 달라고 요청하는 안건입니다.

　[본 임시대리공사]는 이 내용을 모두 파악한 후, 이에 응하여 부산(釜山) 주재 [가토 마쓰오(加藤增雄)] 및 원산(元山) 주재[우에노 센이치(上野專一)]의 두 곳의 항구 영사(領事)에게 수시로 조사하여 처리하도록 명령했습니다.

　다만 이 안건에 대해 살펴보니 본래 귀국의 지방관은 조약의 조문에 따라 범인을 체포하여 가까운 곳의 영사에게 압송하고, (해당 영사는) 규약의 조문에 비추어 (이를) 심판하도록 요청해야 합니다. 이상의 내용을 조회로 알려드립니다. 이에 귀국 정부에서는 앞으로 해당 지방관에게 이와 같은 내용의 관칙(關飭)을 내려 조약의 조문에 따라 처리될 수 있도록 해주시기 바랍니다. 삼가 작성하여 올립니다. 더불어 평안하시기를 기원합니다.

　　　　　　　　　　　　　　　　　　　　　　　　　양력 6월 22일
　　　　　　　　　　　　　　　　　　　　　스기무라 후카시(杉村濬) 드림
　　　　　　　　　　　　　　　　　　　　　　　　을미년(1895) 5월 30일

109 해군소장 기모쓰키 가네유키의 궁궐 관람 허가 요청

발신[發]	辨理公使 加藤增雄	西紀 1898년 7월 16일
수신[受]	外部大臣署理 俞箕煥	
출전	『日案』 卷4, #4741, 89~90쪽[원본: 『日案 來原文 第七』(奎18058)]	

接第95號 光武二年 七月十六日到 大臣 協辦㊞ 局長㊞ 參書

　敬啓者。我海軍少將肝付兼行儀、今般進京之序、景福及昌德ノ兩宮拜觀後度旨申出此間、其筋へ御移牒ノ上、一兩日內觀覽ノ儀御許可相成候樣、此措辨有之度、此段申進候。敬具。

7月 16日

加藤增雄 頓

접제95호 광무 2년 7월 16일 도착 대신 협판㊞ 국장㊞ 참서

　삼가 아룁니다. 우리 해군소장 기모쓰키 가네유키(肝付兼行)는 이번에 서울에 진입하는 참에 경복궁과 창덕궁 두 궁궐을 배관(拜觀)하고 싶다는 취지를 제출하였습니다. 그러므로 담당 부서로 이첩한 다음, 하루 이틀 안에 관람하는 건을 허가해 주시도록 조치를 취해 주시면 좋겠습니다. 이 점을 아룁니다. 이상입니다.

7월 16일

가토 마쓰오(加藤增雄) 드림

110 울릉도감 배계주의 공관 방문 내용 보고와 울릉도 작폐 조사 요청

발신[發]	駐箚日本特命全權公使 李夏榮	光武 2年 9月 18日
수신[受]	外部大臣署理 外部協辦 朴齊純	
출전	『駐日署來去案 : 光武二年』(奎18060)	

報告第二十八號

報告事는 欝陵島島監에 裵季周가 本月 十五日에 本公舘에 來ᄒ야 該島形便에 所告를 據ᄒ온즉 年來에 日人에 無賴輩가 成羣ᄒ야 樹木을 盜伐奪去도 ᄒ고 其他作弊가 多ᄒ오나 島監에 力으로 禁斷키 難ᄒ와 民情이 嗷嗷ᄒ옵고 若此不已ᄒ오면 不過幾年에 該島島民과 樹木이 難支ᄒ겟다 ᄒ옵기에 此一款을 日本政府에 向ᄒ야 禁斷ᄒ기를 請求ᄒ얏스오며 該島島監 裵季周가 京城에 가셔 該島事機와 將來方略을 細細히 廟堂에 稟達ᄒ깃다 ᄒ옵기에 玆以起送ᄒ오니 照亮ᄒ신 後 此意를 內部에 移照ᄒ와 該島監에 所告를 准據査明ᄒ오셔 十餘年 該島 開拓ᄒᄂᆫ 事務를 完全케 ᄒ와 該島 前頭好望을 發達케 ᄒ심을 務望홈

光武二年 九月十八日
駐箚日本特命全權公使 李夏榮 ㊞
外部大臣署理 外部協辦 朴齊純 閣下

보고 제28호

보고할 일은 울릉도 도감(鬱陵島島監) 배계주(裵季周)가 이달 15일에 본 공관에 와서 해당 섬의 형편으로 아뢴 바를 바탕으로 하였습니다. 연래로 일본인 무뢰배가 무리를 이루어 수목을 도벌, 탈취해 가기도 하고, 기타 폐단을 일으키는 일이 많습니다. 그런데 도감의 힘으로 금단하기 어려워 인민이 시끄러운 정황입니다. 만약 이것을 그치지 않으면 몇 년 지나지 않아 해당 섬의 도민과 수목을 유지하기 어렵겠다고 하였습니다. 이러한 일개 조항의 내용을 일본 정부에게 금단하기를 청구하였으며, 해당 섬의 도감 배계주가 경성에 가서 해당 섬의 형편(事機)과 장래의 방략을 상세하게 묘당에 보고하겠다고 하였습니다.

이에 기안하여 보내오니 살펴서 헤아리신 후 이 취지를 내부(內部)로 조회를 이첩하고, 해당 도감이 아뢴 바를 근거로 삼아 명백하게 조사하셔서 십여 년 해당 섬을 개척하던 사무를 완전하게 하여 해당 섬의 앞날에 좋은 전망이 있도록 발달하도록 할 일을 꼭 해주시기를 힘써 바랍니다.

1898년(광무 2) 9월 18일
일본 주차 특명전권공사 이하영(李夏榮) 印
외부대신 서리 외부협판 박제순(朴齊純)

111 일본인의 울릉도 목재 도벌 현황 조사와 외무성 조회를 통한 처리 지시

발신[發]	議政府參政 外部大臣 朴齊純	光武 2年 10月 14日
수신[受]	駐紮日本特命全權公使 李夏榮	
출전	『駐日署來去案：光武二年』(奎18060)	

光武二年 十月 十四日 起案 大臣㊞ 協辦 主任 交涉局長㊞

訓令第十六号

鬱陵島監 裵季周의 報告를 據흔즉 本島가 處在海隅絶遠之地ᄒ야 開拓未久ᄒ옵고 人戶無多ᄒ와 尙未奠接이온듸 日本 島根縣 島서取縣 兩郡人民이 各持刀劍鎗銃ᄒ옵고 威脅官民ᄒ와 非但採取海産이오라 山林木料를 任意斫去ᄒ옵기 本職이 該兩郡地에 向往ᄒ야 木板을 執留ᄒ옵고 裁判請求ᄒ야 雖得理直之決이오나 該地方官人이 □須有大韓政府公文이라야 木料을 出給ᄒ겟다 ᄒ기 玆에 報告等因인바 此를 査ᄒ니 日本人의 帶持器仗ᄒ고 恣意偸斫은 殊屬可駭이며 該島監의 不憚勞苦ᄒ고 執留木料는 其職任을 克盡타 謂홀지라 到卽知照日本外務省ᄒ야 轉飭該地方官ᄒ야 所執木料을 一一推索ᄒ야 該島監의게 給付ᄒ며 嗣後 日本人犯斫之弊가 無토록 說法防範홈을 爲ᄒ야 玆에 訓令ᄒ니 此를 依ᄒ야 施行홈이 爲可

光武二年 十月十四日

議政府贊政 外部大臣 朴齊純

駐紮日本特命全權公使 李夏榮 閣下

광무 2년 10월 14일 기안 대신㊞ 협판 주임 교섭국장㊞
훈령 제16호

　울릉도감(鬱陵島監) 배계주(裵季周)의 보고에 따르면, 본 섬은 바다의 구석 멀리 떨어진 지역에 위치해 있어서 개척이 오래되지 않았고, 인민의 호구가 많지 않아 아직 자리를 잡고 살 만한 곳을 정하지 못하였습니다. 그런데 일본 시마네현(島根縣), 돗토리현(島取縣) 양군의 인민이 각자 도검과 총을 소지하여 관민을 위협하여 비단 해산 채취만이 아니라, 산림과 목재를 임의로 베어갔기 때문에 본 직책으로 해당 양군 지역에 가서 목판을 집류하였고, 재판을 청구하여 비록 이치에 맞는 판결을 얻었으나 해당 지방의 관인이 □ 모름지기 대한 정부의 공문이어야만 목재를 내어주겠다고 하였습니다. 이에 이러한 내용으로 보고하였습니다.

　이를 조사해 보니, 일본인이 병기와 의장(器仗)을 휴대해서 가져오고 마음대로 몰래 베어낸 일은 특별히 놀랄 만한 일에 속합니다. 해당 도감이 노고를 꺼리지 않고 목재를 집류한 일은 그 직임을 다하였다고 말할 수 있습니다. 즉시 일본 외무성에 조회를 하여 해당 지방관에게 전달하여 알리고, 집류한 목재를 일일이 찾아내어 해당 도감에게 지급하고, 사후에 일본인이 나무를 베어내는 폐단이 없도록 법을 말하면서 방비하도록 하기 위해서 이에 훈령합니다. 이것을 바탕으로 시행함이 옳습니다.

1898년(광무 2) 10월 14일
의정부 찬정 외부대신 박제순(朴齊純)
일본 주재 특명전권공사 이하영(李夏榮) 각하

1.12 울릉도에 밀항하여 벌목하는 돗토리현·시마네현 인민에 대한 단속 요청

발신[發]	大韓特命全權公使 李夏榮	光武 2年 11月 17日
수신[受]	外務大臣 靑木周藏	
출전	『日本外交文書』卷32, #165 附記1, 285~286쪽 ;『鬱陵島ニ於ケル伐木関係雑件』(Ref. B11091460200: 0074, 문서 원본).	

 敬啓者, 頃接我鬱陵島島監裵季周所報內開, 本島素多樹木用力守護禁其濫伐, 而挽近年來, 日本國鳥取縣及島根縣等地方人民, 乘搭漁艇擅入本島潛伐樹木仍而載逃, 或目擊潛伐, 據理禁伐, 則輒成羣作鬧亂暴, 無紀以是, 而本島島民不得安堵妨害治安, 望須方便妥辦以保島民爲要等因, 査此貴國鳥取島根兩縣人民潛入該島, 竊伐樹木肆行暴擧島民難安言念, 及此曷勝駭然, 務望貴大臣轉飭鳥取島根兩縣知事, 設法定例, 另飭人民禁斷擅入鬱陵島潛伐樹木, 毋行暴擧, 以杜滋生事端, 是所至要, 肅此. 敬具.

光武二年 十一月十七日
大韓 特命全權公使 李夏榮
大日本 外務大臣 子爵 靑木周藏 閣下

삼가 말씀드립니다. 우리 울릉도 도감(鬱陵島島監) 배계주(裵季周)의 보고를 접해 보니 내용은 다음과 같습니다. 본도(울릉도)에 원래 수목이 많아서 힘을 다해 지키고 남벌을 금하였습니다. 근년 이래 일본국 돗토리현(鳥取縣)과 시마네현(島根縣) 등 지방의 인민들이 어정(漁艇)을 탑승하고 울릉도에 무단으로 들어와 수목을 몰래 벌채하여 이에 싣고 도망갔습니다. 혹은 몰래 벌채한 것을 목격하여 법에 따라 벌채를 금하면 갑자기 무리를 이루어서 난폭하게 되니 이처럼 기강이 없습니다. 울릉도 도민들은 안심할 수 없어서 치안에 방해가 됩니다. 바라건대 울릉도민들을 보전하기 위하여 온당하게 처리해달라는 것이 요지의 내용이었습니다. 귀국 돗토리현과 시마네현의 인민들이 울릉도에 몰래 들어와 수목을 훔쳐 벌목하고 폭행을 저질러서 울릉도민들의 안심하기 어려울 지경입니다. 이에 어찌 놀라지 않겠습니까?

힘써 바라건대, 귀 대신께서 돗토리현과 시마네현의 지사(知事)에게 전칙(轉飭)하고 법을 만들고 사례를 제정하여 인민들에게 울릉도에 무단으로 들어와 수목을 몰래 벌채하는 것을 금단하고 포악한 거동을 하지 못하도록 하여 사단의 발생을 막으십시오. 이것이 지극히 필요한 바입니다. 이만 삼가 아룁니다.

1898년(광무 2) 11월 17일
대한 특명전권공사 이하영(李夏榮)
대일본 외무대신 자작 아오키 슈조(靑木周藏) 각하

113 울릉도 밀항 벌목에 관한 외부대신의 훈령 전달과 일본인의 도벌 금지 요청

발신[發]	大韓特命全權公使 李夏榮	光武 2年 12月 3日
수신[受]	外務大臣 青木周藏	
출전	『日本外交文書』卷32, #165 附記2, 286~287쪽 ;『鬱陵島ニ於ケル伐木関係雑件』(Ref. B11091460200: 0077, 문서 원본)	

敬啓者, 以我國鬱陵島一事, 已經知照, 而現又接到我外部大臣訓令內, 開接據鬱陵島島監裵季周報告, 則近來日本國島根縣鳥取縣等人民潛入本島, 盜伐樹木仍而載逃, 故本職躬徃島根鳥取兩縣, 認執盜去之材木, 請求裁判於該地方裁判所, 雖得理直之判決, 如無政府公文, 難可推覓, 望須方便妥辦爲要等因, 查此日本島根鳥取兩縣人民潛入該島, 恣意偸伐樹木, 參考公理殊屬可駭, 玆以訓令, 貴公使將此知照日本外務省, 使之轉飭該管 設法防範無使, 嗣後有潛伐之, 該執留材木一一推索爲可等因, 前來據此仰佈, 務望貴大臣照亮後前飭該管, 設法方便曉諭人民, 勿使嗣後偸伐樹木, 且懲潛伐偸來之習, 以杜後, 該執留材木詳查推覓, 逐條示覆爲要, 肅此. 敬具.

光武二年 十二月三日
大韓 特命全權公使 李夏榮
大日本 外務大臣 子爵 青木周藏 閣下

삼가 말씀드립니다. 우리나라 울릉도에 대한 일은 이미 조회로 알려드렸습니다. 또한 우리 외부대신의 훈령(訓令)을 접해 보니 다음과 같습니다. 울릉도 도감(島監) 배계주의 보고에 "근래 일본국 시마네현(島根縣)과 돗토리현(鳥取縣) 등의 인민들이 울릉도에 몰래 들어와 수목을 훔쳐 벌채하고 싣고 도망을 갔습니다. 그러므로 본인이 몸소 시마네현과 돗토리현에 가서 훔쳐간 재목(材木)을 찾아 확보하고, 해당 지방재판소에 재판을 청구하였습니다. 비록 이치에 맞는 재판을 얻었으나 만약 정부의 공문이 없으면 추심하기가 어렵습니다. 바라건대 온당하게 처리할 수 있는 방편이 필요합니다"라는 내용이었습니다. 이를 조사해 보니, 일본의 시마네현과 돗토리현의 인민들이 울릉도에 몰래 들어가서 자의로 수목을 벌채하여 훔쳐냈는데, 공리(公理)를 참고하였다고 하니 매우 놀랍습니다. 이상이 훈령의 내용입니다.

귀 공사께서 장차 이를 일본 외무성에 알리고, 거기서 해당 관할에게 전칙(轉飭)하여 법에 따라 방비하도록 하고, 이후 몰래 벌목하는 폐단이 있으면 재목을 집류(執留)하고 일일이 찾아 요구하도록 하는 편이 좋겠습니다. 앞으로 이를 바탕으로 알립니다. 힘써 바라건대, 귀 대신께서 잘 헤아리신 뒤에 앞으로 해당 관할에게 전칙하여 인민에게 잘 깨우쳐 이후에 수목을 몰래 벌목하지 못하도록 해주십시오. 또한 몰래 베어내 훔쳐 오는 습속을 징계함으로써 이후의 폐단을 막아야 합니다. 해당 집류된 재목을 상세하게 조사하여 찾아내고 순서대로 조사하여 답변해 주심이 필요합니다. 삼가 아룁니다.

1898년(광무 2) 12월 3일
대한 특명전권공사 이하영(李夏榮)
대일본 외무대신 자작 아오키 슈조(靑木周藏) 각하

114 일본인의 울릉도 밀항, 벌목에 관한 조회에 대한 회답

발신[發]	外務大臣 靑木周藏	西紀 1899年 2月 13日
수신[受]	韓國臨時代理公使 朴鏞和	
출전	『日本外交文書』卷32, #165, 284~285쪽;『欝陵島ニ於ケル伐木関係雑件』(Ref. B11091460200: 0090~0092)	

#165 本邦人ノ鬱陵島密航伐木ニ關スル照會ニ對シテ回答ノ件

附記 一 明治卅一年十一月十七日 日韓國公使來翰
　　　　鬱陵島密航伐木ニ關スル件(一)

　　 二 明治卅一年十二月三日 韓國公使來翰
　　　　同前件

　　 三 明治卅一年十一月廿六日 鳥取島根兩縣知事宛
　　　　外務大臣照會(一)

　　 四 明治卅一年十二月廿一日 同前照會(二)

　　 五 明治卅一年九月十六日 鳥取縣知事報告(一)

　　 六 明治卅一年十月十八日 同前報告(二)

　　 七 明治卅一年十二月廿五日 同前報告(三)

　　 八 明治卅二年一月廿八日 島根縣知事報告

明治三十二年二月十三日發遣

送第三號

青木 外務大臣

韓國臨時代理公使 朴鏞和 貴下

以書翰致啓上候。陳者、鳥取島根兩縣民ノ歸國欝陵島ヘ私航樹木濫伐等ノ件ニ關シ、三十一年十一月十七日附第四五號、竝同年十二月三日附第四八號貴翰ヲ以テ御來示ノ趣致閱悉候。右ハ早速事實ノ有無取調候處、同年九月中右欝陵島島監裴季周氏ヨリ鳥取縣西伯郡米子町吉尾万太郎島根縣松江市雜賀町田中多藏(一名道德)等該島ヘ渡航シ、同島民ヲ脅迫シ槻木材ヲ伐採スル等ノ所爲アリシ旨、鳥取縣下境警察署ヘ申報アリタル。當時同縣竝島根縣浦鄉警察分署ニテ取調ベシメタルニ、同人等ハ曾テ該島ヘ渡航シタルコトアリシモ、亂暴ノ擧動ヲ爲シ、或ハ樹木ヲ伐採シタル等ノコトハ全ク事實無根ト被認候。且又鳥取地方裁判所竝其管內區裁判所ニ於テハ是迄右樣ノ事件ニ關シ、何等取扱ヒタルモノ無之候。

同年八月中同島監裴季周氏鳥取縣境港ニ渡來ノ際、同港商人石橋勇三郎ヘ槻板若干賣渡ノ約ヲ爲シ、其代金三百圓ノ內金トシテ金百六拾圓ヲ受取リ、殘金ハ該島ニ於テ槻板ト引替ヘニ請取ノ契約ヲ締結セシ由ナルガ、其後同島黃鐘海氏(嶋監不在中ノ代理者ナリト云フ)ノ許ヨリ在境港裴氏ヘ宛テ本邦人田中道德、吉尾万太郎ノ二名私ニ渡來暗夜ニ乘シ槻板三十二枚ヲ竊取シ、隱岐國知夫郡宇賀村鶴谷次郎ノ船ニ搭載出航セリトノ書面ヲ送越シタルヲ以テ、裴氏ハ前記石橋勇三郎ヲ伴ヒ、隱岐國ニ渡リ勇三郎ノ名義ニテ右吉尾万太郎田中道德及鶴谷次郎ノ三名ヲ相手取リ、浦鄉警察分署ヘ告訴狀ヲ提出セリ。是ヲ以テ同分署ハ一應ノ捜査ヲ遂ゲ、該事件ヲ松江地方裁判所西鄉支部檢事ヘ送致セシニ、同支部檢事ハ浦鄉村ヘ出張搜査ノ末、當時同村碇泊中ノ知夫郡宇賀村玉川淸若ノ所有船ニ槻板ヲ積載シアルヲ發見シ、承諾上之ヲ領置シ同件ヲ豫審ニ付シタリシニ、其結果證憑不充分ナリトテ免訴セラレタルガ、同年十二月下旬ニ到リ、裴氏ハ東京ヨリノ歸途石橋勇三郎ト共ニ島根縣美保關警察分署ヘ出頭シ、前顯被害槻板ノ一部ハ同縣簸川郡宇龍浦、又ハ鷺浦港內ニ碇泊中ノ和船內ニ隱匿セル模樣アリトテ搜索願書ヲ差出シタルガ、右宇龍竝鷺浦ハ杵築警察分署ノ所轄ニ係ルヲ以テ、同署ニ移牒取調ノ末、松江市北堀福間兵之助ナルモノガ槻板若干ヲ和船ニ積載セルコトヲ發見シタルヲ以テ、同分署ハ本人ノ承諾ヲ得テ一時之ヲ領置シ、同件ハ直チニ松江地方裁判所檢事ヘ送致セシヲ以テ、目下同地方裁判所ニ於テ豫審中ニ有之候。而シテ御來示ニ係ル私航者取締之義ニ關シテハ、今後尙一層嚴重ニ相取締ラセ置候間、右樣御承知相成度。右豫審ノ結果ハ追テ可申進候得共、右不取敢御回答。旁本大臣ハ茲ニ重ネテ貴下ニ向テ敬意ヲ表シ候。敬具。

문서번호 165 (2월 13일 아오키 외무대신으로부터 한국 임시대리공사 앞)
본국인의 울릉도(鬱陵島) 밀항, 벌목에 관한 조회에 대한 회답의 건

첨부; 1. 1898년(明治 31) 11월 17일　　일본 주재 한국공사의 조회
　　　　　　　　　　　　　　　　　　　울릉도 밀항, 벌목에 관한 건 (1)
　　　2. 1898년(明治 31) 12월 3일　　 일본 주재 한국공사의 조회
　　　　　　　　　　　　　　　　　　　위의 건과 동일
　　　3. 1898년(明治 31) 11월 26일　　돗토리(鳥取), 시마네(島根) 2개현 지사(知事)
　　　　　　　　　　　　　　　　　　　에게 보낸 외무대신의 조회(1)
　　　4. 1898년(明治 31) 12월 21일　　위와 동일 조회 (2)
　　　5. 1898년(明治 31) 9월 16일　　돗토리현(鳥取縣) 지사의 보고 (1)
　　　6. 1898년(明治 31) 10월 18일　　위와 동일 조회 (2)
　　　7. 1898년(明治 31) 12월 25일　　위와 동일 조회 (3)
　　　8. 1899년(明治 32) 정월 28일　　시마네현(島根縣) 지사의 보고

1899년(明治 32) 2월 13일 발송
송(送) 제3호
아오키 슈조(青木周藏) 외무대신
한국 임시 대리공사(韓國臨時代理公使) 박용화(朴鏞和) 귀하

　　서한으로 삼가 조회합니다. 돗토리현(鳥取縣)과 시마네현(島根縣) 2개 현 사람들이 귀국의 울릉도(鬱陵島)에 사사로이 도항하여 나무를 마구 벌목하는 등의 건에 대해 작년인 1898년(明治 31) 11월 17일 자의 제45호 및 같은 해 12월 3일 자 제48호의 조회로 알려주신 내용은 모두 살펴보았습니다.
　　위 조회들의 내용에 대해 신속하게 사실 유무를 조사하니, 같은 해(1898년) 9월 중에 위 울릉도 도감(島監) 배계주(裵季周)로부터 돗토리현 사이하쿠군(西伯郡) 요나고정(米子町)의 요시오 만타로(吉尾万太郎)와 시마네현 마쓰에시(松江市) 사이카정(雜賀町) 다나카 다조(田中多藏)[일명 도우토쿠(道德)] 등이 이 섬으로 도항해서 그 섬의 주민들을 협박하여 규목(槻木)을 벌목하는 등의 행위가 있다는 내용을 돗토리현 관할의 사카이(境) 경찰서로 신고가 있었습니다. 당시 돗토리현과 시마네현의 우라고(浦鄉) 경찰분서에서 취조하였는데, 이들은 예전에 그 섬에 도항한 적은 있지만 난폭한 행동을 하거나, 혹은 규목을 벌채하는 등의 행동은 전혀 사실무근이라고 진술했습니다. 또한 돗토리지방재판소(鳥取地方裁判所)와 그 관내의 구(區)재판소에서는 지금까지 위와 같은 사건에 관하여 어떠한 (사건

도) 취급한 적이 없습니다.

　같은 해(1898) 8월 중 울릉도 도감 배계주 씨가 돗토리현의 사카이미나토(境港)에 왔을 때, 이 항구의 상인 이시바시 유자부로(石橋勇三郞)에게 규목 판재(槻板) 약간을 매도한다고 약속하여 그 대금 300엔(圓)에 대한 선수금으로 160엔을 수취하고, 잔금은 울릉도에서 규목 판재를 인도할 때 청구한다는 계약을 체결하였습니다. 그런데 그 후 그 섬의 황종해(黃鐘海) 씨(도감이 부재중일 때 대리자라고 한다)가 사카이미나토에 체재 중인 배계주 씨에게 우리나라 사람(일본인) 다나카 도우토쿠(田中道德)와 요시오 만타로, 2명이 사적으로 도항해 와서 야음을 틈타 규목 판재 32매를 몰래 훔쳐 오키노쿠니(隱岐國) 지부군(知夫郡) 우카촌(宇賀村)의 쓰루타니 지로(鶴谷次郞)의 배에 탑재하여 출항했다고 하는 서한을 보내왔습니다.

　이를 바탕으로 배계주 씨는 앞에서 언급한 이시바시 유자부로와 동반하여 오키노쿠니로 건너와서 이시바시 유자부로의 명의로 위의 요시오 만타로, 다나카 도우토쿠 및 쓰루타니 지로, 3명을 상대로 우라고 경찰분서에 고소장을 제출하였습니다. 이로 인해 그 경찰분서는 일단 수사를 진행하여 해당 사건을 마쓰에지방재판소(松江地方裁判所) 사이고지부(西鄕支部)의 검사에게 송치했습니다, 이에 그 지부의 검사는 우라고촌(浦鄕村)으로 출장을 가 수사를 진행한 끝에 당시 우라고촌에 정박 중이었던 지부군 우카촌의 다마가와 기요와카(玉川淸若)가 소유한 선박이 규목 판재를 적재하고 있는 것을 발견하여 (선박 소유주의) 승낙을 받아 그것을 영치하고, 이 건을 예심(豫審)으로 넘겼습니다. 그 결과 증거불충분으로 면소(免訴)되었습니다.

　그런데 같은 해 12월 하순에 와서 배계주 씨는 도쿄(東京)에서 돌아가는 길에 이시바시 유자부로와 함께 시마네현 미호노세키(美保關) 경찰분서에 출두하여 위에서 서술한 피해 규목 판재의 일부는 이 현의 히카와군(簸川郡) 우류우라(宇龍浦) 또는 사기우라항(鷺浦港) 내에 정박 중인 일본의 재래식 목조선(和船) 안에 은닉되어 있는 것 같다며 수색에 대한 청원서를 제출하였습니다. 그러나 위 우류우라 및 사기우라는 기쓰키(杵築) 경찰분서의 관할이기 때문에 그 경찰분서로 이첩하여 조사한 결과, 마쓰에시 기타보리(北堀)의 후쿠마 효노스케(福間兵之助)라는 사람이 규목 판재 약간을 재래식 목조선에 적재해 놓은 것을 발견했습니다. 따라서 이 경찰분서는 본인의 승낙을 얻어 잠시 그것을 영치하고, 이 건을 즉시 마쓰에지방재판소의 검사에게 송치함으로써 현재 이 지방재판소에서 예심을 진행하고 있습니다.

　그리고 통지하신 내용과 관련하여 사적으로 도항한 사람을 단속하는 건에 관해서는 지금부터 더욱 엄중하게 단속하도록 지시해 두었습니다. 위와 같이 이해해 주시기 바랍니다. 위 예심의 결과는 이후 (결과가 나오는 대로) 알아본 뒤 알려드리도록 하겠습니다. 위와 같이 회답을 드리오며, 본 대신은 이에 거듭 귀하를 향해 존경의 뜻을 표합니다. 삼가 말씀을 드렸습니다.

115 수산국장 마키 나오마사 외 2인의 궁궐 관람 허가 요청

발신[發]	日本公使 林權助	西紀 1899年 6月 26日
수신[受]	外部大臣 朴齊純	
출전	『日案』卷4, #5186, 362쪽[원문: 『日來案 第十一 光武三年』(奎18058, 41-16)]	

接第86號 光武三年 六月二十6日到 大臣㊞ 協辨㊞ 局長㊞ 參書

　拜啓。陳ハ今般我ガ農商務省水産局長牧朴眞・法制局參事官鹿子木小五郎及遞信技師三橋四郎等來晉[14]ニ付、此砌ヲ以テ景福・昌德ノ二宮拜觀ノ儀申出候。就テハ閣下ノ御配意ヲ以テ右許可相成候樣御取計方不堪希望候。此段御依賴得貴意。敬具。

　　　　　　　　　　　　　　　　　明治三十二年 六月卄六日
　　　　　　　　　　　　　　　　　朴 外相大人 閣下

---

14 한문 번역문은 '京'으로 기재되어 있음.

접제86호 광무 3년 6월 26일 도착 대신㊞ 협판㊞ 국장㊞ 참서

삼가 아룁니다. 이번에 우리 농상무성(農商務省) 수산국장(水産局長) 마키 나오마사(牧朴眞), 법제국(法制局) 참사관(參事官) 가노코기 고고로(鹿子木小五郞) 그리고 체신기사(遞信技師) 미하시 시로(三橋四郞) 등이 서울에 왔습니다. 때마침 경복·창덕 두 궁궐을 배관(拜觀)하는 건을 신청하였습니다. 따라서 각하의 배려를 통해 이를 허가해 주시도록 도모해 주시기를 바라마지 않습니다. 이 점을 귀하게 의뢰합니다. 삼가 말씀을 드렸습니다.

1899년(明治 32) 6월 26일
박제순(朴齊純) 외부대신 대인 각하

116 농상무성 수산국장 마키 나오마사 외 2인의 황제 알현 청원

발신[發]	日本公使 林權助	西紀 1899年 6月 26日
수신[受]	外部大臣 朴齊純	
출전	『日案』 卷4, #5187, 362쪽[원문: 『日來案 第十一 光武三年』(奎18058, 41-16)]	

接第87號 光武三年 六月二十七日到 大臣㊞ 協辦㊞ 局長㊞ 參書

第六十四號

　以書翰致啓上候。陳ハ今回入京致候我ガ農商務省水産局長牧朴眞及法制局參事官鹿子木小五郞儀、敬意ヲ表スル爲メ皇帝陛下ニ謁見致度旨願出候ニ付、閣下ヨリ可然御稟奏ノ上、何分ノ儀御回報相成候樣致希望候。此段照會得貴意候。敬具。

　　　　　　　　　　　　　　　明治三十二年 六月二十六日
　　　　　　　　　　　　　　　　特命全權公使 林權助 ㊞
　　　　　　　　　　　　　　外部大臣 朴齊純 閣下

접제 87호 광무 3년 6월 27일 도착 대신㊞ 협판㊞ 국장㊞ 참서

제64호

　　서한으로 아룁니다. 이번에 입경한 우리 농상무성 수산국장 마키 나오마사(牧朴眞)와 법제국 참사관(法制局參事官) 가노코기 고고로(鹿子木小五郎)는 경의(敬意)를 표하기 위해서 황제 폐하에게 알현하고 싶다는 취지를 청원하였습니다. 따라서 각하께서 가능하다면 품의하여 주청하신 후 무언가 회보(回報)해 주시기를 희망합니다. 이 내용으로 귀하께 조회합니다. 삼가 말씀을 드렸습니다.

1899년(明治 32) 6월 26일
특명전권공사 하야시 곤스케(林權助) ㊞
외부대신 박제순(朴齊純) 각하

117 마키 나오마사 외 2인의 황제 알현 윤허 건 통보

발신[發]	外部大臣 朴齊純	西紀 1899年 6月 27日
수신[受]	日本公使 林權助	
출전	『日案』卷4, #5188, 363쪽[원문: 『日第四十八 光武三年』(奎19572, 78-48)]	

光武三年 六月二十七日 起案 大臣㊞ 協辦㊞ 主任 交涉局長㊞

敬覆者. 昨展台函, 悉爲牧朴[眞]局長·鹿子[木小五郞]參事官·三橋技師等請拜觀兩闕一事, 准卽知照我宮內府大臣[李載純]轉奏蒙允, 訂以本日下午准瞻, 玆庸函覆, 尙望照亮, 轉知該員等, 屆時進玩爲是, 泐覆, 順頌夏安.

六月 二十七日

朴齊純 頓

광무 3년 6월 27일 기안 대신㊞ 협판㊞ 주임 교섭국장㊞

삼가 조회에 답합니다. 어제 대감의 서함은 마키 나오마사(牧朴眞) 국장, 가노코기 고고로(鹿子木小五郞) 참사관, 미하시 시로(三橋四郞) 기사 등이 양 궁궐의 배관을 요청했다는 건으로, 이것을 확인하여 곧바로 우리 궁내부대신(宮內府大臣, 이재순李載純)께 조회로 알리고 윤허를 받았으며, 오늘 오후로 정하였습니다. 이에 서함으로 조복하오니 헤아려 살펴주십시오. 해당 관원들에게 전달하여 알리고 시간에 맞게 완상에 나오도록 하십시오. 여름 날씨에 삼가 평안하시기를 기원합니다.

6월 27일
박제순(朴齊純) 드림

118 러시아인에 대한 울릉도 삼림 벌채 특허문건의 사본 송부 요청

발신[發]	日本公使 林權助	光武 3年 8月 11日
수신[受]	外部大臣 朴齊純	西紀 1899年 8月 11日
출전	『日案』卷4, #5261, 402~403쪽[원문: 『日來案 第十二 光武三年』(奎18058, 41-17) ; 『日第五十三 光武三年』(奎19572, 78-53)-한문본] 『欝陵島ニ於ケル伐木関係雑件』(Ref. B11091460700: 0399).	

接第百二十七號 光武三年八月十一日到　大臣㊞ 協辦㊞ 局長㊞ 參書㊞

第八拾參號

　　以書柬致啓上候。陳者、我外務大臣(靑木周藏)ヨリノ來電ニ據ルニ、貴國江原道管下欝陵島ノ樹木ヘ、露國人ニ於テ鐵道枕木用トシテ之ヲ截伐スルコトノ特許ヲ得タルニ付、該島ノ如何ナル部分ニ於テモ我邦人ノ伐木ヲ禁スル樣取計ハレ度旨、駐東京露國公使ヨリ帝國政府ヘ申出アリタル趣ニ有之候。然ルニ右特許ノ件ハ帝國政府ノ未タ曾テ承知セサリシ處ニ有之、依テ貴政府ニ就キ特許ノ年月及條件等ヲ委曲取調ヘ回報スヘキ旨、外務大臣ヨリ本使ヘ電訓相成候。惟フニ本件ハ夫レ自身ニ於テ甚タ重要ナル讓與ニ屬スルノミナラス、傳承スル所ニ據レハ、右ニ附隨スル種種ノ特典モ有之候趣、就テハ此際事實ノ眞相ヲ確メ、延テ諸般ノ關係ヲ明ニセンカ爲メ、該特許狀全文ヲ査覈スルコト最モ緊要ナル義ト相認メ候間、右寫壹通御送附相成候樣致度希望致候。尙又欝陵島ニハ普通鐵道枕木用等ニ供セサル槻白檀等ノ良材甚タ鮮ナカラサル趣承知致居候ニ付、本使ノ心得迄[15]、其實否倂セテ御回示相成候ハヽ、幸甚ニ存候。右照會得貴意候。敬具。

明治三十二年 八月十一日

特命全權公使 林權助 ㊞

外部大臣 朴齊純 閣下

15　『구한국외교문서』일안 4권의 원문에는 다른 설명없이 '斫票'로만 표기되어 있음. 가독성을 높이기 위해 문맥상 이해되는 '벌목허가증'으로 풀어서 기재하고 원문의 '斫票'는 벌목허가증과 함께 '(斫票)'로 표기하였음.

접제127호 광무 3년 8월 11일 도착 대신㊞ 협판㊞ 국장㊞ 참서㊞
제83호

　서한으로 삼가 조회합니다. 우리 외무대신[아오키 슈조(靑木周藏)]에게 받은 전신(電信)에 따르면, 귀국 강원도(江原道) 관할 울릉도(欝陵島)의 수목(樹木)에 대해 러시아인이 철도의 침목(枕木)용으로 그것을 벌목하는 것을 특허받았기 때문에 그 섬의 어떠한 지역에서도 우리나라 사람(일본인)의 벌목을 금지하겠다는 내용의 계획을 도쿄(東京) 주재 러시아 공사가 제국 정부(일본 정부)에게 제출하였다고 합니다.

　그런데 위 특허의 건은 제국 정부가 일찍이 알지 못한 사안입니다. 그렇기 때문에 귀 정부에 대해 특허의 연월 및 조건 등을 자세히 조사하여 회답해 달라는 내용을 외무대신이 본 공사에게 전신으로 훈령(訓令)을 내렸습니다. 본 건은 대개 우리(일본) 쪽에서 생각함에 매우 중요한 양여에 속할 뿐만 아니라, 전달받은 내용에 따르면 위의 특허에 뒤따라 여러 가지 특전도 있다고 합니다. 이에 대해 이참에 사실의 진상을 확실히 확인하고, 나아가 모든 관계를 명확하게 밝히기 위해 그 특허장(特許狀)의 전문을 조사하여 확인하는 것이 가장 중요하다고 생각합니다.

　따라서 위 (특허장)의 사본 1통을 송부해 주시기를 희망합니다. 또한 울릉도에서는 일반적으로 철도의 침목용 등으로 제공하지 않는 느티나무, 백단나무 등 양질의 목재가 적지 않다고 알고 있기 때문에 본 공사가 납득할 수 있도록 그 사실 여부도 더불어 회답해 주시면 매우 다행이겠습니다. 위와 같이 조회하오니 귀하께서는 유의하시기 바랍니다. 삼가 말씀을 드렸습니다.

　　　　　　　　　　　　　　　　　　　　　1899년(明治 32) 8월 11일
　　　　　　　　　　　　　　　　　　　특명전권공사 하야시 곤스케(林權助) ㊞
　　　　　　　　　　　　　　　　　　외부대신 박제순(朴齊純) 각하

119 러시아인의 울릉도 등지 벌채 특허에 관한 해명과 약정서 송부

발신[發]	外部大臣 朴齊純	光武 3年 8月 16日
수신[受]	日本公使 林權助	西紀 1899年 8月 16日
출전	『日案』 卷4, #5266, 407~408쪽[원문: 『日第五十三 光武三年』 卷53(奎19572, 73-53)];『欝陵島ニ於ケル伐木関係雑件』(Ref. B11091460700: 0400)	

光武三年 八月十六日 起案 大臣㊞ 協辦㊞ 主任 交涉局/課長㊞ 秘書 課長㊞
上因樹木特許露國人約書附呈事
照覆七十八號

大韓外部大臣朴齊純, 爲照覆事, 照得, 本月十一日, 接到貴照會內開, 據我外務大臣[靑木周藏]來電, 則貴國江原道管下欝島樹木, 露國人以鐵道枕木之用得截伐之特許, 而在該島如何部分, 應禁我邦人之伐木之意, 駐東京露國公使聲明于帝國政府矣, 然而右特許一事, 帝國政府未曾承知者也, 就貴政府其特許之年月及條件等, 委曲取調回報可也之意, 由外務大臣電訓於本使矣, 窃惟本件其在自身, 甚屬重要之讓與不啻也, 且據傳聞, 則亦有附隨於右之種種特典云, 此際特爲確事實之眞相, 明諸般之關係, 而查覈特許狀全文, 認爲最緊要之義務, 望右寫一通之送擲耳, 又於欝陵島聞有不堪供於普通鐵道枕木用等之槻‧白檀等良材甚不鮮云, 其實否倂爲回示等因, 准此, 查欝陵島及豆滿‧鴨綠江近地森林一帶, 曾與露國人證立合同, 該約書趣旨, 務在伐舊養新, 互相利益, 非專爲鐵道枕木之用, 則槻‧檀等材無所區別, 且勿論是否准與外國人, 亟宜設法禁止別人[16]偸硏, 固不待露國公使聲明貴國政府也, 玆進來文之意, 除鈔附約書一通[17]外, 相應備文照覆貴公使, 請煩查照, 須至照會者,
右照覆.

大日本 特命全權公使 林權助 閣下
光武三年 八月十六日

---

16 謄本二字抹消
17 本案에는 안나옴

광무 3년 8월 16일 기안 대신㊞ 협판㊞ 주임 교섭국/과장㊞ 비서과장㊞
위의 건에 기인하여 수목 특허를 러시아인과 약정한 서류를 첨부하여 증정할 것
조복 78호

　대한 외부대신 박제순(朴齊純)이 조복합니다. 이달 11일 귀 조회를 받아보았습니다. 조회를 열어 보니 다음과 같습니다. "우리 외무대신 [아오키 슈조(靑木周藏)]에게 온 전보에 따르면, 귀국 강원도 관할의 울릉도 수목을 러시아인이 철도 침목(枕木)으로 사용하고자 벌목할 권리를 특별하게 허락했다는데, 울릉도의 어느 부분을 우리나라 인민의 벌목 금지하겠다는 취지인지 도쿄 주재 러시아 공사가 제국 정부에 성명해야 합니다. 하지만 위의 특허에 대한 일은 제국 정부가 일찍이 통지받지 못했습니다. 정부가 특허를 취득한 연월과 조건 등의 자세한 사정을 답변으로 받았으면 좋겠습니다"라는 의견이었습니다. 이것은 외무대신을 경유하여 본사에 전보로 보낸 훈령입니다.

　가만히 생각해 보건대, 본건 자체는 심히 중요한 양여에 속합니다. 또한 전해 들은 바에 따르면 위의 여러 가지 특전에 따라붙는 것이 있다고 합니다. 이때 특히 사실의 진상을 확인하고, 제반의 관계를 밝혀야 합니다. 특허장 전문을 조사하는 일이 가장 긴요한 의무입니다. 바라건대 아래 사본 한 통을 송부해 주셨으면 합니다.

　또한 울릉도에 대해 들으니, 보통 철도 침목용 등에 공급하려는 규목(槻木)과 백단(白檀) 등의 좋은 재목을 감당하지 못해, 매우 좋지 않다고 합니다. 그 실제 여부를 아울러 회답해 달라는 내용이었습니다. 이에 따라서 울릉도와 두만강, 압록강 부근의 삼림 일대를 조사해 보니 일찍이 러시아 사람과 함께 계약을 체결하였고, 해당 계약서의 취지는 힘써 오래된 나무를 벌목하고 새 나무를 길러서 서로 이익이 되도록 한다는 내용입니다. 오로지 철도 침목용으로만 사용하지 않는데, 규목과 단목 등의 재목은 구별하지 않습니다. 또한 외국인에게 허락하는 여부를 막론하고, 마땅히 법을 정해 나무를 베고 훔치는 일을 금지합니다. 진실로 러시아 공사가 귀국 정부에 성명하는 일이 필요하지 않습니다. 이에 보내온 문서의 취지를 보내니 초록한 계약서 한 통을 첨부한 것 이외에, 문서를 갖추어 귀 공사께 조복을 보냅니다. 번거롭게 청하건대 조사하시기 바랍니다. 이같이 조회를 보냅니다.

대일본 특명전권공사 하야시 곤스케(林權助) 각하
1899년(광무 3) 8월 16일

120 울릉도·두만강·압록강 지방의 삼림에 대한 러시아인의 벌채권 존중과 자기 권리 유보 성명

발신[發]	日本公使 林權助	光武 3年 8月 21日
수신[受]	外部大臣 朴齊純	西紀 1899年 8月 21日
출전	『日案』卷4, #5273, 412~413쪽[원문:『日來案第十二 光武三年』(奎18058, 41-17);『日第五十三 光武三年』(奎19572, 73-53)-한문본] 『欝陵島ニ於ケル伐木関係雑件』(Ref. B11091460700: 0405)	

接第百三十五號 光武三年 八月二十一日到　大臣㊞ 協辦㊞ 局長㊞ 參書

第八拾七號

　以書翰致啓上候。陳者、欝陵島樹木截伐ノ件ニ關シ曩キニ及御質議候處、本月十六日付第七拾八號貴柬ヲ以テ御回答ノ趣ニ據レハ、啻ニ欝陵島ノミナラス、豆滿鴨綠兩江ノ附近ニ在ル森林ヲモ併セテ截伐ノ權ヲ露國人ニ與ヘラレタル趣ニテ、該約定書寫壹通御送付相成、拜受致候。依テ早速委曲ノ趣ヲ帝國政府ニ電稟ニ及ヒ候處、帝國政府ニ於テモ事情ヲ諒シテ、露國公使ノ請求ヲ容レ、該島ニ於テ帝國臣民ノ伐木ヲ禁止スルニ付、相當ノ手段ヲ執ルヘキコトニ決定シ、其旨本使ニ訓示相成候。右ハ過日面晤ノ節表明セラレタル閣下ノ御希望ニモ投合スル儀ニテ、本使ハ不取敢此趣ヲ閣下ニ致スノ幸ヲ有スルト同時ニ、畢竟此事タル帝國政府カ他人ノ旣得權ヲ重スル精神ニ出テタルモノニシテ、其本源タル事實卽チ貴國政府ノ讓與ニ對シテハ、帝國政府ハ完全ニ自己ノ權利ヲ留保スルモノナルコトヲ聲明シ置クヲ本使ノ義務ト存候。右得貴意候。敬具。

明治三十二年 八月二十一日

特命全權公使 林權助 ㊞

外部大臣 朴齊純 閣下

접제135호 광무 3년 8월 21일 도착   대신㊞ 협판㊞ 국장㊞ 참서
제87호

　서한으로 삼가 조회합니다. 울릉도(欝陵島)의 수목 벌목의 건에 관하여 앞서 질의하셨던 내용에 대해 이달 16일 자 제78호의 귀 조회로 회답하셨던 내용에 따르면, 단지 울릉도만이 아니라 두만강(豆滿江)과 압록강(鴨綠江) 두 개 강의 부근에 있는 삼림까지도 아울러 벌목할 권한을 러시아인에게 양여했다는 내용입니다. 해당 약정서(約定書) 사본 1통을 보내주셨는데, 잘 받았습니다.

　이에 신속하게 자세한 내용을 제국 정부(일본 정부)에 전신으로 보고했습니다. 제국 정부에서도 사정을 양해하고 러시아 공사의 요구를 수용하여 그 섬에서 제국 신민의 벌목을 금지하는 건에 대해 충분한 수단을 집행해야 한다고 결정하였고, 그 내용을 본 공사에게 훈령으로 알려왔습니다.

　이 결정은 지난번 면담에서 표명하신 각하의 희망에도 부합하는 것으로, 본 공사는 삼가 이 내용을 각하께 알려드리게 되어 다행이라고 생각합니다. 동시에 결국 이것이야말로 제국 정부가 다른 사람의 기득권을 중시하는 정신에서 나온 것이기 때문에 그 근본 사실, 즉 귀국 정부의 양여에 대해 제국 정부는 완전히 자기의 권리를 유보하는 것임을 성명합니다. 이것은 본 공사의 의무라고 생각합니다. 위와 같이 회답하오니 귀하께서는 유의해 주시기 바랍니다. 삼가 말씀을 드렸습니다.

　　　　　　　　　　　　　　　　　　　1899년(明治 32) 8월 21일
　　　　　　　　　　　　　　　　특명전권공사 하야시 곤스케(林權助) ㊞
　　　　　　　　　　　　　　　　외부대신 박제순(朴齊純) 각하

121 울릉도에서 불법을 저지른 일본인의 엄벌과 처벌 요구

발신[發]	外部大臣 朴齊純	光武 3年 9月 16日
수신[受]	日本公使 林權助	西紀 1899年 9月 16日
출전	『日案』卷4, #5322, 445쪽[원문: 『日第五十三 光武三年』(奎19572, 73-53)]	

光武三年 九月十六日起案 大臣㊞ 協辦㊞ 主任 交涉局 課長㊞ 秘書課長㊞
鬱陵島偸伐木料日人等, 請行懲罰事
照會第九十號

　大韓外部大臣朴齊純, 爲照會事, 照得, 玆接我內部大臣來文內開, 鬱陵島在海洋之中, 開拓未幾, 人烟稀少, 生業凋殘, 保護裨益之策政須講究, 適有日本無恒之民數百名冒佔一區, 自成村落, 駛行船舶, 斫伐木料, 偸運貨物, 侵虐居民, 少佛其意, 恣意暴動, 使用兵器, 全無顧忌, 地方官吏不得禁止, 應請貴大臣知照日本公使, 將該民等勒期刷還等因, 准此, 査該民等在不通商口岸, 密行賣買, 不惟違犯條約, 膽敢聚衆成落, 侵害民産, 斫伐森林, 携帶器仗等種種行爲, 殊堪駭惋, 相應據因備文照會貴公使, 請煩査照轉行駐元山領事[小川盛重]査拿諸犯, 從重審辦, 調回本國, 幷按照約旨, 徵繳罰金, 以昭法紀, 而懲梗頑可也, 須至照會者,
　右.

　　　　　　　　　　　　　　　　　　大日本 特命全權公使 林權助 閣下
　　　　　　　　　　　　　　　　　　光武三年 九月十六日

광무 3년 9월 16일 기안 대신㊞ 협판㊞ 주임 교섭국 과장㊞ 비서과장㊞
울릉도에서 목재를 몰래 베어내 훔쳐가는 일본인들에게 징벌을 시행하도록 요청할 것
조회 제90호

대한 외부대신 박제순(朴齊純)이 조회합니다. 우리 내부대신이 보내온 공문을 접해 보니 다음과 같습니다. "울릉도는 바다 한가운데 있어서 개척이 이루어지지 않았고 인가(人家)도 매우 희소하여 생업이 조락하고 지리멸렬하였습니다. 보호하고 도움이 되는 정책을 비로소 강구하였습니다. 그런데 일본의 항산이 없는 백성 수백 명이 한 구역을 함부로 점거하여 스스로 촌락을 이루고 선박을 운행하여 목재를 벌목하고 화물을 훔쳐 운반하고 거주민들을 침학하여 제멋대로 폭동을 하고 병기를 사용하는데 전혀 거리낌이 없습니다. 이를 지방관리가 금지할 수 없습니다. 마땅히 청하오니 귀 대신께서 일본공사에게 조회로 알려서 장치 해당 인민들이 기한을 정해 돌아갈 수 있도록 해 주십시오"라는 내용이었습니다.

이를 바탕으로 조사해 보니, 해당 인민들은 미통상 항구에서 몰래 매매를 하고 조약을 따르지 않고 어기며 범죄를 일으키고 감히 무리를 모아 촌락을 만들어서 백성들의 재산을 침해하며 산림의 재목을 벌목하고 기계를 휴대하면서 여러 가지 행위를 일으켰으니, 자못 놀라움을 감당할 수 없습니다. 이에 상응하여 문서를 갖추어 귀 공사께 조회를 보냅니다. 번거롭게 청하건대 원산 주재 영사(駐元山領事)[오가와 모리시게(小川盛重)]에게 전칙(轉飭)을 하여 여러 범인을 조사해 잡아들이고 중함에 따라 심판한 다음 본국으로 돌려보내도록 조정해 주십시오. 아울러 조약 취지에 근거하여 벌금을 추징함으로써 법의 기강을 밝히고, 징계를 굳게 하는 편이 좋겠습니다. 이같이 조회를 보냅니다. 이상입니다.

대일본 특명전권공사 하야시 곤스케(林權助) 각하

1899년(광무 3) 9월 16일

122 울릉도를 침범한 불법 일본인에 대한 조처 지시와 재답변 약속

발신[發]	日本公使 林權助	光武 3年 9月 20日
수신[受]	外部大臣 朴齊純	西紀 1899年 9月 20日
출전	『日案』卷4, #5323, 445~447쪽[원문: 『日來案第十二 光武三年』(奎18058, 41-17) ; 『日第五十三 光武三年』(奎19572, 73-53)]	

接第百六二號 光武三年九月二十日到 大臣㊞ 協辦㊞ 局長㊞ 參書
第百壹號

以書翰致啓上候。陳者、玆接我內部大臣[閔丙奭]來文內開、欝陵島在海洋之中、開拓未幾人煙稀少、生業凋殘、保護裨益之策政須講究、迺有日本無恒之民數百名冒佔[佔誤]一區、自成村落、駛行舩舶、斫伐木料、偸運貨物、侵虐居民、少怫其意、恣意暴動、使用兵器、全無顧忌、地方官吏不得禁止、應請貴大臣知照日本公使、將[該脫]民等剋期刷還等因、准此、查該民等在不通商口岸、密行賣買、不惟違犯條約、膽敢聚衆成落、侵害民產、斫伐森林、携帶器仗等種種行爲、殊堪駭愡、相應據因備文照會貴公使、請煩查照、轉行駐元山領事[小川盛重]、查掌諸犯、從重審辦、調回本國、並案照約旨、徵繳罰金、以照[昭]法紀、而懲梗頑可也ㅏノ旨、本月十六日照會第九〇號ヲ以テ御申越相成了承致候。抑本邦人ノ貴國境土內ニ於ケル條約違犯及其他ノ犯罪ニ對スル取扱方ハ、總テ貴我條約ニ載明スル所有之候ニ付、欝陵島ニ於ケル本邦人ノ行爲果シテ御申越ノ通ナルニ於テハ、是亦條約上ノ手續ニ由リ最近我領事ニ引渡シ處分ヲ求メラルルハ、自ラ貴政府ノ權能ニ屬スル儀ト存候。併シ本官ハ貴政府ノ御事情ヲ察セサルニアラサルヲ以テ、特ニ好意上便宜ノ措置ニ出テ、曩ニ元山碇泊中ノ警備艦ニ領事館員ヲ乘組マシメ、其狀況ヲ調査シ本邦人ヲ說諭調回セシムル爲メ該島ニ派遣致候處、該艦ノ恰モ欝陵島ニ達スルヤ、天候惡シク風浪ニ阻マレ人員ヲ上陸セシムル能ハス、空シク釜山ニ歸港致候旨、過日電報ニ接シ候間、本官ハ重ネテ電訓ヲ發シ、天候見計今一應該島ニ回航シ其目的ヲ達スヘキ樣相命シ置候ニ付、追テ其復命ヲ俟シテ何分ノ儀可申進候得共、一ト先回答得貴意候。敬具。

　　　　　　　　　　　　　　　　　明治三十二年 九月二十日
　　　　　　　　　　　　　　　　　特命全權公使 林權助 ㊞
　　　　　　　　　　　　　　　　外部大臣 朴齊純 閣下

접제162호 광무 3년 9월 20일 도착 대신㊞ 협판㊞ 국장㊞ 참서
제101호

　서한으로 삼가 조회합니다. "이번에 받은 우리 내무대신[민병석(閔丙奭)]의 조회를 보니, 울릉도(鬱陵島)는 바다 가운데에 있고, 개척한 지 오래되지 않아 인구가 희소하며 생업도 열악하여 보호와 개발의 정책을 속히 강구해야 합니다. 그런데 일정한 생업이 없는 일본인 수백 명이 한 구역을 함부로 점거하여 마을을 형성하고, 선박을 운행하여 목재를 벌채하고 화물을 도둑질하여 운송하면서 거주민들에게 포악한 행동을 하고 있습니다. 조금이라도 저들의 비위를 거스르면 마음대로 폭동을 일으키고 병기를 사용함에 전혀 거리낌이 없습니다. 지방 관리가 (이를) 금지하지 못하고 있습니다. 마땅히 귀 대신께서 일본 공사에게 조회하여 앞으로 그와 같이 불법을 저지른 일본인들을 반드시 쇄환하도록 해주시기 바랍니다"라는 사안입니다.
　이 사안을 살펴보니, 그 사람들은 미통상 항구로 와서 밀무역을 자행하여 조약을 위반했습니다. 그뿐만 아니라 함부로 사람들을 모아 마을을 이뤄 거주민들의 재산을 침해하고 삼림을 벌채하며 무기를 휴대하는 등 이런저런 행위들이 매우 놀랍고 한탄스럽습니다.
　이를 바탕으로 문서를 갖추어 조회합니다. 귀 공사께서는 번거로우시더라도 살펴보시고 원산(元山) 주재 영사[오가와 모리시게(小川盛重)]에게 명령하여 모든 위범자들을 체포해서 조사하여 무겁게 심판하고, 그 내용을 우리나라(한국)에 문서로 알려주시기 바랍니다. 아울러 조약의 취지에 비추어 벌금을 징수함으로써 법의 기강을 명확히 하여 우둔하고 고집스러움을 응징하기 바랍니다"라는 내용을 이달 16일 조회 제90호로 보내주셨고, 그 내용은 잘 이해했습니다.
　그러나 우리나라 사람(일본인)의 귀국 영토 내에서 조약 위반 및 그 외의 범죄에 대한 처리 방침은 모두 귀측과 우리 쪽 조약에 명확하게 기술되어 있습니다. 따라서 울릉도에서 우리나라 사람의 행위가 과연 알려주신 대로라면, 이 역시 조약상의 절차에 따라 가장 가까운 곳에 있는 우리 영사에게 인도하여 처분을 요구함이, 저는 귀 정부의 권한에 속한다고 생각합니다. 아울러 본관(本官)은 귀 정부의 사정을 모르는 것이 아니기 때문에 특히 호의적으로 적절한 조치를 취하여 이전에 원산에 정박 중이었던 경비함에 영사관원을 탑승시켜 그 상황을 조사하고, 우리나라 사람을 설득하여 귀국시키기 위해 그 섬에 파견했습니다. 그러나 이 경비함이 울릉도에 도착하자, 마침 날씨가 악화하고, 풍랑이 가로막아 사람을 상륙시키지 못하고, 아무런 성과 없이 빈손으로 부산(釜山)으로 귀항하였다는 내용을 일전에 전보로 받았습니다.

    따라서 본관은 거듭 전보로 훈령을 내려 날씨를 잘 살펴서 현재 일단 그 섬으로 회항하여 그 목적을 달성할 수 있도록 명령했습니다. 이를 바탕으로 이후 그 보고를 받으면, 어떠한 내용인지 알려드리도록 하겠습니다. 우선 회답을 드리오니 귀하께서는 유의해 주시기 바랍니다. 삼가 말씀을 드렸습니다.

1899년(明治 32) 9월 20일
특명전권공사 하야시 곤스케(林權助) ㊞
외부대신 박제순(朴齊純) 각하

123 울릉도의 일본인 퇴거 조치 회답

발신[發]	日本公使 林權助	光武 3年 10月 2日
수신[受]	外部大臣 朴齊純	西紀 1899年 10月 2日
출전	『日案』卷4, #5337, 458쪽[원문:『日來案第十二 光武三年』(奎18058, 41-17)-일문본;『日第五十三 光武三年』(奎19572, 73-53)-한문본]	

接第百七二號 光武三年十月二日到　大臣㊞ 協辦㊞ 局長㊞ 參書㊞
第百四號

　以書翰致啓上候。陳者、鬱陵島ニ於ケル本邦人說諭退去ノ件ニ關シテハ、去ル二十日付第百壹號照會ヲ以テ、曩キニ同島回航ノ帝國軍艦ハ風浪ノ爲メ上陸ノ目的ヲ達セサリシヲ以テ、尙一應軍艦ヲ回航セシメ其狀況ヲ調査シ、相當ノ手段ヲ執ルヘキ旨、御回照及置候處、今回幸ニシテ同島ニ上陸ノ目的ヲ達シ得タルヲ以テ、事實取調ノ上、在島ノ本邦人ニ對シ期ヲ定メテ退去スヘキ旨ヲ命シタル趣、同島派遣ノ元山領事館員ヨリ電禀有之候間、右樣御了承相成度、此段照會得貴意候。敬具。

明治三十二年 十月二日
特命全權公使 林權助 ㊞
外部大臣 朴齊純 閣下

접제172호 광무 3년 10월 2일 도착   대신㊞ 협판㊞ 국장㊞ 참서㊞

제104호

서한으로 삼가 조회합니다. 말씀드릴 내용은 울릉도(欝陵島)에서 우리나라 사람(일본인)을 설득하여 퇴거시키는 건에 관해서는 지난 20일 자 제101호 조회로, 지난번에 그 섬으로 회항했던 제국(일본) 군함은 풍랑 때문에 상륙의 목적을 달성하지 못했기 때문에 다시 군함을 회상시켜 그 상황을 조사하여 그에 상당하는 수단을 집행할 것이라고 하는 내용을 회답했습니다.

이번에 다행히도 그 섬으로 상륙의 목적을 달성할 수 있었기 때문에 사실에 대하여 조사한 후, 섬에 있는 우리나라 사람에 대해 기한을 정하여 퇴거해야 한다고 명령했다는 내용을 그 섬에 파견된 원산(元山) 주재 영사관원으로부터 전신으로 보고를 받았습니다. 따라서 위와 같이 이해해 주시기 바랍니다. 이같이 조회하오니 귀하께서는 유의해 주시기 바랍니다. 삼가 말씀을 드렸습니다.

1899년(明治 32) 10월 2일

특명전권공사 하야시 곤스케(林權助) ㊞

외부대신 박제순(朴齊純) 각하

124 울릉도 일본인의 퇴거 조치에 대한 사례와 불법 입주자의 쇄환 요구

발신[發]	外部大臣 朴齊純	光武 3年 10月 4日
수신[受]	日本公使 林權助	西紀 1899年 10月 4日
출전	『日案』卷4, #5343, 462쪽[원문: 『日第五十三 光武三年』(奎19572, 73-53)]	

光武三年 十月四日起案 大臣㊞ 協辦㊞ 主任 交涉局/課長㊞ 秘書課長㊞

照覆第九十六號

大韓外部大臣朴齊純, 爲照覆事, 照得本月二日接到貴照會內開, 在鬱陵島本邦人說諭退去一事, 去二十日第百一號敝照會內, 曩者該港回航之帝國軍艦緣風浪不得下陸, 一應回航該軍艦, 調査其狀況, 執行相當手段之意, 已經照會矣, 今般幸得下陸, 調査事實後, 對在島本邦人定期退去爲命之意, 接據該島派遣元山領事館員電稟, 玆以照會, 照亮可也等因, 准此, 査貴國人民不諳約旨, 向我內地, 擅行租地·購屋·開棧, 幷有非通商口岸偸運貨物等事, 亟宜按章禁止, 本大臣業經行飭各地方官認眞辦理, 該人民等視此次鬱陵島調査一案爲表準, 定應一體撤回, 足徵貴公使申明條約, 益敦隣好之意, 本大臣寔深傾佩, 相應備文照覆, 須至照會者,

右.

大日本 特命全權公使 林權助 閣下

光武三年 十月四日

광무 3년 10월 4일 기안 대신㊞ 협판㊞ 주임 교섭국/과장㊞ 비서과장㊞

조복 제96호

　대한 외부대신 박제순(朴齊純)이 조복합니다. 이달 2일 귀 조회를 받아보니 다음과 같습니다. 울릉도에 있는 본국인을 타일러서 퇴거하라는 일입니다. 지난 20일 제101호의 귀국 조회 내에 지난번 해당 항구에 회항하는 제국 군함이 풍랑을 만나 육지에 내리지 못하였습니다. 일단 해당 군함이 회항하여 상황을 조사하고 상당한 수단을 집행하겠다는 뜻으로 조회를 보냈습니다. 지금 다행히 육지에 내려서 사실을 조사한 뒤에 섬에 있는 본국인을 기한을 정해 퇴거하라고 명한 뜻을 울릉도에 파견된 원산영사관 관원에게 전보로 알리고, 이에 조회를 한다고 사정을 살피는 편이 좋겠다는 내용이었습니다.

　이를 바탕으로 조사해 보니 귀국 인민이 조약의 취지를 말하지 않고, 우리 내지에 소작, 가옥 구매, 상점 개설 등을 단행하며, 아울러 미통상 항구에서 화물을 훔쳐 운반하는 등의 일이었습니다. 장정에 따라서 마땅히 금지합니다. 본 대신이 각 지방관에 명령을 내려 진지하게 처리하도록 해당 인민들은 이번 울릉도를 조사한 문건을 보고 표준으로 삼아 일체 철회하도록 정하였습니다. 귀 공사께 거듭 조약을 분명히 이야기하여 이웃과 우호하는 뜻을 더욱 돈독하게 하려 합니다. 본 대신이 참으로 감복하여 상응하는 문서를 갖추어 조복을 보냅니다. 이같이 조회를 합니다.

　　　　　　　　　　　　　　　　　대일본 특명전권공사 하야시 곤스케(林權助) 각하
　　　　　　　　　　　　　　　　　1899년(광무 3) 10월 4일

125 울릉도에 불법으로 입주한 일본인 전체 퇴거 불응의 건

발신[發]	日本公使 林權助	光武 3年 10月 25日
수신[受]	外部大臣 朴齊純	西紀 1899年 10月 25日
출전	『日案』卷4, #5383, 485~486쪽[원문:『日來案第十二 光武三年』(奎18058, 41-17);『日第五十三 光武三年』(奎19572, 73-53)-한문본)]	

接第二百號 光武三年十月二十六日到　大臣㊞ 協辦局長㊞ 參書㊞
第百拾八號

以書柬致啓上候。陳者、在欝陵島我邦人定期退去ノ件ニ關スル本月四日付第九拾六號貴翰ノ趣了承、唯其後伴ニ於テ、右ニ準シ他ノ內地ニ住スル我邦人ヲモ悉ク撤回シ、以テ條約ノ規定ヲ明ニスヘシトノ御申越ニ至リテハ、本使ハ俄ニ之ニ同意スル能ハサルコトヲ遺憾トスルモノニ有之候。盖シ在欝陵島ノ我邦人ヲ退去セシメタル理由ハ、其伐木ヲ禁スルカ爲メニシテ、住居權ノ有無トハ關係ナキモノニ有之候。若シ又貴國政府ニ於テ條約ニ基キ右ノ申分ヲ主張セラルルニ於テハ、之ト同時ニ貴方モ亦從來堆積セル我條約上ノ要求ニ應セラルヘキ義務アルコトヲ御承知相成度。加フルニ貴國內地ニ居住スルモノハ我邦人ニ限ラス、他國ノモノモ頗ル多ク入込ミ居ル由ニ付、我邦人ノミ獨リ退去スヘキ理由無之候。右照覆得貴意候。敬具。

明治三十二年 十月二十五日
特命全權公使 林權助 ㊞
外部大臣 朴齊純 閣下

접제200호 광무 3년 10월 26일 도착   대신㊞ 협판국장㊞ 참서㊞
제118호

서한으로 삼가 조회합니다. 울릉도(欝陵島)에 있는 우리나라(日本) 사람들이 정해진 기한에 퇴거하는 건에 관한 이달(1899년 10월) 4일 자 제96호 귀 조회의 내용은 잘 알겠습니다. 다만 그 (조회)의 후반에서 위에 준하여 내지에 거주하는 우리나라 사람도 모두 철수함으로써 조약의 규정을 명백히 해야 한다는 의견에 대해서는 본 공사는 러시아에 유감스럽게도 그것에 동의할 수 없다는 점을 표명했습니다.

대개 울릉도에 있는 우리나라 사람들을 퇴거시키는 이유는 벌목을 금지하기 위해서이기 때문에 거주권(居住權)의 유무와는 관계가 없습니다. 만약 또한 귀국 정부에서 조약에 기초하여 위의 내용을 주장한다고 하면, 그와 동시에 귀국도 역시 그동안 누적된 우리의 조약상의 요구에 응해야 하는 의무가 있다는 것을 알고 계시기 바랍니다. 이에 더하여 귀국의 내지에 거주하는 사람은 우리나라 사람에 한정되지 않고, 다른 나라의 사람도 적지 않게 들어와 거주하고 있기 때문에 오로지 우리나라 사람만 퇴거할 이유가 없습니다. 위와 같이 조회로 회답하오니 귀하께서는 유의해 주시기 바랍니다. 삼가 말씀을 드렸습니다.

1899년(明治 32) 10월 25일
특명전권공사 하야시 곤스케(林權助) ㊞
외부대신 박제순(朴齊純) 각하

126 호조 소지자 이외의 일본인 일체 퇴거 요구

발신[發]	外部大臣 朴齊純	光武 3年 11月 21日
수신[受]	日本公使 林權助	西紀 1899年 11月 21日
출전	『日案』卷4, #5423, 507쪽[원문: 『日第五十三 光武三年』(奎19572, 73-53)]	

光武三年 十一月二十一日起案 大臣㊞ 協辦 主任 交涉局/課長㊞ 秘書課長
照覆第一百十一號

大韓外部大臣朴齊純爲照復事, 照得, 十月二十五日, 接到貴第百十八號照會內開, 以鬱陵島我邦人定期退去事, 接准第九十六號貴文, 而後段住他內地之我邦人一倂撤回, 以明條約之規定一事, 本使不能同意, 盖鬱陵島所在我邦人退去之由, 爲其禁其伐木, 而住居權之有無固無關係也, 貴國內地居住者, 不獨我邦人, 他國之人亦頗多, 則但對我邦人, 獨無退去之理等因, 准此, 查韓日修好條規第四款載明, 第五款所載二口, 准聽日本國人民往來通商, 就該地賃借地基, 造營家屋等語, 嗣後有約各國人民, 均不准在指定處所以外租地·購屋·開棧, 現在貴國人民前徃內地, 開棧設舖, 至買地購屋, 隨意自行, 顯違條約之旨, 亟應設法禁止, 本大臣分飭各地方長官按章辦理, 並經照會貴前任公使在案, 比次照請鬱陵島冒居之貴國人先行調回, 卽前日照會事件之一部分也, 貴公使謂只禁其伐木, 無關於住居權, 是捨本而齊末, 遺大而見小, 其與本大臣之意相去遠矣, 至內地居住者他國之人亦頗多等語, 查各國人除帶持護照遊歷通商以外, 一切禁阻, 業經聲明各國使臣, 惟貴國人民在內地者寔繁有徒, 各國人民無不視其去就爲表準, 倘貴國人民早自退去, 各國人民定應一體調回, 不有孰先孰後之別, 窃想貴公使素敦邦交, 睦念時局, 復與本大臣之意合爲一理, 相應備文照復, 須至照會者,

右照复.
大日本 特命全權公使 林權助 閣下
光武三年 十一月二十一日

광무 3년 11월 21일 기안 대신㊞ 협판 주임 교섭국/과장㊞ 비서과장
조복 제111호

　대한 외부대신 박제순(朴齊純)이 조복합니다. 10월 25일 귀(貴) 제118호 조회를 받아 보니 다음과 같습니다. "울릉도에서 우리나라 사람을 기한을 정해 퇴거하는 일입니다. 제96호의 귀 공문을 접해 보니 이후 다른 내지에 거주하는 우리나라 사람을 일체 철회하여 조약의 규정을 분명히 하라는 일입니다. 본사(本使)는 동의할 수 없습니다. 대개 울릉도에 있는 우리나라 사람을 퇴거하는 이유는 벌목을 금지하고자 해서입니다. 거주권의 유무와는 진실로 관계가 없습니다. 귀국 내지에 거주하는 자는 유독 우리나라 사람만이 아닙니다. 타국인도 자못 많아서 다만 우리나라 사람만 대한다면 유독 퇴거해야 할 이유가 없습니다"라는 내용이었습니다. 이를 바탕으로 조사해 보니, 조일수호조규(韓日修好條規) 제4관에 분명하게 실려 있습니다. 제5관에 실려 있는 두 항구는 일본국 인민이 왕래하여 통상하는 것을 허락하고, 해당 지역에 토지를 임차하며 가옥을 만든다는 등의 말이 있습니다. 사후에 각국의 인민과 약조를 맺었는데, 지정한 곳에 이외에는 소작, 가옥 구매, 상점 개설 등을 허락하지 않았습니다. 현재 귀국 인민이 전부터 내지에 와서 상점을 개설하고, 토지를 구매하고 가옥을 짓는 일을 임의로 자행하였는데, 조약의 취지를 위반함이 현저해져 응당 법에 따라 금지하였습니다.

　본 대신이 각 지방관에 명령을 내려 장정(章程)에 따라 처리하고 아울러 귀 전임 공사에게 조회를 보낸 사실이 문서에 있습니다. 울릉도에 함부로 거주한 귀국인을 먼저 귀국하도록 조정을 시행한 일은 전날 조회한 사건의 일부분입니다. 귀 공사께서 단지 벌목을 금지하고 거주권과 관계가 없다고 말씀하신 것은 근본을 버리고 끝을 취하는 것이며, 큰 것을 버리고 작은 것을 보는 것입니다. 본 대신의 뜻과 서로 거리가 있습니다.

　내지에 거주하는 자로 타국인 또한 자못 많다는 등의 말에 대해서는 조사해 보니 각국인이 호조(護照)를 소지하고 통상 이외의 지역을 유람하는 것을 제외하고 일체 금지한다고 이미 각국 사신에게 성명하였습니다. 오직 귀국 인민으로 내지에 있는 자가 참으로 많아 무리를 이루고 있습니다. 각국 인민은 그 거취를 볼 수 있는 것이 표준입니다. 도리어 귀국 인민이 일찍 스스로 퇴거하고, 각국 인민은 일체 귀환하도록 정한 데는 선후의 구별이 없습니다. 귀 공사께서 국가의 교제를 돈독하게 생각하시어 시국을 돌아보시고 다시 본 대신의 뜻과 하나의 이치로 합치하기를 바랍니다. 상응하여 문서를 갖추어 조복을 보냅니다. 이같이 조회를 합니다.

대일본 특명전권공사 하야시 곤스케(林權助) 각하
1899년(광무 3) 11월 21일

127 일본인 퇴거 요구에 대한 일본공사의 반박

발신[發]	日本公使 林權助	光武 3年 11月 27日
수신[受]	外部大臣 朴齊純	西紀 1899年 11月 27日
출전	『日案』卷4, #5429, 510~511쪽[원문: 『日來案第十三 光武三年』(奎18058, 41-18) ; 『日第五十三 光武三年』(奎19572, 73-53)]	

接第二百二十八號 光武三年 十一月二十七日到 大臣㊞ 協辨局長㊞ 參書
第百參拾號

以書翰致啓上候。陳者、在貴國內地我邦人撤去ノ件ニ付、本月二十二日付第百十一號ヲ以テ重ネテ御照會ノ趣了承、御來意ニ據レハ、本件タル本使前任者以來ノ懸案ニシテ、欝陵島所在ノ我邦人撤回云云ハ卽チ其壹部分ニ過キス、然ルニ本使ハ右ハ唯伐木ヲ禁スルカ爲メニシテ住居權ノ問題ニ關係ナシト云フ、之レ捨本而齊末、遣大而見小モノニシテ貴大臣ノ意ト相去ルコト遠シトノコトニ有之、果シテ然ラハ遺憾ナル次第ニ候得共、事實ハ正ニ本使カ申述候通リニテ、兩者間ニハ何等ノ關係ナク隨テ又本末大小ノ比較スヘキモノ無之候。盖シ欝陵島居民引揚ノ理由ハ、本使自ラ說明ノ地位ニ在ルモノニシテ、他ノ解釋ヲ容サヽル儀ト御承知相成度候。次ニ又御來意ニ曰ク、我邦人民內地ニ在ルモノ寔ニ多ク、各國人民其去就ヲ見テ標準トナサヽルナシ、倘シ我邦人民早ク自ラ退去セハ、各國人民モ定メテ應ニ一切調回スルナルヘシ、孰先孰後ノ別アラスト、然ルニ問題ノ要點ハ唯他ノ外國人モ貴國內地ニ住居シ居ルヤ否ヤノ一事ニシテ、苟モ權利上ノ問題ニ屬スル以上、其人口ノ多寡ヲ論スルノ必要ハ無之、況ンヤ外國人ハ我邦人ヨリモ遙ニ先チテ內地ニ住居シタル事實サヘ有之ニ付、若シ標準ノ所在ヲ問ハヽ、寧口彼ニ在リテ我ニ在ラスト云フモ不可ナキ義ト存候。且又貴書ニモ云ハルヽ如ク、撤回上外國人間ニ先後ノ別ナキモノトスレハ、卽チ我邦人ノミ他ニ先チテ退去スヘキ理由モ無之候。終ニ御來書ニ曰ク、本使素邦交ヲ敦フス時局ヲ軫念セハ、復貴大臣ノ意ト合ニ一理タルヘシト、本使カ貴意ニ應スルコト能ハサルモノ、實ニ邦交ヲ敦フシ時局ヲ勝念スルニ依ル、盖シ排外ノ思想ハ開明ノ方針ニ背馳シ、兩國ノ親和ヲ來ス所以ニアラサレハナリ、就テハ貴國政府ハ大國ニ鑑ミテ兩國ノ和親共益ヲ圖リ、漫ニ事端ヲ滋サシメサル樣御取計相成度。此段回答得貴意候。

　敬具。

明治三十二年十一月二十七日
特命全權公使 林權助 ㊞
外部大臣 朴齊純 閣下

접제228호 광무 3년 11월 27일 도착 대신㊞ 협판 국장㊞ 참서
제130호

　　서한으로 삼가 조회합니다. 귀국(한국)의 내지에 있는 우리나라(일본) 사람들의 퇴거 건에 대해 이달(1899년 11월) 22일 자 제111호로 거듭 보내주신 조회는 알겠습니다. 보내오신 취지에 따르면, 이 건은 본 공사의 전임자 이래의 현안으로, 울릉도(鬱陵島)에 있는 우리나라 사람들이 철수하여 돌아간다고 하는 문제는 그 일부분에 불과합니다.

　　그러므로 본 공사는 위 내용에 대해 단지 벌목을 금지하기 위한 것이므로 주거권의 문제와는 관계없다고 말씀드립니다. 그것은 (위 내용) 본질을 버리고 말단을 취하여 본말이 전도된 것이고, 큰 것을 지나치고 작은 것만을 보는 것으로, 귀 대신의 뜻과는 그 차이가 매우 큽니다. 과연 그렇다면 유감이라고 이참에 말씀드리지 않을 수 없습니다. 사실은 정말로 본 공사가 말씀드린 그대로, 양자 간에는 어떠한 관계도 없습니다. 따라서 본말(本末)과 대소(大小)를 비교할 만한 것도 없습니다. 대개 울릉도의 거주민을 퇴거시키는 이유는 본 공사 스스로가 설명해야 하는 지위에 있는 사람으로서 다른 해석을 수용하지 않을 것이라는 점을 이해해 주시기 바랍니다.

　　다음으로 또한 보내주신 조회의 내용에 따르면, 우리나라의 인민으로 (한국)의 내지에 있는 사람이 실로 (매우) 많아서 다른 나라의 인민들이 그 거취를 보고 표준이 되지 않을 수 없다고 하셨습니다. 만약 그렇다면, 우리나라 인민이 조속히 스스로 퇴거하면, 다른 나라의 인민도 반드시 응하여 모두 돌아가야 하며, 누가 먼저 돌아가고 누가 나중에 돌아갈 것인가의 구분이 발생합니다. 그런데 문제의 요점은 단지 다른 외국인도 귀국의 내지에 거주하고 있는가 아닌가의 한 가지에 있으며, 적어도 권리상의 문제에 속하는 이상 그 인구의 많고 적음을 논할 필요가 없습니다. 하물며 외국인은 우리나라 사람들보다 훨씬 앞서서 내지에 거주한 사실이 있기 때문에 만약 표준의 소재를 묻는다면, 실로 그들에게 있고, 우리에게 있지 않다고 해도 결코 잘못된 것은 아니라고 생각합니다.

　　그리고 또한 귀 조회에서 말씀하신 것처럼 퇴거하는 외국인 간에 선후의 차이가 없다고 한다면, 즉 우리나라 사람들만 다른 나라 사람들보다 먼저 퇴거해야 할 이유도 없습니다. 끝으로 보내주신 조회에 따르면, 본 공사가 본디 국가 간의 교의를 돈독히 하는 시국(時局)을 원한다면, 귀 대신의 생각과 뜻을 하나로 합해야 마땅하다고 하셨습니다. 본 공사가 귀 대신의 생각에 응하지 못하는 것은 실로 국가 간의 교의를 돈독히 하는 시국을 원하기 때문입니다. 대개 배외사상(排外思想)은 개명(開明)의 방침과 배치되며, 양국의 친화를 불러들이는 이유가 되지 못합니다.

따라서 귀국 정부는 대국(大國)의 (사례에) 비추어 양국의 화친과 공익을 도모하고, 함부로 사건을 확대하지 않도록 해주시기를 바랍니다. 이같이 조회로 회답하니 귀하께서는 유의해 주십시오. 삼가 말씀을 드렸습니다.

1899년(明治 32) 11월 27일
특명전권공사 하야시 곤스케(林權助) ㊞
외부대신 박제순(朴齊純) 각하

128 울릉도 일본인의 폐단 지적과 관원 파견을 통한 조사 요구

발신[發]	外部大臣 朴齊純	光武 4年 3月 16日
수신[受]	日本公使 林權助	西紀 1900年 3月 16日
출전	『日案』卷4, #5566, 595~596쪽[원문: 『日案五十九 光武四年』(奎19572, 78-59)]	

光武四年 三月十六日起案　大臣㊞ 協辦㊞ 主任 交涉局/課長㊞ 秘書課長
照會第十六號

　　大韓外部大臣朴齊純, 爲照會事, 照得鬱陵島居留貴國人退回一事, 光武三年[1899]十月二日, 接到貴照會內開, 據元山領事館員電禀, 調查事實後, 對在島本邦人定期退去爲命等因, 准此, 當經照復在案, 茲接內部大臣來文內開, 據鬱陵島島監裵季周報稱, 日本人尙無退去之意, 亂斫槻木, 愈往愈甚, 島監不可坐視其無理, 直欲躬赴漢城, 告愬事實, 奈日本人等派守各津口, 使我人不得通涉, 氣燄危怕, 全島洶洶, 以伐木一案, 島監徃訴日本裁判所, 經質查索賠, 今爲幾年之久, 日本人藉稱, 伊時裁判費用爲數萬元, 向島監費責償, 威逼脅持無所不至, 島民恐懼, 代爲辦費, 發賣產業, 無以充補其所要之額, 現在危困之中, 日本人又稱, 給錢韓人金庸爰, 訂有伐木之約, 若要禁伐, 必須償錢等語, 島民等視槻木如性命, 將該錢參千餘兩一併替償等情, 據此, 相應備文照會, 請即知照日本公使, 設法禁戢, 速令退回, 並責還錢貨等因, 准此, 查該日人等尙今盤踞, 種種滋弊, 殊堪駭惋, 爲此, 備文照會貴公使, 請煩查照, 亟派委員前徃當地, 嚴行查辦, 責還錢貨, 仍飭不日退去, 免致轉生事案可也, 須至照會者,
　　右.

大日本特命全權公使 林權助 閣下
光武四年 三月十六日

광무 4년 3월 16일 기안 대신㊞ 협판㊞ 주임 교섭국/과장㊞ 비서과장

조회 제16호

　　대한 외부대신 박제순(朴齊純)이 조회합니다. 울릉도에 거류하는 귀국인을 되돌려 보내는 일입니다. 1899년(광무 3) 10월 2일, 귀 조회가 도착하여 열어보니 다음과 같습니다. 원산영사관(元山領事館) 관원의 전보를 보니, "사실을 조사한 뒤에 울릉도에 있는 본국인을 기한 내에 퇴거하도록 명하였다"는 내용이었습니다. 이를 바탕으로 조복을 한 문서가 있습니다. 내부대신(內部大臣)이 보내온 문서를 열어보니 다음과 같습니다. 울릉도 도감(島監) 배계주(裵季周)가 보고한 내용에, "일본인이 오히려 퇴거할 뜻이 없고, 규목을 어지럽게 베어내 가는 일이 점점 심해져서 도감이 그 무리함을 보고 앉아 있을 수 없었습니다. 곧장 몸소 한성에 가서 사실을 보고하고자 합니다. 일본인 등이 각 포구를 지키고 있어 우리나라 사람이 바다와 통할 수 없게 하여 위태로운 기운이 넘쳐흐르며 섬 전체가 흉흉합니다. 벌목 일건은 도감이 일본재판소(日本裁判所)에 가서 제소하고 사실대로 조사하여 배상을 요구하였습니다. 몇 년이 지났으나 일본인들은 변명을 하고 있는데, 재판 비용이 수만 원(元)이 되었습니다. 도감에게 비용의 배상을 요구하니 협박하고 위협하는 것이 이르지 않은 바가 없었습니다. 울릉도민들이 두려워하여 대신 비용을 마련하고 산업(産業)을 발매(發賣)해도 필요한 금액을 채워 넣지 못하였습니다. 현재 위기와 곤란함 속에 있습니다. 일본인이 또한 말하기를, '한국인 김용원(金庸爰)에게 돈을 주어서 벌목의 약조를 체결한 일이 있는데, 만약 벌목 금지를 요구하게 되면 반드시 금전으로 배상해야 한다'는 등의 이야기였습니다. 울릉도민들이 규목(槻木)을 보고 성명(性命)처럼 여깁니다. 장차 해당 동전 3,000여 냥을 한 번에 배상해야 합니다"라는 등의 정황입니다. 이를 바탕으로 상응하여 문서를 갖추어 조회를 보냅니다. 청하건대 곧 일본공사에게 조회로 알려서 법에 따라 금지하고 속히 퇴거하도록 하며 전화(錢貨) 등을 갚아야 한다는 내용이었습니다.

　　이를 바탕으로 조사해 보니 해당 일본인 등은 지금 불법으로 점거하여 종종 폐단을 일으키니 자못 매우 놀랍습니다. 이를 바탕으로 문서를 갖추어 귀 공사에게 조회를 보냅니다. 번거롭게 청하건대, 조사하여 파견 관원이 해당 지역으로 가서 엄하게 조사하여 처리하도록 하고, 전화(錢貨)를 돌려주도록 하고, 머지않아 퇴거하도록 명하여 전생(轉生)에 이르는 일을 면할 수 있도록 하면 좋겠습니다. 이같이 조회를 보냅니다.

　　　　　　　　　　　　　　　　　　　　　　대일본 특명전권공사 하야시 곤스케(林權助) 각하
　　　　　　　　　　　　　　　　　　　　　　　　　　　　　　　　1900년(광무 4) 3월 16일

129 울릉도 일본인 문제에 대한 반박 및 공동조사 제의

발신[發]	日本公使 林權助	光武 4年 3月 23日
수신[受]	外部大臣 朴齊純	西紀 1900年 3月 23日
출전	『日案』卷4, #5572, 599~600쪽[원문:『日來案第十四 光武四年』(奎18058, 41-19)]	

接第六十六號 光武四年 三月二十三日到 大臣㊞ 協辦㊞ 局長㊞ 參書
第二十四號

以書翰致啓上候。陳者、在欝陵島本邦人退去及其他ノ事項ニ關スル本月十六日附第拾六號貴翰ニ接シ披見致候。玆ニ其御申越ノ要旨ヲ擧ケンニ、

一、日本人尙退去ノ意ナク槻木ヲ亂斫スルヲ以テ、事實報告ノ爲メ島監[裵季周]躬ラ漢城ニ來リ懇ヘントスルモ、日本人等各津口ヲ波守シ通涉ヲ得サルコト。
一、伐木ノ一案ヲ以テ島監日本裁判所ニ訴ヘ質査ヲ經テ賠償ヲ索メタルハ久シキ以前ノ事ナリ。卽今日本人等右裁判費用ト稱シ、數萬元島監ニ向ツテ請求シ威逼脅持至ヲサルナシ島民懼代ツテ辨償ヲ爲シ産業ヲ發賣スルモ、其要ムル所ヲ補充スル能ハス、現ニ危困ノ中ニアルコト。
一、日本人又韓人金庸爰ニ錢ヲ給シ伐木ノ約束ヲ結ヘリ、若シ禁伐ヲ要スルカ如クンハ必ラス須ク其金額ヲ辨償スヘシト主張シ、島民代ツテ之ヲ辨償シタルコト。
以上ノ事項取調處分方御請求相成了承致候。

依之、査スルニ第一ノ事實ノ甚タ疑ハシク、果シテ島監云フ所事實ナラン乎。固ヨリ其曲本邦人ニ歸スヘキモ、惟ニ何等カ此間ニ事情存スルモノト察セラレ、未タ片言以テ我[18]ニ斷案ヲ下シ難ク候。第二凡裁判費用ナルモノハ、其敗訴者ノ負擔ニ歸スヘキハ普

---

18 『일래안(日來案)』 원문에는 '俄'로 표기되어 있으나, 문맥상 '我'가 맞다고 판단됨.

通ノ道里ニ有之。現ニ島監ハ勝訴者ノ地位ニアリトセハ、隨テ裁判費用ヲ負擔スル理由無之ニ拘ハラス、却テ敗者タル本邦人ヨリ裁判費用ヲ要求セルハ矛楯ノ甚シキモノニシテ、事實如何ニモ疑ハシ、第三本邦人代價ヲ支拂ヒ買取リタル樹木ノ禁伐ヲナサンニハ、宜シク先其金額ヲ辨償スルヘキハ理ノ當然ニシテ、敢テ多辯ヲ要セサル所ナリ。

　之ヲ總フルニ、御來意ノ事實ハ明晰ヲ欠キ理由釋然不敢點有之候ニ付、貴我官吏ヲ派シ事實ヲ調査シタル末ナラテハ措辦ノ途無之候。就テハ貴政府ニ於テ相當ノ派遣員ヲ選定シ、且ツ特別便舩ヲ差立テラルルニ於テハ、本使モ亦自ラ我官吏ヲ派シ之ニ參同調査セシムルコトニ御同意ヲ表スヘク候。將又曩キニ退去ノ命ニ接シタル在留本邦民ハ抗議ヲ提出シテ、從來伐木ニ從事シタルハ島監ノ許可ヲ經相當ノ伐木料ヲ納付シアルコトヲ申出候。仍テ察スルニ本邦人ハ該島監默契ノ下ニ知ラス知ラス、往來居留ノ慣例ヲ馴致シタルモノニシテ畢竟貴我臣民和親共同殆ント畛域ヲ分タサル結果、此ニ至レルモノト被存候。此段回答得貴意候。敬具。

　　　　　　　　　　　　　　　　　　　明治三十三年 三月廿三日
　　　　　　　　　　　　　　　　　　　　特命全權公使 林權助 ㊞
　　　　　　　　　　　　　　　　　　　外部大臣 朴齊純 閣下

접제66호 광무 4년 3월 23일 도착 대신㊞ 협판㊞ 국장㊞ 참서
제24호

　서한으로 삼가 조회합니다. 말씀드릴 내용은 울릉도(欝陵島)에 있는 우리나라(일본) 사람들의 퇴거 및 그 외의 사항에 관한 이달(1900년 3월) 16일 자 제16호 귀 조회를 접수하여 살펴보았습니다. 이에 전달하신 내용의 요지를 정리하면,

1. 일본인들은 여전히 퇴거할 의사가 없고, 규목(槻木)을 함부로 벌목하고 있기 때문에 사실의 보고를 위해 도감(島監)[배계주(裵季周)]이 직접 한성(漢城)으로 와서 하소연하려고 해도 일본인들이 각 나루의 입구를 지키며 통행하지 못하게 하고 있다는 것.
1. 벌목에 대한 사안으로 도감이 일본의 재판소에 소송을 제기하여 배상을 요구한 것은 이미 오랜 시간이 지난 이전부터의 사안입니다. 그러한즉 지금 일본인들이 위 재판비용이라고 하는 금액으로 수만 원(元)을 전 도감에게 청구하고, 위협하고 핍박하지 않음이 없습니다. 도민이 두려워하여 대신 변상하고 산물을 판매하더라도, 필요한 금액을 충당하지 못하여 현재 위급하고 고통스러운 상황에 있다는 것.
1. 일본인들은 또한 한국인 김용원(金庸爰)에게 금전을 주고 벌목의 약속을 맺었으므로 만약 벌목의 금지를 요구하려 한다면, 반드시 그 금액을 변상해야 한다고 주장함에 도민(島民)이 대신하여 그것을 변상하고 있다는 것.

　위의 사항에 대한 조사 및 처분방침을 요청하신 것에 대해 잘 이해했습니다.

　이를 바탕으로 그 내용을 살펴보니, 첫 번째 사안은 사실이 매우 의심스럽습니다. 과연 도감이 말하는 내용이 사실입니까? 본래 그 잘못이 우리나라 사람들에게 돌아간다고 해도, 생각해 보면 무언가 그간의 사정이 있는 것으로 보입니다. 아직 한마디로 우리 쪽에서 사안에 대해 판단을 내리기 어렵습니다.
　두 번째, 무릇 재판비용은 그 패소자 부담으로 하는 것이 일반적인 도리입니다. 현재 도감이 승소자의 지위에 있다고 한다면, 이를 바탕으로 재판비용을 부담할 이유가 없습니다. 그럼에도 도리어 패소자인 우리나라 사람들이 재판비용을 요구한다면, 매우 모순

(矛盾)되는 것이기 때문에 사실이 어떠한지 의심스럽습니다.

세 번째, 우리나라 사람들이 대가를 지불하여 매수한 규목에 대해 벌목을 금지하려면, 마땅히 먼저 그 금액을 변상해야 함은 이치가 당연하기 때문에 굳이 많은 말이 필요하지 않습니다.

이러한 내용을 종합하면, 보내주신 내용의 사실은 명석하지 않으며 석연치 않은 점이 있으므로, 귀측과 우리 관원을 파견하여 사실을 조사해서 결과를 내지 않으면 처리할 방법이 없습니다. 따라서 귀 정부에서 적당한 파견원(派遣員)을 선정하고, 또한 특별히 배편을 차입하여 준비한다면, 본 공사도 역시 자체적으로 우리 관리를 파견하여 그것을 합동 조사하도록 하는 건에 동의할 것입니다. 또한 지난번에 퇴거 명령을 받은 (울릉도에) 거주하는 우리나라 사람들은 항의를 제출하여 예전부터 벌목에 종사하는 것은 도감의 허가를 거쳐 그에 상당하는 벌목의 수수료를 납부하였다고 주장했습니다. 이에 살펴보니, 우리나라 사람들이 그 도감의 묵계(默契) 하에서 알지 못한 채 왕래하고 거류하는 관례가 만들어졌습니다. 필경 귀측과 우리의 신민(臣民)이 화친하여 공동으로 대부분 경계를 나누지 않은 결과, 이에 이르게 되었다고 생각합니다. 이같이 회답하니 귀하께서는 유의해 주시기 바랍니다. 삼가 말씀을 드렸습니다.

1900년(明治 33) 3월 23일
특명전권공사 하야시 곤스케(林權助) 印
외부대신 박제순(朴齊純) 각하

130 울릉도 공동조사 관원의 파견 경과 통보

발신[發]	外部大臣 朴齊純	光武 4年 5月 4日
수신[受]	日本公使 林權助	西紀 1900年 5月 4日
출전	『日案』卷4, #5652, 647~648쪽[원문: 『日案五十九 光武四年』(奎19572, 78-59)]	

光武四年 五月四日 起案 日 大臣㊞ 協辨㊞ 交涉局 課長㊞

敬啓者, 欝陵島居留日本人滋事一案, 業經彼此行文在案, 玆准貴公使之意, 由我內部派遣視察官一員, 帶同海關屬員, 明日自仁塔乘蒼龍輪船歷到釜山, 本大臣當經電飭東萊監理[李準榮], 遴派一員, 齊赴該島, 調査事況, 庸特函佈, 尙祈照諒派遣國官員, 一同前徃, 是爲切要, 此頌台安.

五月四日
朴齊純 頓

광무 4년 5월 4일 기안 일 대신㊞ 협판㊞ 교섭국 과장㊞

삼가 말씀드립니다. 울릉도에 거류하는 일본인으로 일이 늘어난 하나의 안건은 지난번에 서로 보낸 문서가 있습니다. 귀 공사의 뜻에 따라서 우리 내부(內部)에서 파견된 시찰관 1명은 해관(海關) 소속 관원을 대동하여 내일 인천에서 윤선(輪船) 창룡호(蒼龍)에 탑승하여 부산에 갈 예정입니다. 본 대신이 동래감리(東來監理)[이준영(李準榮)]에게 전보로 명령하여 관원 1명을 파견하여 울릉도에 보내 조사하는 상황을 특별하게 문서로 알렸습니다. 해당 파견국 관원과 함께 가서 조사하는 일을 헤아려 주시기를 바랍니다. 이를 간절히 바랍니다. 안녕히 계십시오.

5월 4일
박제순(朴齊純) 드림

131 울릉도 공동조사 관원의 파견 건의 2주 연기 요청

발신[發]	日本公使 林權助	西紀 1900年 5月 4日
수신[受]	外部大臣 朴齊純	光武 4年 5月 4日
출전	『日案』卷4, #5653, 648쪽[원문:『日案五十九 光武四年』(奎19572, 78-59)]	

　　敬復者, 此接函示, 一切[閱脫]悉, 一是鬱陵島居留日本人滋事一案, 業經彼此行文在案, 玆貴公使之意, 由我內部派遣視察官一員, 帶同海關屬員, 明日自仁搭乘蒼龍輪船曆到釜山, 本大臣當經電飭東萊監理[李準榮], 遴派一員齊赴該島, 調査事況, 庸特函佈, 尙祈照諒派遣貴國官員, 一同前往, 是爲切要等因, 接准, 本案先由本使電稟帝國政府, 而後俟其回訓, 派遣我官吏, 本是合宜, 而此次來函稱, 明日自仁川開輪云云, 事極出怱急, 以難副貴意, 凡如案貴我豫經酌商, 核定調査事項施行, 自似妥宜, 仍望自今緩開輪期於二周日後, 以使貴我合議爲要矣, 耑爲之佈复, 藉頌台祉.

五月四日

林權助 頓

삼가 답변을 드립니다. 이번에 접한 서함은 일체 열람하였습니다. 내용은 다음과 같았습니다. 울릉도에 거류하는 일본인으로 일이 늘어났다는 하나의 안건은, 이미 피차가 보낸 문서가 있었습니다. 귀 공사의 취지로, 우리 내부(內部)에서 파견한 시찰관(視察官) 1명이 해관(海關) 소속 관원을 대동하고 내일 인천에서 윤선(輪船) 창룡호에 탑승하여 부산에 도착할 예정입니다. 본 대신이 동래감리[이준영(李準榮)]에게 전보로 명령을 내려 관원 1명을 파견하여 울릉도에 보내 조사하는 상황을 특별하게 문서로 알렸습니다. 해당 파견국 관원과 함께 가서 조사하는 것을 헤아려 주시기를 바란다는 내용이었습니다.

이를 접수하였고, 본 문서를 먼저 본사(本使)가 제국 정부에 전보로 알린 뒤에 훈령의 회답을 기다리고 있습니다. 우리 관리를 파견하는 일은 본래 사의에 합당합니다. 이번에 온 서함에서는 내일 인천항에서 윤선이 출항한다고 운운하였습니다. 일이 매우 다급하여 귀하의 뜻에 부응하기 어렵습니다. 무릇 문서와 같이 귀국과 우리가 미리 상의하여 조사할 사항을 정해 시행하는 편이 온당할 듯합니다. 바라건대 지금부터 윤선의 출발을 2주일 뒤로 귀하와 제가 합의하도록 하는 일이 필요합니다. 귀하께서 회신하여 주십시오. 복 받으시길 바랍니다.

5월 4일
하야시 곤스케(林權助) 드림

132 울릉도 파견 관리의 출발 기일 통보

발신[發]	日本公使 林權助	光武 4年 5月 15日
수신[受]	外部大臣 朴齊純	西紀 1900年 5月 15日
출전	『日案』卷4, #5696, 666쪽[원문: 『日案五十九 光武四年』(奎19572, 78-59)]	

敬啓者, 昨面陳鬱陵島派員一事, 是日接電本邦大臣[靑木周藏]訓示內開, 我委員則將本月下旬, 由釜山港開輪爲便云云, 請煩貴大臣[19]照亮之後, 本月二十日以後, 自釜山發輪, 是計爲要矣, 耑爲之函達, 仍頌台祉.

五月十五日

林權助 頓

---

[19] 『일안(日案)』 원문에는 '大人'로 표기되어 있으나, 그동안의 문서 사례나, 외부대신 앞으로 보낸 공문이라는 점 등에서 판단하면, 문맥상 '大臣'이 맞다고 판단됨.

삼가 조회합니다. 지난 면담에서 말씀드린 울릉도(鬱陵島)에 관리를 파견하는 사안에 대해 이날 전보로 도착한 우리나라(일본) 대신[아오키 슈조(青木周藏)]의 훈시를 받아보니, 우리 위원은 곧 이달(1900년 5월) 하순 부산항(釜山港)에서 기선으로 출발한다고 합니다. 번거로우시더라도 귀 대신께서 살펴보신 후, 이달 20일 이후 부산에서 기선편으로 출발하는 계획이 필요합니다. 귀하께서 서함을 보내주십시오. 여전히 평안하시기를 기원합니다.

5월 15일
하야시 곤스케(林權助) 드림

133 울릉도 조사사항 논의 일시의 통고

발신[發]	外部大臣 朴齊純	光武 4年 5月 19日
수신[受]	日本公使 林權助	西紀 1900年 5月 19日
출전	『日案』卷4, #5704, 668~669쪽[원문: 『日案五十九 光武四年』(奎19572, 78-59)]	

光武四年 五月十九日 起案 日 大臣㊞ 協辦㊞ 主任 交涉局/果長㊞

敬復者, 昨奉來函聆悉, 鬱陵島査檢一事, 貴委員可於本月二十日以後由釜山前徃等因, 查此案前經面商, 擬與內部大臣[李乾夏]會議調查事項, 玆訂以本月二十一日下午二點鐘, 在本署會同議定, 尙望屆期光降, 談論一切爲幸, 特此幷頌勛安.

五月十九日

朴齊純 頓

광무 4년 5월 19일 기안 일 대신㊞ 협판㊞ 주임 교섭국/과장㊞

삼가 답변을 드립니다. 어제 보내온 서함을 받아 모두 확인하였습니다. 울릉도를 조사하는 일로 귀 위원이 이달 20일 이후에 부산에서 간다는 등의 내용이었습니다. 이 문건을 조사해 보고 먼저 직접 만나 논의하기로 하였습니다. 내부대신(內部大臣)[이건하(李乾夏)]과 함께 회의하여 조사할 사항은 이달 21일 오후 2시에 본서에서 회동하여 의정(議定)하기로 하였습니다. 기한 내에 오셔서 일체를 이야기하면 다행이겠습니다. 아울러 평안하십시오.

5월 19일
박제순(朴齊純) 드림

134 울릉도 조사 보고에 대한 회동 심의 건 통지

발신[發]	外部大臣 朴齊純	光武 4年 6月 20日
수신[受]	日本公使 林權助	西紀 1900年 6月 20日
출전	『日案』 卷4, #5763, 696쪽[원문: 『日案五十九 光武四年』(奎19572, 78-59)]	

光武四年 六月二十日 起案　大臣㊞ 協辦㊞ 主任 交渉局/課長㊞
照會第四十五號

　大韓外部大臣朴齊純, 爲照會事, 竊照, 鬱陵島在留貴國人尙不退回, 滋生事端, 當經照請貴公使嚴行查辦, 責還錢貨, 旋接貴照覆, 謂若不派員調查, 乃無措辦之道等因, 隨經彼此面商, 各委委員, 前往當地調查事項, 茲該員等將該島情形呈報前來, 查此案理應遵照前議, 在京城審議辦理, 擬與內部大臣[李乾夏] 于本月二十三日下午一點鍾會同本署, 並請貴公使屆時過臨, 以便妥議可也, 爲此, 備文照會, 須至照會者, 右.

　　　　　　　　　　　　　　　　　大日本 特命全權公使 林權助 閣下
　　　　　　　　　　　　　　　　　　　　　　　光武四年 六月二十日

광무 4년 6월 20일 기안 대신㊞ 협판㊞ 주임 교섭국/과장㊞
조회 제45호

　대한 외부대신 박제순(朴齊純)이 조회합니다. 가만히 살펴보건대, 울릉도에 거주하고 있는 귀국인이 도리어 퇴거하여 돌아가지 않으면서 사단이 생겼으니, 마땅히 귀 공사께서 엄히 조사하여 처리하시기를 요청하며, 금전(錢貨)을 돌려주도록 꾸짖으십시오. 귀 조복을 접해 보니, 만약 관원을 파견하여 조사하지 않는다면 조치를 취할 방법도 없다는 내용이었습니다.
　피차 만나 회의하고 각 파견 위원이 미리 해당 지역에 가서 사항을 조사하고, 파견원들이 장차 울릉도의 정황을 보고하여 오면 그 문건을 조사하여 응당 이전에 논의한 내용에 비추어 따라야 합니다. 경성(京城)에서 심의와 처리가 있으니 내부대신(內部大臣)[이건하(李乾夏)]과 더불어 이달 23일 오후 1시에 본서(本署)에서 회동하려 합니다. 귀 공사께 청하오니 그때 오셔서 함께 논의하는 편이 좋겠습니다. 이와 같이 문서를 갖추어 조회를 보냅니다. 이같이 조회합니다. 이상입니다.

　　　　　　　　　　　　　　　　　　　　대일본 특명전권공사 하야시 곤스케(林權助)
　　　　　　　　　　　　　　　　　　　　1900년(광무 4) 6월 20일

135 울릉도 조사 건의 회동 일자 재조정 요청

발신[發]	日本公使 林權助	光武 4年 6月 21日
수신[受]	外部大臣 朴齊純	西紀 1900年 6月 21日
출전	『日案』卷4, #5764, 696쪽[원문: 『日案五十九 光武四年』(奎19572, 78-59)]	

第六六號

爲照復事, 昨接貴第四十五號照會, 以爲曩派欝陵島之貴調查委員歸京後提出復命書, 來二十三日午後一時, 在貴部會同審議一事敬悉, 而本館派遣之赤塚領事官補調查復命書姑未提出, 未便會審, 容俟提出, 更定會審日期可也, 須至照會者.

明治三十三年 六月二十一日

特命全權公使 林權助

外部大臣 朴齊純 閣下

제66호

조복합니다. 어제 귀하의 제45호 조회를 받았습니다. 지난번 울릉도에 파견한 귀 조사위원이 서울에 돌아온 이후 제출한 복명서를 가지고 오는 23일 오후 1시에 귀 부서에서 심리한다는 일입니다. 모두 다 살폈습니다. 본관에서 파견한 아카쓰카[20] 영사관보(領事官補)가 조사한 복명서를 아직 제출하지 않아 회심(會審)할 수 없습니다. 제출을 기다려 회심 일자를 다시 정하면 좋겠습니다. 이같이 조회를 보냅니다.

1900년(明治 33) 6월 21일
특명전권공사 하야시 곤스케(林權助)
외부대신 박제순(朴齊純) 각하

---

20 아카쓰카 쇼스케(赤塚正助). 부산 주재 일본영사관에서 근무.

136 울릉도 조사에 대한 회동 처리 건 통지

발신[發]	外部交涉局長 李應翼	光武 4年 6月 25日
수신[受]	日本公使館書記官 國分象太郎	西紀 1900年 6月 25日
출전	『日案』卷4, #5771, 701쪽[원문: 『日案五十九 光武四年』(奎19572, 78-59)]	

光武四年 六月二十五日 起案 日 國分 大臣㊞ 協辦㊞ 主任 交涉局/課長㊞

敬啓者, 欝陵島審査一案, 向日貴公使照復, 謂赤總[塚誤]領事補調査復命書姑未提出, 未便會審, 容俟提出, 定日期, 遵當靜候, 固無事乎催辦, 現經多日, 該調書諒已提出, 且遠島民人涉海來漢, 滯留可念, 玆有內部來文, 擬於明日會辦, 率先函佈, 希卽代懇貴公使, 如蒙允諾, 及早示復, 以便證定時期, 是爲切禱, 此頌晏祺.

六月二十五日

李應翼 頓

광무 4년 6월 25일 기안 일 대신㊞ 협판㊞ 주임 교섭국/과장㊞

삼가 말씀드립니다. 울릉도를 조사하는 일입니다. 지난번 귀 공사의 조복에서 아카쓰카(赤塚) 영사관보(領事官補)가 조사복명서를 아직 제출하지 않아서 회심(會審)하지 못하니 제출을 기다려 기일을 정하는 편이 좋겠다고 하였습니다. 진실로 무사히 처리하기를 촉구합니다. 현재 여러 날이 지났습니다. 해당 조사서는 이미 제출되었다고 믿습니다. 또한 먼 섬사람이 바다를 건너온 사람이 객지에 머물러 있음을 유념할 만합니다. 내부(內部)에서 온 공문이 있으므로, 내일 회동하여 처리하려 하니 먼저 서함으로 알려드립니다. 귀 공사께 간청하니 허락하셨으면 합니다. 조속한 답장을 통해 기일을 정할 수 있기를 간절히 바랍니다. 복 받으시길 바랍니다.

6월 25일
이응익(李應翼) 드림

137 울릉도 조사 건의 회동 처리 일자 제안

발신[發]	日本公使館書記官 國分象太郎	西紀 1900年 6月 25日
수신[受]	外部交涉局長 李應翼	光武 4年 6月 25日
출전	『日案』卷4, #5772, 701쪽[원문:『日案五十九 光武四年』(奎19572, 78-59)]	

  敬啓者, 玆接來函恭悉, 卽欝陵嶋調査事項會審一事, 今便自釜山赤塚[領事脫]官補調査審接到, 卽以再明日午後三時擬定會審之期似便, 請煩以是[本月二十七日]照亮如何, 耑此拜復, [脫?]頌台祉.

六月二十五日

國分象太郎 頓

삼가 아룁니다. 보내온 문서를 받아보고 모두 확인하였는데, 울릉도에서 조사한 사항을 회심(會審)하는 건이었습니다. 지금 부산에서 아카쓰카(赤塚) 영사관보(領事官補)가 조사한 내용이 도착하여 접수하였습니다. 모레 오후 3시를 회심하는 날로 정하는 것이 편하겠습니다. 번거롭게 이[이달 27일]를 청하오니 헤아려 주시면 어떠하겠습니까? 정중한 마음으로 회신을 드립니다. 안녕히 계십시오.

6월 25일
고쿠부 쇼타로(國分象太郎) 드림

138 울릉도 관련 건의 회동 처리 일시의 통고

발신[發]	外部大臣 朴齊純	光武 4年 6月 26日
수신[受]	日本公使 林權助	西紀 1900年 6月 26日
출전	『日案』卷4, #5773, 701쪽[원문:『日案五十九 光武四年』(奎19572, 78-59)]	

光武四年 六月二十六日 起案 大臣㊞ 協辦㊞ 主任 交涉局/課長㊞

照會第

大韓外部大臣朴齊純, 爲照會事, 照得鬱陵島一案, 擬於本月二十七日下午二點鍾會同審查, 應請貴公使屆臨本署, 爲此, 備文照會, 須至照會者,

右.

大日本特命全權公使 林權助 閣下

光武四年 六月二十六日

광무 4년 6월 26일 기안 대신㊞ 협판㊞ 주임 교섭국/과장㊞

조회 제

　　대한 외부대신 박제순(朴齊純)이 조회합니다. 울릉도에 대한 안건을 받았습니다. 이달 27일 오후 2시에 회동하여 심사하기로 하였습니다. 청하건대 귀 공사께서 기한에 맞추어 본서(本署)에 오셨으면 합니다. 이를 위해 문서를 갖추어 조회를 보냅니다. 이같이 조회합니다. 이상입니다.

대일본 특명전권공사 하야시 곤스케(林權助) 각하

1900년(광무 4) 6월 26일

139 울릉도 관련 건의 회동 처리 시간 연기 요청

발신[發]	日本公使 林權助	西紀 1900年 6月 26日
수신[受]	外部大臣 朴齊純	光武 4年 6月 26日
출전	『日案』卷4, #5774, 702쪽[원문:『日案五十九 光武四年』(奎19572, 78-59)]	

　　敬啓者, 本日接到貴照會第四十九號, 悉爲明二十七日午后二時, 鬱陵島事件會審一事, 適因事故, 更訂以同日午后二時半爲期, 査照爲盼. 敬具.

明治三十三年 六月二十六日
林權助
朴 外相 閣下

삼가 말씀드립니다. 이날 도착한 귀 조회 제49호를 받았습니다. 내일 27일 오후 2시에 울릉도 사건을 회심(會審)하는 일입니다. 마침 일이 있어서 이날 오후 2시 반으로 시간을 변경하여 정했으면 합니다. 살펴주시기 바랍니다. 삼가 아룁니다.

1900년(明治 33) 6월 26일
하야시 곤스케(林權助)
외무대신 박제순(朴齊純) 각하

140 울릉도 내 일본인 불법 체류와 벌목의 엄격한 단속과 재발 방지 요구

발신[發]	外部大臣 朴齊純	光武 4年 9月 5日
수신[受]	日本公使 林權助	西紀 1900年 9月 5日
출전	『日案』卷5, #5900, 57~58쪽[원문: 『日案五十九 光武四年』(奎19572, 78-59)]	

光武四年 九月五日 起案 大臣㊞ 協辦㊞ 主任 交涉局 課長㊞

照會第六十三號

大韓外部大臣朴齊純, 爲照會事, 玆接內部大臣來文內開, 鬱陵島監務裵季周報稱, 內部視察官禹用鼎, 將本島森木日人犯斫一事間經調査在案, 自禹員回航之翼[翌]日, 日本商船五隻來泊本島, 在留日人遍行四山, 所餘槻木惟意斫伐, 濯濯是懼, 玆庸詰問日人烟本, 謂以本島前監吳相鎰及田在恒之許斫票自在等語, 査吳票則只是二株, 而彼所犯斫至爲七十餘株, 田票則止於八十株. 而彼所犯斫已過八十三株, 溯査禹員査覈時, 與日本領事[能勢辰五郎]屢經談辦, 該領事亦將再勿侵犯之意申飭在島之日人矣, 今次日人蔑法亂斫, 視前有甚, 實屬駭歎等情前來, 准此知照, 請貴大臣轉照日本公使, 該島在留之日人宜卽撤歸, 無須再犯爲要等因, 准此査派員謂査之後, 該日人等不思撤歸, 愈往犯斫, 殊屬目無法紀, 相應備文照會貴公使, 請煩査照, 電飭附近領事, 提解該人等從嚴究辦. 勿得滋生事案可也, 望切見覆, 須至照會者,

　右.

大日本特命全權公使 林權助 閣下

光武 四年 九月 五日

광무 4년 9월 5일 기안 대신㊞ 협판㊞ 주임 교섭국 과장㊞
조회 제63호

　　대한 외부대신 박제순(朴齊純)이 조회합니다. 내부대신(內部大臣)이 보내온 공문을 열어보니, "울릉도 감무(鬱陵島監務) 배계주(裵季周)가 보고한 내용에, '내부시찰관(內部視察官) 우용정(禹用鼎)이 울릉도 삼림을 일본인이 몰래 벌목한 일로 조사한 문서가 있습니다. 우 위원이 회항한 다음 날, 일본 상선 다섯 척이 울릉도에 와서 정박하였고, 체류한 일본인이 산을 돌아다니면서 남아 있는 규목(槻木)을 벌채하려는 뜻이어서 산이 벌거벗겨지는 모습이 두려웠습니다. 연기를 피우던 일본인을 힐문하니 울릉도의 전 도감 오상일(吳相鎰)과 전재항(田在恒)이 벌목을 허락한 표를 가지고 있다고 말하였습니다. 오상일이 발급한 표(票)를 조사해 보니 단지 두 그루였습니다. 저들이 몰래 벌목한 것은 70여 그루였습니다. 전재항이 발급한 표는 80그루에 그쳤습니다. 그러나 저들이 몰래 벌목한 것은 83그루가 넘었습니다. 우 위원이 조사하던 때로 거슬러 올라가 살펴보면 일본영사[노세 다쓰고로(能勢辰五郎)]와 여러 차례 담판하였습니다. 해당 영사 역시 재차 침범하지 말도록 하는 명령을 섬에 있던 일본인에게 내렸습니다. 이번에 다시 일본인이 법을 무시하고 무분별한 벌목을 일삼은 일이 전보다 심하게 보였습니다. 실로 놀라우며 탄식하게 됩니다'라는 내용을 보내왔습니다. 이 조회를 접수하였습니다. 청컨대 귀 대신께서 일본공사에게 조회로 전달하여 울릉도에 체류하는 일본인을 즉시 철수하여 돌아가도록 하고 다시 범죄가 일어나지 않도록 함이 필요합니다"라는 내용이었습니다. 이 내용을 확인하였습니다.

　　파견원이 조사한 이후 해당 일본인들은 돌아갈 생각이 없고, 가서 벌목하게 되니 특히 법의 기강이 없다고 하겠습니다. 상응하여 문서를 갖추어 귀 공사께 조회를 보냅니다. 번거롭게 청하건대 잘 조사하여 부근 영사에게 전보로 명령하여 해당 일본인들은 엄히 취조하고 처벌하여 다시 일이 생기지 않도록 하는 편이 좋겠습니다. 답변해 주시기를 간절히 바랍니다. 이같이 조회를 합니다. 이상입니다.

　　　　　　　　　　　　　　　　　　　대일본 특명전권공사 하야시 곤스케(林權助) 각하
　　　　　　　　　　　　　　　　　　　1900년(광무 4) 9월 5일

141 울릉도 내 일본인 체류와 벌목 문제의 합법화 주장

발신[發]	日本公使 林權助	光武 4年 9月 5日
수신[受]	外部大臣 朴齊純	西紀 1900年 9月 5日
출전	『日案』卷5, #5901, 58~59쪽[원문: 『日來案十六 光武四年』(奎18058, 41-20)]	

接第二百六十三號 光武四年 九月五日到 大臣㊞ 協辦㊞ 局長㊞ 參書㊞

公文第九五號

以書柬致啓上候。陳ハ欝陵嶋在留本邦人退去ノ件ニ關シ、過般貴我兩國官吏立合調査ノ結果、閣下ト會見ヲ逐ヶ帝國政府ヘ稟報ノ上、茲ニ帝國政府カ本件ニ付有スル意見左ニ申述候。

本件貴我兩國官吏立合調査ノ結果ニ依ルニ、

一、本邦人ノ該嶋ニ在留シ始メシハ實ニ十數年以前ノ事ニシテ、該嶋取締ノ責ニアル貴國嶋監ハ之ヲ黙許シタルノミナラス、寧ロ進テ之ヲ慫慂セリ。故ニ

二、盜伐云云ハ事實ノ不確ナリシ當時ニ於ケル聲言ニシテ、今回ノ取調ニ依ルニ樹木ノ伐採ハ嶋監ノ依賴ニ出テ、或ハ少ナクモ合意上賣買ノ成立セル結果ナル事明確トナレリ。又

三、在島本邦人ト島民トノ間ニ行ハルル商業ハ、需用供給上緊要トシテ嶋民ノ企望ニ促カサレシ者ニシテ、嶋監ハ輸出入貨物ニ對シ輸出入税樣ノ徵税ヲナセリ。而シテ

四、嶋民カ大陸トノ交通ハ重ニ本邦在留者ニ依テ便セラレ、均シク又嶋民不可欠ノ要件ヲナス。

以上ノ事實ハ調査ノ上ニ發見セラレタリ、略言セハ本邦在留者ハ貴政府允諾ノ下、

正當ナル行爲及嶋民ノ企望ノ上ニ在留セル者ト云フヲ憚ラス、斯クシテ十數年ノ星霜ヲ經過シタル今日ニ於テ退去ヲ命スルニ於テ、只ニ在留本邦人ノ迷惑ヲ來スノミナラス、交通極メテ困難ナル嶋民ハ共産出ニ係ル農産物ノ販路、日用品ノ供給及ヒ大陸トノ交通ヲ失スルニ於テ、其困難ハ一層甚シク、進テハ貴政府ハ從來徵收セラレシ收稅ニ於テ欠損ノ不利益ヲ免レス、故ニ帝國政府ハ本邦人ノ退去ヲ以テ相互ノ不利益ト認メサルヲ得ス。然レトモ貴國政府カ强テ退去ヲ望マルルニ於テハ、帝國政府ハ退去者ニ對スル相當費用ノ支出ニ關シ貴政府ト協定ヲ要セサルヲ得ス、右ハ地方官ノ認諾ノ下ニ十數年來在留スル者ニ對シ一朝退去ヲ命セラルルニ於テハ、已ヲ得ス主張セサルヲ得サル正當ノ權利ナレハナリ。尙ホ斯クシテ一度退去スルモ、久シキ習慣ヲナセシ渡嶋者ハ或ハ直チニ再應ノ渡航ヲ企ツル者ナキヲ保セス、此場合ニ於テ貴政府カ當然施サルヘキ取締ノ煩ハ盖シ思ヒ半ニ過クル者アラン、故ニ貴政府ハ此際退去ヲ固持シテ本件ヲ膨張セシメラレンヨリモ、輸出入貨物ニ對スル關稅ノ徵收及樹木ノ伐採ニ關シ相當ノ方法ヲ設ケテ、現在ノ狀況ヲ維持セラレン事相互ノ便宜ニ屬シ、實ニ又帝國政府ノ企望ニ外ナラス候。右帝國政府ノ訓令ニ基キ照會得貴意候。敬具。

明治三十三年 九月五日
特命全權公使 林權助 ㊞
外部大臣 朴齊純 閣下

접제263호 광무 4년 9월 5일 도착   대신㊞ 협판㊞ 국장㊞ 참서㊞

공문 제95호

서간으로 삼가 아룁니다. 말씀드릴 내용은 울릉도(鬱陵嶋)에 재류하는 본국인(일본인) 퇴거의 건에 관하여 지난번 귀국(한국)과 우리나라(일본)의 양국 관리가 입회하여 합동으로 조사한 결과, 각하[박제순(朴齊純)]와 회견한 내용을 제국 정부(일본 정부)에 보고하였습니다. 이에 제국 정부가 본 건에 대해 가지고 있는 의견을 아래와 같이 알려왔습니다.

본건으로 귀국과 우리나라의 양국 관리가 입회하여 합동으로 조사한 결과에 따르면,

1. 본국인(일본인)의 그 섬에서 재류의 시작은 사실 십수 년 이전의 일이며, 그 섬에 대한 단속 책임이 있는 귀국의 도감(嶋監)은 그것을 묵인(默許)했을 뿐만 아니라, 실로 더 나아가 그것을 종용하였습니다. 따라서,

2. 도벌(盜伐)했다고 하는 내용은 사실과 맞지 않다고 당시 성명을 발표하였습니다. 이번 조사에 따르면 수목 벌채는 도감이 의뢰했거나, 혹은 적어도 (서로의) 합의로 매매가 성립한 결과임은 명확합니다. 또한

3. 그 섬에서 본방인(일본인)과 섬 주민들과 사이에서 행해진 상업은 수요와 공급상 매우 시급하며 중요하다고 섬 주민들이 희망하여 요구하였던 것으로, 도감은 수출입 화물에 대해 수출입세(輸出入稅)와 같은 형태로 징세하였습니다. 그리고

4. 섬 주민들의 대륙과의 교통은 거듭하여 우리나라 재류자가 균일하게 편의를 제공하였고, 또한 섬 주민들에게 불가결한 요건이 되었습니다.

이상의 사실을 조사로 발견하였습니다. 요약하자면 우리나라 재류자는 귀국 정부의 허락을 받은 정당한 행위를 하고 있으며, 섬 주민들의 희망에 따라 재류한 사람이라고 하지 않을 수 없습니다. 이처럼 십수 년의 세월이 경과한 오늘에 와서 퇴거를 명령하면 단지 재류하는 본국인(일본인)에게 곤란함이 생길 뿐만 아니라 교통이 매우 불편한 섬 주민들

은 공동으로 생산한 농산물의 판로, 일용품의 공급 및 대륙과의 교통편을 잃게 되기 때문에 그 곤란함은 더욱 심각합니다. 나아가 귀국 정부는 종래 징수해 온 수세에서 결손의 불이익을 면할 수 없습니다. 따라서 제국 정부는 본국인의 퇴거가 상호 불이익이 된다고 인식합니다.

그러나 귀국 정부가 강하게 퇴거를 바라는 경우 제국 정부는 퇴거자에 대한 상당한 비용의 지출에 관하여 귀국 정부와의 협정을 요구하지 않을 수 없습니다. 이것은 지방관의 허가 아래 십수 년 동안 재류한 사람에게 하루아침에 퇴거를 명령하는데 있어서 어쩔 수 없이 주장할 수밖에 없는 정당한 권리가 됩니다.

또한 이처럼 일단 퇴거하더라도, 오랜 습관 속에서 섬으로 건너갔던 사람은 어쩌면 곧바로 다시 도항을 기도하는 사람이 없을 것이라고 보장할 수 없습니다. 이 경우에 귀국 정부가 당연히 시행해야 할 단속의 번거로움이 대개 동반하여 발생하리라는 예상은 대체로 지나친 생각이 아닙니다. 따라서 귀국 정부는 현재 퇴거를 고집하여 본건을 확대시키기보다, 수출입 화물에 대한 관세 징수 및 수목 벌채에 관하여 상당한 방법을 설정해서 현재 상황을 유지하는 편이 서로에게 이익입니다. 실제로도 제국 정부가 희망하는 점입니다. 위 제국 정부의 훈령에 기초하여 조회하오니, 유의해 주시기 바랍니다. 삼가 아룁니다.

1900년(明治 33) 9월 5일
특명전권공사 하야시 곤스케(林權助) 印
외부대신 박제순(朴齊純) 각하

142 울릉도 일본인 퇴거 불응에 대한 외부대신의 반박

발신[發]	外部大臣 朴齊純	光武 4年 9月 7日
수신[受]	日本公使 林權助	西紀 1900年 9月 7日
출전	『日案』卷5, #5905, 62~63쪽[원문: 『日案五十九 光武四年』(奎19572, 78-59)] 『欝陵島ニ於ケル伐木関係雑件』(Ref. B11091460600: 0323~0324).	

光武四年 九月七日 起案　大臣㊞ 協辦㊞ 主任 交涉局長㊞ 交涉課長㊞
照覆第六十四號

大韓外部大臣朴齊純, 爲照覆事, 照得, 欝陵島在留日本人退去一案, 玆接貴第九十五號照會, 謂將政府意見開列如左, 本大臣准此, 逐款駁辨.

- 一. 該島原屬荒山, 本政府募民開拓, 今爲十八年, 日人來往或五六年或三四年, 不可謂十數年以前之事, 且無論年月久近, 擅入非通商口岸居住偸運, 確係違章, 該島監屢經飭退, 伊等抗拒不遵, 其所稱黙許及慫慂等語殆不近理.
- 二. 盜伐一事雖謂合意賣買, 此係前島監輩一時過失, 日人之藉此濫伐, 不計其數, 觀於兩國官吏取調後恣行無忌, 則從前盜伐莫掩其跡也.
- 三. 島監之徵收稅款者, 只將出口貨値百推二, 以代罰款, 此由日人之自願, 至進口貨, 則不在此例, 倘如輸出入稅, 則何可徵之於出貨, 而不徵於進貨, 又寧有値百抽二之法.
- 四. 島民困於日人滋事, 轉成仇隙, 萬無籍以爲便之理.

以上各節, 按照條約, 斷難允許, 貴政府以此爲正當行爲, 不惟不徵其罪, 乃反養成其惡, 未知置條約於何地, 至相當費協定支出一節, 此係條約所不載, 貴政府談何容易, 倘該日人等一度退去, 習慣再渡, 則其責任在於貴政府, 非本政府所可逆料, 若因此而徵關稅於運貨, 設方略於伐木, 欲爲維持現狀之計, 則條約一書更無可講之地, 此本政府之所不可爲也, 惟貴公使熟籌利害, 愼重條約, 一面詳陳貴政府, 一面行飭該島在留日人等, 尅期撤還, 免滋事案, 相應備文照覆貴公使, 請煩査照, 並望見覆, 須之照會者,

　右.

　　　　　　　　　　　　　　　　　　大日本 特命全權公使 林權助 閣下
　　　　　　　　　　　　　　　　　　　光武四年 九月七日

광무 4년 9월 7일 기안 대신㊞ 협판㊞ 주임 교섭국장㊞ 교섭과장㊞
조복 제 64호

대한 외부대신 박제순(朴齊純)이 조복합니다. 울릉도에 체류하는 일본인 퇴거에 대한 안건으로, 귀하의 제95호 조회를 받아보았습니다. 장차 정부의 의견은 다음과 같이 열거합니다. 본 대신이 이를 잘 알았고, 조항별로 논박하겠습니다.

1. 울릉도는 원래 황량한 산으로 본 정부가 백성을 모아 개척하였습니다. 지금 18년째입니다. 일본인이 온 지 혹은 5~6년, 혹은 3~4년으로, 십수 년 이전의 일이라고 말할 수 없습니다. 또한 연수가 오래되고 가까운 것을 논하지 않고, 미통상 항구에 무단으로 들어와 거주하고 몰래 운반한 일은 장정(章程) 위반이 확실합니다. 울릉도 감무(監務)가 누차 퇴거를 명령하였으나 이들은 저항을 하고 따르지 않았습니다. 묵인이나 종용 등의 말을 하는 것은 자못 이치에 맞지 않습니다.
2. 훔쳐 벌목한 일건은 비록 매매를 합의했다고는 말합니다. 이는 이전 도감들의 일시적인 과실에 불과합니다. 일본인이 이처럼 남벌을 자행한 행위는 그 수를 헤아릴 수 없습니다. 양국 관리가 조사한 후에도 자행하여 꺼림이 없는 것을 보면 전부터 훔쳐 벌목한 흔적을 가릴 수 없습니다.
3. 도감이 징수한 세금은 단지 장차 수출화물(出口貨)에 100분의 2를 징수한 것으로, 벌금을 대신한 것입니다. 이것은 일본인이 스스로 원하였던 것으로 수입화물(進口貨)에는 이러한 사례가 없습니다. 만약 수출입세(輸出入稅)가 있다면 어떻게 수출화물에 징수하면서도 수입화물에 징수하지 않겠습니까? 또한 어떻게 100분의 2를 징수하는 법이 있습니까?
4. 울릉도민이 일본인에게 곤란을 당하는 일이 늘어나고 서로 원수 사이가 되어서 편하게 할 이유가 절대로 없습니다.

이상의 각 항목은 조약에 비추어 고려해 보면 허락하기가 어렵습니다. 귀 정부가 이것을 정당 행위라고 여기고 그 죄를 징치하지 않았을 뿐만 아니라, 도리어 그 악을 양성하였으니 조약을 어느 곳에 두어야 할 지 알지 못하겠습니다. 상당한 비용을 협정하여 지출하겠다는 한 구절은 조약에 실려 있지 않으니 귀 정부의 말이 어찌 용이하겠습니까?

만약 해당 일본인들이 한 번 퇴거하더라도 습관적으로 다시 건너온다면 그 책임은 귀 정부에 있지, 본 정부에서 예상할 수 있는 바는 아닙니다. 만약 이로 인하여 운반 화물에 관세를 징수하고 벌목에 방략을 세워 현 상황을 유지할 계획이라면 조약 한 통으로 다시 강구할 수는 없습니다. 이것은 본 정부에서 하지 않는 바입니다.

생각하건대 귀 공사께서 이해(利害)를 잘 계산하고 조약에 신중하여 한편으로 귀 정부에 상세하게 진술하고, 다른 한편으로 울릉도에 체류한 일본인에게 명령을 내려서 기한 내에 철수하고 돌아가도록 하는 편이 일이 불어나는 것을 면하는 안입니다. 상응하여 문서를 갖추어 조복을 귀 공사께 보냅니다. 번거롭게 청하건대 잘 조사해 답변주시기를 바랍니다. 이같이 조회를 보냅니다. 이상입니다.

대일본 특명전권공사 하야시 곤스케(林權助) 각하

1900년(광무 4) 9월 7일

143 울릉도의 불법 일본인들의 악습에 대한 조사와 징계 약속

발신[發]	日本公使 林權助	光武 4年 9月 10日
수신[受]	外部大臣 朴齊純	西紀 1900年 9月 10日
출전	『日案』卷5, #5907, 63~64쪽[원문: 『日來案十六 光武四年』(奎18058, 41-20)]	

接第二百六十七號 光武四年九月十日到 大臣㊞ 協辦㊞ 局長㊞ 參書㊞
公文第九十五號

　以書柬致啓上候。陳ハ內部大臣ノ來文ニ接シ鬱陵嶋監裵季周ノ報稱ニ據ルニ、貴我調査員ノ該島ヨリ回航シタル翌日日本商舩五隻來泊餘ス所槻木惟意ノママ斫伐ス之ヲ詰問スルニ、日本烟本ナル者謂フ前嶋監吳相鎰及田在恒ヨリ得タル斫票ヲ所持スト。査スルニ吳前監ノ與ヘタル票ハ只是レ二株、而シテ彼ノ犯斫七拾餘株田在恒同シク八十株而シテ、其犯斫已ニ八十三株ヲ過ク、曩ニ貴我調査員屢談辦ヲ經亦再勿侵犯之意在嶋日本人ニ申飭シタルニ係ラス、此次日本[人脫?]蔑法亂斫前ヨリ甚シキモノアリ、實ニ駭歎ニ屬ス。此ヲ以日本公使ニ知照宜即撤歸無須再犯ヲ要ス云云。本月六日附照會第六十三號ニ接シ了承致候。依之、査スルニ該嶋監申出ノ如ク、果シテ我國人ニシテ事實契約以外ノ槻木ヲ採伐シタリトセハ、其所爲ノ穩當ナラサルハ勿論ニ付、貴政府ニ於テ便舩ヲ差立ラルルニ於テハ、附近帝國領事ヲシテ召喚狀ヲ發セシメ、烟本等ヲ我法廷ニ召喚シ審問ヲ遂ケ、相當ノ措置可致候。此段回答得貴意候。敬具。

明治三十三年 九月十日
特命全權公使 林權助 ㊞
外部大臣 朴齊純 閣下

접제267호 광무 4년 9월 10일 도착 대신㊞ 협판㊞ 국장㊞ 참서㊞

공문 제95호

서간으로 삼가 아룁니다. 내부대신(內部大臣)께서 보내오신 조회를 접수하여 살펴보았습니다. 그 조회에서 울릉도감(欝陵嶋監) 배계주(裵季周)의 보고에 따르면, "귀측과 우리(일본) 조사원이 그 섬에서 회항한 다음 날 일본 상선 5척이 (울릉도)에 와서 정박하고, 남아 있는 규목(槻木)을 자신들의 마음대로 벌목하였습니다. 그것을 힐문하니, 일본인 가리모토(烟本)라는 자가 말하기를, '전 도감 오상일(吳相鎰)과 전재항(田在恒)으로부터 발급받은 벌목허가증(斫票)을²¹ 가지고 있다'고 하였습니다. 이를 조사해 보니, 오 전 도감이 발급한 허가증(票)은 단지 규목 2그루일 뿐입니다. 그런데 그가 불법으로 벌목한 (규목은) 70그루가 넘습니다. 전재항이 발급한 것도 마찬가지로 80그루인데, 그것을 불법으로 벌목한 것이 이미 83그루를 초과했습니다. 이전에 귀측과 우리의 조사원이 여러 차례 담판을 거쳤고, 또한 다시는 범죄를 저지르지 말라는 내용을 울릉도에 있는 일본인들에게 명령했습니다. 그럼에도, 이번에 일본(인)이 법을 무시하고 함부로 벌목하는 것이 이전보다 심각하니 실로 놀랍고 한탄스러울 따름입니다. 이로써 일본공사(日本公使)에게 조회하여 마땅히 (일본인들을) 즉시 철수시켜 모름지기 다시는 범죄를 저지르지 못하도록 할 필요가 있습니다"라고 운운하였습니다.

이달(1900년 9월) 6일 자 조회 제63호를 받아보고 충분히 이해했습니다. 그에 따라 조사하니, 해당 도감이 보고한 것처럼 과연 우리나라 사람이 계약한 사실 이외의 규목을 벌목하여 가져갔다고 하면, 그 행동이 합당하지 않음은 물론입니다. 따라서 귀 정부에서 배편을 차입한다면, 부근의 제국(일본) 영사(領事)로 하여금 소환장(召喚狀)을 발부하도록 하여 가리모토 등을 우리 법정으로 소환해서 심문하여 상당한 조치를 취하도록 하겠습니다. 이와 같은 내용으로 회답하오니 귀하께서는 유의해 주시기 바랍니다. 삼가 아룁니다.

1900년(明治 33) 9월 10일
특명전권공사 하야시 곤스케(林權助) ㊞
외부대신 박제순(朴齊純) 각하

---

21 『구한국외교문서』 일안 5권의 원문에는 다른 설명이 '斫票'로만 표기되어 있음. 가독성을 높이기 위해 문맥상 이해되는 '벌목허가증'으로 풀어서 기재하고 원문의 '斫票'는 벌목허가증과 함께 '(斫票)'로 표기하였음.

144 외부대신의 요구에 대한 미동의와 울릉도 내 일본인의 조건부 퇴거 거부

발신[發]	日本公使 林權助	光武 4年 9月 12日
수신[受]	外部大臣 朴齊純	西紀 1900年 9月 12日
출전	『日案』卷5, #5909, 65~66쪽[원문: 『日來案 十六 光武四年』(奎18058, 41-20)] 『欝陵島ニ於ケル伐木関係雑件』(Ref. B11091460600: 0325~0326).	

接第二百六十八號 光武四年九月十二日到　大臣㊞ 協辨㊞ 局長㊞ 參書
公文第九十八號

以書柬致啓上候。陳ハ欝陵島在留本邦人退去ノ件ニ付、本使ノ公文第九十五號ニ對シ、貴照复第六十四號ヲ以テ貴政府ノ御意見トシテ、本使公文ノ主意ニ向ツテ一一御駁辨相成候上速ニ退去ヲ命スヘキ旨御照复ノ趣了悉致候。貴照复ハ本使カ列擧セシ四項ニ付、一一御駁辨相成候ヘトモ、右御駁辨ハ事實ニ於テ相違ノ廉アルノミナラス、事理ニ於テ御同意致兼候。抑本使カ本案御照會ノ主意ハ、過般貴我兩官吏出張取調ノ結果、現狀ニ照ラシ只管相互ノ便益ヲ圖ルニ出テ、可成條約上ノ權利何如ヲ云謂スルヲ避ケタル次第ニ有之候處、貴政府カ飽ク迄條約ヲ楯トシ、本件ノ斷案ヲ望マセラルルニ於テハ、本使モ亦相互ノ便益ヲ離レテ條約ニ依リ、本案ヲ論スルコトヲ辭セサルヘシ。抑開港開市場以外ニ於ケル外國人ノ住居ニ關スル規定ハ獨リ日韓條約ノミナラス、貴國ト何ノ訂盟國トノ間ニ於ケル條約ニモ盖シ均シク之アルナシ。然ルニ事實ハ之ニ異リ、外國宣教師ノ如キ條約ニ許ササルノ各地ニ散居スル者ノ多數ナルハ、貴政府御認ノ儀ト存候。事實既ニ此ノ如クナルニ、獨リ欝陵島在留本邦人ニ限リ退去ヲ要セラルルハ本使ノ了解ニ苦シム次第ニ有之候。貴政府ニ於テ條約ヲ勵行シテ條約ニ許ス地方ヲ除クノ外、八道何レノ土地ヨリモ一切外國人ヲ退去セラルル場合ニアラサルヨリハ、本使ハ貴照复ノ御主意ニ應シテ獨リ欝陵島ノミニ本邦人ヲ退去セシムル事ハ到底御同意致難ク。且ツ欝陵島ニ本邦人ノ在留スルニ至リタルハ、條約規定ノ外ニアレトモ、其之ヲ致シテ漸ク習慣ヲナシタルハ島治ヲ監スル貴國官吏ノ責ニシテ、即貴政府ノ責ニ屬スル儀ト存候。此段照會得貴意候。敬具。

明治三十三年 九月十二日
特命全權公使 林權助 ㊞
外部大臣 朴齊純 閣下

접제268호 광무 4년 9월 12일 도착 대신㊞ 협판㊞ 국장㊞ 참서
공문 제98호

서간으로 삼가 아룁니다. 울릉도(欝陵島)에 거류하는 우리나라(일본) 사람들 퇴거의 건에 대해 본 공사의 공문 제95호에 대한 귀측의 회답 조회 제64호를 통해 귀 정부의 의견은 본 공사의 공문 내용에 대해 하나하나 반박한 후, 속히 퇴거를 명령해야 한다는 내용으로 회답하셨습니다. 이러한 내용은 모두 잘 이해하였습니다.

귀측의 회답 조회는 본 공사가 열거한 네 가지 사항에 대해 하나하나 반박하고 있습니다. 하지만 위 반박의 주장은 사실에서 잘못된 부분이 있을 뿐만 아니라, 사리(事理)에서도 동의할 수 없습니다. 본래 본 공사가 이 사안에 대해 조회한 주요 내용은 지난번 귀측과 우리의 양쪽 관리가 출장하여 조사한 결과, 현재의 상황에 비추어 단지 서로의 편리함과 이익을 도모하기 위해 가능한 한 조약상의 권리가 어떠한가를 따지는 것을 피하려 하였습니다. 그런데 귀 정부가 어디까지나 조약을 방패로 하여 이 사안의 확고한 결정을 원한다고 한다면, 본 공사도 역시 서로 간의 편리함과 이익을 떠나 조약에 따라 이 사안에 대해 논하는 일을 결코 사양하지 않겠습니다.

애초에 개항장과 개시장(開市場) 이외에 외국인의 주거에 관한 규정은 오로지 한일조약(韓日條約)만이 아니라, 귀국과 다른 체결국과의 사이에서의 조약에도 대개 균등하게 그것이 있을 터입니다. 그러나 사실은 그와 달리 외국 선교사와 같이 조약에서 허락하지 않은 각지에 흩어져 거주하는 사람이 다수 존재하는 일은 귀 정부도 인정한다고 생각합니다. 사실이 이미 이와 같은데, 유독 울릉도에 재류하는 우리나라 사람들에 한해서 퇴거를 요구하는 것은 본 공사가 이해하기 어려운 사정입니다.

귀 정부에서 조약을 이행하여, 조약에서 허락한 지방을 제외한 외의 8도(道)의 그 어떠한 지역으로부터도 모든 외국인을 퇴거시키는 경우가 아니라고 한다면, 본 공사는 귀측의 회답 조회의 요구에 응하여 오로지 울릉도에서만 우리나라 사람들을 퇴거시키는 건은 도저히 동의할 수 없습니다. 또한 울릉도에 우리나라 사람들이 재류하게 된 것은 조약의 규정을 어겼습니다만, 그렇게 되기까지 점차 관습이 되었다는 것은 섬의 통치를 감독하는 귀국 관리의 책임입니다. 그러므로 귀 정부의 책임에 속한다고 생각합니다. 이같이 조회하니 귀하께서는 유의해 주시기 바랍니다. 삼가 말씀드립니다.

1900년(明治 33) 9월 12일
특명전권공사 하야시 곤스케(林權助) ㊞
외부대신 박제순(朴齊純) 각하

145 일본인 어업구역 확장에 관한 회답 요청

발신[發]	日本公使 林權助	光武 4年 9月 13日
수신[受]	外部大臣 朴齊純	西紀 1900年 9月 13日
출전	『日案』卷5, #5910, 67쪽 ;[원본 : 『日案五十九 光武四年』(奎19572, 78-59)]	

接第二百六十八號 光武四年九月十三日到 大臣㊞ 協辦㊞ 局長㊞ 參書㊞
漁業情由回示事

敬啓者, 日前所面商擴張漁業區域於一道一案, 仄聞已爲內定, 果然則速以貴我公文[草案已供于覽]交換爲妥矣, 請煩將所有之情, 由回示爲切盼乎[22], 茲肅佈, 幷頌日祉.

九月十三日

林權助 頓

---

[22] 『구한국외교문서』 일안 5권의 원문에 '手'로 기재되어 있으나, 『일안(日案)』 원본과 대조해 보면 乎자이므로, 수정하였음.

접제269호 광무 4년 9월 13일 도착 대신㊞ 협판㊞ 국장㊞ 참서㊞
어업의 정황을 회답해 줄 것

 삼가 조회합니다. 일전에 면담에서 상의한 1개 도(道)에서 1개씩 어업구역을 확장하는 사안에 대해 들리는 소문에 따르면, 이미 내부적으로 결정되었다고 합니다. 과연 그러하다면, 신속하게 귀측과 우리가(일본) 공문[초안은 이미 열람을 위해 제공하였음]을 교환함이 타당합니다. 번거로우시더라도 이에 대한 모든 정황을 회답해 주시기를 간절히 희망합니다. 이에 삼가 조회를 올리며 아울러 평안하시기를 기원합니다.

(1900년) 9월 13일
하야시 곤스케(林權助) 드림

146 일본인의 어업구역 확장에 관한 공문의 교환 촉구

발신[發]	日本公使 林權助	光武 4年 9月 15日
수신[受]	外部大臣 朴齊純	西紀 1900年 9月 15日
출전	『日案』卷5, #5918, 70쪽 ;[원본 : 『日案五十九 光武四年』(奎19572, 78-59)].	

接第二百七十四號 光武四年 九月十五日到 大臣㊞ 協辦㊞ 局長㊞ 參書㊞
公文第九十七號[23]

以書柬致啓上候。陳ハ從來本邦漁業者ハ日韓條約ノ規定ニ從ヒ、貴國全羅慶尙江原及咸鏡四道沿岸ノ漁業ニ從事致來候處、追追漁區ノ狹隘ヲ感スルノ狀況ヲ呈シ候ニ付、更ニ貴國京畿道沿岸ニ漁區ヲ擴張致度。帝國政府ノ企望ハ彼我ノ交涉ヲ經テ旣ニ貴政府ノ承諾ヲ得候ニ付テハ、本案彼我ノ間公文ノ交換ヲ要候爲メ、此段照會得貴意候。敬具。

明治三十三年 九月十五日
特命全權公使 林權助 ㊞
外部大臣 朴齊純 閣下

---

23 "호수(號數) 착오 있는 듯". 『구한국외교문서』일안(日案) 5권에 주석으로 달려있는 내용.

접제274호 광무 4년 9월 15일 도착 대신㊞ 협판㊞ 국장㊞ 참서㊞
공문 제97호

　　서간으로 삼가 아룁니다. 그동안 우리나라(일본)의 어업자는 한일조약(韓日條約)의 규정에 따라 귀국의 전라(全羅), 경상(慶尙), 강원(江原)과 함경(咸鏡)의 4개 도(道) 연안의 어업에 종사해 왔습니다. 그러나 점차 어업구역의 협소함을 인식하는 상황이 노정되고 있습니다. 이를 바탕으로 다시 귀국의 경기도(京畿道) 연안으로 어업구역을 확장했으면 합니다. 제국 정부(일본 정부)의 희망은 피아의 교섭을 거쳐 이미 귀 정부의 승낙을 얻었기 때문에 본 안건에 대해 서로 공문 교환이 필요합니다. 따라서 이같이 조회를 하오니 유의해 주시기 바랍니다. 삼가 말씀드립니다.

　　　　　　　　　　　　　　　　　　　　　　1900년(明治 33) 9월 15일
　　　　　　　　　　　　　　　　　　　특명전권공사 하야시 곤스케(林權助) ㊞
　　　　　　　　　　　　　　　　　　　외부대신 박제순(朴齊純) 각하

147 일본인 통어구역 확장의 조건부 동의

발신[發]	外部大臣 朴齊純	光武 4年 10月 3日
수신[受]	日本公使 林權助	西紀 1900年 10月 3日
출전	『日案』卷5, #5937, 92~93쪽[원문:『日案五十九 光武四年』(奎19572, 78-59)]	

光武四年 十月三日 起案 大臣㊞ 協辦㊞ 主任 交涉局長㊞ 交涉課長㊞
日使要改第三項漁具入官等語
照覆第七十二號

大韓外部大臣朴齊純, 爲照覆事, 九月十五日, 接准貴照會內開, 從來本邦漁業者, 依日韓條規, 從事漁業於全羅・慶尙・江原・咸鏡四道沿岸, 該漁區漸至狹隘, 更以京畿道沿岸擴張漁區一事, 迭經交涉, 旣得貴政府承諾, 玆將本案當經公文交換等因, 查此案屢經談論, 本政府特念漁民狀況, 准其擴張, 貴公使必要二十五個年之限, 本大臣之意, 限以二十個年, 寔屬妥便, 所有條規開列于左.

一. 韓日兩國人民往來捕魚兩國海濱, 除已經議定地方外, 韓國特准京畿沿岸漁採於日本人民, 日本國亦應隨時將沿岸一區特准韓國人民漁採.
一. 京畿沿岸日本人民捕魚限期, 由光武四年十一月一日定以二十個年
一. 日本國人民, 不准在韓民已佔之處, 妨害其漁利, 犯者懲罰, 倘有帶持兵器, 肆行暴擧者. 押交附近領事, 從嚴究辦, [由韓國官將漁具入官].
一. 詳細條規, 悉遵通漁章程施行, [至漁採開業日期, 亦應彼此商議妥定].

爲此, 備文照覆貴公使, 請煩査照示覆, 須至照會者.

大日本特命全權公使 林權助 閣下
光武四年 十月五日

광무 4년 10월 3일 기안 대신㊞ 협판㊞ 주임 교섭국장㊞ 교섭과장㊞
일본공사가 제3항 어구를 관에서 몰수하는 건 등의 이야기에 개정을 요구하였음
조복 제72호

　　대한 외부대신 박제순(朴齊純)이 조복합니다. 9월 15일, 귀 조회를 받아보니, 우리나라에 어업활동을 하러 온 자가 일한조규(日韓條規)를 바탕으로 전라도, 경상도, 강원도, 함경도 4도의 해안에서 어업에 종사합니다. 해당 어업구역이 조금씩 좁아져서 다시 경기도 연해로 구역을 확장하는 일건으로, 교섭을 하고 이미 귀 정부의 승낙을 받아서 본안은 공문으로 마땅히 교환하겠다는 내용이었습니다. 이 안건을 조사하고 누차 논의해 보니 본 정부가 특별하게 어민의 상황을 생각하여 확장을 허락하였으나 귀 공사께서 반드시 25개년의 기한을 요구하였습니다. 하지만, 본 대신의 생각은 20개년으로 한정하는 편이 실로 온당할 듯합니다. 가지고 있는 조규를 아래와 같이 열거합니다.

1. 한일 양국 인민들이 왕래하여 양국의 해안에서 고기잡이하는 것은 이미 의정한 지방 이외에 한국의 경기 연안에서 일본 인민들이 고기잡이하는 것을 허락하고, 일본국 또한 수시로 연안 한 곳을 한국 인민에게 고기잡이를 허락한다.
2. 경기 연안에서 일본 인민들이 고기잡이하는 기한은 광무 4년(1900) 11월 1일부터 20개년으로 정한다.
3. 일본국 인민은 한국인이 이미 점거한 곳은 허락하지 않으며 어업의 이익을 방해하고 범하는 자는 징벌한다. 다만 병기를 가지고 다니고 폭거를 행하는 자는 붙잡아 부근 영사에게 교부하며, 엄히 취조하여 처벌한다.(한국 관원은 고기잡이 도구를 관으로 몰수한다.)
4. 상세한 조규는 모두 통어장정(通漁章程)을 준수하여 시행한다.(고기잡이 개시 일시는 또한 마땅히 서로 상의하여 확정한다.)

　　이를 위해서 문서를 갖추어 귀 공사에게 조복을 보냅니다. 번거롭게 청하건대 답변하여 주시기 바랍니다. 이같이 조회를 보냅니다.

　　　　　　　　　　　　　　　　　　　　대일본 특명전권공사 하야시 곤스케(林權助)
　　　　　　　　　　　　　　　　　　　　1900년(광무 4) 10월 5일

148 김두원의 소금값과 손해의 상환, 관련 범인의 처벌 요청

발신[發]	外部大臣 朴齊純	光武 5年 6月 4日
수신[受]	日本公使 林權助	西紀 1901年 6月 4日
출전	『日案』卷5, #6274, 301쪽[원문:『日案六十三 光武五年』(奎19572, 78-63)]	

光武五年 六月四日 起案 日 半公文 大臣㊞ 協辦㊞ 主任 交涉局長㊞ 交涉課長㊞

敬啓者, 茲據韓民金斗源稟稱, 載鹽日本船, 駛徃鬱陵島, 未及卸貨, 該船主潛將船貨逃向日本去, 金斗源訴求東萊監吏[玄明運], 行文駐該港日本領事[能勢辰五郞], 已經三個年, 迄未見如何究辦之處等情, 查韓民金斗源被欺失貨, 流離途道, 殊堪矜側, 尙望貴公使妥爲設法, 行文隱岐縣官, 查拿該犯, 嚴懲欺竊之罪, 並索還貨價暨損款, 至以爲盼, 茲附訴狀及票據共三紙, 希照諒, 並候台安.

六月四日 朴齊純 頓

광무 5년 6월 4일 기안 일 반공문 대신㊞ 협판㊞ 주임 교섭국장㊞ 교섭과장㊞

　삼가 말씀드립니다. 한국인 김두원(金斗源)이 아뢰기를, "소금을 실은 일본배가 울릉도에 가서 화물을 내리지 않고 해당 선주가 몰래 배의 화물을 일본으로 몰래 갔다고 합니다. 김두원은 동래감리[현명운(玄明運)]에게 소송을 청구하였습니다. 해당 항구에 주재하는 일본영사[노세 다쓰고로(能勢辰五郞)]에게 문서를 보냈는데 이미 3년이 지났습니다. 취조하여 처벌한 처리 등의 사정이 어떠한지 보지 못하였습니다"라는 정황이었습니다.

　한국인 김두원이 사기를 당해 잃은 화물을 조사해 보니, 도로에서 유리되어 자못 불쌍하고 측은하였습니다. 귀 공사께서 법에 따라 온당하게 조사하여 오키현(隱岐縣)[24]의 관원에게 문서를 보내, 해당 범인을 조사하여 잡아들이고 속여 훔쳐간 죄를 엄히 처벌하며 화물 값과 손해를 돌려받을 수 있도록 해주시기를 희망합니다. 소장과 증거물 세 장을 첨부합니다. 헤아려 주시기 바라며, 아울러 평안하십시오.

6월 4일 박제순(朴齊純) 드림

24　일본에 '오키현'이란 현 명칭은 없음. 오키도는 시마네현(島根縣) 소속이므로, 이 지역을 지칭한 것으로 보임.

149 한일어업규칙의 일본 어선 연안 토지 사용조항 추가 요청

발신[發]	日本公使 林權助	光武 5年 6月 8日
수신[受]	外部大臣 朴齊純	西紀 1901年 6月 8日
출전	『日案』 卷5, #6283, 310~311쪽[원문: 『日案六十三 光武五年』(奎19572, 78-63)]	

接第一百二十四號 光武五年 六月八日到 大臣㊞ 協辦㊞ 局長㊞ 參書
公文第五十九號

以書柬致啓上候。陳ハ今般帝國政府ハ日本韓兩國通漁規則ニ左記

漁業免許ノ鑑札ヲ受ケタル日本國漁舩ハ其捕獲物ヲ製造若クハ荷造リシ、又ハ漁網ヲ乾曝スル爲メ韓國沿岸地方ニ於テ不用ニ屬スル土地ヲ隨時使用スルコトヲ得、其人民私有ニ係ルモノハ地主ノ承諾ヲ經テ租用スルコトヲ得

トノ一項ヲ附加度希望ヲ有シ、貴政府ト協議スヘキ旨、本使ニ訓令有之候。帝國漁民ハ日韓貿易規則ノ條項ニ依リ、通漁規則ノ取締ノ下ニ從來貴國沿岸ニ來漁致居旣ニ沿岸各地方ニ於テ漁獲物ノ販賣ヲモ許サレ居候ニ付テハ、右漁獲物ヲ製造シ、若クハ荷造リシ及ヒ漁網ヲ乾曝スル爲メ沿岸ニ於ケル土地ノ使用ヲ許サルヘキハ自然ノ結果ニ外ナラス候ヘハ、通漁ヲ許可スルノ主義ノ上ニ於テ貴政府ニ御不同意可無之本使ノ信シテ疑ハサル次第ニ有之候。尤モ右ハ單ニ漁業免許ノ鑑札ヲ領受スル漁舩ニシテ、即チ鑑札ノ有效期限一ケ年ニ候ヘハ土地ノ使用モ亦一ケ年以上ニ亘ルヲ得サルノミナラス、實際ハ漁季ニ限ル極メテ短時期ノ使用ニ過キス。隨テ沿岸租借權等ノ問題トハ全ク其性質ヲ異ニシ、若シ平易ニ之ヲ云ハヽ、漁獲物ヲ乾燥シ荷造リシ、又ハ漁網ヲ乾曝スル爲メ一時便宜ノ沿岸ニ上陸シ、其目的ヲ遂ケシムルト云フニ過キス。旣ニ沿岸ニ於テ販賣スルヲ許可セラルル精神ヨリ之ヲ見ルモ、此種ノ御承認ハ貴政府ニ取リ差シタル問題トモ認メラレス。隨テ爲之貴國國權云云ニ關スル御掛念モ無之儀ト存候ニ付テハ、本件早速御承認ノ上帝國政府ノ希望ニ副ヘラレ度。此段照會得貴意候。敬具。

明治三十四年 六月八日
特命全權公使 林權助 ㊞
外部大臣 朴齊純 閣下

접제124호 광무 5년 6월 8일 도착 대신㊞ 협판㊞ 국장㊞ 참서

공문 제59호

서간으로 삼가 조회합니다. 말씀드릴 내용은 이번에 제국 정부(일본 정부)는 일본과 한국 양국의 통어규칙(通漁規則)에 아래의 내용과 같이

"어업면허의 감찰(鑑札)을 받은 일본국의 어선은 그 포획물을 제조, 혹은 운반을 위해 포장하거나, 또는 어망을 건조시키기 위해 한국의 연안 지방에서 사용하지 않고 내버려 둔 토지를 수시로 사용할 수 있고, 그 인민이 사적으로 소유한 토지는 지주의 승낙을 얻어 비용을 내고 임차하여 사용할 수 있다."

라는 한 항목을 추가하기를 바란다는 희망을 품고 귀 정부와 협의하겠다는 뜻을 본 공사에게 훈령하였습니다. 제국 어민은 한일무역규칙(韓日貿易規則)의 조항에 따라 통어규칙(通漁規則)의 규제를 받으며 그동안 귀국의 연안으로 와서 어업에 종사하고 있습니다. 이미 연안의 각 지방에서 어획물의 판매도 허가받았기 때문에, 위 어획물을 제조하거나, 혹은 운반을 위한 포장 및 어망을 건조시키기 위해 연안에서 토지의 사용을 허용해야 함은 자연스러운 결과입니다. 그러므로 통어(通漁)를 허가한다는 대원칙상 귀 정부에서 결코 동의할 수 없는 것은 아니라고 본 공사는 믿어 의심하지 않는 상황입니다.

무엇보다 위 내용은 단지 어업면허의 감찰을 받은 어선에 한정되었으며, 또한 감찰의 유효기간이 1개년이라면, 토지의 사용도 역시 1개년을 넘지 못할 뿐만 아니라, 실제로는 어업 기간에 한정하여 매우 단기간의 사용에 불과합니다. 따라서 연안 조차권(租借權) 등의 문제와는 전혀 그 성격을 달리하며, 혹은 그것을 쉽게 말하자면, 어획물을 건조시켜 운반을 위해 포장하거나, 또는 어망을 건조시키기 위해 일시적인 편의상 연안에 상륙하여 그 목적을 수행한다고 하는 것에 지나지 않습니다. 이미 연안에서 판매하는 것을 허가받은 정신으로부터 그것을 보아도 이러한 종류의 승인은 귀 정부에서 단속할 문제라고 생각되지 않습니다. 따라서 이것 때문에 귀국이 국권(國權)을 거론하는 것에 관련된 염려도 없다고 생각하기 때문에 이 안건을 조속히 승인하여 제국 정부의 희망에 부응해 주시기 바랍니다. 이같이 조회하오니 유의해 주시기 바랍니다. 삼가 말씀드립니다.

1901년(明治 34) 6월 8일

특명전권공사 하야시 곤스케(林權助) ㊞

외부대신 박제순(朴齊純) 각하

150 일본인에게 도난당한 김두원 화물과 해당 비용의 상환 요청

발신[發]	外部大臣 朴齊純	光武 5年 8月 1日
수신[受]	日本公使 林權助	西紀 1901年 8月 1日
출전	『日案』卷5, #6367, 384쪽[원문: 『日案六十三 光武五年』(奎19572, 78-63)]	

光武 年 月 日 起案 一半公文 大臣㊞ 協辦㊞ 主任 交涉局長㊞ 交涉課長㊞

敬啟者, 韓民金斗源載塩徃欝陵島, 被日本船主潛將船貨逃回日本一事, 前於六月四日, 函請設法拿犯, 索還貨價, 現已過二個月之久, 該民屢控不休, 情屬可矜, 玆庸再行函懇, 尙望查照迅辦, 使該民得還血本, 則感情無旣矣, 此頌勛安.

八月一日 朴齊純 頓

광무 년 월 일 기안 일 반공문 대신㊞ 협판㊞ 주임 교섭국장㊞ 교섭과장㊞

삼가 말씀드립니다. 한국인 김두원(金斗源)이 소금을 싣고 울릉도에 갔는데, 일본 선주가 몰래 배 화물을 훔쳐 일본으로 돌아간 일입니다. 이전 6월 4일 서함으로 법에 따라 범인을 잡고 화물 값을 도로 받을 수 있도록 청하였습니다. 현재 이미 2개월이 지났습니다. 해당 백성은 누차 하소연하면서 쉬지 못하니 사정이 불쌍합니다. 재차 서함으로 간청합니다. 바라건대 신속하게 조사하시어 해당 백성이 장사 밑천을 돌려받을 수 있다면 감정이 남지 않을 것입니다. 안녕히 계십시오.

8월 1일 박제순(朴齊純) 드림

151 김두원 소금값의 배상청구 조사 회답 약속

발신[發]	日本公使 林權助	光武 5年 8月 7日
수신[受]	外部大臣 朴齊純	西紀 1901年 8月 7日
출전	『日案』卷5, #6384, 391~392쪽[원문:『日來案二十 光武五年』(奎18058, 41-24)]	

接第一百八十六號 光武五年 八月七日到 大臣㊞ 協辦㊞ 局長㊞ 參書

敬復者、貴國人金斗源ヨリ本邦人木村源一郎ニ係ル食塩代價其他要求一件ニ關シ、本月一日附ヲ以テ再應御申越ノ趣了承致候。本件ハ曩ニ貴函ニ接シ、直チニ帝國政府ヲ經テ當該地方官ノ取調ヲ要候ニ付、其內何分ノ回報有之次第御報可致候間、左樣御承知相成度。此段申進候。敬具。

明治三十四年 八月七日

林權助

外部大臣 朴齊純 閣下

접제186호 광무 5년 8월 7일 도착 대신㊞ 협판㊞ 국장㊞ 참서

삼가 조복합니다. 귀국인 김두원(金斗源)으로부터 우리나라(일본) 사람 기무라 겐이치로(木村源一郞)가 관계된 식염(食鹽)의 대가, 그 외 요구 1건에 관하여 이달(1901년 8월) 1일 자로 다시 한번 답변을 보내 달라고 하는 내용을 받았습니다. 이 안건은 지난번 귀측의 공문을 접수한 즉시 제국 정부(일본 정부)를 경유하여 해당 지방관의 조사를 요청하였습니다. 따라서 그것에 대한 무언가 회답이 도착하는 대로 알려드리겠습니다. 위와 같이 양해해 주시기 바랍니다. 이같이 말씀드립니다.

1901년(明治 34) 8월 7일
특명전권공사 하야시 곤스케(林權助) ㊞
외부대신 박제순(朴齊純) 각하

152 김두원이 제기한 고소 안건의 조속한 타결 촉구

발신[發]	外部大臣 朴齊純	光武 5年 10月 30日
수신[受]	日本公使 林權助	西紀 1901年 10月 30日
출전	『日案』卷5, #6521, 492쪽[원문:『日案六十三 光武五年』(奎19572, 78-63)]	

光武五年 十月三十日 起案 日 半公文 大臣㊞ 協辨㊞ 主任 交涉局長㊞ 交涉課長㊞

敬啓者, 韓民金斗源訴求責欠一事, 疊經函請在案, 該民待命官門已至半年, 鶉衣鵠形顚仆哀訴, 念伊情狀, 行路堪涕, 玆據該民稟稱被告家屋船隻計估, 可抵一千有餘圓, 鬱島官民應償各款爲數百元, 限以本月內淸還, 伊弟마삭기을代爲追欠, 現在鬱島, 函請査追等情, 査所稟各節, 未必全無可據, 庸特函懇, 尙望閣下鼎力周全, 將該案早爲妥結, 不惟惠及匹夫, 本大臣亦紉公誼, 此頌金安.

十月三十日 朴齊純 頓

광무 5년 10월 30일 기안 일 반공문 대신㊞ 협판㊞ 주임 교섭국장㊞ 교섭과장㊞

  삼가 말씀드립니다. 한국인 김두원(金斗源)이 소장을 제출하여 빚을 받아내는 일을 요구한 건으로, 누차 문서를 보내 청한 문서가 있습니다. 해당 백성은 관문에서 명을 기다린 지 반년이 되었는데, 누더기옷을 입고 넘어져서 슬프게 호소합니다. 이러한 정황을 생각하니 지나다니는 길에서 눈물을 감당해야 합니다. 해당 백성이 말하기를, "피고의 가옥과 선박을 모두 헤아리면 1,000여 원에 이릅니다. 울도 관민이 마땅히 각각 배상해야 할 금액이 수백 원입니다. 이달 안을 기한으로 하여 청산하기를 바라니, 그 동생 '마삭기을'이 대신하여 빚을 갚아야 하는데, 현재 울도에 있습니다. 추가로 조사하기를 청합니다"라는 정황이었습니다.

  말씀드린 각 항목을 조사하여 반드시 모두 증거로 삼을 필요는 없습니다. 특별히 서함을 보내어 간청합니다. 각하께서 힘을 다하여 주선해 주시고, 장차 해당 안건이 조속하게 타결되기를 바랍니다. 은혜가 필부에 미치지 않으니 본 대신이 또한 공적 도리를 다하고자 합니다. 편안하시기 바랍니다.

10월 30일
박제순(朴齊純) 드림

153 김두원과 관련된 기무라의 조사 건에 대한 시마네현 지사의 전달사항 통보

발신[發]	日本公使 林權助	光武 5年 11月 6日
수신[受]	外部大臣署理 崔榮夏	西紀 1901年 11月 6日
출전	『日案』卷5, #6532, 496~497쪽[원문: 『日案六十三 光武五年』(奎19572, 78-63)]	

接第二百八十一號 光武五年 十一月六日到 大臣 協辦㊞ 局長㊞ 參書

敬啓者、本年六月四日附ヲ以テ貴國人金斗源ナル者、欝陵島ニ於本邦人木村源一郎ノ爲メ持去ラレタル食鹽代價請求一件ニ關シ御申越ノ次第有之候ニ付、本使ハ直チニ帝國政府ニ稟請シ、被要求者ヲ說諭シ速ニ該損害額ヲ賠償セシムル樣措置相成度旨申出致候處、現ニ這般帝國外務大臣[小村壽太郎]ノ回報ニ接到致候。之ニ據レハ、右木村源一郎ハ一昨年七月廿四日欝陵島ニ於テ殺害セラレタル趣ニ付、同人家族ニ就キ本件ヲ取調ヘタレトモ分明セス、依テ當時源一郎ト同行セル同人弟ヲ取調ヘントセシモ、本年五六月ノ頃該島ヘ渡航シ、今以テ歸村セサル由ニ有之候。乍去同人ハ例年九月頃ニハ一應歸村ノ筈ナルヲ以テ歸村次第更ニ取調報告ニ及フヘキ旨、同人所管島根縣知事ヨリ回報有之候云云申越相成候。就テハ唯タ此上ハ木村源一郎ノ弟某本邦歸着ノ上取調ノ結果ニアラサレハ、賠償ノ有無判然不致候間、右ノ趣本件要求者ヘ御申聞相成度。此段不取敢回答申進候。敬具。

明治三十四年 十一月六日
特命全權公使 林權助
崔 署理 外相 閣下

접제281호 광무 5년 11월 6일 도착 대신 협판㊞ 국장㊞ 참서

　삼가 아룁니다. 올해(1901년) 6월 4일 자로 귀국인 김두원(金斗源)이라는 자가 울릉도(鬱陵島)에서 우리나라(일본) 사람 기무라 겐이치로(木村源一郎) 때문에 가지고 간 식염(食鹽)의 대가 청구 1건에 관하여 의견을 전달받았습니다. 이에 본 공사는 즉시 제국 정부(일본 정부)에 품청하여 배상을 요구받은 사람을 설득하여 속히 해당 손해액을 배상하도록 조치해 달라는 뜻을 제출했습니다.

　현재 이에 대한 제국 외무대신(外務大臣)[고무라 주타로(小村壽太郎)]의 회답이 도착했습니다. 그것에 따르면, 위 기무라 겐이치로는 재작년(1899년) 7월 24일 울릉도에서 살해되었다고 하여 그 사람의 가족에게 이 안건을 조사했지만, 불분명하였기 때문에 당시 (기무라) 겐이치로와 함께 동행한 그의 동생을 조사하려고 했습니다. 그러나 올해 5, 6월 무렵 울릉도로 도항하여 현재 귀향하지 않은 상태라고 합니다. (울릉도로) 간 사람은 매년 9월 무렵에는 일단 마을로 돌아올 것이라고 하기 때문에 마을로 돌아오면 다시 조사하여 보고하겠다는 내용을 그 사람을 관할하는 시마네현(島根縣) 지사로부터 회답을 받았다는 보고를 전달받았습니다. 이에 대해 오로지 이 이상으로 기무라 겐이치로의 동생 아무개가 우리나라(일본)로 귀국한 뒤 취조한 결과가 나오지 않으면, 배상의 유무를 판단할 수 없다고 합니다. 위와 같은 내용을 본 안건의 요구자에게 전달해 주시기 바랍니다. 이와 같은 상황에서 우선 회답을 드립니다. 삼가 말씀을 드립니다.

1901년(明治 34) 11월 6일
하야시 곤스케(林權助) ㊞
서리 외부대신 최영하(崔榮夏) 각하

154 김두원의 배상 호소 강행에 대한 설득과 엄중 조처 요구

발신[發]	日本公使 林權助	光武 5年 12月 23日
수신[受]	外部大臣臨時署理 閔種默	西紀 1901年 12月 23日
출전	『日案』卷5, #6584, 534쪽[원문: 『日案來二十一 光武五年』(奎18058, 41-25)]	

接第三百八十四號 光武五年十二月二十三日到　大臣㊞ 協辦㊞ 局長㊞ 參書㊞

敬啓者、貴國人金斗源食塩ノ代價要求ノ一案、曩ニ貴部ノ函照ニ接シタル以來、本人自ラ本館ニ來訴スルモノ殆ント其幾回タルヲ知ラス、而シテ其情況ヲ察スルニ深ク愍諒スヘキモノアリ。本使屢屢函促ヲ本邦當該官ニ行フト雖モ、如何セン關係本邦人現ニ他行中ニアツテ未タ要領ヲ得ルニ至ラス。事情右ノ如クナルヲ以テ以是屢屢金斗源ニ說示スト雖モ頑トシテ觧セサルモノノ如シ。啻ニ之ヲ觧セサルノミナラズ[25]、時ニ或ハ愚痴妄辯其行爲狂人ニ類スルモノアリ、其窮狀固ヨリ憫諒スヘキモノナキニ非ラスト雖トモ、抑抑本件ノ如キハ其之ヲ解決スルニハ自ラ順序アリ、直ニ本署ニ迫ツテ哀訴號求スルカ如キハ其當ヲ得タルモノニ非ス、宜シク貴署ニ於テ本人ニ說諭シ、重テ當館ニ來リテ右樣ノ擧動無之樣御嚴達相成度。此段得貴意候。敬具。

明治三十四年 十二月廿三日
特命全權公使 林權助
閔 臨時署理 外相 閣下

---

25 『구한국외교문서』 일안 5권의 원문에는 'ラス'가 아닌 'ヲズ'로 기재되어 있으나, 이는 명백한 오류이다. 위 문장은 '~뿐만 아니라'에 해당하는 '~ノミナラズ'의 문장이다. 『일안(日案)』 원문과 대조하여 표기를 바로잡았다.

접제384호 광무 5년 12월 23일 도착   대신㊞ 협판㊞ 국장㊞ 참서㊞

삼가 아룁니다. 귀국인 김두원(金斗源)의 식염(食塩)에 대한 대가 요구의 사안은 지난번 귀부(대한제국 외부[外部])의 조회를 접수한 이래 본인(김두원)이 직접 본 공사관으로 와서 하소연한 일이 실로 몇 차례인지 알 수 없습니다. 그리고 그 정황을 살펴보니, 매우 걱정스러운 부분이 있습니다. 본 공사가 누차 이 사안에 대해 재촉하는 조회를 우리나라(일본)의 담당 관리에게 보냈음에도 불구하고, 무언가 관계가 있는 우리나라 사람은 현재 다른 곳에 가 있어서 아직 해결책을 찾지 못한 상태입니다.

사정이 위와 같기 때문에 이러한 내용으로 여러 차례 김두원에게 설명했음에도, 그는 완고하여 이해하지 못하는 듯합니다. 단지 그것을 이해하지 못할 뿐만 아니라, 때에 따라서는 혹 우매한 망언을 하기도 하고, 그 행동은 미친 사람(狂人)과 유사한 점이 있습니다. 그 곤궁한 상황은 본래 측은하게 여겨야 하는 점이 없지 않습니다만, 대개 본 사안과 같은 일을 해결함에는 그 자체의 순서가 있습니다. 곧바로 본서(本署)로 쫓아와 애원하고 호소하며, 구제를 요구하는 행동은 합당한 방법이 아닙니다. 귀 서리(署理)께서 김두원을 적절하게 설득해서 거듭하여 본 공사관으로 와서 위와 같은 거동을 하지 않도록 엄중하게 조치해 주시기 바랍니다. 이같이 조회하오니 귀하께서는 유의해 주시기 바랍니다. 삼가 말씀드립니다.

1901년(明治 34) 12월 23일
특명전권공사 하야시 곤스케(林權助) ㊞
임시서리 외부대신 민종묵(閔種默) 각하

155 김두원의 소금값에 대한 변상 불가능 통보

발신[發]	日本公使 林權助	光武 6年 2月 22日
수신[受]	外部大臣臨時署理 朴齊純	西紀 1902年 2月 22日
출전	『日案』卷5, #6661, 590~592쪽[원문:『日來案二十二号 光武六年』(奎18058, 41-26)]	

接第三七號 光武六年 二月二十二日到 大臣㊞ 協辦㊞ 局長㊞ 參書

敬啓者。貴國人金斗源對本邦人木村源一郎食塩代其他要償ノ件ニ關シテハ、閣下ノ御書面及ヒ該金斗源ヨリ直接縷述ノ事狀一切ヲ擧ケテ、外務大臣[小村壽太郎]ヲ通シ該木村源一郎在籍地方官ヘ右要償方度度照會及ヒタルニ、今般外務大臣ヨリ右ニ關スル取調ノ結果申越サレ候。右ノ依レハ、木村源一郎ハ既ニ死亡シ、弟乙若ナル者ハ嘗テ源一郎ト共ニ源一郎ノ主管スル風帆船ニ乘組居リタル者ニ有之。同人義本年一月在籍地ニ歸來致候ニ付、該縣知事ハ直チニ同人ニ付取調ヘタルニ、更ニ金斗源ニ關スル食塩ノ事ヲ知ラスト申立。又源一郎相續人木村金之助ヲ取調ヘタルニ、右等ノ義務嘗テ無之旨主張致候得共、同人ノ資産如何ニ依リテハ他ニ論旨ノ方法可有之。然ルニ同人所有財産ハ左記ノ通リニシテ、欝陵島ニ於テ賣掛代金等ノ如キモ金之助ニ於テハ皆無ナリト申出候。將又該嶋ハ外國ニ係ハルヲ以テ該縣知事ヨリ吏員ヲ派シ事實調査ヲ遂クル能ハサルニ因リ、同島ヘ往復スル本邦人ニ付キテ聞合セタルモ、亦斯ナル事實アルヲ知ル者絶テ無之。右ノ如ク源一郎ノ失敗後ハ、同家ハ非常ノ貧苦ニ陷リ、弟乙若ノ如キモ他人ノ雇用ヲ受ケ舟子トシテ、漸ク今日ノ口ヲ糊スル有樣ナレハ、假令金斗源ノ申出通リ賠償ノ義務アリトスルモ、到底其義務ヲ履行シ得ル資産ナキ以上ハ、金斗源ニ對シテハ誠ニ氣ノ毒ノ至ナレトモ、最早他ニ致方無之云云。右ノ次第ニ有之候ヘハ、假令金斗源ノ供述ハ正確ナリトスルモ、相手タル源一郎ハ已ニ死亡シタル事ナレハ、之レカ義務ヲ認メシムル事モ、或ハ容易ナラス縱シ義務ヲ認メシムルモ、相續人ニ於テ其義務ヲ果スノ資力ナシトスレハ、今ヤ行政上ノ取扱ヒニテハ如何トモ致方無之。此上ハ訴訟ノ途ニ出ツルノ外ナクト存セラレ候ヘトモ、前顯ノ通リ當人ハ已ニ死亡シ相續人ニ資力ナシトセハ、是亦均シク勞シテ功ナキニ歸センカ、金斗源ニ對シテハ如何ニモ氣ノ毒ノ至リニ堪ヘス候得共、前述ノ次第閣下ヨリ詳細同人へ御說示相成候樣致度候。敬具。

明治三十五年 二月廿二日

林權助

朴 臨時署理 外相 閣下

附. 上件債務者木村의 財産目錄

　　木村源一郎相續人木村金之助所有不動産目錄

　　　一, 宅地 反別四畝十五步 地價 參圓八十六錢

　　　　右ハ明治三十二年[1899]八月十五日借用金八十圓ニ書入レ。

　　　一. 畑 反別壹反貳畝步 地價八十五錢

　　　　右ハ明治三十二年五月十日借用金拾圓ニ書入レ。

　　　一. 住家 草葺壹棟

　　　　右ハ明治三十二年八月十五日借用金參十圓ニ書入レ。

　　　一. 瓦葺納屋 壹棟

　　　　右ハ明治三十二年八月十五日借用金拾五圓ニ書入レ。

　　　一. 瓦葺土藏 壹棟

　　　　右ハ明治三十二年五月十日借用金參拾圓ニ書入レ。

　　右之外、動産トシテ價格アルモノ殆トナシ。

접제37호 광무 6년 2월 22일 도착 대신㊞ 협판㊞ 국장㊞ 참서

삼가 아룁니다. 귀국인 김두원(金斗源)이 우리나라(일본) 사람 기무라 겐이치로(木村源一郎)에게 식염(食鹽) 대금 및 그 외의 배상을 요구한 건에 관해서는 각하의 서한 및 당사자 김두원이 직접 상세하게 진술한 기록과 정황 전체를 외무대신[고무라 주타로(小村壽太郎)]을 통해 해당 기무라 겐이치로의 원적지 지방관에게 위 배상 요구를 전달하도록 여러 차례 조회했습니다. 이를 바탕으로 이번에 외무대신으로부터 위 건에 관한 조사 결과를 받았습니다.

위 조사 결과에 따르면 기무라 겐이치로는 이미 사망하였고, 남동생 오토와카(乙若)라는 자는 일찍이 겐이치로(源一郎)와 함께 겐이치로가 주관하는 서양식 범선에 승조원으로 있던 사람입니다. 이 사람은 비로소 올해(1902년) 정월에 재적지(고향)로 돌아왔기 때문에 해당 현 지사(知事)는 즉시 그 사람을 조사하였으나, 도무지 김두원에 관한 식염 건을 모른다고 진술했습니다. 또한 겐이치로의 상속인인 기무라 긴노스케(木村金之助)를 조사하니, 위 배상 요구 등에 대한 의무는 전혀 없다고 주장했습니다. 더불어 그의 자산 여하에 따라서는 다른 설득 방법도 있을 수 있습니다. 그러나 그 사람이 소유한 재산은 아래에 기록한 대로인데, 울릉도(欝陵島)에서의 판매대금 등과 같은 금전도 긴노스케(金之助)에게는 전혀 없다고 진술했습니다. 또한 그 섬은 외국에 속한 곳이기 때문에 그 현의 지사로부터 관리를 파견하여 사실에 대한 조사를 수행할 수 없음으로 인하여 그 섬에 왕복하는 우리나라 사람들에게 문의해도 역시 이러한 사실이 있음을 아는 사람이 전혀 없습니다.

위 내용과 같이 겐이치로의 사망 후 그 집안은 극심한 빈곤에 빠지게 되어 남동생 오토와카는 다른 사람에게 뱃사공으로 고용되어 하루하루 겨우 입에 풀칠을 하는 정도입니다. 따라서 가령 김두원의 진술대로 배상의 의무가 있다고 하더라도 도저히 그 의무를 이행할 수 있는 자산이 없는 이상은 김두원에 대해서는 진심으로 미안한 마음이지만, 이제는 다른 방법이 없다고 합니다.

위와 같은 상황에서는 가령 김두원의 공술이 정확하다고 하더라도 상대방인 겐이치로가 사망했기 때문에 그 의무를 인정하기도 역시 쉽지 않습니다. 만약 의무를 인정한다고 해도 상속인 쪽에서 그 의무를 완수할 재력이 없다고 한다면, 현재 행정상의 처리에서는 어떻게 할 방법이 없습니다. 이 이상은 소송을 제기할 수밖에 없다고 생각됩니다. 그러나 앞에서 말씀드린 대로 당사자는 이미 사망하였고, 상속인에게 재력이 없다고 한다면, 이 역시 마찬가지로 고생만 하고 공은 없는 것으로 귀결되기 때문에 김두원에게는 매우 미안할 따름입니다. 더불어 앞에서 서술한 사정을 각하께서 상세하게 그 사람에서 설명해 주시기 바랍니다. 삼가 말씀드립니다.

1902년(明治 35) 2월 22일

하야시 곤스케(林權助) ㊞

임시서리 외부대신 박제순(朴齊純) 각하

첨부) 위의 건 채무자 기무라(木村)의 재산 목록

기무라 겐이치로(木村源一郎)의 상속인 기무라 긴노스케(木村金之助) 소유 부동산 목록

一. 택지면적 4무(畝) 15보(步) 지가 3엔(圓) 86센(錢)

　위 택지는 1899년(明治 32) 8월 15일 차용금 80엔에 저당.

一. 밭 면적 1반(反) 2무보(畝步) 지가 85센

　위 밭은 1899년 5월 10일 차용금 10엔에 저당.

一. 주택 초가 1동

　위 주택은 1899년 8월 15일 차용금 30엔에 저당.

一. 초가지붕 헛간 1동

　위 건물은 1899년 8월 15일 차용금 15엔에 저당.

一. 초가지붕에 흙벽 건물 1동

　위 건물은 1899년 5월 10일 차용금 30엔에 저당.

위의 목록 외에 동산(動産)으로 가치가 있는 것은 거의 없음.

156 김두원의 비용 청구 소장 송부와 보상 처리 요청

발신[發]	外部大臣 臨時署理 兪箕煥	光武 6年 4月 2日
수신[受]	日本公使 林權助	西紀 1900年 4月 2日
출전	『日案』卷5, #6711, 626쪽[원문: 『日案第六十六號 光武六年』(奎19572, 78-66)]	

光武六年 四月三日 起案 日 半公文 大臣㊞ 協辦㊞ 主任 交涉局長㊞ 交涉課長㊞

敬復者, 前任案內, 接准來函, 謂金斗源向木村源一郎要償塩價一事, 其相續人並無辦償之貨, 行政上辦法, 更無如何之道, 玆准來意, 當經飭諭該人, 擬有訴狀一紙附送請閱, 該狀之文雖有違舛之處, 不必以辭害義, 源一郎遺産存留欝陵島, 確爲正木所代理, 則一經査究, 自可取服, 尙望轉飭釜山領事[幣原喜重郞], 提解正木, 務圖索償, 俾窮民得還血本, 是爲切禱, 此覆並頌台安.

四月二日 兪箕煥 頓

광무 6년 4월 3일 기안 일 반공문 대신㊞ 협판㊞ 주임 교섭국장㊞ 교섭과장㊞

삼가 조복합니다. 전임자의 문안에서 온 서함을 받아보니 김두원(金斗源)이 기무라 겐이치로(木村源一郎)에게 소금값으로 배상을 요구하는 안건으로, 상속인과 빚을 갚지 못한 물화는 행정상 법의 판단에 따르며 다시 어찌할 방도는 없습니다. 이러한 뜻을 받고 그 자에게 칙유(飭諭)하여 소장(訴狀) 한 장을 첨부하여 보내와서 열람을 청하였습니다.

해당 소장의 문서는 비록 어긋나는 곳이 있기는 하나 반드시 의를 해치는 말은 아닙니다. 겐이치로의 유산이 울릉도에 남아 있고, 마사키(正木)가 대리하는 바가 확실하다면 일단 조사하고 강구하여 저절로 범죄 사실을 자백받을 수 있습니다. 오히려 바라건대 부산 영사[시데하라 기주로(幣原喜重郎)]에게 전보로 명하여 마사키를 풀어주고 보상을 받을 수 있도록 도모하여 궁박한 백성이 장사 밑천을 돌려받을 수 있도록 해주십시오. 이를 간절히 기도합니다. 다시 한번 평안하십시오.

4월 2일
유기환(兪箕煥) 드림

157 카이몬함의 충청도, 전라도의 연안 측량에 대한 협조 의뢰

발신[發]	日本公使 林權助	光武 6年 4月 30日
수신[受]	外部大臣署理 崔榮夏	西紀 1902年 4月 30日
출전	『日案』卷5, #6759, 661쪽[원문: 『日來案二十二号 光武六年』(奎18058, 41-26)]	

接第九十四號 光武六年 四月三十日到 大臣㊞ 協辦㊞ 局長㊞ 參書㊞
公文第五十三號

以書翰致啓上候。陳者、帝國軍艦海門號這般貴國全羅忠淸兩道沿岸測量ノ爲〆來港致候ニ付テハ、別紙ノ主意ニテ右沿岸各地方官ヘ御訓示相成、必要ナル便宜保護ヲ與ヘラレ度、尙ホ右御訓示同樣ノ者八通御調製相成例ニ依リ御交附ヲ煩度。右ハ該沿岸地方人民ノ誤解ヲ避クルヲ得テ、自他便宜ト存候次第ニ有之候。此段別紙相添照會得貴意候。敬具。

明治三十五年 四月三十日
特命全權公使 林權助
臨時署理 外務大臣 崔榮夏 閣下

附. 上件協助訓示事項

一. 大日本帝國軍海門이 測量을 爲ᄒᆞ야 前往其地ᄒᆞ야 沿岸諸山峰·岬角·島嶼等地에 紅自旗를 立植ᄒᆞ며 石灰를 白塗ᄒᆞ며 其他各種標的을 設ᄒᆞ며, 艦圓이 隨時登岸ᄒᆞ야 器械를 坐設ᄒᆞ고 觀測에 從事ᄒᆞ야 海面의 水深을 錘量ᄒᆞ고, 臨時野幕을 設立ᄒᆞ야 或은 假舍를 建設ᄒᆞ며, 海中에 尺標를 建立ᄒᆞ야 潮水高低를 量定ᄒᆞ니, 人民은 該許多設備를 恠疑ᄒᆞ야 毁損ᄒᆞ거나 妨害를 加ᄒᆞᆷ이 勿홀事.

一. 該員等이 飮水·穀類·鷄卵·肉菜等 其外日常所需各物를 要求홀 時에는 相當時價로 放賣ᄒᆞ며, 無故히 其要求를 拒치말고 懇切히 酬應홀 事.

접제94호 광무 6년 4월 30일 도착 대신㊞ 협판㊞ 국장㊞ 참서㊞

공문 제53호

서한으로 삼가 아룁니다. 제국 군함 카이몬호(海門號)가 이번에 귀국의 전라(全羅), 충청(忠淸) 양도의 연안 측량을 위해 내항한 건에 대하여 별지의 주요 내용을 위 연안의 각 지방관에게 훈시하여 필요한 편의와 보호를 제공해 주시기 바랍니다. 또한 위 훈시와 동일한 내용 8통을 작성하셔서 전례에 따라 번거롭기는 하나 교부해 주시기 바랍니다. 이는 해당 연안 지방 인민의 오해를 피할 수 있는 자타 모두에게 편리한 방법이라고 생각합니다. 이같이 별지를 첨부하여 조회하오니, 유의해 주시기 바랍니다. 삼가 말씀드립니다.

1902년(明治 35) 4월 30일
특명전권공사 하야시 곤스케(林權助)
임시서리 외부대신 최영하(崔榮夏) 각하

첨부. 위의 건 협조에 대한 훈시 사항

1. 대일본제국 군함 카이몬(海門)이 측량을 위하여 그 지역에 가서 연안의 여러 산봉우리, 바다 쪽으로 뾰족하게 뻗은 육지의 돌출부(岬角), 크고 작은 섬들(島嶼) 등지에 홍백기(紅白旗)를 세우고, 석회(石灰)를 하얗게 바르며, 기타 각종 표적을 세우며, 그 군함의 승조원들이 수시로 상륙하여 기계를 설치하고 관측에 종사하여 해면의 수심을 측량하고, 임시 야전 천막을 치거나, 혹은 가건물을 건설하며, 바닷속에 척표(尺標)를 건립하여 조수(潮水)의 높고 낮음을 측량하니, 인민들이 그 많은 설비들을 이상하다고 생각하여 훼손하거나 방해하지 못하도록 할 것.
1. 해당 승조원들이 음료수, 곡물류, 달걀, 고기와 채소 등 그 외 일상생활에 필요한 각 물건을 요구할 때는 상당한 시가로 판매하며, 이유 없이 그 요구를 거부하지 말고 친절하게 응수할 것.

158 카이몬함의 서해 연안 측량에 관한 훈령문 송부

발신[發]	外部大臣 崔榮夏	光武 6年 5月 7日
수신[受]	日本公使 林權助	西紀 1902年 5月 7日
출전	『日案』卷5, #6773, 671쪽[원문: 『日案第六十六號 光武六年』(奎19572, 78-66)]	

光武六年 五月七日 起案 大臣署理 協辦㊞ 主任 交涉局長㊞ 交涉課長㊞

照覆第四十九號

大韓外部大臣署理協辦崔榮夏, 爲照會事, 前接貴照會, 以海門號軍艦測量全羅·忠淸兩道沿岸一事, 准此, 除繕送訓文二件外, 相應備文照復貴公使, 請煩査收轉交, 須至照復者, 右.

大日本特命全權公使 林權助 閣下

光武六年 五月七日

광무 6년 5월 7일 기안 대신서리 협판㊞ 주임 교섭국장㊞ 교섭과장㊞

조복 제49호

대한 외부대신 서리협판 최영하(崔榮夏)가 조회합니다. 전에 귀하가 보낸 조회를 접해 보았습니다. 카이몬호(海門號) 군함이 전라도, 충청도의 연안을 측량하는 안건인데, 이를 확인하였습니다. 고쳐서 송부하는 훈령문 2건을 제외하고는 상응하여 문서를 갖추어 귀 공사께 조복을 보냅니다. 번거롭게 청하건대 조사하여 교부하기 바랍니다. 이같이 조복합니다. 이상입니다.

대일본 특명전권공사 하야시 곤스케(林權助) 각하

1902년(광무 6) 5월 7일

159 카이몬함의 측량 관련 훈령문의 추가 발급 요청

발신[發]	日本公使館 通譯官 鹽川一太郎	西紀 1902年 5月 8日
수신[受]	外部交涉局長 李應翼	光武 6年 5月 8日
출전	『日案』卷5, #6774, 672쪽[원문: 『日案第六十六號 光武六年』(奎19572, 78-66)]	

接第一百二號 光武六年 五月八日 大臣 協辦㊞ 局長㊞ 參書

敬啓者, 向日以公文所請海門艦所携訓令, 昨[接脫]貴復文二度, 然而該艦測量員八名, 分派八所行測, 故每名一度式爲携之事爲請, 爲此再煩, 六度更繕發, 以便每名携一度, 此事旣有例, 伋仰佈幷頌日祉.

五月初八日

第 塩川一太郎 頓

접제102호 광무 6년 5월 8일 대신 협판㊞ 국장㊞ 참서

삼가 아룁니다. 지난번 공문으로 카이몬함이 휴대할 훈령을 청하였습니다. 어제 귀하의 조복 문서 두 통을 받았습니다. 카이몬함의 측량 인원 8명을 측량하는 곳에 나누어 보냅니다. 따라서 한 명마다 한 통씩 휴대하기를 요청합니다. 이같이 다시 번거롭게 청하니 여섯 통을 다시 발급해 주시고 한 명당 한 통씩 휴대할 수 있도록 하는 편이 편하겠습니다. 이러한 일은 이미 전례가 있습니다. 안녕히 계십시오.

1902년(광무 6) 5월 8일
시오가와 이치타로(塩川一太郞) 드림

160 서산 부근 관병의 카이몬함 측량 방해 행위의 금지와 문책 요청

발신[發]	日本公使 林權助	光武 6年 5月 21日
수신[受]	外部大臣署理 崔榮夏	西紀 1902年 5月 21日
출전	『日案』卷5, #6799, 686~687쪽[원문: 『日來案二十三 光武六年』(奎18058, 41-27)]	

接第一百十四號 光武六年 五月同日到 大臣 協辦㊞ 局長㊞ 參書㊞ 課長㊞ 課員㊞
公文第六拾五號

　以書柬致啟上候。陳者、目下忠淸道沿海測量ニ從事致居候帝國軍艦海門艦長ヨリ電禀ニ依レハ、忠淸道瑞山附近ニ立テタル測量標器數個地方官兵ニ取リ去ラレ、現ニ兵營ニ在ルヲ發見シ、右搜索ニ出テタル該艦水兵ハ一時拘引セラルル等ノ妨害ヲ受ケタル趣ニ有之候。該艦カ該地方ノ測量ハ旣ニ貴政府ノ知悉セラルル所ニ有之候ヘハ、貴國地方官カ前述ノ妨害ヲ取締ラスシテ、尙ホ水兵ヲ拘引スル等ハ全ク法外ノ行爲ト認メ候ニ付、至急沿海各地方官ニ御電訓相成屹度。這般ノ妨害ヲ防止セラレ、旣ニ右等ノ擧ニ出テタル地方官ハ相當ノ御處分相成候樣致度。右御電訓ハ明日中ニハ是非トモ御發送ノ手續ニ御取斗相成度。此段照會得貴意候。敬具。

明治三十五年 五月廿一日
特命全權公使 林權助 ㊞
外部大臣 署理 崔榮夏 閣下

접제114호 광무 6년 5월 같은 날 도착 대신 협판㊞ 국장㊞ 참서㊞ 과장 ㊞과원㊞ 공문 제65호

　서간으로 삼가 아룁니다. 현재 충청도(忠淸道) 연해 측량에 종사하고 있는 제국(일본) 군함 카이몬(海門)의 함장이 전신으로 품의한 내용에 따르면, 충청도 서산(瑞山) 부근에 설치한 측량표기(測量標器) 여러 개를 지방 관병이 가지고 갔고, 현재 병영에 있는 것을 발견했습니다. 위 수색에 나간 그 군함의 수병(水兵)들이 일시적으로 구인(拘引)되는 등 방해를 받았다는 내용의 보고가 있었습니다. 해당 군함의 그 지방에 대한 측량은 이미 귀 정부가 그 내용을 모두 알고 있는 상황이기 때문에 귀국의 지방관이 위에서 서술한 방해를 단속하지 않고, 오히려 수병을 구인하는 등의 행위는 전적으로 법에서 벗어난 행위로 인정됩니다.

　따라서 서둘러 연해 각 지방관에게 전신으로 훈령해 주시기 바라며, 이번과 같은 방해를 방지하고 위와 같은 움직임을 보인 지방관에게는 상당한 처분을 내려주시기 바랍니다. 위의 전신 훈령은 내일 중으로는 반드시 그 발송 절차에 착수할 수 있도록 도모해 주시기 바랍니다. 이같이 조회하오니 귀하께서는 유의해 주시기 바랍니다. 삼가 말씀을 드렸습니다.

　　　　　　　　　　　　　　　　　　1902년(明治 35) 5월 21일
　　　　　　　　　　　　　　　　　　특명전권공사 하야시 곤스케(林權助) ㊞
　　　　　　　　　　　　　　　　　　외부대신 서리 최영하(崔榮夏) 각하

161 서산 부근의 측량 방해 금지 조처 회답

발신[發]	外部大臣署理 崔榮夏	光武 6年 5月 29日
수신[受]	日本公使 林權助	西紀 1902年 5月 29日
출전	『日案』卷5, #6816, 701~702쪽[원문:『日案第六十六號 光武六年』(奎19572, 78-66)]	

光武六年 五月二十九日 起案 大臣署理協辦㊞ 主任 交涉局長㊞ 交涉課長㊞
照覆第五十七號

大韓外部大臣署理外部協辦崔榮夏, 爲照覆事, 照得, 本月二十一日, 接到貴照會, 以瑞山近地測量標器被官兵取去一事, 査該隊兵未曾接見公文, 無怪其生疑, 玆准來文, 轉知該管官急訓査禁, 嗣後可無以[似?]此妨害之事也, 想應備文照覆貴公使, 請煩査照, 須至照會者,
右照會.

大日本特命全權公使 林權助 閣下
光武六年 五月二十九日

광무 6년 5월 29일 기안 대신서리 협판㊞ 주임 교섭국장㊞ 교섭과장㊞
조복 제57호

대한 외무대신 서리 외부협판 최영하(崔榮夏)가 조복합니다. 이달 21일 귀 조회를 받아보니, 서산 부근에서 측량표기(測量標器)를 관병(官兵)이 가져간 안건으로, 해당 부대의 병사를 조사한 공문을 아직 접수하여 보지 못하였으므로, 의심이 생기는 일도 괴이하지는 않습니다. 보내온 공문에 따라서 해당 관원에게 급히 훈령을 내려 알리도록 하고, 이후에 이처럼 방해하는 일이 없도록 하겠습니다. 상응하여 문서를 갖추어 귀 공사께 조복을 보냅니다. 번거롭지만 조사하여 헤아려 보시기 바랍니다. 이같이 조회를 보냅니다. 이상입니다.

대일본 특명전권공사 하야시 곤스케(林權助) 각하
1902년(광무 6) 5월 29일

162 전라도 연안 관민의 카이몬함 측량 방해에 대한 엄중 단속 및 문책 요구

발신[發]	日本公使 林權助	光武 6年 7月 8日
수신[受]	外部大臣臨時署理 俞箕煥	西紀 1902年 7月 8日
출전	『日案』卷5, #6887, 758~759쪽[원문: 『日來案二十三 光武六年』(奎18058, 41-27)]	

接第百七一號 光武六年 七月八日到 大臣㊞ 協辦㊞ 局長㊞ 參書㊞ 課長㊞ 課員㊞
公文第九十八號

以書柬致啓上候。陳者、帝國軍艦海門號ガ貴國全羅忠淸兩道沿岸測量ニ付テハ、旣ニ貴政府ヨリ各沿海地方官ニ御訓示相成充分ナル保護ヲ與ヘラルル事ト相成候ニモ拘ハラス、忠淸道瑞山附近ニ起リタル出來事ニ關シテハ、去ル五月中公文第六五號ヲ以テ御照會及候通リノ始末ニ有之。其後海門艦長ヨリノ申出ニ依ルニ、群山港ヨリ木浦港ニ至ル間ニ於ケル沿海貴國民ハ兎角測量者ニ妨害ヲ與ヘ、測量旗其他各種標的ヲ取リ去ル等ノ事度度ニ及ヒ困難不尠由ニ有之。尙ホ聞ク所ニ依ルニ、該艦測量用野幕假舍等ニ對シ、智島郡守ハ之カ取除ケヲ求メラレシヤノ由ニ有之候。右智島郡守ノ態度カ果シテ事實ナランニハ、貴政府カ海門號測量ノ爲メ發セラレシ訓示ニ違反セル者ニ有之候間、御取調ノ上相當ノ御處分可有ハ貴政府應行フ御職責ト存候。且這般ノ出來事カ斯ク屢次相起リ候義ハ、本使ノ遺憾トスル所ニ有之。隨テ貴政府ハ其責ヲ免レサル次第ト存候條、今後ノ紛議ヲ免ルル爲メ貴政府ハ該測量地方地方官一帶ニ至急電訓ヲ發セラレ、貴政府御訓示ノ主趣ニ違背セサル樣、人民ニ嚴重戒飭ヲ加ヘラレ度。尙ホ該御訓示ノ主趣ニ違背シ、若クハ右ヲ誤解シテ測量ニ妨害ヲ與ヘン、地方官及ヒ人民ハ嚴ニ御處分相成度。若シ萬一ニモ貴政府ニ於テ之ヲ等閑ニ附セラルル樣ノ事有之候半ニハ、或ハ意外ノ滋案ヲ若起シテ責ヲ貴政府ニ嫁スル事ト相成可申ト存候ニ付、此邊豫シメ御諒悉相成置カレ度。此段附加ヘ照會得貴意候。敬具。

明治三十五年 七月八日 特命全權公使 林權助 ㊞

署理外部大臣 俞箕煥 閣下

접제171호 광무 6년 7월 8일 도착 대신㊞ 협판㊞ 국장㊞ 참서㊞ 과장 ㊞과원㊞
공문 제98호

　서한으로 삼가 아룁니다. 제국(일본) 군함 카이몬호(海門號)가 귀국 전라(全羅), 충청(忠淸) 양도의 연안을 측량하는 건에 대해서는 이미 귀 정부에서 각 연해 지방관에게 훈시하여 충분한 보호 조치를 하도록 했습니다. 그럼에도 충청도 서산(瑞山) 부근에서 일어난 사건에 관해서는 지난 5월 중에 공문 제65호로 조회한 내용대로의 사건 과정이 있었습니다. 그 후 카이몬함의 함장 보고에 따르면, 군산항(群山港)에서 목포항(木浦港)에 이르는 동안에 연해의 귀국 국민은 어쨌든 측량하는 사람들을 방해하여 측량 깃발, 그 외 각종 표적을 제거하는 등의 사건이 빈번함에 따라 곤란함이 적지 않습니다.
　또한 들리는 바에 따르면, 그 군함의 측량용 천막, 임시 가건물 등에 대해 지도군수(智島郡守)는 철거를 요구하기도 했습니다. 지도 군수의 태도가 과연 사실이라면, 귀 정부가 카이몬호의 측량을 위해 내려보낸 훈시를 위반한 자이기 때문에 조사를 통해 처분이 있어야 한다는 점은 귀 정부가 마땅히 행해야 하는 책무라고 생각합니다. 이에 더하여 이번 사건과 유사한 사건들이 여러 차례 발생했다는 점에 대해 본 공사는 유감으로 생각하고 있습니다.
　따라서 귀 정부는 그 책임을 면할 수 없는 상황이라고 생각합니다. 이후의 분쟁을 피하려면 귀 정부는 해당 측량 지방의 지방관 전체에게 지급히 전신 훈령을 내려 귀 정부의 훈시의 주요 취지에 위반하지 않도록 인민을 엄중히 경계하도록 명령해 주시기 바랍니다. 또한 훈시의 주요 취지를 위배하거나, 위 훈시를 오해하여 측량을 방해하는 지방관과 인민은 엄히 처벌해 주시기 바랍니다. 만약 혹시라도 귀 정부에서 그것을 등한히 하는 듯한 모습이 보인다거나, 의외의 사건이 일어난다면 그 책임을 귀 정부에 묻게 되리라고 생각하기 때문에 이참에 미리 그 내용을 알고 양해해 두시기 바랍니다. 이같이 덧붙여 조회하오니 귀하께서는 유의해 주시기 바랍니다. 삼가 말씀드립니다.

1902년(明治 35) 7월 8일
특명전권공사 하야시 곤스케(林權助) ㊞
서리 외부대신 유기환(俞箕煥) 각하

163 울릉도 일본경찰서의 철폐와 거류민 퇴거 촉구

발신[發]	外部大臣署理 崔榮夏	光武 6年 10月 11日
수신[受]	日本公使 林權助	西紀 1902年 10月 11日
출전	『日案』卷6, #7057, 87쪽[원문:『日案第六十六號 光武六年』(奎19572, 78-66)]	

光武六年 十月十一日 起案 大臣署理協辦㊞ 主任 交涉局長㊞ 交涉課長㊞

照會第一百十五號

大韓外部大臣署理外部協辦崔榮夏, 爲照會事, 照得, 鬱陵島在留日本人退去一事, 前年朴[齊純]大臣任內, 屢經照會, 至光武四年[1900]九月七日第六十四號照會, 歷擧四條駁案, 同年九月十二日, 接到貴公使照覆, 竟無對四條如何辨論, 但稱開港開市場以外, 不許外國人居住之規, 非獨日韓條約爲然也, 貴國與訂盟諸國皆同矣, 奈之何外國宣敎師之多數散居於不許各地, 則貴政府認之, 而獨要鬱陵島在留本邦人退去者, 本使所不解也, 若不申明約旨, 除條約所許地方外所留外國人一切退去, 則本使斷難使本邦人獨退等因, 准此, 査各國敎士之遊歷各處者, 必由該國公使行文本部, 照章發給護照該人領照前往內地, 職因各約有其國民人亦准持照前往各處游歷之文, 該敎士在內地敎誨語言文字等事, 亦可援照韓法條約第九款施行, 該人僑寓韓民房屋, 未嘗如通商各地自意購屋起房也, 此次貴國人民或以醫業或以商務來住內地者無算, 按照各國敎士之例, 尙有可說, 至鬱陵島居留人民, 不領護照, 自由竭來, 建造房屋, 開拓土地, 芝伐森林, 侵虐韓民種種行爲, 洵屬目無法紀, 本大臣定知貴政府派員拿還, 設法禁止, 廼侯至幾年, 尙無如何照辦, 殊非所望於貴政府也, 兹據江原道觀察使[金禎根]報開, 日本政府在鬱陵島新設警察署, 遇有韓日人涉訟, 自行拿提韓人審辦等情, 査貴國在韓內地設立警察署, 不惟違背條約, 誠恐各國效而尤之, 本大臣不得不割切一言, 爲此, 備文急行照會, 貴公使查照轉詳貴政府, 撤廢警署, 並飭附近領事[幣原喜重郞], 召回人民, 以符約旨, 而慎交誼可也, 須至照會者,

    右照會.

光武六年 十月十一日
大日本特命全權公使 林權助 閣下

광무 6년 10월 11일 기안 대신서리 협판㊞ 주임 교섭국장㊞ 교섭과장㊞
조회 제115호

　대한 외부대신 서리 외부협판 최영하(崔榮夏)가 조회합니다. 울릉도에 체류하는 일본인을 퇴거하는 사안으로, 작년에 박 대신[박제순(朴齊純)]이 재임 중에 여러 번 조회를 보냈습니다. 1900년(광무 4) 9월 7일에 보낸 제64호 조회에는 네 가지 조목을 들어 논박한 문서가 있습니다. 같은 해 9월 12일 귀 공사의 조복을 받아보니, "마침 네 가지 조목에 대한 답변이 없으니 어찌 변론하겠습니까? 단지 개항장과 개시장 이외에는 외국인의 거주를 불허한다는 규칙은 유독 한일조약(日韓條約)만 그렇지 않습니다. 귀국이 여러 나라와 동맹을 약정을 맺은 것은 모두 같습니다. 어찌하여 외국 선교사의 많은 수가 각지의 허락하지 않은 곳에 흩어져 거주하는 것을 귀 정부는 인정하고 있습니까? 유독 울릉도에 체류하는 본국인을 퇴거하는 것은 본사가 이해할 수 없습니다. 만약 조약의 취지를 밝히지 않고 조약에서 허락한 지방 이외에 체류하는 외국인을 일체 퇴거하지 않는다면 본사는 본국인만 퇴거하도록 하기는 어렵습니다"라는 내용이었습니다. 이를 확인하고 각국 선교사들이 각 지역을 돌아다니는 것을 조사해 보니 반드시 해당 국가의 공사가 본부(本部)로 보낸 문서로 말미암아 장정에 따라 호조(護照)를 해당인에게 발급하여 내지에 들어갈 때 가지고 갑니다. 오로지 각국이 약조에 따라 그 나라에 있는 백성은 또한 호조를 가지고 각처에 돌아다니는 문서가 있습니다. 해당 선교사는 내지에서 교회(教誨)할 언어와 문자가 있다는 내용 등은 또한 조불조약(韓法條約) 제9관에 따라 시행합니다. 해당인이 거주하는 한국인 가옥은 일찍이 통상하는 각지처럼 자의로 가옥을 구매할 수 없습니다. 이러한 차에 귀국 인민이 혹시 의업(醫業)이나 상무(商務)로 내지에 왕래하는 일이 있을지 헤아릴 수 없습니다.

　각국 선교사의 사례에 비추어 고려해 보면 오히려 말할 만한 점이 있습니다. 울릉도 거류 인민은 호조를 수령하지 않았고, 자유로이 가며, 가옥을 건조하고 토지를 개척하며, 삼림을 벌목하였고, 포악하게 한국인들과 종종 행위를 일으킵니다. 진정 법의 기강이 없는 것입니다. 본 대신이 귀 정부에서 파견한 관원으로 하여금 잡아서 돌려보내도록 알렸으며 법을 제정하여 금지한 지 수년에 이르렀습니다. 도리어 어떻게 처리하는지가 없으므로, 특히 귀 정부에 바라는 바가 없습니다.

　강원도관찰사(江原道觀察使)[김정근(金禎根)]가 보고한 내용을 보니, 일본 정부가 울릉도에 새로 설치한 경찰서(警察署)가 있어서 한국인과 일본인 사이의 소송이 있으면 자체적으로 한국인을 잡아다가 심판한다는 내용이 있었습니다. 귀국이 한국의 내지에 설립한 경찰서가 있다는 것을 조사해 보니 조약을 위배했을 뿐만 아니라, 각국이 따라하게 될까 진실로 두렵습니다. 본 대신은 한마디 말을 하지 않을 수 없습니다. 이 때문에 문서를 갖추어 급히 조회를 보냅니다. 귀 공사께서 조사하고 귀 정부에 상세히 전하여 경찰서를 철폐하도록 하고, 부근에 있는 영사[시데하라 기주로(幣原喜重郎)]에게 명하여 인민을 소환함으로써 조약의 취지에 부합하도록 하고, 교제의 정에 신중하도록 하면 좋겠습니다. 이같이 조회를 보냅니다. 이상입니다.

1902년(광무 6) 10월 11일
대일본 특명전권공사 하야시 곤스케(林權助) 각하

164 울릉도 일본인들의 재류 경위와 철수 거부, 경찰사무의 신중한 시행 촉구

발신[發]	日本公使 林權助	光武 6年 10月 29日
수신[受]	外部大臣臨時署理 趙秉式	西紀 1902年 10月 29日
출전	『日案』卷6, #7084, 103~104쪽[원문:『日來案二十四 光武六年』(奎18058, 41-28)]	

接第二百九十六號 光武六年 十月二十九日到 大臣㊞ 協辦㊞ 局長㊞ 參書 課長㊞ 課員

公文第百六十五號

以書翰致啟上候。陳者、本月十三日付貴照會第百十五號ヲ以テ、欝陵嶋ニ在留スル本邦人撤退及ヒ同嶋ニ本邦警察官在留ノ件ニ付、御申越之趣諒悉致候。該嶋ニ在ル本邦人撤退ノ義ハ、一昨年中ニ於ケル交渉案ニ有之候處、最後ニ同年九月中本使ノ第九九號公文ニ對シ、何等ノ御申出無之ニ付、本使ハ本案貴政府ノ認メラレシ事ト相信居候處、今般再ヒ貴照會ニ接シタルハ、本使ノ意外トスル處ニ有之候。抑該嶋ニ本邦人ノ在留スル事ト相成候ハ、今ヨリ十數年前前嶋監裵季周氏カ當時無人嶋ナリシ該嶋ノ開拓ヲ計畫シ、此目的ヲ達セン爲メ自ラ本邦ニ赴キ本邦人ノ渡航ヲ勸誘シ、該嶋産出ノ槻木賣買等ヲ特約スル等ノ擧フリテ、茲ニ初メテ本邦人渡航ノ端緒ヲ開キ、爾來引續キ貴國人モ渡航シテ、終ニ今日ノ如ク開拓セラレタル者ニテ、換言セハ該島ノ開拓ハ本邦渡航者ニ依リ成遂セラレシト云フモ不可ナキ次第ニ有之候ヘハ、貴政府ハ之ニ鑑ミラレ一層在留民愛護ノ途ヲ講セラルヘキニ左ハナクテ開拓ノ功漸ク收マルニ當リ、直チニ條約上ノ單ナル形式ノミヲ執テ撤退ヲ求メラルルカ如キハ、貴政府ニ於テ該嶋カ開拓セラレシ沿革ヲ度外視セラルルモノト存候。即チ本使ハ該島開拓ノ歷史ニ徵シ、今少シク考量ヲ盡サレンコトヲ望ム者ニ有之候。該嶋ニ本邦警察官派ヲ派シテ常駐セシメタルニ關シテハ、昨年中朴齊純氏御在任中該島郡守姜泳禹氏ノ赴任ニ際シ、在留本邦人取締ノ方法ヲ求メラレシ際協議ノ結果ニ外ナラス候ヘハ、今日ニ於テ貴政府カ條約違背云云ヲ提議セラルルハ殆ント其謂レナキ義ト認メ候。若シ夫レ貴照會內所謂遇有韓日人涉訟自行拿提韓人審辦云云ニ至テハ、我警察官カ斯ル行爲ヲ爲スヘキ筈無之、必竟何等歟ノ間違ヒト認メ候モ、尙ホ念ノ爲メ當該官ヲシテ該警察官ニ戒飭ヲ加フヘク候ニ付、貴政府モ亦均シク該郡守ニ御訓令相成該嶋一般ニ於ケル司法行政等ハ勿論、殊ニ警察事務ニ關シ愼重ノ施行ヲ促サレ度ト存候。此段照復得貴意候。敬具。

　　　　　　　　　　　　　　　明治三十五年 十月二十九日
　　　　　　　　　　　　　　　　特命全權公使 林權助 ㊞
　　　　　　　　　　　　臨時署理 外部大臣 趙秉式 閣下

접제296호 광무6년 10월 29일 도착   대신㊞ 협판㊞ 국장㊞ 참서 과장㊞ 과원

공문 제165호

　서한으로 삼가 아룁니다. 이달(1902년 10월) 13일 자 귀 조회 제115호로 울릉도(欝陵嶋)에 재류하는 우리나라(일본) 사람들의 철수 및 그 섬에 우리나라의 경찰관 재류의 건에 대해 보내주신 의견은 그 내용을 충분히 이해했습니다. 그 섬에 있는 우리나라 사람들의 철수 건은 재작년 중에 교섭한 안건입니다. 마지막으로 같은 해 9월 중에 본 공사의 제99호 공문에 대해 어떠한 회답이 전혀 없었기 때문에 본 공사는 이 안건에 대해 귀 정부가 인정한다고 믿고 있었습니다. 그런데 이번에 다시 귀 조회를 접수하게 되어 본 공사는 의외였습니다.

　본래 그 섬에 우리나라 사람들이 재류하게 된 것은 지금으로부터 십수 년 전에 전 도감(嶋監) 배계주(裵季周) 씨가 당시 무인도였던 그 섬의 개척을 계획하여 이 목적을 달성하기 위해 스스로 우리나라로 와서 우리나라 사람의 도항을 권유하고, 그 섬에서 산출되는 규목(槻木)의 매매를 특별히 약속하는 등의 행동이 있었습니다. 이에 처음으로 우리나라 사람들이 도항의 단서를 연 이래 계속하여 귀국의 사람들도 도항하여 마침내 현재와 같이 개척이 되었던 것입니다. 바꿔 말하면 이 섬의 개척은 우리나라에서 도항한 사람들이 달성하였다고 말하더라도 잘못된 것이 아닌 상황입니다. 귀 정부는 이에 비추어 더욱 재류민을 아끼고 보호할 방법을 강구해야 함에도 그러하지 않았습니다. 점차 개척의 공을 거두려 하는 시점에 맞춰 곧바로 조약상의 단순한 형식만을 고집하며 철수를 요구하는 일은 귀 정부에서 이 섬이 개척된 연혁을 도외시한 것이라고 생각합니다. 즉, 본 공사는 이 섬을 개척한 역사에 비추어 현재 조금만 더 (우리의 입장을) 고려해 주시기를 희망합니다.

　이 섬에 우리나라 경찰관을 파견하여 상주시킨 건에 관해서는 작년에 박제순(朴齊純) 씨가 재임하던 중, 이 섬의 군수(郡守) 강영우(姜泳禹) 씨가 부임할 때 재류하는 우리나라 사람들에 대한 단속 방법을 요구하여, 그때 협의한 결과였습니다. 그런데 지금에 이르러 귀 정부가 조약 위배라고 하며 의견을 제기한 점은 실로 언급할 내용이 없습니다. 만약 그것이 귀 조회 내용 중에 이른바 한국인과 일본인 간에 소송이 발생한다면, 마음대로 한국인들을 체포하여 심문한다고 운운한 점에 이르러서는 우리 경찰관이 그러한 행위를 행할 아무런 이유가 없고, 반드시 무언가 실수로 인정됩니다. 그러나 또한 만약을 위해 해당 관리로 하여금 그 경찰관에게 더욱 주의하고 경계하도록 명령하겠습니다. 따라서 귀 정부도 역시 마찬가지로 해당 군수에게 훈령하여 그 섬의 일반적인 상황에서 사법, 행정 등은 물론, 특히 경찰 사무에 관해서는 신중하게 시행할 수 있도록 촉구해야 한다고 생각합니다. 이같이 조회로 회답하오니 귀하께서 유의해 주시기 바랍니다. 삼가 말씀드립니다.

1902년(明治 35) 10월 29일
특명전권공사 하야시 곤스케(林權助) ㊞
임시서리 외부대신 조병식(趙秉式) 각하

165 김두원 소금값의 상환 재차 촉구

발신[發]	外部大臣 李道宰	光武 7年 2月 26日
수신[受]	日本公使 林權助	西紀 1903年 2月 26日
출전	『日案』卷6, #7249, 251~252쪽[원문:『日案第六十七号 光武七年』(奎19572, 78-67)]	

光武七年 二月二十六日 起案 日館 大臣㊞ 協辦㊞ 主任 局/課/長㊞

敬啓者, 券查我商金斗源要價塩價於貴國人木村源一郞一事, 歷經徃復在案, 該金姓爲索該款, 待命外部三年于玆, 不得則不止, 此在貴公使素所燭悉也, 渠之額狀積成卷軸, 據其衷懇, 則避債無臺, 勢將填壑乃已, 見深憫惻, 庸是再行函佈, 務望矜其情, 而恤其急轉行駐釜港貴領事[幣原喜重郞], 提到欝島留正木(木村代理人), 亟將木村遺産早爲變價, 償還金斗源血本, 俾窮民知所依歸, 至要至感, 耑此順頌台安.

二月二十六日 李道宰 頓

광무 7년 2월 26일 기안 일관 대신㊞ 협판㊞ 주임 국/과/장㊞

삼가 아룁니다. 우리 상인 김두원(金斗源)이 귀국인 기무라 겐이치로(木村源一郎)에게 소금값을 요구한 안건으로, 지난번에 여러 번 왕복한 문서가 있습니다. 해당 김씨 성의 인물은 해당 금액을 받으려고, 외부(外部)로부터 명을 기다린 지 3년이나 되었습니다. 받지 못하면 중단하지도 않습니다.

이에 귀 공사께서 확실하게 살펴보시기를 바랍니다. 그가 청원한 소장을 쌓으면 책을 이룰 정도로 간곡히 간청하였으나, 채무를 피해 도망다니고 상대하지 않습니다. 장차 그 형세가 많이 쌓여갈 뿐이라서 측은함을 볼 수 있습니다. 이에 다시 서함을 보냅니다. 그 정을 불쌍히 여기시고 급한 사정을 구휼하도록 부산항 주재 귀국 영사[시데하라 기주로(幣原喜重郎)]에게 전달하여 울도(鬱島)에 체류하는 마사키(正木, 기무라 대리인)로 하여금 장차 기무라가 남긴 유산을 조속히 처분하여 김두원의 장사 밑천으로 상환할 수 있도록 해주십시오. 궁박한 인민이 의지하여 돌아갈 바를 알아서 반드시 감복할 수 있도록 해주시는 일이 지극히 필요합니다. 평안하시기 바랍니다.

2월 26일

이도재(李道宰) 드림

166 김두원의 제소에 따른 비용 상환 가능성 여부의 회답

발신[發]	日本公使 林權助	光武 7年 3月 2日
수신[受]	外部大臣 李道宰	西紀 1903年 3月 2日
출전	『日案』卷6, #7255, 256~257쪽[원문: 『日來案二十六號 光武七年』(奎18058, 41-30)]	

接第五十五號 光武七年三月三日到 大臣㊞ 協辦㊞ 局長 參書 課長 課員

敬啓。陳者去月廿六日貴信ヲ以テ、貴國人金斗源ニ關シ御申越ノ越諒悉致候。右ハ從前度度書面ヲ以テ申進候通リ、被告ハ既ニ死去シ、相續人ハ家產無之者ニテ何トモ致方無之。本使ハ同人ノ事情何如ニモ氣ノ毒ト認メ、多少ノ私財ヲ惠與スヘキ旨申聞候ニ、同人ハ頑トシテ之ニ應セサル次第等、從前ノ成往御取調相成候ハヽ、充分御諒悉可相成義ト存候。尤モ從前ノ取扱方ハ行政處分トシテ本使カ地方官ニ依賴シ取調ヘタル者ニ有之候ヘハ、若シ同人ニ於テ訴訟手續キニ依リ起訴セントノ事ニ候ハヽ、何時ニテモ被告所在地ニ赴キ右手續ヲ執ルヘキ旨御申聞可然ト存候。此場合ニ於テモ被告人ニ資產ナキトキハ、假令訴訟ハ要求通リ目的ヲ達スルモ、事實ハ償還ヲ得難キ歟トモ存セラレ候ハ、此邊ノ事情ヲモ同人ヘ御說諭相成、本使ノ惠與ニ滿足スル歟、左ナクハ右手續ヲ執ラシメラルル他ニ致方無之ト存候間、右樣御諒悉相成度。此段回答迠貴意候。敬具。

明治三十六年 三月二日

林權助

李 外相 閣下

접제55호 광무 7년 3월 3일 도착 대신㊞ 협판㊞ 국장 참서 과장 과원

삼가 아룁니다. 지난달(1903년 2월) 26일 자 귀 조회로 귀국인 김두원(金斗源)에 관하여 보내주신 내용은 모두 살펴보고 이해하였습니다. 위 내용은 종전에 여러 차례 서면으로 알려드린 대로 피고는 이미 사망하였고, 상속인은 재산이 없는 사람이기 때문에 무언가 할 수 있는 방법이 없습니다.

본 공사는 그 사람(김두원)의 사정이 매우 미안하고, 측은하다고 생각하여, 얼마간의 사재를 털어서 은혜를 베풀겠다고 했습니다. 그러나 그 사람은 완강하게 받아들이지 않고 있다는 것 등에 대해서는 이전에 조사 내용을 보내드렸기 때문에 충분히 파악하고 계시리라 생각합니다. 특히 종전에 취했던 처리방식은 행정처분으로, 본 공사가 지방관에게 의뢰하여 조사한 내용입니다. 그러므로 만약 그 사람이 소송(訴訟) 절차에 들어감에 따라 기소(起訴)하려고 한다면, 언제라도 피고의 소재지로 가서 소송의 절차를 취하겠다는 뜻을 신청할 수 있다고 생각합니다.

이러할 경우에도 피고인에게 재산이 없을 때는 가령 소송은 요구대로 목적을 달성했다고 하더라도, 사실은 상환받기 어려우리라고 생각합니다. 그러므로 이러한 사정까지도 그 사람에게 말로 잘 타이르셔서 본 공사가 베풀어 주는 것에 만족하던지, 그게 아니라면 위 소송 절차를 취하든지, (그 외에) 다른 방법은 없다고 생각합니다. 따라서 위의 내용을 충분히 파악하여 이해해 주시기 바랍니다. 이같이 회답으로 조회하오니 귀하께서는 유의해 주시기 바랍니다. 삼가 말씀드립니다.

1903년(明治 36) 3월 2일
하야시 곤스케(林權助)
외부대신 이도재(李道宰) 각하

167 김두원의 일본공사 상대 무례 행위에 대한 처벌 요구

발신[發]	日本公使 林權助	光武 7年 3月 14日
수신[受]	外部大臣 李道宰	西紀 1903年 3月 14日
출전	『日案』卷6, #7277, 274~275쪽[원문:『日案第六十七号 光武七年』(奎19572, 78-67)]	

接第七十號 光武七年 三月十六日到 大臣㊞ 協辦㊞ 局長 參書㊞ 課長 課員
公文第四拾九號

以書翰致啓上候。陳者、本使閣下ニ御會見ノ爲メ貴署ニ出入致候際、數回貴署門內ニ於テ本使ノ通行ヲ要シ雜言ヲ放チ無禮ヲ試ムル者有之。右ハ嘗テ我商人ニ對スル訴訟事件ニテ貴我ノ交涉ヲ煩ハシタル金斗源ナル者ニ有之由承知致候。右樣ノ所爲ハ道途ニ於テスラ貴警察ノ取締ニヨリ嘗テ經驗致候事無之。然ルニ貴署內ニ於テ而カモ署吏ノ目前ニ於テ再三相生シ候事實[眞誤]ニ遺憾ニ有之。依テ爰ニ得貴意候間速ニ相當ノ御處分相成度。猶本人ニ於テ所願ノ義モ有之候ハヾ貴我相當官衙ニ於テ其救護ノ道有之候ハ本使ヨリ申出候迠モ無之次第ト存候。右照會得貴意候。敬具。

明治三十六年 三月十四日
特命全權公使 林權助 ㊞
外部大臣 李道宰 閣下

접제70호 광무 7년 3월 16일 도착 대신㊞ 협판㊞ 국장 참서㊞ 과장 과원

공문 제49호

　서한으로 삼가 아룁니다. 본 공사가 각하와 회견하기 위해 귀 부서(外部)에 출입할 때, 귀 부서의 출입문 안에서 본 공사의 통행을 기다려 잡스러운 언사를 함부로 내뱉으며 무례한 행동을 한 자가 있었습니다. 위의 그 인물은 일찍이 우리나라(일본)의 상인에 대한 소송사건(訴訟事件)에서 귀측과 우리의 교섭을 복잡하게 한 김두원(金斗源)이라는 자였다고 알고 있습니다. 위와 같은 행동은 길가에서조차도 귀 경찰의 단속으로 일찍이 경험한 적이 없습니다.

　그런데 귀 부서의 내부에서 그것도 관리의 눈앞에서 두 세 차례 벌어지고 있으니, 진심으로 유감입니다. 따라서 이에 대해 유의해 주시기 바라며, 신속하게 그에 상당한 처분을 내려주시기 바랍니다. 또한 본 공사가 희망하는 점이 있다면, 그것은 귀측과 우리의 상당한 관아에서 그를 구호하는 것이 방법이라는 것에 대해서는 본 공사는 더 이상 말할 필요도 없는 상황이라고 생각합니다. 위와 같이 조회하오니 귀하께서는 유의해 주시기 바랍니다. 삼가 말씀드립니다.

1903년(明治 36) 3월 14일
특명전권공사 하야시 곤스케(林權助) ㊞
외부대신 이도재(李道宰) 각하

168 김두원 행위에 대한 사과와 경찰서 압송 처분

발신[發]	外部大臣 李道宰	光武 7年 3月 18日
수신[受]	日本公使 林權助	西紀 1903年 3月 18日
출전	『日案』卷6, #7280, 276~277쪽[원문: 『日案第六十七号 光武七年』(奎19572, 78-67)]	

光武七年 三月十八日 起案 大臣㊞ 協辦㊞ 主任 交涉局長 交涉課長 代辦㊞
照覆第二十八號

大韓外部大臣李道宰, 爲照覆事, 照得, 本月十四日, 接到貴照會內開, 本使擬晤貴大臣, 出入貴署之際, 在貴署門內, 屢有攔住本使通行, 加以雜言, 試以無禮者, 已知其曾以對我商訴訟事件, 致煩貴我交涉之金斗源也, 此等所爲在諸道途, 由貴警察曾無取調之事, 尙於貴署內在署吏日前再三演出, 實屬詫異, 請卽施以相當處分爲要, 且本人願, 應由實我相當官衙自有救護之道, 本使無須佈知等因准此, 查該金斗源積冤失性, 如瘦狗之無不噬, 屢被監禁, 猶不知改, 此次敢向貴公使致擾行塵, 殊甚無禮, 曷勝駭瞠, 除函將該名押交警務署, 合施當律, 以做將來外, 相應備文照覆貴公使, 請煩查照, 須至照復者,
　右.

　　　　　　　　　　　　　　　　　　　　　　大日本特命全權公使 林權助 閣下
　　　　　　　　　　　　　　　　　　　　　　光武七年 三月十八日

광무 7년 3월18일 기안 대신㊞ 협판㊞ 주임 교섭국장 교섭과장 대판㊞

조복 제28호

대한 외부대신 이도재(李道宰)가 조복합니다. 이달 14일에 귀 조회를 열어보았는데, "본사가 귀 대신을 만나고자 귀서(貴署)에 출입할 때 귀서의 문 안에서 여러 번 본사의 통행을 막아서며 잡다한 말을 하였고 무례하게 하였습니다. 이미 일찍이 우리 상인의 소송 사건을 대하면서 그 논의한 바를 알아서 귀국과 우리 사이에 교섭하던 김두원(金斗源)이었습니다. 이렇게 하는 행위가 여러 방향에서 있었습니다. 귀 경찰에서 취조한 일이 없으므로 말미암아 귀서안의 서리(署吏)가 일전에 두세 차례 나타났지만 실로 다르지 않았습니다. 상당한 처분을 시행하는 일이 필요합니다. 또한 본인이 원하는 것은 실로 우리에게 상당하는 관아를 통해 구호하는 방도가 있어서 본사가 알리는 것을 필요로 하지 않는다"는 내용이었습니다.

김두원이 원한을 쌓아 실성한 것을 조사해 보니 야윈 개가 물어뜯는 것과 같아서 여러 차례 감금하고도 도리어 개선을 알지 못하였습니다. 이번에 감히 귀 공사께 소요를 일으키게 되었는데, 매우 무례하여 놀라지 않을 수 없었습니다. 해당 인물을 잡아다 경무서(警務署)에 교부하고, 법률에 따라 시행함으로써 장래에 이러한 일이 없도록 하겠습니다. 상응하는 문서를 갖추어 귀 공사께 조복합니다. 번거롭게 청하건대 잘 헤아리시기 바랍니다. 이같이 조복을 보냅니다. 이상입니다.

대일본 특명전권공사 하야시 곤스케(林權助) 각하

1903년(광무 7) 3월 18일

169 카이몬함의 전라도 연안 측량 협조 의뢰

발신[發]	日本公使 林權助	光武 7年 4月 21日
수신[受]	外部大臣 李道宰	西紀 1903年 4月 21日
출전	『日案』 卷6, #7335, 321~322쪽[원문: 『日來案二十六號 光武七年』(奎18058, 41-30)]	

接第一百七號 光武七年 四月二十二日到 大臣㊞ 協辦㊞ 局長 參書 課長 課員
公文第七十五號

以書翰致啓上候。陳者、帝國軍艦海門號ハ這般貴國全羅道沿岸(務安縣及嚴泰島以北價澳ニ至ル沿岸)測量ノ爲メ來港致候ニ付テハ、別紙ノ主意ニテ右沿岸各地方官ヘ御訓示相成必要ナル便宜保護ヲ與ヘラレ度。尙ホ右御訓示同樣ノ者八通ヲ御調製相成依例御交附ヲ煩度。右ハ該沿岸地方人民ノ誤解ヲ避クルヲ得テ、自他ノ便宜ト存候次第ニ有之候。此段別紙相添照會得貴意候。敬具。

明治三十六年 四月二十一日
特命全權公使 林權助 ㊞
外部大臣 李道宰 閣下

附. 上件에 關한 訓令文案

一. 大日本帝國軍海門이 測量을 爲ᄒᆞ야 前往其地ᄒᆞ야 沿岸諸山峰·岬角·島嶼等地에 紅白旗를 立植ᄒᆞ며 石灰를 白塗ᄒᆞ며 其他各種標的을 設ᄒᆞ며, 艦員이 隨時登岸ᄒᆞ야 器械를 坐設ᄒᆞ 觀測에 從事ᄒᆞ야 海面의 水深을 錘量ᄒᆞ고, 臨時野幕을 設立ᄒᆞ야 或은 假舍를 建設ᄒᆞ며, 海中에 尺標를 建立ᄒᆞ야 潮水高低를 量定ᄒᆞ니, 人民은 該許多設備를 怪疑ᄒᆞ야 毁損ᄒᆞ거나 防害를 加ᄒᆞᆷ이 勿ᄒᆞᆯ事.

一. 該員等이 飮水·穀類·鷄卵·肉菜等 其外日常所需各物를 要求ᄒᆞᆯ 時에ᄂᆞᆫ 相當時價로 放賣ᄒᆞ며, 無故히 其要求를 拒치말고 懇切히 酬應ᄒᆞᆯ 事.

접제107호 광무 7년 4월 22일 도착 대신㊞ 협판㊞ 국장 참서 과장 과원

공문 제75호

서한으로 삼가 아룁니다. 제국(일본) 군함 카이몬호(海門號)가 이번에 귀국의 전라도(全羅道) 연안[무안현(務安縣)과 엄태도(嚴泰島)[26] 북쪽의 가오(價澳)에 이르는 연안]의 측량을 위해 내항한 건에 대해 별지로 첨부한 주요 내용을 위 연안의 각 지방관에게 훈시하셔서 필요한 편의를 제공하고, 보호 조치를 취해 주시기 바랍니다.

또한 위 훈시와 동일한 내용을 8통 작성하셔서 번거로우시겠지만, 전례에 따라 교부해 주시기 바랍니다. 이는 해당 연안 지방 인민의 오해를 피할 수 있기 때문에 우리와 그쪽(한국) 모두에게 편리한 방법이라고 생각합니다. 이같이 별지를 첨부하여 조회하오니 귀하께서는 유의해 주시기 바랍니다. 삼가 말씀드립니다.

1903년(明治 36) 4월 21일
특명전권공사 하야시 곤스케(林權助) ㊞
외부대신 이도재(李道宰) 각하

첨부) 위의 건 협조에 관한 훈령 문안

1. 대일본제국 군함 카이몬(海門)이 측량을 위하여 그 지역에 가서 연안의 여러 산봉우리, 바다 쪽으로 뾰족하게 뻗은 육지의 돌출부(岬角), 크고 작은 섬들(島嶼) 등지에 홍백기(紅白旗)를 세우고, 석회(石灰)를 하얗게 바르며, 기타 각종 표적을 세우며, 그 군함의 승조원들이 수시로 상륙하여 기계를 설치하고 관측에 종사하여 해면의 수심을 측량하고, 임시 야전 천막을 치거나, 혹은 가건물을 건설하며, 바닷속에 척표(尺標)를 건립하여 조수(潮水)의 높고 낮음을 측량하니, 인민들이 그 많은 설비들을 이상하다고 생각하여 훼손하거나 방해하지 못하도록 할 것.

1. 그 승조원들이 음료수, 곡물류, 계란, 고기와 채소 등 그 외 일상생활에 필요한 각 물건을 요구할 때는 상당한 시가로 판매하며, 이유 없이 그 요구를 거부하지 말고, 간절하게 대응할 것.

---

26 암태도(巖泰島)의 오기로 보임.

170 울릉도 일본경찰관과 거류민 철수 요구

발신[發]	外部大臣 李道宰	光武 7年 8月 20日
수신[受]	日本公使 林權助	西紀 1903年 8月 20日
출전	『日案』卷6, #7501, 450~451쪽[원문: 『日案第六十七号 光武七年』(奎19572, 78-67)]	

光武七年 八月二十日起案 日 大臣㊞ 協辦㊞ 主任 交涉局長㊞ 交涉課長㊞
照會第九十五號

大韓外部大臣李道宰, 爲照會事, 照得, 鬱陵島在留日本人撤還一事, 歷任案內屢經往復, 毋煩贅述, 玆接內部來文內開, 據鬱島郡守報稱, 本郡各浦居留日本人爲六十三戶, 日事伐木, 殆無限節, 理合禁斷, 本郡守向日本警察官理論無遺, 該官口稱, 初無我公使照辦, 未便擅禁, 一直推諉不遵等因, 溯查光武四年間, 由本部派遣視察官, 與釜港日領事[能勢辰五郞]前往該島會同審辦, 所有封山樹木毋得斫伐, 該領事亦經飭禁, 至居留日本人民, 幷訂期撤歸荏苒至今, 尙無歸決之處, 殊堪滋感, 請轉照日本公使, 將該警署官員刻即召還, 幷居留日本人定期撤歸等因, 准此, 查貴國人不遵約章, 買居內地, 藐視禁令已是目無法紀, 乃肆然犯斫森木, 幾至山容童濯, 不知攸止, 苟不設法禁斷, 安能昭約旨, 而全邦交乎, 應請貴公使轉詳貴政府, 亟將該警署撤廢, 幷飭居留人一律退歸, 免致滋案可也, 須至照會者,
　　右.

　　　　　　　　　　　　　　　　　　　　　　大日本特命全權公使 林權助 閣下
　　　　　　　　　　　　　　　　　　　　　　光武七年 八月二十日

광무 7년 8월 20일 기안 일 대신㊞ 협판㊞ 주임 교섭국장㊞ 교섭과장㊞
조회 제95호

대한 외부대신 이도재(李道宰)가 조회합니다. 울릉도에 재류하는 일본일을 철환(撤還)하는 안건으로, 전임자가 여러 번 왕복한 문서가 있습니다. 번거롭게 다시 설명하지 않겠습니다. 이번에 내부(內部)에서 온 공문을 보니, "울도군수(鬱島郡守)의 보고에, '본군(本郡)의 각 포구에 거류하는 일본인은 63호입니다. 날마다 벌목을 하는데 거의 한계가 없어서 금지해야 함이 본 군수에게는 이치에 부합합니다만, 일본경찰관(日本警察官)에게는 이론에 빈틈이 없습니다. 해당 관원이 말하기를 처음에는 우리 공사가 비추어 처리하는 일이 없었기 때문에 함부로 금지할 수 없었습니다. 한 번 따르지 않고 떠넘기게 되었습니다.' 광무 4년간의 일을 거슬러 조사해 보니, 본부(本部)에서 파견한 시찰관(視察官)이 부산항 일본영사[노세 다쓰고로(能勢辰五郎)]와 더불어 울릉도에 가서 회동하고 심판(審辦)하였습니다. 소유한 봉산(封山)의 수목은 벌목을 할 수 없으며, 해당 영사 역시 금지하도록 명하였습니다. 아울러 거류하는 일본 인민은 기한을 정하여 철수하도록 했으나 점차 시간이 흘러 지금까지 돌아갈 결정을 하고 있지 않은 상황이니 자못 감당하기 어렵습니다. 청하건대 일본공사가 조회를 보내 해당 경찰관원은 즉시 불러 소환하고, 거류 일본인은 기한을 정해 돌아가도록 해주십시오"라는 내용입니다.

이에 귀국인이 조약을 따르지 않은 상황을 조사해 보니, 내지에서 사들여 거주하고, 금령을 가볍게 여기니 이미 이것은 법의 기강이 없는 것입니다. 그러므로 삼림을 불법으로 벌목하여 산의 모습이 민둥산이 되도록 그침을 알지 못합니다. 진실로 법을 세워 금단하지 않으면 어찌 조약의 취지를 밝게 하고, 온 나라와 교류하겠습니까? 귀 공사께서 귀 정부에 상세하게 전달하여 해당 경찰서를 철폐하도록 하고, 아울러 거류민을 일괄적으로 퇴거하여 돌아가도록 명하여 이 안건이 발생하는 일을 면하는 편이 좋겠습니다. 이같이 조회를 보냅니다. 이상입니다.

대일본 특명전권공사 하야시 곤스케(林權助) 각하
1903년(광무 7) 8월 20일

171 울릉도에 있는 일본 관민의 철수 회피

발신[發]	日本公使 林權助	光武 7年 8月 24日
수신[受]	外部大臣 李道宰	西紀 1903年 8月 24日
출전	『日案』卷6, #7515, 459~460쪽[원문: 『日來案二十八號 光武七年』(奎18058, 41-32)]	

接第二百十號 光武七年 八月二十四日到 大臣㊞ 協辦㊞ 局長㊞ 參書㊞ 課長
課員
公文第百五十二號

　以書翰致啟上候。陳者、去廿日付貴照會第九十五號ヲ以テ、鬱陵嶋在留本邦人及同島ニ於ケル帝國警察官撤退ニ關シ御申越ノ趣諒悉致候。該島ニ本邦人ノ在留シ、若クハ帝國警察官ノ常駐スルニ至スルハ、貴大臣閣下カ該公文ニ開陳セラレタルカ如キ、單純ナル次第ニ無之。貴大臣閣下ニ於テ本件ニ關スル從來ノ成往キヲ調査セラレ候半ニハ、本件自ラ釋然タルヘキ義ト信候。殊ニ昨年十月廿九日付公文第六十五號御閱覽相成度。右貴答迠申進候。敬具。

明治三十六年 八月二十四日
特命全權公使 林權助 ㊞
外部大臣 李道宰 閣下

접제152호 광무 7년 8월 24일 도착   대신㊞ 협판㊞ 국장㊞ 참서㊞ 과장 과원

공문 제152호

　서한으로 삼가 조회합니다. 지난 20일 자 귀 조회 제95호로 울릉도(欝陵嶋)에 재류하고 있는 우리나라(일본) 사람들과 그 섬에서 제국(일본) 경찰관들의 철퇴에 관하여 보내주신 내용은 모두 살펴보았습니다.

　그 섬에서 우리나라 사람들이 재류하거나, 혹은 제국 경찰관이 상주하게 되기까지는 귀 대신 각하께서 위 공문에서 개진하셨던 내용처럼 단순한 사정에 의한 것은 아닙니다. 귀 대신 각하께서 이 건에 관하여 종래에 왕복한 (조회 내용을) 조사해 보시면, 이 건은 자연히 납득하시리라고 믿습니다. 특별히 작년(1902년) 10월 29일 자 공문 제65호를 열람해 주시기 바랍니다. 위와 같이 귀 대신의 회답에 대해 말씀드립니다.

1903년(明治 36) 8월 24일
특명전권공사 하야시 곤스케(林權助) ㊞
외부대신 이도재(李道宰) 각하

172 황해도 연안에서 일본 어선의 잠어 폐단에 대한 항의와 금지명령 요구

발신[發]	外部大臣署理 李重夏	光武 7年 9月 10日
수신[受]	日本公使 林權助	西紀 1903年 9月 10日
출전	『日案』卷6, #7540, 488~489쪽[원문:『日案第六十七号 光武七年』(奎19572, 78-67)]	

光武七年 九月十日起案 日 大臣署理 協辦㊞ 主任 交涉局長㊞ 交涉課長㊞

照會第一百三號

大韓外部大臣署理外部協辦李重夏爲照會事, 照得, 兹據三和監理[高永喆]報開, 日本漁船等, 在黃海道豊川椒島, 長淵長山串等, 海濱潛行採漁, 狼藉入聞, 即飭該郡設法禁制, 並派巡檢查察情形, 該漁船等, 放銃施威, 仍皆撤去, 不得查拿, 當經照請駐本港日本領事[中山嘉吉郎], 查辦旋接复稱, 此非本領事職責應, 向仁川領事請禁等語, 寔出推諉起見, 苟不及早防範, 將來之弊, 莫可禁止等情, 據此, 查韓日通漁章程第十一條, 載明應行處辦者, 在朝鮮海濱則, 由其地方官知照, 就近日本領事官, 歸其裁斷句語, 此次貴國漁船在議定地方外, 肆行採漁, 不遵禁令, 顯違約旨, 應由附近領事照章裁斷詎意, 該領事推諉不禁, 反事袒護, 殊堪詫異, 除將該港監理報單抄錄另附外, 相應備文照會, 貴公使請煩查照, 亟飭該港領事, 將該漁船一律禁斷, 免致滋案可也. 須至照會者,

　右.

　　　　　　　　　　　　　　　　　　　　大日本 特命全權公使 林權助 閣下
　　　　　　　　　　　　　　　　　　　　光武七年 九月十日

附. 同上日船作弊情況
三和監理署巡檢 · 書記等摘奸記

矣等이前往椒島泥峴浦及長山串海濱等地ㅎ야漁採日船을仔細摘奸이온즉, 漁船十一隻이泛於海上ㅎ야散四捕漁ㅎ옵난데, 所探魚類則所稱모두리鱈魚이옵고, 魚形은大如兒犢, 中小如大狗, 而其魚體肉은大小並每尾定價五十錢式散賣ㅎ옵고, 魚尾與兩翼背羽는該獲魚船主等이隨捕切斷ㅎ야, 椒島泥峴浦民人家에定主晒乾故로, 漁船漁具及所有主之貫籍姓名與搭坐人員幾何와准單有無를徃問各船ㅎ오며, 說明約章內漁採條約, 則漁業日人中에或有識字者與韓語者等이黙聞而答曰, 吾等之海陸間行商與漁探는無碍通行인즉, 今此摘奸은莫知其故뿐더러, 汝所謂漁探約章은旣係年久, 而黃平 兩道各海濱이亦入近年約章이니, 昨今兩年間新約章을詳考ㅎ라, 萬端反對에不得查掌케ㅎ옵기, 矣等言內, 據此事由報明于監理署ㅎ야可否間承認後措處可也라ㅎ온즉, 該船日人等이約章攸重을佯若不知ㅎ고故爲抵賴ㅎ옵다가各其撤業ㅎ고, 浦民家晒乾之魚類를一倂裝船ㅎ고回棹仁川云云이옵기, 矣等이又曰, 無監理署指揮之前에胡爲徑歸乎아ㅎ즉, 彼皆曰不知라ㅎ고, 數三日人이突赴威脅에爛熳放銃ㅎ옵기, 莫能抵敵ㅎ와仍爲下陸ㅎ엿습더니, 日船이皆爲向帆于仁川云故로, 矣等이乘夜還到於該浦이, 何許日船一隻이又泊浦邊이옵기, 探問于該浦洞長, 則曰向日自仁川來泊ㅎ엿든稱以朝鮮海水産組合巡邏視察官福田久橘이란日人搭來船인데, 已於七八日前來此時에摘奸漁船ㅎ고, 每船에稅金幾何式收棒ㅎ고, 間徃甑南浦[27]云矣러니, 今又來泊이라홈.

---

27 진남포(鎭南浦)의 다른 명칭으로 증산 남쪽의 포구 마을이라는 의미.

광무 7년 9월 10일 기안 일 대신서리 협판㊞ 주임 교섭국장㊞ 교섭과장㊞
조회 제103호

　　대한제국(大韓帝國) 외부대신 서리 외부협판(外部協辦) 이중하(李重夏)가 조회합니다. 삼화감리(三和監理)[고영철(高永喆)]가 보고한 내용을 살펴보니, 일본 어선들이 황해도(黃海道)의 풍천(豊川) 초도(椒島), 장연(長淵) 장산곶(長山串) 등의 해안을 항행하며, 몰래 어업 행위를 자행하고 있다는 소식을 들었으니, 즉시 해당 군(郡) 지역들에 일본 어선들의 불법 어업 행위를 금지할 방법을 강구하도록 명령하고 아울러 순검을 파견하여 그 상황을 상세히 조사하도록 하였습니다. 순검들의 단속에 해당 어선들은 총을 쏘아대며 무력시위를 하고는 곧바로 모두 철수했기 때문에 나포하여 조사할 수 없었습니다.

　　이에 그 개항장의 일본 영사[나카야마 가키치로(中山嘉吉郎)]에게 조회하여 이에 대한 조사 및 회답을 요청했는데, 그 영사는 이 사안은 본 영사의 책임이 아니기 때문에 마땅히 인천(仁川) 영사에게 금지를 요청해야 한다고 그 책임을 전가했습니다. 상황이 이러하니, 만약 빠른 시일 안에 이를 막아낼 방법을 강구하지 않으면, 앞으로의 폐단을 금지하지 못하게 된다는 내용이었습니다.

　　이에 따라 한일통어장정(韓日通漁章程, 조일통어장정)을 살펴보니, 제11조에 "마땅히 처벌받아야 할 자가 조선 해안에 있을 경우, 그 지역의 지방관은 가까운 일본영사관에 조회로 통지하고, 일본 영사가 그것을 판결한다"라는 문구가 명기되어 있습니다. 이번에 귀국의 어선들이 정해진 지방 외에서 금지령을 따르지 않고, 함부로 어업 행위를 한 상황은 명백하게 조약을 위반한 것입니다. 이에 마땅히 부근의 영사는 한일통어장정의 규정에 따라 처리해야 합니다.

　　해당 영사는 책임을 전가하고, 오히려 불법 어선들을 두둔하여 불법 어업 행위를 금지하지 않으니 매우 이상합니다. 이 항구 감리의 보고서 사본을 첨부하고, 별도로 이에 해당하는 문서를 갖추어 조회하니, 귀 공사께서는 번거로우시더라도 이 조회를 검토하시고, 해당 항구의 영사에게 시급히 명령을 내려 앞으로 불법 어선들을 일률적으로 금단하도록 하고, 이와 같은 사건이 일어나지 않도록 하면 좋겠습니다. 이같이 조회를 보냅니다. 이상입니다.

대일본 특명전권공사 하야시 곤스케(林權助) 각하
1903년(광무 7) 9월 10일

첨부) 위의 건 일본 선박의 작폐(作弊) 정황
삼화감리서(三和監理署) 순검·서기들의 조사기

저희들이 초도(椒島) 니현포(泥峴浦)와 장산곶(長山串) 등의 해변으로 가서 어업 활동을 하는 일본 어선을 적발하여 상세하게 조사했습니다. 어선 11척이 바다 위에 흩어져 고기잡이를 하고 있었는데, 잡고있는 어류를 파악하니 모두 이른바 상어(鱶魚)였고, 생선의 형태는 큰 것은 어린 송아지 정도이고, 중간치와 작은 것은 큰 개 정도였습니다. 그리고 그 생선의 어육은 큰 것과 작은 것 모두 마리당 정가 50전(錢)씩에 판매하고 있었고, 생선의 꼬리와 양쪽의 날개 지느러미, 등지느러미는 그 생선을 잡은 어선의 선주들이 잡는 대로 수시로 절단하여 초도 니현포의 민가를 통해 건조시키기 때문에 어선, 어구(漁具) 및 소유주의 본적지, 성명, 탑승인원이 몇 명인가와 허가증의 유무에 대해 각 선박으로 가서 질문했으며, [한일 간 체결한] 조약 중 어채조약(漁採條約)의 내용을 설명했습니다.

이에 어업 활동을 하는 일본인 중에서 간혹 유식한 사람이나 한국어를 아는 사람이 묵묵히 듣고 답하기를, "우리들이 바다와 육지에서 상업과 어업 활동을 하는 것은 아무런 방해 없이 할 수 있는데, 지금 이러한 적발 조사는 이유를 알지 못한다. 그뿐만 아니라 당신이 설명한 어채조약(漁採約章)은 이미 여러 해가 지났고, 또한 황해도(黃海道)와 평안도(平安道)의 양도 각 해변 역시 근년(近年)에 체결한 조약에 들어가 있으니, 요사이 2년 동안 새로운 조약을 상세히 검토하라"고 하였다고 합니다. "강경한 반대에 부딪혀 조사할 수 없었기 때문에 저희들은 조사하지 못한 사유를 감리서에 명확하게 보고하였고, 가부(可否)에 대한 승인을 받은 후에 조처할 수 있습니다"라고 합니다.

해당 어선의 일본인들이 조약의 중요성에 대해 모르는 척 일부러 발뺌하다가 각자 어업에서 철수하고, 포구의 민가에서 건조시키던 어물을 모두 선박에 싣고 인천(仁川)으로 회항하겠다고 하였습니다. 저희들이 또한 말하기를, "감리서의 지휘를 받기 전에 어찌 돌아갈 수 있겠는가?"라고 하니, 그들 모두는 알지 못한다고 답하였습니다. 갑자기 몇몇 일본인들이 위협하면서 총을 쏘아대었고 대적할 수 없어서 곧바로 하선했습니다. 이에 일본 어선들은 모두 인천을 향해 떠났기 때문에 저희들은 밤에 이동하여 해당 포구로 돌아왔는데, 어떻게 허가를 받은 것인지 일본 선박 한 척이 포구에 정박해 있어서 해당 포구의 동장(洞長)에게 탐문하니 답하여 말하기를, "근래 인천에서 와서 정박했고, 조선해수산조합(朝鮮海水産組合)의 순라시찰관(巡邏視察官) 후쿠다 히사키쓰(福田久橘)라는 일본인이 탑승하여 온 선박인데, 이미 7~8일 전에 도착했다고 합니다. 이때 어선을 적발, 조사하여 선박마다 세금으로 얼마씩 수세하고, 증남포(甑南浦, 진남포의 다른 이름)로 갔는데, 현재 다시 와서 정박한 것이라고 합니다.

173 김두원 재판의 판결 통고와 일본인 피고의 유산 상환 요청

발신[發]	外部大臣臨時署理 李夏榮	光武 7年 11月 13日
수신[受]	日本公使 林權助	西紀 1903年 11月 13日
출전	『日案』卷6, #7661, 565쪽[원문: 『日案第六十七号 光武七年』(奎19572, 78-67)]	

光武七年 十一月十三日 起案 日 大臣臨時署理㊞ 協辦㊞ 主任 交涉局長㊞ 交涉課長㊞

照會第一百三十二號

大韓外部大臣臨時署理宮內府特進官李夏榮, 爲照會事, 我民金斗源押交警務署合施當律一事, 業經行文在案, 現接我法部文槩該金斗源, 訓飭漢城府裁判所審辦, 旋據該所報稱, 該犯比照凡奉制命出使, 而官吏毆之律處笞九十懲役二年半等情, 請轉照日本公館等因, 准此, 查該金斗源照律處斷, 庶足以懲勵, 但其欠款當捧也, 情狀至慘也, 務望貴公使恕其罪而妥其案, 亟將被告遺產變價償還, 毫屬公允, 除將法部來文鈔錄另附外, 理應備文照會貴公使, 請煩查照, 須至照會者,

右.

大日本 特命全權公使 林權助 閣下

光武七年 十一月十三日

광무7년 11월 13일 기안 일 대신임시서리㊞ 협판㊞ 주임 교섭국장㊞ 교섭과장㊞
조회 제132호

대한 외부대신 임시서리 궁내부특진관(宮內府特進官) 이하영(李夏榮)이 조회합니다. 우리 백성 김두원(金斗源)을 경찰서에 압송하여 법률을 시행하는 안건으로, 지난 문서에 이미 있었습니다. 현재 우리 법부(法部)의 문서를 접하였는데, 김두원에 관하여 한성부재판소(漢城府裁判所)로 훈령을 내려 심판하고 있습니다. 재판소의 보고에 따르면, "해당 범죄는 제명출사(制命出使)를 받들고 관리를 구타한 형률에 따라 태(笞) 90대, 징역 2년 반의 정황으로, 일본공사관에 전하여 알리시기를 요청합니다"라는 내용이었습니다.

이에 해당 김두원의 법률 처단을 조사해 보니 충분히 징벌(懲勵)할 수 있습니다. 다만 마땅히 받아야 할 빚을 받지 못하게 되니 그 모습은 비참합니다. 귀 공사께서 그 죄를 애써 해결해 주시기를 바라며, 장차 피고가 남긴 유산을 확보하여 그 값으로 변통하여 상환함이 실로 공평하고 타당합니다. 법부에서 온 문서를 초록하여 별도로 첨부하며, 마땅히 문서를 갖추어 귀 공사께 조회를 보냅니다. 번거롭게 청하건대 살펴보시기 바랍니다. 이 같이 조회합니다. 이상입니다.

대일본 특명전권공사 하야시 곤스케(林權助) 각하
1903년(광무 7) 11월 13일

174 강원도의 일본인 포경용지 사용 방해의 금지명령과 속약 조인 촉구

발신[發]	日本公使 林權助	光武 7年 11月 13日
수신[受]	外部大臣臨時署理 李夏榮	西紀 1903年 11月 13日
출전	『日案』卷6, #7665, 568~569쪽[원문: 『日來案二十九號 光武七年』(奎18058, 41-33)]	

接第三百二號 光武七年 十一月十三日到 大臣㊞ 協辦㊞ 局長㊞ 參書 課長 課員
公文第二百○二號

　以書翰致啓上候。陳者、我遠洋漁業會社ノ捕鯨特許續約ニ關シテハ、本月六日貴意ヲ得タル通リ、現在ノ約案ニ對シ貴大臣ニ於テハ主義ニ於テ御異議無之。總稅務司[柏卓安]ニ於テモ便宜該約案ニ從ヒ事業ニ着手スルコトニ同意シタル次第ニ候處、今回同會社ノ申出ニ據ルニ、江原道觀察使ハ同長箭灣ニ於ケル同會社ノ土地使用ニ關シ、未タ貴部ノ公文ナキヲ理由トシテ之カ妨害ヲナス趣ニ有之。右ハ再々申進候通リ、貴部ニ於テ江原道長箭ニ於ケル土地使用ニ關スル件ヲ更ニ干係ナキ東萊監理[吳龜泳]ニ御訓令相成リタル行違ヨリシテ、右ノ如キ紛擾ヲ生シ候義ニ付、至急當該地江原道觀察使及江原道通川郡守ニ對シ改メテ右土地使用差支ナキ旨電報ヲ以テ訓達相成度候。尙同時ニ右續約ノ調印ニ付キテ此上遷延ノ理由ハ毫モ無之ニヨリ、至急締約ノ運御取計相成度。此段重ネテ照會得貴意候。敬具。

明治三十六年 十一月十三日
特命全權公使 林權助 ㊞
外部大臣 臨時署理 李夏榮 閣下

접제302호 광무 7년 11월 13일 도착 대신㊞ 협판㊞ 국장㊞ 참서 과장 과원

공문 제202호

　서한으로 삼가 아룁니다. 우리(일본) 원양어업회사(遠洋漁業會社)의 포경(捕鯨) 특허 속약에 관해서는 이달(1903년 11월) 6일 귀측이 표명한 대로 현재의 조약안에 대해 귀 대신 쪽에서는 주요 내용에 대해 이의가 없습니다. 총세무사(總稅務司)[브라운(柏卓安), J. McLeavy Brown] 쪽에서도 편의상 해당 조약안에 따라 사업에 착수하는 것에 동의한 상황입니다. 그런데 이번에 그 회사의 주장에 따르면 강원도관찰사(江原道觀察使)는 강원도 장전만(長箭灣)에서 그 회사의 토지 사용에 관해 아직 귀 부서의 공문이 없음을 이유로 사업을 방해하고 있다는 내용입니다.

　위 내용은 여러 차례 의견을 드린 것과 같이 귀부(외부)에서 강원도 장전(長箭)에서의 토지 사용에 관한 건을 다시 관계없는 동래감리(東萊監理)[오구영(吳龜泳)]에게 훈령한 행위로부터 위와 같은 갈등이 발생했습니다. 따라서 급히 해당 지역인 강원도관찰사와 강원도 통천군수(通川郡守)에게 다시 위 내용의 토지 사용에 차질이 없도록 하는 내용을 전보로 훈령해 주시기 바랍니다. 동시에 위 속약의 조인에 대해 앞으로는 지연될 이유가 추호도 없으므로, 신속하게 조약이 체결될 수 있도록 도모해 주시기 바랍니다. 이같이 거듭하여 조회하오니 귀하께서는 유의해 주시기 바랍니다. 삼가 말씀드립니다.

1903년(明治 36) 11월 13일
특명전권공사 하야시 곤스케(林權助) ㊞
외부대신 임시서리 이하영(李夏榮) 각하

175 김두원 처분 건 통고에 대한 회답

발신[發]	日本公使 林權助	光武 7年 11月 16日
수신[受]	外部大臣臨時署理 李夏榮	西紀 1903年 11月 16日
출전	『日案』卷6, #7668, 570~571쪽[원문: 『日來案二十九號 光武七年』(奎18058, 41-33)]	

接第三百六號 光武七年 十一月十六日到 大臣㊞ 協辦㊞ 局長㊞ 參書㊞ 課長
課員
公文第二百三號

 以書柬致啟復候。陳者、本月十三日付貴照會第百三十二號ヲ以テ金斗源處分ノ件御申越ノ趣諒悉致候。右御處分ハ一ニ貴國法律ノ下ニアルヘキ義ニ有之候へハ本使ハ只斯ル案件ノ將來ニ發生セサルニ關シ、貴政府ノ保證ヲ得ルニ滿足致候義ト御承知相成度。將又御來示ノ末段、但其欠款當捧也情狀至慘也務望貴公使怒其罪而矜其案亟將被告遺產變價償還寔屬公允云云ニ關シテハ既徃ニ於ケル本使ノ申出ニ依リ、貴部ニ於テ既ニ御該悉ノ義ト信シ候。此段御回答旁附加ヘ得貴意候。敬具。

明治三十六年 十一月十六日
特命全權公使 林權助 ㊞
外部大臣 臨時署理 李夏榮 閣下

접제306호 광무 7년 11월 16일 도착 대신㊞ 협판㊞ 국장㊞ 참서㊞ 과장 과원

공문 제203호

　　서간으로 삼가 아룁니다. 이번 달(1903년 11월) 13일 자 귀측(한국)의 조회 제132호로 김두원(金斗源)에 대한 처분 건에 대해 알려주신 내용은 잘 이해했습니다. 위 처분은 오직 귀국(한국)의 법률로 처분해야 하며, 본 공사는 단지 이와 같은 안건이 앞으로 발생하지 않도록 하는 점에 관하여 귀 정부의 보증을 받는다면, 그것으로 만족한다는 점에 대해 알아주시기 바랍니다.

　　또한 보내주신 공문 말미에 "다만 마땅히 받아야 할 빚을 받지 못하게 되니, 그 모습이 비참합니다. 그 죄가 노엽다고 하더라도 귀 공사께서는 조속히 피고의 유산을 변통하여 부채를 상환함이 실로 공평하고 타당합니다"라고 운운한 내용에 관해서는 기왕에 본 공사가 말씀드렸던 내용에 의거하여 귀부(외부)에서 이미 모든 내용을 이미 잘 알고 계시리라고 믿습니다. 이같이 회답과 함께 덧붙여 말씀드리니 귀하께서는 유의해 주시기 바랍니다. 삼가 말씀드립니다.

　　　　　　　　　　　　　　　　　　　　　1903년(明治 36) 11월 16일
　　　　　　　　　　　　　　　　　　특명전권공사 하야시 곤스케(林權助) ㊞
　　　　　　　　　　　　　　　　　외부대신 임시서리 이하영(李夏榮) 각하

176 일본군의 군수 공급을 위해 서해 연안에 대한 통어안의 타결 촉구

발신[發]	日本公使 林權助	光武 8年 3月 22日
수신[受]	外部大臣臨時署理 趙秉式	西紀 1904年 3月 22日
출전	『日案』卷6, #7924, 781~782쪽[원문: 『日來案三十號 光武七年』(奎18058, 41-34)]	

接第百四號 光武八年 三月二十三日到 大臣 協辦㊞ 局長㊞ 交涉課長㊞
公文第六十三號

　以書翰致啟上候。陳者、黃海平安及忠淸三道沿岸ノ漁業ハ他各道ト同シク、貴我兩國通漁規則ニ遵據シ、日本漁民ノ出漁ヲモ認許セラレ候得ハ、只ニ利用厚生ノ大義ニ協フノミニ無之、貴國政府ハ仍テ以テ國庫ノ收入ヲ增益シ、且同時ニ貴國漁民ヲシテ我漁民ノ採漁方法ヲ模倣セシムルノ便宜モ可有之。旁貴國政府ノ直接間接ノ利益ハ莫大ニ可有之次第ハ、從來屢屢本使ヨリ貴國當路ニ內談致置候ニ係ハラス、貴國政府ニ於テハ時勢ノ故障有之タルト見ヘ、今ニ御決行不相成候處、今般我軍隊ノ北進ニ伴ヒ該軍隊用副食物ノ需用甚敷增加致候爲メ、前記三道沿岸ニ於テ我漁民ヲ出漁セシムル緊急必要相生シ候ニ付テハ、貴國政府ニ於テ速ニ御詮議ノ上御許可相成候樣致度。帝國政府ノ訓令ヲ奉シ、此段照會得貴意候。敬具。

明治三十七年 三月廿二日
特命全權公使 林權助 ㊞
外部大臣 臨時署理 趙秉式 閣下

접제104호 광무 8년 3월 23일 도착 대신㊞ 협판㊞ 국장㊞ 교섭과장㊞

공문 제63호

 서한으로 삼가 아룁니다. 황해도(黃海道), 평안도(平安道) 및 충청도(忠淸道)의 3도 연안의 어업은 다른 각 도와 마찬가지로 귀국과 우리(일본) 양국의 통어규칙(通漁規則)에 근거하여 일본 어민의 출어도 허가하는 것은 단지 생활을 이롭게 하고, 삶을 풍요롭게 한다는 이용후생(利用厚生)의 대의에 협력하는 것만이 아닙니다. 귀국 정부는 이로 인하여 국고의 수입을 증가시키고, 또한 동시에 귀국 어민에게 우리 어민의 어업 방법을 배우게 하는 이익도 있을 것입니다. 따라서 귀국 정부의 직간접적 이익은 막대하다고 할 수 있는 상황입니다.

 종래 여러 차례 본 공사는 귀국의 당국자에게 이야기를 해 두었습니다. 그럼에도 귀국 정부는 시국의 상황에 따른 문제가 있다고 보아 현재 결행하지 못하고 있는 것으로 보입니다. 그러나 이번 우리 군대의 북진과 동반하여 해당 군대의 부식물 수요가 매우 증가하였기 때문에, 앞서 서술한 3도 연안에 우리 어민을 출어시킬 긴급한 필요가 발생한 상황에 대해 귀국 정부에서 신속하게 논의하여 허가해 주시기 바랍니다. 제국 정부의 훈령을 받들어 이에 조회하오니 귀하께서는 유의해 주시기 바랍니다. 삼가 말씀드립니다.

1904년(明治 37) 3월 22일
특명전권공사 하야시 곤스케(林權助) ㊞
외부대신 임시서리 조병식(趙秉式) 각하

찾아보기

<일반사항>

ㄱ

강원도관찰사(江原道觀察使) 39, 418, 445
개시장(開市場) 377, 418
개척사 26, 57, 64, 67, 77, 78, 79, 81, 83, 118, 134, 147~149, 150, 157, 159, 162, 165, 167, 172, 173, 176, 181, 191, 194, 197, 213, 217, 223, 226, 231, 234, 235, 243, 246, 247, 259, 261, 263
개척종사관(開拓從事官) 255, 257
개항장(開港場) 7, 8, 21, 22, 377, 418, 440
개화정책 25
거주권(居住權) 331, 333
경리사 25, 46, 47
경무서(警務署) 431
경복궁 32, 295
경찰 사무 423
고기잡이 29, 41, 61, 71, 210, 211, 220, 221, 383
고려대학교 아세아문제연구소 7, 22
고베 세관(神戸稅關) 151

공례(公例) 57, 64
공매(公賣) 26, 27, 109, 110, 111, 133, 135~137, 165, 167, 247
공소(控訴) 77, 157, 183, 185~189, 231, 243
관문(關文) 128, 129, 134, 210, 220, 393
관수(官守) 57, 64
관칙(關飭) 187, 189, 221, 231, 237, 293
교회(敎誨) 418
국권(國權) 387
국채(國債) 120
군함 32, 33, 327, 329, 405, 407, 411, 415, 433
궁내부대신(宮內府大臣) 313
궁내부특진관(宮內府特進官) 443
규목(槻木), 느티나무 24, 27, 35, 134, 135, 147, 151, 162, 166, 183, 187, 306, 307, 315, 317, 339, 342, 343, 365, 375, 422
기죽도약도(磯竹島略圖) 24
깃발 201, 210, 211, 220, 221, 231, 415

ㄴ

나가사키 재판소(長崎裁判所) 187, 189
내무독판(內務督辦) 249

내무부 독판(內務府督辦) 248
내무부 주사(內務府主事) 29, 210, 267
내무부(內務府) 28, 29, 210, 248, 249, 267
내무서기관(內務書記官) 77
내무주사 220
내부(內部) 30, 246, 291, 297, 345, 347, 357, 429, 435
내부대신(內部大臣) 321, 339, 351, 353, 365, 375
내부시찰관(內部視察官) 30, 365
농상무성(農商務省) 수산국장(水産局長) 32, 309, 310, 311
니시무라야(西村屋) 119

ㄷ

대군주(大君主) 28, 153, 247~249
대리공사(代理公使) 26, 28, 91, 97, 99, 101, 105, 107, 113, 115, 118, 123, 125, 137, 139, 141, 147, 153, 155, 157, 159, 162, 165, 167, 169, 172, 176, 179, 181, 183, 185, 191, 195, 197, 199, 201, 203, 205, 210, 213, 215, 217, 221, 223, 226, 229, 231, 234, 251, 253, 255, 259, 267, 281, 306
대한제국 7, 8, 22, 23, 29, 32, 397, 440
덕국양행(德國洋行) 83, 88, 89, 91, 111
덴주마루(天壽丸) 26, 27, 67, 134, 135
도서(島嶼) 7, 8, 71
도장(島長) 107, 267
도쿄구미(東京組) 27

독판 25, 26, 73, 109, 123, 139, 192, 213, 220, 241, 246, 253, 255, 257, 265
독판교섭통상사무 57, 59, 61, 64, 97, 99, 101, 105, 107, 113, 115, 118, 125, 148, 155, 157, 159, 163, 165, 167, 169, 173, 177, 179, 181, 183, 185, 187, 192, 194, 197, 199, 201, 203, 205, 213, 215, 217, 223, 229, 251, 253, 259
돗토리지방재판소(鳥取地方裁判所) 306
동남개척사 53, 55, 97, 246
동남제도개척사(東南諸島開拓使) 25, 27, 28, 52, 54, 96, 100, 116, 149, 150, 206, 212, 214, 216, 222, 224, 228, 230, 232, 238, 240, 242, 244, 254, 256, 258, 260, 264
동해(東海) 7, 8, 24, 33

ㄹ

러시아 공사 317, 319
러시아인 119, 314~319
러일전쟁 32, 33

ㅁ

마쓰야마 재판소(松山裁判所) 26, 77, 81, 83, 133, 135
마쓰에지방재판소(松江地方裁判所) 307
만국공법(萬國公法) 7, 23
말린 전복(干鮑) 268~273, 278~289
메이지유신(明治維新) 24
모료마루(摸稜丸) 27
미개항장(未開港場) 8, 23, 28, 135, 253

미국 22, 119, 122, 176
미국무역회사 27
미국회사 125
미통상 항구(未通商口) 53, 55, 57, 64, 88, 105, 183, 187, 201, 203, 205, 321, 324, 329, 372
민권당(民權黨) 118

ㅂ

반리마루(萬里丸) 26, 27, 34, 84, 85, 88, 89, 91, 147~151, 162, 165, 166, 172, 176
배상 32, 147, 159, 172, 173, 206, 223, 242, 244, 258, 259, 262, 264, 396, 400
벌목 8, 25, 39, 42, 43, 48, 76, 103, 317, 319, 339, 366, 375
벌목허가증(斫票) 375
법부(法部) 443
법제국(法制局) 309, 311
변금(邊禁) 39
변리공사(辨理公使) 51, 289
보갑(保甲) 57, 64
복세(卜稅) 215, 229, 231
부산감리서(釜山監理署) 30, 288
부산첨사(釜山僉使) 215, 229
부산해관(釜山海關) 30

ㅅ

사기(沙器) 251
사채(私債) 235, 246, 247
삼화감리(三和監理) 440

상환 96, 98, 100, 160, 164, 170, 174, 278, 280, 282, 283, 384, 388, 424, 426, 442, 443
생도(生徒) 94, 95, 122
서리공사 55, 57, 62, 64, 65, 67, 71, 73, 75, 79, 81, 83, 88, 99, 187, 189
서양은(洋銀) 287, 289
세창양행 88
소금장수 31, 32
소송(訴訟) 27, 30, 34, 35, 157, 173, 231, 246, 342, 385, 400, 419, 422, 427, 429, 431
수기(手記) 246
수병(水兵) 411
수월세(手越稅) 215, 229, 231
수입화물(進口貨) 372
수출세 31
수출입세(輸出入稅) 368, 372
수출화물(出口貨) 31, 372
수토관(搜討官) 24, 39
수행원 57, 67, 73, 77, 93, 97, 116, 118
수호조규 234
수호통상(修好通商) 61
숙박비 165, 167, 172, 176, 194, 197, 226, 257, 261
순검(巡檢) 39, 440, 441
순라시찰관(巡邏視察官) 441
순사처(巡査處) 67
시찰관 347, 435
식염(食鹽, 食塩) 391, 395, 397, 400

ㅇ

아사히구미(旭組) 27
약정서 128, 316, 319
어물 211, 220, 221, 237, 441
어업구역 378~381, 383
어업면허 387
어업활동 267, 383
어채(漁採) 7, 29, 33, 39, 49, 60, 70, 211
어채규칙 29, 220, 253
어채장정(漁採章程) 71
연안 측량 32, 33, 404~407, 415, 432
연해 측량 32, 411
영사관 93
영사관보(領事官補) 30, 355, 357, 359
영수증 28, 255, 257, 259, 261~263, 265, 287
예조판서(禮曹判書) 24, 25, 39, 41, 45, 49, 51
오무라구미(大村組) 27
옥수수 29, 251
외무대보(外務大輔) 41
외무대신(外務大臣) 29, 35, 128, 213, 226, 301, 303, 306, 315, 317, 363, 395, 400, 413
외무독판(外務督辦) 246
외무성(外務省) 7, 8, 23, 33, 85, 167, 223, 265, 298
외부(外部) 397, 425, 445, 447
외부대신(外部大臣) 23, 29~31, 34, 297, 299, 302, 303, 209, 311, 317, 319, 321, 325, 327, 329, 331, 337, 339, 343, 353, 355, 361, 365, 369, 370, 372, 375~377, 381, 387, 391, 395, 397, 401, 405, 407, 411, 415, 418, 423, 427, 429, 431, 433, 435, 437, 443, 445, 447, 449
외부협판(外部協辦) 34, 297, 413, 418, 440
외아문 독판 26
외아문 독판(外衙門督辦) 26
외아문(外衙門) 22, 25, 26, 85, 128, 237, 246
우피세(牛皮稅) 179, 191
울도군수(鬱島郡守) 30, 435
울도군수(鬱島郡守), 군수(郡守) 415, 422, 423, 435
울릉도 감무(鬱陵島監務) 31, 365, 372
울릉도 금벌감관(禁伐監官) 28, 183, 187~189
울릉도검찰사(鬱陵島檢察使) 25
울릉도장(鬱陵島長) 26, 29, 57, 64, 129, 210, 211, 215, 220, 221, 229, 236, 237, 251, 253, 266
울릉도쟁계(鬱陵島爭界) 24
원산감리(元山監理) 191, 194
원산영사관(元山領事館) 329, 339
원양어업회사(遠洋漁業會社) 445
위체권 133
의정부 찬정(議政府贊政) 299
이세마루(伊勢丸) 27
이용후생(利用厚生) 449
인천국립은행(仁川國立銀行) 137
일본 영사 28, 33, 253, 375, 440
일본경찰관(日本警察官) 30, 434, 435, 437
일본공사관 7, 8, 22, 31, 93, 251, 281, 291, 443
일본영사관 22, 28, 30, 210, 220, 440

ㅈ

작폐(作弊) 29, 153, 291, 293, 296, 441

잠수기(潛水器) 29, 210, 220

잠수회사 29, 208, 210, 211, 220, 221

재판언도서 133

전복 7, 24, 61, 210, 211, 215, 229, 231, 251, 267~273, 278~289

제국 정부 315, 319, 368, 381, 387, 391, 395

제일국립은행(第一國立銀行) 27, 133

제주목사(濟州牧使) 61

조계지(租地) 201

조불조약(韓法條約) 418

조선 7~9, 21~31, 34, 45, 50, 53, 72, 79, 85, 109, 122, 134, 147, 162, 165, 210, 213, 220, 226, 267, 440

조선 정부 21, 24, 25~30, 34, 45, 50, 53, 72, 85, 109, 122, 147, 162, 165, 213, 220, 226

조선해수산조합(朝鮮海水産組合) 441

조약 67, 321, 331, 373, 377, 441

조약 위반 28, 30, 31, 324

조일수호조규(朝日修好條規) 7, 21, 23, 24, 32, 33, 333

조일통상장정(朝日通商章程) 7, 21, 23, 25~29, 33, 135, 183, 187, 220

조일통어장정(朝日通漁章程) 7, 23, 33, 440

종사관 125, 147, 148, 149, 150, 162, 163, 165, 167, 176, 181, 191, 194, 197, 226, 246

주일 조선공사 28

준단(准單) 55, 246

지도군수(智島郡守) 415

지방관 31, 51, 103, 105, 183, 187, 231, 243, 253, 293, 299, 321, 329, 333, 369, 391, 400, 405, 411, 415, 427, 433, 440

직부부장(職夫部長) 162

집류(執留) 29, 34, 57, 64, 67, 75, 299, 303

ㅊ

차역소(差役所) 231

창덕궁 32, 295

창룡(蒼龍)윤선(輪船) 345, 347

창룡호(蒼龍) 345, 347

채무 28, 122, 169, 172, 173, 213, 215~217, 222, 224, 226, 231, 234, 243, 257, 401, 425

처판일본인민재약정조선국해안어채범죄조규 33

철도 315, 317

초호마루(長寶丸) 27

총세무사(總稅務司) 445

측량 32, 33, 404~415, 432, 433

친군영(親軍營) 194

침목 315, 317

ㅋ

카이몬함(海門艦) 32, 33, 404, 406, 408, 409, 410, 414, 415, 432

ㅌ

통리교섭통상사무아문(統理交涉通商事務衙

門) 21, 22, 128, 189, 255, 257
통리기무아문(統理機務衙門) 43
통리아문(統理衙門) 53, 109, 129, 176, 213, 226
통상장정 53, 55, 57, 61, 65, 71, 79, 135, 183, 187, 294, 211, 220, 246
통서일기(統署日記) 8, 9, 22
통어(通漁) 61, 387
통어장정 383, 440
통천군수(通川郡守) 445
퇴거 23, 28, 29~31, 204, 211, 220, 326, 328, 330, 332, 334, 336, 342, 343, 370, 377, 416
특명전권공사 297, 299, 301, 303, 311, 315, 319, 321, 325, 327, 329, 333, 337, 339, 343, 353, 355, 361, 365, 369, 373, 377, 381, 383, 387, 391, 397, 405, 407, 411, 415, 419, 423, 429, 431, 433, 437, 440, 443, 445, 447, 449

ㅍ

포경(捕鯨) 445
표기(標記) 134
표류민 179
프랑스 공사관 229, 231, 237

ㅎ

하동부사(河東府使) 237
한국공사 23, 29, 34, 306
한성 118, 210, 220, 279, 342
한성부재판소(漢城府裁判所) 443

한성판윤(漢城判尹) 231
한일양국인민어채구역조례(韓日兩國人民漁採區域條例) 33
한일조약 381, 418
한행이정(間行里程, 閒行里程) 57, 64
해관(海關) 345, 347
해군 수로부장(水路部長) 32
해산물 7, 24
협동상회(協同商會) 25, 53, 97, 101, 112, 113, 156, 157
호조(護照) 191, 194, 332, 333, 418
홍백기(紅白旗) 405, 433
회심(會審) 355, 357, 359, 363
회은(滙銀) 147, 148, 150, 176
효고현령(兵庫縣令), 효고현 현령 26, 34, 85
훈령(訓令) 23, 25, 34, 42, 43, 299, 302, 303, 315, 433
흠차대신(欽差大臣) 26, 34, 79, 83, 88, 89, 122
흠차판리대신 57, 59, 65, 69, 75, 77

<인명>

ㄱ

가노코기 고고로(鹿子木小五郞) 309, 311, 313
가리모토(烟本) 375
가와카미(川上) 93
가이 군지(甲斐軍治) 25~28, 67, 134, 149, 150,

165, 174, 176, 177, 179~181, 191, 194, 197, 199, 213, 215, 217, 223, 226, 229, 231, 234, 239, 241, 243, 246, 247, 255, 259, 262, 263
가지야마 데이스케(梶山鼎介) 267, 269, 271, 275
가토 마쓰오(加藤增雄) 295
강영우(姜泳禹) 422
고노 소시로(河野宗四郞) 148, 149
고무라 주타로(小村壽太郞) 295, 400
고영철(高永喆) 440
고이즈미 세이베(小泉征兵衛) 149, 150
고토 쇼지로(後藤象二郞) 118~120
곤도 마스키(近藤眞鋤) 26, 28, 88, 91, 93, 179, 181, 183, 185, 191, 195, 197, 199, 201, 203, 205, 207, 210, 213, 215, 217, 221, 223, 226, 229, 231, 234, 237, 239, 241, 247, 249, 251, 253, 259, 261, 263, 265, 267
구이 도모노스케(久井友之助) 251
기모쓰키 가네유키(肝付兼行), 기모쓰키 294, 295
기무라 겐이치로(木村源一郞), 기무라 31, 391, 394, 395, 400, 401, 403, 425
기무라 긴노스케(木村金之助) 400, 401
김가진(金嘉鎭) 28, 187
김두원(金斗源) 31, 32, 384, 385, 388~398, 400~403, 424~431, 442, 443, 446, 447
김면수(金冕秀) 30
김병시(金炳始) 61
김성서(金性瑞) 33, 134

김성원(金聲遠) 30
김영수(金永壽) 249
김옥균(金玉均) 25~28, 52~55, 57, 64, 79, 81, 93, 96~99, 101, 115, 118, 134, 152, 153, 157, 194, 196~198, 213, 226, 227, 231, 234, 235, 242, 243, 246, 247, 259
김완수(金完洙) 231
김용원(金庸爰) 339, 342
김윤식(金允植) 26, 95, 97, 99, 101, 103, 105, 107, 109, 111, 113, 115, 118, 123, 125, 133, 139, 148, 155, 157, 159, 163, 165, 167, 169, 173, 177, 291
김정근(金禎根) 418
김학진(金鶴鎭) 231
김홍집(金弘集) 26, 33, 64, 67, 69, 71, 73, 75, 77

ㄴ

나카야마 가키치로(中山嘉吉郞) 440
나카이 요자부로(中井養三郞) 32
노세 다쓰고로(能勢辰五郞) 385, 435

ㄷ

다나카 기자에몬(田中喜左衛門) 165, 167, 169, 172, 173, 176, 179, 181, 191, 194, 197, 199, 213, 215, 217, 223, 226, 229, 231, 234, 239, 241, 243, 246, 247, 259, 261, 265
다나카 다조(田中多藏) 306
다나카 도우토쿠(田中道德) 306, 307

다마가와 기요와카(玉川淸若) 307
다무라 쇼타로(田村正太郞), 다무라 27, 28, 162, 181
다카스 겐조(高須謙三) 27, 28, 162, 181, 53, 97, 99, 101, 112, 113, 115, 156, 158, 159, 169, 172, 173, 213
다카오 고노키치(高尾子之吉) 215
다카히라 고고로(高平小五郞) 97, 99, 101, 105, 107, 109, 113, 115, 118, 123, 125, 128, 133, 137, 139, 141, 147, 155, 157, 162, 165, 167, 169, 172, 176, 213, 255, 257
다케다 유키나오(竹田之直) 235
다케우치 다케시(竹內毅史) 287
다케조에 신이치로(竹添進一郞) 51
도비모토 젠베(鳶本善兵衛) 151

ㄹ

라포르트(E. Laporte) 30
랑가르트 클라인보트(Langgart Kleinwort) 26, 85

ㅁ

마사키(正木) 403, 425
마삭기을 392, 393
마키 나오마사(牧朴眞) 32, 308~313
묄렌도르프(P. G. von Möllendorff, 穆麟德) 26, 34, 85, 88
무라카미 도쿠하치(村上德八), 무라카미 26, 33, 109, 111, 130, 133, 137
무로다 요시후미(室田義文) 231, 237

미야치 요시나리(宮地美成) 135
미야케 가즈야(三宅數矢), 미야케 210, 220, 251, 267
미첼(Mitchell, 米鐵, 米銕) 27, 103, 105, 107, 124~126, 128, 138~141, 183, 187
미하시 시로(三橋四郞) 309, 313
민병석(閔丙奭) 324
민영목(閔泳穆) 25, 55, 57, 59, 73, 81, 246
민영준(閔泳駿) 191
민종묵(閔種黙) 243, 251, 253, 255, 257, 259, 271, 273, 397

ㅂ

박문술(朴文述) 231, 237
박영효(朴泳孝) 118
박용화(朴鏞和) 30, 35, 306
박제순(朴齊純) 30, 31, 34, 297, 299, 309, 311, 313, 315, 317, 319, 321, 325, 327, 329, 331, 333, 337, 339, 343, 345, 351, 353, 355, 361, 363, 365, 368, 369, 372, 375, 377, 381, 383, 385, 387, 389, 391, 393, 401, 418, 422
배계주(裵季周) 29, 30, 34, 35, 296, 297, 299, 301, 303, 306, 307, 339, 342, 365, 375, 422
배규주(裵奎周) 28, 29, 183, 186~189, 251
백춘배(白春培) 25, 27, 67, 73, 77, 92, 93, 116, 118, 125, 147~150, 160, 162~165, 167, 173, 176, 246, 255, 257
브라운(J. McLeavy Brown, 柏卓安) 445

ㅅ

사사키 구마키치(佐佐木熊吉) 215, 229, 231
서경수(徐敬秀) 29, 201, 220, 251, 253, 267
서상우(徐相雨) 26, 79, 83, 88, 109, 111, 122, 128, 133, 137, 139, 141
소에다 세츠(副田節) 43, 47
스기무라 후카시(杉村濬) 159, 269, 275, 285, 289, 293
스즈키 가쓰노조(鈴木勝之丞) 183, 185, 187
시데하라 기주로(幣原喜重郎) 403, 419, 425
시마무라 히사시(嶋村久) 33, 53, 57, 59, 62, 65, 67, 69, 71, 73, 75, 77, 81, 246
시오가와 이치타로(塩川一太郎) 409
심순택(沈舜澤) 24, 39, 41, 45
심현택(沈賢澤) 61
쓰루타니 지로(鶴谷次郎) 307

ㅇ

아오키 슈조(青木周藏) 29, 35, 301, 303, 306, 315, 317, 349
아카쓰카 쇼스케(赤塚正助), 아카쓰카 30, 355, 359
안용복(安龍福) 24
오가와 모리시게(小川盛重) 321, 324
오구영(吳龜泳) 445
오상일(吳相鎰) 365, 375
오시마 효타로(大島兵太郎) 122
오우라 노보루(大浦登) 287
오이시 마사미(大石正巳) 287

오쿠마 시게노부(大隈重信) 213, 226
오토와카(乙若) 400
와타나베 다카지로(渡邊鷹治郎) 30
와타나베 스에키치(渡邊末吉), 와타나베 27, 142, 147~151, 162, 165, 167, 169, 172, 173, 213, 226, 227, 247
요시오 만타로(吉尾万太郎) 306, 307
우사미 쇼노스케(宇佐美頌之助) 149, 150
우에노 가케노리(上野景範) 41
우에노 센이치(上野專一) 293
우에다 가쓰조(上田勝造) 128
우용정(禹用鼎) 30, 365
우치다 도쿠지로(內田德次郎), 우치다 162, 163, 167, 169, 172, 173, 176, 179, 181, 191, 197, 199, 207, 213, 215, 217, 223, 226, 234, 239, 241, 247, 257, 259, 265
유기환(兪箕煥) 403, 415
유키 아키히코(結城顯彦) 97
윤시병(尹始炳) 29, 210, 220, 231, 237, 267, 273, 281, 283, 285
윤영신(尹榮信) 231
이건하(李乾夏) 351
이규완(李奎完) 118
이규원(李奎遠) 25, 26, 49, 79, 81, 93
이노우에 가오루(井上馨) 24, 39, 45, 49, 53, 79, 81, 83, 88, 128
이도재(李道宰) 31, 425, 427, 429, 431, 433, 435, 437
이병문(李秉文) 51

이시바시 유자부로(石橋勇三郎) 35, 307
이시자키 마사토미(石崎正富) 134
이용직(李容植) 277
이장오(李章吾) 103, 105
이재면(李載冕) 43, 46, 47
이재순(李載純) 313
이재원(李載元) 119
이준영(李準榮) 345, 347
이중칠(李重七) 203, 205
이중하(李重夏) 191, 440
이하영(李夏榮) 29, 34, 297, 299, 301, 303, 443, 445, 447
이호성(李鎬性) 283, 289
이회정(李會正) 25, 49

ㅈ

장은규(張殷奎) 119, 120
전석규(全錫奎) 26, 57, 64
전재항(田在恒) 365, 375
정병하(鄭秉夏) 28, 255, 259
정헌시(鄭憲時) 39
조병식(趙秉式) 179, 181, 183, 185, 187, 192, 194, 197, 199, 201, 213, 220, 423, 449
조병직(趙秉稷) 211, 215, 217, 220, 223, 227, 229, 231, 235, 241, 267, 281, 283, 285, 289
지운영(池運永) 121, 122

ㅊ

최영하(崔榮夏) 395, 405, 407, 411, 413, 418

ㅌ

타운센드(Townsend, 淡于孫, 他雲仙) 95, 115, 122, 125, 157
탁정식(卓挺埴) 25, 57, 64, 67

ㅍ

플랑시(Victor Collin de Plancy, 葛林德) 231, 237

ㅎ

하계록(河桂祿) 107
하시구치 나오에몬(橋口直右衛門) 220
하야시 곤스케(林權助) 30, 311, 315, 317, 319, 321, 325, 327, 329, 331, 333, 337, 339, 343, 347, 349, 353, 355, 361, 363, 365, 369, 373, 375, 377, 379, 381, 383, 387, 391, 397, 401, 405, 407, 411, 413, 415, 419, 423, 427, 429, 431, 433, 435, 437, 441, 443, 445, 447, 449
하야시 도쿠에몬(林德右衛門) 181, 191, 194, 207
현명운(玄明運) 385
황종해(黃鐘海) 307
후루모리 효스케(古森兵助) 229, 231, 237
후루야 기쿠쇼(古屋利涉), 후루야 210, 211, 220, 237, 287
후쿠다 히사키쓰(福田久橘) 441
후쿠마 효노스케(福間兵之助) 307
히가키 나오에(檜垣直枝) 33
히메노 하치로지(姬野八郎次), 히메노 210, 220, 267
히사미즈 사부로(久水三郎) 93

<지명>

ㄱ

강원도(江原道) 210, 211, 220, 267, 315, 317, 383, 445
경기도(京畿道) 381, 383
경상도(慶尙道), 경상 33, 61, 381, 383
고베(神戶) 26, 27, 34, 35, 73, 83, 85, 88, 89, 91, 109, 111, 118, 119, 128, 147~151, 154, 155, 162, 165, 167, 176
구루시마촌(來島村) 133, 134
군산항(群山港) 415
기쓰키(杵築) 307

ㄴ

나가사키(長崎) 28, 85, 88, 105, 120, 128, 176, 183, 185, 187, 189, 255, 259, 263
낙동강(洛東江) 103, 105, 107, 128
노마군(野間郡) 133~135

ㄷ

돗토리현(鳥取縣) 24, 29, 34, 299~301, 303, 306, 307
동래부(東萊府) 317~319
두만강(豆滿江) 415

ㅁ

마쓰에시(松江市) 306, 307
목포항(木浦港) 433

무안현(務安縣) 433
미나미나카군(南那珂郡) 147, 149
미쓰하마(三津濱) 134
미야자키현(宮崎縣) 147~149
미호노세키(美保關) 307

ㅂ

부방청(部房廳), 도방포(道傍浦), 도동(道洞) 148
부산, 부산항 7, 21, 24, 30, 39, 179, 191, 194, 231, 237, 253, 293, 325, 345, 349, 351, 359, 403, 425
블라디보스토크 119

ㅅ

사기우라항(鷺浦港) 307
사이하쿠군(西伯郡) 306
사카이(境) 35, 306
사카이미나토(境港) 307
상하이(上海) 125
서산(瑞山) 410, 412, 413, 415
시마네현(島根縣) 24, 27, 29, 31, 34, 162, 299, 300, 301, 303, 306, 307, 394, 395
시모노세키(下關), 바칸(馬關), 아카마가세키(赤馬關) 26, 57, 64, 93, 103, 105, 139, 162
신하마무라(新濱村) 134

ㅇ

압록강(鴨綠江) 317~319

야마구치현(山口縣) 24, 26, 27, 150

엄태도(嚴泰島), 암태도(巖泰島) 433

에히메현(愛媛縣) 26, 33, 67, 133, 134, 137

오사카부(大坂府) 53

오우라(大浦) 183, 187, 287

오치군(越智郡) 135

오키(隱岐), 오키노쿠니(隱岐國) 210, 307, 385

요코하마(橫濱) 26, 83, 111

우라고(浦鄕) 306, 307

울도(鬱島) 30, 393, 425, 435

울릉도 지명

원리포(原里浦) 210, 220

원산, 원산항 7, 21, 24, 39, 179, 191, 194, 215, 229, 253, 293, 321, 324, 327

이마바리(今治) 67

이요(伊豫) 26, 67, 133, 134

인천, 인천항 7, 21, 24, 88, 93, 95, 125, 137, 179, 191, 194, 279, 345, 347, 440, 441

ㅈ

장산곶(長山串) 440, 441

장연(長淵) 440

장전만(長箭灣) 445

전라도(全羅道), 전라 33, 61, 71, 231, 381, 383, 404, 405, 407, 414, 415, 432, 433

정의포(旌義浦) 61

제주도 21, 60, 61, 62, 70, 71

증남포(甑南浦), 진남포 441

ㅊ

초도(椒島) 440, 441

충청도(忠淸道), 충청 404, 407, 411, 415

ㅌ

톈진(天津) 93

ㅍ

평안도(平安道) 441, 449

풍천(豊川) 440

ㅎ

함경도(咸鏡道) 231

황해도(黃海道) 268

후쿠오카현(福岡縣) 128

히카와군(簸川郡) 307

일제침탈사 자료총서 04

일제의 독도·울릉도 침탈 자료집(3)

– 조선과 일본 왕복 외교 문서

초판 1쇄 인쇄　2022년 12월 10일
초판 1쇄 발행　2022년 12월 20일

엮은이　동북아역사재단
번　역　박한민, 박범, 한성민
펴낸이　이영호
펴낸곳　동북아역사재단

등록　제312-2004-050호(2004년 10월 18일)
주소　서울시 서대문구 통일로 81 NH농협생명빌딩
전화　02-2012-6065
팩스　02-2012-6186
홈페이지　www.nahf.or.kr
제작·인쇄　청아출판사

ISBN　978-89-6187-778-7 94910
　　　　978-89-6187-567-7 (세트)

- 이 책은 저작권법에 의해 보호를 받는 저작물이므로 어떤 형태나 어떤 방법으로도 무단전재와 무단복제를 금합니다.
- 책값은 뒤표지에 있습니다. 잘못된 책은 바꾸어 드립니다.